U0262984

灵巧浮空器系统

罗世彬　李　珺　廖　俊　刘　俊　著

科学出版社

北　京

内 容 简 介

本书围绕灵巧浮空器这一新型飞行器,建立了灵巧浮空器的基本概念,详细阐述了灵巧浮空器的特点,重点论述了灵巧浮空器的设计理论基础、飞行理论、热力学性能及能源系统。对灵巧浮空器的三大核心技术——高空型灵巧浮空器区域驻空技术、系留型灵巧浮空器飞行稳定控制技术、搭载式灵巧浮空器释放与驻留技术进行了探讨;最后,对灵巧浮空器飞行试验及应用进行了展望。

本书可供从事飞行器研究、设计、试验的科技人员参考和使用,亦可以作为高等院校相关专业教师、研究生和高年级本科生的参考书。

图书在版编目(CIP)数据

灵巧浮空器系统/罗世彬等著. —北京:科学出版社,2019.12
ISBN 978-7-03-063064-3

I.①灵… Ⅱ.①罗… Ⅲ.①航空器—研究 Ⅳ.①V27

中国版本图书馆 CIP 数据核字(2019) 第 254278 号

责任编辑:赵敬伟 孔晓慧/责任校对:彭珍珍
责任印制:吴兆东/封面设计:耕者工作室

科学出版社 出版
北京东黄城根北街 16 号
邮政编码:100717
http://www.sciencep.com

北京虎彩文化传播有限公司 印刷
科学出版社发行 各地新华书店经销
*
2019 年 12 月第 一 版 开本:720×1000 B5
2019 年 12 月第一次印刷 印张:25 1/2 插页:12
字数:514 000
定价:198.00 元
(如有印装质量问题,我社负责调换)

前　　言

随着信息技术的广泛应用和空中战争形态的演变,占领更高空间、夺取信息的优势直接关系到掌握战争的主动权。近空间由于其空间位置的特殊性和潜在的军事利用价值,将成为未来各国军事争夺的又一焦点空域。浮空器作为目前在近空间唯一实用的飞行平台,在这一空域将当仁不让地扮演至关重要的角色。其中高空区域驻留浮空器工作在 20km 左右的近空间高度,具有巨大的军事应用和商用价值,是 21 世纪重要的战略制高点。

本书通过建立灵巧浮空器这一全新概念,对其出现的背景、理论基础、相关系统以及应用前景进行了分析,着重探讨了不同型灵巧浮空器的关键技术。本书"新"在开辟了浮空器的分支——灵巧浮空器,根据梳理其技术特点,体现了这一概念的独特优势。本书撰写的目的,希望通过本书的出版,扩展浮空器的体系,为我国浮空器方向的研究起到推动作用,为中国的浮空器事业打下坚定基础。

本书一共分为 9 章,第 1 章主要介绍灵巧浮空器系统的概念、分类、特点及研究进展,并介绍了灵巧浮空器的关键技术,还描绘了灵巧浮空器未来的发展趋势、方向等。第 2 章全面描述了灵巧浮空器的设计基础,包括浮空器设计要点、浮空器的浮空原理、浮空器的主要参数以及浮空器的蒙皮材料等。第 3 章介绍了灵巧浮空器的飞行理论,主要体现在飞行大气环境、动力学模型、相关的飞行性能指标以及浮空器流动数值模拟等方面。第 4 章是灵巧浮空器的热力学性能,包括浮空器所处的热环境等,建立了浮空器的热模型,并分析了相关物理参数及飞行参数对热特性的影响。第 5 章介绍了灵巧浮空器的能源系统,主要包括系留型、高空型灵巧浮空器的能源系统,针对灵巧浮空器的能源体系特点,阐述了浮空器的能量管理及环境储能策略,同时给出了浮空器新型能源系统的介绍。第 6~8 章主要根据不同的灵巧浮空器的不同特点,对高空型、系留型及搭载式灵巧浮空器系统的关键技术进行了分析。第 6 章分析了高空型灵巧浮空器系统的区域驻空控制技术,包括浮空器的高度控制、飞行轨迹优化、平流层风场、区域驻空性能以及搭载式浮空器组网方案的研究。第 7 章是系留型灵巧浮空器系统的飞行稳定控制,从系留型式浮空器的飞行特点入手分析了系留型式浮空器的稳定性、缆绳力学特性以及抗风性能。第 8 章为搭载式灵巧浮空器系统的释放与驻留,针对搭载式浮空系统的技术特点,对搭载式浮空平台进行设计,分析了浮空平台减速充气技术、高空高速伞 - 球多体柔性动力学技术以及搭载式浮空器的区域驻空技术。第 9 章阐述了灵巧浮空器蒙皮制作、放飞及回收技术及地面配套设施,最后对灵巧浮空器在工程中的应用进行了介绍。

　　本书得以成稿，得到了中南大学先进飞行器设计研究团队的大力支持，在此对各位同仁和研究生表示衷心感谢。除此之外，还得到了中南大学航空航天学院"超级球"团队的蒋祎、袁俊杰、杨泽川、王宁等研究生的大力帮助与重要建议，在这里对他们表示最诚挚的谢意。

　　本书涉及多学科知识，覆盖面广，内容新颖，由于作者的水平有限，本书在内容系统性、研究广度和深度等方面都存在不足之处，恳请读者和专家学者不吝赐教，帮助我们完善和提升，对此表示由衷感谢.

作　者

2019 年 4 月于长沙

目　　录

彩图

第1章 绪 论

浮空器是指含有比重低于空气的气体航空器,主要靠空气浮力产生的静升力克服自身重力升空 [1]。总体上,浮空器分为气球和飞艇两类。气球是指没有动力装置的浮空器,而飞艇是自带动力装置、可操纵的浮空器。气球又可分为自由气球和系留气球:自由气球随风飞行,系留气球则利用缆绳系留固定在地面设施上 [2]。飞艇根据浮空高度,可分为对流层飞艇和平流层飞艇;按照驾驶方式,可分为有人驾驶飞艇和无人驾驶飞艇 [3]。

浮空器在科学研究、军事和经济发展中具有重大作用,近年来越来越受到国内外重视。与飞机相比,浮空器最大的优势在于超长的滞空时间和更高的工作高度。它具有种类众多、留空时间长、升限高、定点能力强、飞行平稳安静、装载空间大、载荷能力强、起降无需跑道等特点,这使得浮空器成为很多特定应用领域的首选平台 [4]。在民事方面,浮空器可用于如电力架线、地理测绘、环境监测、交通指挥、气象探测、赈灾救灾、缉毒安保、电视转播等领域;在军事方面,浮空器可用于侦察监视、预警探测、通信中继、电子对抗、导航定位、军事运输等领域 [5]。很好的经济性和广泛的应用前景,将是未来浮空器发展的强大驱动力。

1.1 灵巧浮空器系统概念

灵巧浮空器是指可实现快速、便捷部署的长时间定点驻空或者区域驻留的有动力或无动力的浮空型飞行器。该类浮空器一般能够实现实时通信、传输实时图像或执行其他功能,正常情况下,浮空器的体积较小 (200m³ 以下),负载较小 (不大于 50kg),驻空时间较长 (不小于 24h)。灵巧浮空器主要包括高空型自由灵巧浮空器、低空系留型灵巧浮空器以及搭载式快速部署灵巧浮空器。

灵巧浮空器的含义:高效、安全、适应性。

高效 (与传统飞行器相比):结构更简单,质量效率更高,操作更便捷,部署时间短;

安全:多种任务载荷下安全释放、飞行以及回收;

适应性:适应多种任务剖面,可在多种飞行条件下保持最优性能。

灵巧浮空器技术是集航空、航天、材料、气动、控制、优化和计算机于一体的多学科交叉研究领域,灵巧浮空器涉及结构外形设计、特种轻质气密材料研制、气动受力分析、长时定点悬停、能源与特种推进系统、实时风场预测、控制算法开发、优化和计算机等众多技术。世界各国重视发展浮空器的一个重要原因是浮空器本身具有很多优点。

灵巧浮空器可以在陆地以及海面较低空域定点驻空执行特定任务，也可以在高空 (距离地面 20~100km 的空域) 执行特定区域驻空任务。它既可以利用部分航空技术的优点，又可以利用航天器不可比拟的高度优势，具有很高的军事和民用价值。特别是临近空间浮空器，是未来进入空间并控制空间、保证控制优势的关键支柱，同时也是对空间进行大规模开发的载体，是一种具有广阔开发前景的飞行器 [6]。

现代浮空器平台能填补地基、海基平台侦察范围的不足，与其他陆、海、空、天平台取长补短、相得益彰。但是，低空浮空器易受大气环境的影响，在特别恶劣的天气中，浮空器雷达甚至无法工作。总体来说，浮空器作为武器平台具有非常重要的军事价值，平时可以执行空中巡逻、巡航导弹等低空目标预警、环境监测等任务，战时可以用于战区的前沿防空和重要目标保护等 [7]。因此，在国土防空探测网络体系中扮演着极其有效的监视工具角色。当与其他平台联合在一起时，浮空器可充分发挥网络化作战威力，显著提高防空探测体系的抗干扰和抗摧毁能力。

灵巧浮空器的整体布局一般采用浮空器 + 任务载荷或者浮空器 + 任务载荷 + 搭载平台的特殊设计结构，使得各个子系统、各分部件之间具有强耦合性和强非线性；长航时的复杂飞行环境，给系统带来更多的不确定影响，浮空器本身也是充气式大形变结构，深受外界环境的影响。因而，与传统飞行器相比，灵巧浮空器是一个带有强非线性、强耦合性、不确定性等特性的复杂对象。

由于巨大的军事价值和潜在的经济价值，进入 21 世纪，随着相关技术的飞速发展，世界上掀起了研究和开发浮空器平台的热潮 [8]。灵巧浮空器技术受到美国、中国、英国、俄罗斯、德国、法国、印度、日本和韩国等航空航天强国的广泛重视和深入研究，积累了大量成功的经验和失败的教训，人类对灵巧浮空器技术的认识不断深化 [9]。

1.2 灵巧浮空器系统分类

目前灵巧浮空器主要包括高空型自由灵巧浮空器、低空系留型灵巧浮空器以及搭载式快速部署灵巧浮空器其常见分类见图 1.1。

近年来，得益于浮空器许多独特的优势和相关技术的发展，灵巧浮空器在新形势下的科学探索、军事和经济发展领域中的新作用，越来越受到国内外的重视，重新掀起了一个应用的热潮。灵巧浮空器的优势及特点主要有：能源消耗少，留空时间长，效费比高；高空型自由灵巧浮空器飞行高度高，续航时间长，升高度高，覆盖区域大；低空系留型灵巧浮空器长时间定点驻空，起降要求低，载荷能力强；搭载式快速部署灵巧浮空器易于快速部署，机动性强。

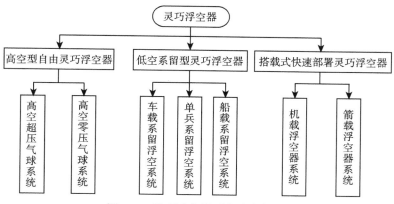

图 1.1　灵巧浮空器系统分类框图

1.3　灵巧浮空器系统的特点

灵巧浮空器在应用上与普通的高低空浮空器有很多相同点，既不同于飞机等一般航空器，也不同于卫星等航天器，具有自身的特点，具体表现在以下几个方面。

1. 能实现局部区域持久停留

作为低速的飞行器，灵巧浮空器可在局部区域上空长时间停留，滞留时间甚至可长达数月。在局部区域的时间分辨率是卫星和飞机所不能比拟的[10]。

2. 部署速度快，机动能力强

由于当前工程技术水平的制约，卫星等航天器发射准备周期较长，一般需要40天左右，这制约了卫星的应急作战能力。此外，卫星携带燃料有限，所具备的轨道机动能力尚无法支持频繁的大范围轨道机动作战。在这方面，灵巧浮空器往往可凭借平台结构简单、施放/发射相对容易、可重复使用等特点在短期内大量部署，准备时间往往不超过 1 天[11]。

3. 载荷能力强，效费比高

由于航天器发射受运载能力和成本制约，因此与一般航天器相比，低空系留型灵巧浮空器的载荷能力更强。此外，由于许多临近空间浮空器可返回并重复使用，因此整个系统的效费比大大提高。

4. 高空灵巧浮空器生存能力强，威慑作用大

低速临近空间浮空器飞行高度较高，视场较大，可以远距离完成对地侦察、电子对抗等作战任务。此外，这类临近空间飞行器往往采用全复合材料，没有大尺寸高温工作部件，光学和雷达传感器不易探测，因此战场生存能力较强。事实上，对这类飞行器，目前国际上尚缺乏有效的对抗手段[12]。

5. 高空灵巧浮空器飞行高度适中

临近空间将传统的空中作战区域和航天器运行的空间区域连接为一个整体，这种连接不仅体现为几何的、物理的连接，而且体现为作战应用层次上的融合。高空灵巧浮空器由于飞行高度介于飞机和卫星之间，因此在对地观测分辨率、电子对抗效果等方面优于卫星，而且在通信服务覆盖范围、侦察视场范围等方面优于飞机[13,14]。

1.4   灵巧浮空器系统研究进展

1.4.1   国外研究现状

1. 高空型自由灵巧浮空器

高空型自由灵巧浮空器本身无动力，在浮力和风力作用下飞行。根据球体内部压力不同，自由气球可分为高空零压气球系统和高空超压气球系统。零压气球有与外部大气相连的管道，内压增加，往外排出浮升气体 (氦气或氢气等)，球体不会因压力过大而破坏[15]。超压气球依靠球体结构设计和材料承受较大内压，飞行过程中一般不排气或仅排很少气，因此可以实现长时间稳定的飞行。

自由气球种类很多，气象方面大量使用橡胶膨胀气球，高度可达 20km 以上。最重要的是作为科学研究运载工具的科学气球。科学气球一般采用零压式设计，飞行高度为 30~50km，因此也称为平流层气球。美国的科学气球由美国国家航空航天局 (NASA) 管理，各实验基地均有较好的装备设施，如大型气球发放车、卫星通信系统、总装调试机库等。近年来，平均每年有几十项高空气球实验，其中包括每年 1~2 个在南极进行的长时间飞行项目，气球的体积从数万立方米到百万立方米不等。法国的高空气球科研服务产业类似于美国，可提供体积从 3000m³ 到 120万 m³、多种型号的高空气球，其零压式气球技术与美国明显不同，采用一贯的软式发放方法。日本空间科学研究所 (ISAS) 于日本临西北太平洋海岸建立了永久性的高空气球实验基地，虽然实验条件有限制，但日本根据自身的条件开发了不少独特的技术，如通过高度控制进行的 "回力镖"(boomerang) 式飞行能够控制气球 "回归"，同时意味着尽可能地延长了气球的飞行时间[16]。另外还有超薄球皮材料的研

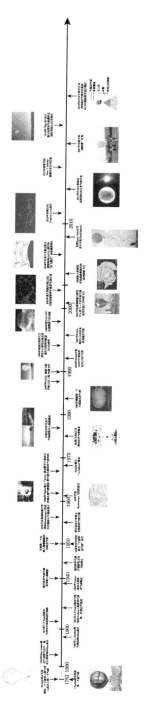

图 1.2 高空型自由灵巧浮空器发展历程 (后附彩图)

制。超高–超薄气球的实验成功，不仅说明日本在气球材料研究上的领先，还反映出其优良的制作工艺、包装工艺和可靠的发放技术。除了中国、美国、法国、日本进行高空气球实验外，印度、俄罗斯、巴西也拥有独立的高空气球系统。图 1.2 为高空型自由灵巧浮空器发展历程。

1) 零压气球

零压气球主要用于在临近空间开展空间科学实验和探测，包括常规飞行和长时间飞行两种模式。飞行高度 30~40km、体积 5 万 ~150 万 m³、有效载荷 100~3000kg，常规飞行时间控制在 1 天以内，长时间飞行能达到数周，适合大载荷、高海拔的任务，如宇宙线观测、光谱分析、航天试验等。

零压气球至今仍然是开展空间科学实验的经济实用可靠的平台。美国的零压气球已经成为一种科研服务产业，近年来平均每年有 10~20 项高空气球实验，其中包括每年 1~2 个在南极进行的长时间飞行项目。法国国家空间研究中心 (CNES) 是欧洲唯一拥有完整高空气球系统的机构，是欧洲气球活动的中心，能制造 120 万 m³ 的大型零压气球，在北欧、巴西、南极都有实验基地，与欧洲各国合作紧密。日本也是较早建立高空气球系统的国家之一，每年气球实验的次数为 10~15，包括本土大陆气球站实验 3~6 次，其余为与美国或法国合作进行的在本土以外的飞行实验。

美国、日本和法国相继在高空气球长时间飞行方面取得大量成果。其中，美国和法国利用阿拉斯加州的气球站和瑞典欧洲航天靶场进行北半球高纬度长时间飞行；低纬度赤道附近，法国在巴西利用轻便的红外热气球进行环球飞行取得成功；在南极，平流层环流较稳定，有较长的极昼时间，而且没有国境限制，因此十分适合长时间飞行。美国和日本都成功地实现了环绕南极的长时间飞行，尤以美国的 LDB(long duration balloon) 技术更为成熟可靠，创造了连续飞行 42 天的纪录。

在平流层浮空气球的驻留控制方面，国外主要利用平流层水平风的风向来控制气球的水平运动，在垂直方向，利用排出浮升气体和抛撒压舱物来控制气球的垂直方向运动，如美国的 "战斗天星" 气球系统。在 26km 高度，平流层的风向为西风，气球会随风向东飘移，当水平距离达到一定值后，气球释放一定质量的氦气，气球浮力减小，从而使气球高度下降；当气球高度达到约 23km 后，水平方向的风为东风，气球随风向西飘移，当水平距离达到一定值后抛撒一定质量的压舱物，气球平台总质量下降，从而使气球上升。如此往复，气球保持在一个范围内长时间驻留，每一次高度变化的时间间隔大约为 3h，水平方向的运动范围达到 97km。"战斗天星" 的放飞如图 1.3 所示，其浮空驻留方式如图 1.4 所示。

2) 超压气球

国外研究超压气球的著名机构是美国 NASA、法国 CNES 和日本 ISAS 等，其中美国 NASA 研制成果最为显著。美国 NASA 提出了先进指标要求的气球设计任务,即超长时气球 (Ultra Long Duration Balloon,ULDB) 任务 [16]。任务目标是气球飞行高度 33500m、有效载荷 1600kg、连续飞行时间大于 100 天。气球设计采用新型材料、耐高超压的结构,气球不需要压舱物来保持高度,而是使用超压来有效地降低飞行期间由气体温度变化引起的高度改变,从而达到更高的飞行性能。

图 1.3 美国的 “战斗天星” 气球系统放飞图

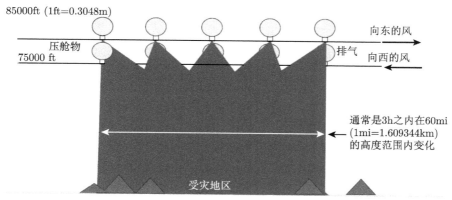

图 1.4 美国的 “战斗天星” 气球系统浮空驻留方式示意图

谷歌 (Google) 公司发射的 Loon 项目 (潜鸟计划) 互联网气球 (图 1.5) 完整撑开后直径达 15m,单个气球能覆盖直径 80km 的地区。可飘浮到 20km 以上的高空停留,依靠太阳能供给电力。2013 年新西兰南岛放飞 30 个高空气球,从最开始 5

天的连续飞行时间,现已发展为连续飞行超过 100 天,最高纪录为 187 天。谷歌气球被谷歌公司称为其最能改变世界的项目之一,目前最长的连续飞行纪录是环绕地球飞行了 9 圈以上。

图 1.5　Loon 项目互联网气球

　　谷歌公司于 2013 年 6 月正式对外公布了高空气球网络计划,旨在使用大量的高空超压气球作为网络通信中继平台,为全球范围内没有接入互联网服务的农村或偏远地区提供一种全新的廉价互联网接入服务。经过 2014 年的飞行测试和 2015 年的技术改进,Loon 项目已经取得了巨大进展。目前,Loon 团队已经基本解决了超压气球氦气泄漏的问题,大幅提高了气球的续航时间,最长留空时间已达到 187 天,平均的留空时间也已接近 100 天。单个气球飞行最长距离达到了 113000km。此外,Loon 团队还攻克了气球轨迹控制、高度控制、充气及放飞等关键技术,技术愈发成熟。目前,已经在斯里兰卡等地区进行了网络覆盖推广,正在加快其商业化推广脚步。

　　谷歌 Loon 气球网络工作原理图如图 1.6 所示。谷歌公司将携带了无线网络信号收发器的气球发射到距离地面约 20km 的高度,这些高空气球便可以跟地面的基站进行网络数据的传输。超压气球之间也可以相互通信,将互联网连接发送到各个气球上。这些气球通过地面接收装置与地面交换数据,从而实现地面用户的网络连接。

　　Loon 气球导航系统会根据海拔、位置、风速和时间等变量作出反应,而这套 AI (artificial intelligence) 算法则可以梳理机器所遇到的大量数据并从中学习,它可以根据以往所经历的事件,作出预判并改变操纵。Loon 气球上的电子设备将实现对 Loon 气球的控制、定位,以及气球之间的通信、气球与地面的通信等。地面用户则通过特殊的网络天线接入 Loon 气球提供的互联网服务 (图 1.7)。在放飞气球的同时，Loon 项目将在地面上建立一个基站网络，基站与基站之间的距离约为 100km，可以通过基站将信号发射到空中的气球上。

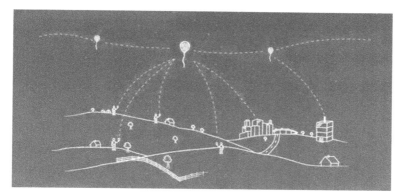

图 1.6 谷歌 Loon 气球网络工作原理图

图 1.7 地面接收天线

　　Loon 高空超压气球从上到下依次为：降落伞、球体 (包括主气囊和副气囊)、气泵、太阳能电池和吊舱，其外形如图 1.8 所示。

　　高空超压气球各个组成部分指标及功能描述如下。

　　A. 降落伞

　　降落伞安装在气球的顶部。当 Loon 气球完成了飞行任务需要降落的时候，地面操控人员通过排出氦气的方式减小气球浮力。若气球下降速度过快，降落伞包便会自动打开，将下降速度控制在可控范围之内，以便气球能够完好回收。

B. 球体

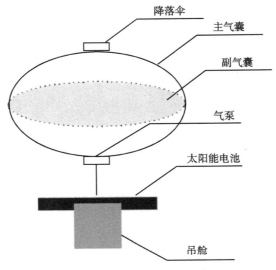

图 1.8　Loon 气球外形示意图

球体分为主气囊和副气囊。为了达到预期飞行时间超过 100 天的目的，它采用的是超压型气球设计；气球球体采用了南瓜型外形设计。气球直径约为 15m，高约 12m，主气囊内部充着浮升气体 (氦气)。所使用的气球囊体采用材料强度非常高的聚乙烯材料，厚度约为 0.076mm，气球的超压量可以达到 800Pa，根据最新公布的实验室测试数据，气球的极限超压量已经突破了 1200Pa。副气囊内充有空气，通过气泵排出或充入空气，实现 Loon 气球高度的调节。

C. 气泵

Loon 气球的底部安装了高度调节装置——气泵。气泵向副气囊充入空气或者排出空气来改变气球的浮力，从而实现气球高度的下降或升高。这种浮力调节方式，可以实现气球 1.7km 范围的高度调节。

D. 太阳能电池

气球上任务设备所有能量均来源于太阳能电池，每个气球上有两块 1.5m×1.5m 的电池板相对放置，便于吸收各个方向的太阳光，即使气球在高空中改变朝向，也不会中断供电。太阳能电池采用的是轻质高效的薄膜单晶硅材质，光照充足时可提供 100W 的功率。在光照充足时，仅需 4h 就可以完成吊舱内锂电池的充电过程。白天光照充足时太阳能电池不仅可以满足球上设备能量需求，还可以将剩余能量储存在吊舱内的锂电池中，以供夜间或光照不足时球上设备使用。这样就可以保证气球能在 20km 高度持续工作很多天而不需要地面给予额外的能量。

E. 吊舱

Loon 气球的主要电子设备以及任务载荷设备都安装在气球最底端的吊舱内。吊舱尺寸约为 30cm×25cm×60cm,吊舱总质量约为 10kg。吊舱内主要设备有:通信设备、温控系统、GPS 接收机、锂电池、测控设备、雷达角反射器、二次雷达应答机以及主控电路。

2001 年 2 月,法国 CNES 放飞了一个红外线热气球,成功完成了 71 天的环球飞行,创下这种热气球连续飞行时间的最高纪录,如图 1.9 所示。这个红外线热气球是从巴西的包鲁放飞的,其目的是飞越整个地球,对海洋、陆地、高山、沙漠等地球不同区域上空的大气进行物理分析,采集各种气象数据,研究大气的化学组成,以及确定空气中的污染成分等。红外线热气球使用的是“开放性”热气,其被动加热系统,即通过阳光和地面红外线作用对气体进行加热的系统,可以使气球热气的温度始终保持比周围空气的温度高,并使气球获得较高的上升力。与世界普遍使用的平流层增压气球不同的是,平流层增压气球的飞行高度不能变化,但红外线热气球的飞行高度则可根据昼夜温差而有所不同,它白天的飞行高度大约距地球 28000m,而夜间的飞行高度则为 20000m 左右,这可以使它获取更多的科学数据。此外,平流层增压气球的载重量仅为 15kg,而红外线热气球的载重量则可超过50kg,这使得它可以携带更多的设备和测量仪器。

图 1.9　法国 CNES 放飞的高空气球

2002 年,意大利航天局 (ASI) 推动了一个高空气球项目,该项目目标是模仿NASA 每年在南极的平流层气球计划,在挪威协作建立了长航时飞行气球发放所需要的基础设施。在 2002 年 6 月进行了第一次飞行,使用了 3000m³ 的小气球,在这次飞行中获得了关于极涡的环流模式的非常有价值的数据。这些实验在接下来的几年中重复进行，包括许多球载小型科学有效载荷。在 2006 年进行的最后一次系列发放 (6 月 14 日发放) 中，飞行航迹如图 1.10 所示，平流层气球第一次完成了北极圈的完整巡航，是历史性的里程碑。

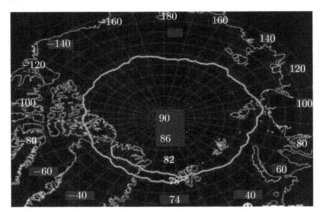

图 1.10   气球环极地飞行航迹，总共飞行了 17 天

西班牙的 Zero 2 Infinity 公司致力于高空科学气球飞行，其服务高度达到临近空间。在 2017 年 11 月，Zero 2 Infinity 公司发放了一个载重量 135kg 的高空气球，其中搭载了空中客车公司高科技仪器 (图 1.11)。

图 1.11   Zero 2 Infinity 公司高空科学气球搭载空中客车公司高科技仪器

德国–瑞典的 REXUS/BEXUS 项目每年支持两次探空火箭和平流层气球的发射试验。REXUS/BEXUS 项目是根据德国航空航天中心 (Deutsches Zentrum für Luft-und Raumfahrt e.V., DLR) 和瑞典国家空间委员会 (SNSB) 之间的双边代理协议实现的。通过与欧洲航天局 (ESA) 的合作，瑞典份额已经提供给所有 ESA 成员国或合作国家的学生。欧洲发射中心与 DLR 的移动火箭基地 (MORABA) 合作，负责该项目的管理和发射车辆的操作。DLR、瑞典空间研究中心 (SSC)、欧洲空间

技术应用与微重力研究中心 (ZARM) 和 ESA 的专家为整个项目的学生团队提供技术和后勤支持。每个参与到这个项目的学生，都旨在应用探空火箭和高空气球完成自己所需要的探测试验，其中学生们以项目组为单位，需要独立完成关于气球和载荷之间的所有工作，但是很可惜，这个项目目前只针对欧洲学生开放。

1986 年 "挑战者号" 航天飞机事故使得大量任务被迫停滞。意识到航天飞机的局限性，在高空气球方面经验丰富的美国 NASA 随即提出在极地进行长时间气球飞行的长航时气球 (LDB) 计划，以替代部分航天器开展任务，并逐步形成规模，一些原本无望实现的任务得以再次执行。然而只在极地进行长时间飞行并不能满足更多任务的要求，开展中低纬度的长时间气球飞行已是必然，而且对一些任务来说，气球的飞行时长还是太短，这也是气球相比卫星的主要弱势之一。于是 NASA 在 1997 年提出了一个更加雄心勃勃的计划——ULDB 计划。ULDB 计划全面采用超压气球，最终要实现的目标是气球飞行高度 33500m，有效载荷 1600kg，飞行时长达到 100 天以上。这个目标一旦实现，可以说是名副其实的平流层卫星。整个气球平台将在亚轨道空间长时间运行，在这个空间内作为卫星和航天器的替代平台，满足长时间科学实验的要求，推动科学的发展，同时，作为通信、导航和观测平台也将产生巨大的应用价值。

2008 年底，NASA 在南极发放的编号 591NT 的 ULDB 气球，借助极昼优势，一举完成了长达 54 天的超长航时飞行。从 NASA 公布的数据看，591NT 的飞行简直可以说是完美，唯一的不足就是飞行地点在南极而不是中低纬度地区。NASA 随后逐步将试验地点向中纬度转移，并在 2015 年 3 月从新西兰发放编号 662NT 的 ULDB 气球并完成了 32 天的飞行，横跨南美洲，绕过非洲，并最终在澳大利亚降落，接近环球飞行。NASA 称这次飞行是最严格的一次超压气球飞行，是该量级超压气球的首次中纬度长时间飞行，意义重大。2018 年 8 月，足球场大小的科学气球 "Big 60" 成功试飞。作为迄今最大的零压力气球，其飘浮至创纪录的 48000m 高空，允许搭载有效载荷进行长达 8h 试验飞行的 (图 1.12)。"Big 60" 的厚度也仅

图 1.12   "Big 60" 成功经历了 8h 试飞

是其他气球的一半——0.01mm，其上覆盖球囊的塑料薄膜厚度略小于厨房保鲜膜的厚度。气球飘浮在地球平流层的温度平均在 −60℃左右，薄膜在实验室中的耐受温度低至 −90℃。

　　图 1.13 给出的是 NASA 气球轨迹控制系统构成图。图 1.14 为轨迹控制系统工作原理图。图 1.15 为轨迹控制系统各部件受力矢量图。图 1.16 为轨迹控制系统的缩比模型在空中的试飞情况。图 1.17 是使用计算机模拟的在发射相同数量气球的情况

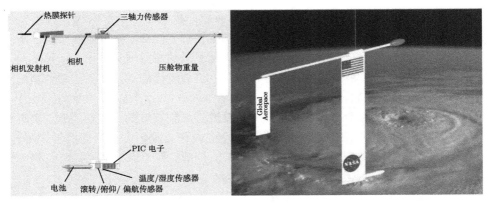

图 1.13　NASA 气球轨迹控制系统构成图

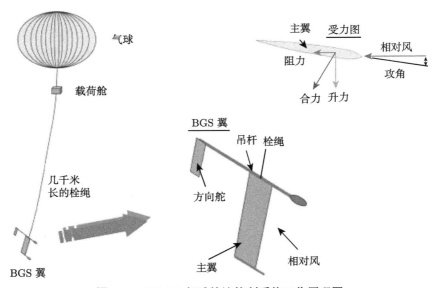

图 1.14　NASA 气球轨迹控制系统工作原理图

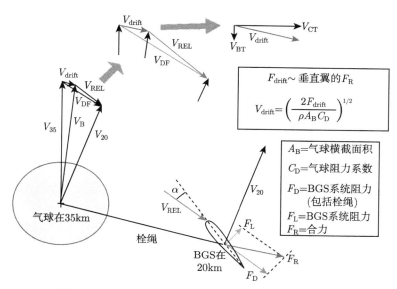

图 1.15　NASA 气球轨迹控制系统各部件受力矢量图

图 1.16　NASA 气球轨迹控制系统缩比模型试飞图

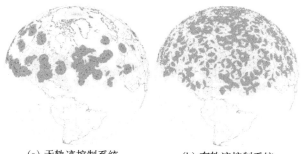

(a) 无轨迹控制系统　　　　　　　(b) 有轨迹控制系统

图 1.17　有/无轨迹控制系统时气球对地球覆盖区域 (383 个气球)

下，没有安装轨迹控制系统与安装轨迹控制系统时气球对地球覆盖区域的比较，浅色区域为单个气球的覆盖区域，深色区域为多个气球覆盖的重叠区域。从图中可以看出，在没有安装轨迹控制系统时，气球的轨迹受风场的影响，在一些特定区域形成严重的重合，而安装轨迹控制系统后，相同数量的气球就可以形成网络，覆盖北半球的大部分地区。

2017 年，NASA 还资助了包括从美国俄勒冈州到南卡罗来纳州的 55 个院校团队组成的日食气球计划。该计划向地球表面 10 万 ft 的高空发射气象气球，记录日食横穿美国的过程，如图 1.18 所示。2017 年 8 月 21 日的美国日食期间发射了 5 个高空氢气球。其中，三个气球携带着三维打印的装备，并配备有高清相机，收集了约 18 万张照片，从照片中构建了俄勒冈日食期间地球、太阳和月亮的高清 360° 全景图像；第四个气球有多个高清相机；第五个气球是 NASA 资助的日食气球计划的一部分，以拍摄日食在美国全国各地的路径。除高清相机外，每个气球配有 GPS 跟踪器和电池组。气球飘浮高度为 60000~130000ft 不等。

图 1.18 高空的立体投影

2018 年 9 月，空中客车公司利用高空气球对军用平流层 4G/5G 通信技术进行了测试。此次测试的技术称为 Airbus LTE AirNode，是空中客车公司的机载安全组网军事通信项目 ("天空网络") 的关键组成部分 (图 1.19)。利用新一代空中远距离通信技术，高空平台 (如空中客车的 "西风" 无人机) 将能够创建持久而安全的通信蜂窝，对来自多种平台 (如直升机、战术无人机以及中空长航时 (MALE) 无人机) 的信息进行中继。在法国和加拿大航天机构的支持下，空中客车公司在加拿大利用一个平流层气球形成的高空蜂窝站点在地球上空 21km 的高度对此通信解决方案进行了测试。这个平流层气球携带有一套 Airbus LTE AirNode 系统，覆盖范围达到 30km。空中客车公司的测试团队利用两部车和两架无人机, 跟踪气球超过 200km, 并通过在不同载荷之间传输 4K (分辨率) 视频数据模拟了执行情报、监视、侦察 (ISR) 任务时的实时数据传输。该系统通过专用网进行数据传输的速率在 0.5~4Mbit/s, 相当于 4G/5G 移动通信。

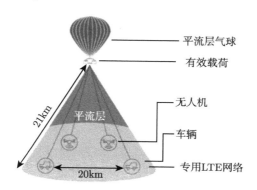

图 1.19 空中客车公司的 "天空网络"

当不同飞机在彼此有效通信范围内飞行时, Airbus LTE AirNode 能够在飞机之间提供安全的机会式通信。它能够在卫星和无人机的帮助下为机载载荷、地面或者海上作战行动提供数周或者数月的高安全性通信能力。这种 Ad Hoc 网络 (Ad Hoc 网络是一种没有有线基础设施支持的移动网络, 网络中的节点均由移动主机构成) 适用于所有用户, 包括特种部队和灾难救援场景。空中客车公司在 2018 年范堡罗国际航展上推出了 "天空网络" 解决方案, 它通过综合多种通信技术形成了一种弹性全球网络, 使飞机成为高速互联战场空间不可或缺的组成部分。"天空网络" 将整合各种技术, 例如, 卫星链路 (地球同步轨道及中、低轨道星座), 战术空–地、地–空和空–空链路, 语音链路, 5G 移动通信单元和激光通信连接, 形成单一的全球安全网络。

3) 高空型自由灵巧浮空器的材料、结构与工艺

高空零压气球采用线性低密度聚乙烯 (LLDPE) 薄膜, 球体由多幅膜片焊接而成, 根据球体大小、材料、载荷等不同, 球体结构设计也不同, 通常采用自然形气球。

高空超压气球采用 LLDPE 薄膜和聚对亚苯基苯并双噁唑 (PBO) 纤维材料加强带焊接而成, 南瓜形超压气球的结构虽然大大减小了球膜上的应力, 但对加强带的强度要求则提高了, 因此在新的高强度材料出现前, 加强带材料将是决定球体强度的限制因素。

近年来, NASA 沃勒普斯飞行设施部 (Wallops Flight Facility, WFF) 的研究人员对气球材料进行了一系列试验, 包括单轴拉伸加载试验、双轴拉伸加载试验、

低应力应变条件下的滞后作用和机械硬化行为试验[17]。其中单轴拉伸试验方法简单而且易于得到较为可靠的试验数据，但是拉伸时与拉伸方向平行的强度随着拉伸比的增加而增加，垂直于拉伸方向的强度则随之下降。双轴拉伸可用来防止单轴拉伸时在薄膜平面内垂直于拉伸方向上强度变差的缺点，是改进高聚物薄膜或薄片性能的一种重要方法。以上试验的目的是研究聚乙烯薄膜的破坏极限，并最终提出应变极限假说。该假说假设超压气球是基于屈服应变标准设计的。假设规定超压气球在正常的工作压力下，如果总的应变维持在有限变形范围内，薄膜就不会出现破裂现象[18]。

2. 低空系留型灵巧浮空器

系留气球是使用系缆与地面锚泊设施连接，依靠球体内氦气产生的浮力悬停在空中，并可控制在大气中飘浮高度的气球。作为一种浮空平台，系留气球具有滞空时间长 (连续滞空时间从几天至一个月)、耐候性强、部署简单灵活、效费比高等特点；可为球载设备提供较大的对地视界范围，滞空高度越高，覆盖范围越大；可用于大气环境监测、预警、电子对抗、技术监察与监视、超长波通信以及信息中继等民用和军用领域[19]。

系留气球经历了三代发展过程，如图 1.20 所示。第一代始于 18 世纪末到第二次世界大战以前，此时的系留气球外形以球形为主；第二代系留气球发展于第二次世界大战期间，气球的外形发展经历了从球形到蛇形，再到带充气尾翼并符合空气动力学要求的囊体外形的发展过程，大大提高了气球稳定性和抗风能力；第三代系留气球发展于 20 世纪中后期至今，由于采用了新技术和新材料，其抗风能力和外形刚度的保持能力都较前两代系留气球有较大提高[20]。系留气球在预警、侦察监视、军事通信等军用领域和电视、通信、大范围信息收集等民用领域具有广泛用途。最著名的系留气球预警系统，则是美国新型的 "杰伦斯"(JLENS) 气球载巡航导弹预警系统。2002 年初，美国空军研制了 "塔斯"(TARS) 高空系留气球载 L-88(V)3 雷达，其气球长度为 64m，直径为 21m，准备部署在美国南部上空，用于监视南部海岸和波多黎各与加利福尼亚州之间内陆边界。2004 年，美国 "快速初始部署浮空器" 计划已经获得成功。部署在阿富汗和伊拉克的系留气球从 3 个增加到了 20 多个，用于替代巡逻部队，监视驻地周围的威胁和位于波斯湾海域的石油平台。此外，法国、英国、俄罗斯、德国等国也对系留气球平台进行了大量的研究，其主要目的也是用于军事。系留气球平台在预警和通信中继等军事应用中的最大优势在于其极低的使用成本。

系留气球有多种分类方法，按球体结构可以分为常规系留气球和非常规系留气球；按体积大小可以分为微型、小型、中型、大型、特大型和超大型系留气球，如表 1.1 所示，除微型和小型系留气球会存在非常规型，其他均为常规系留气

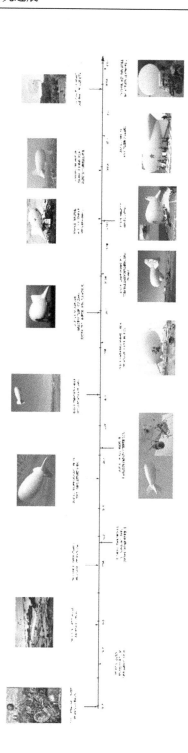

图 1.20　系留气球发展过程 (后附彩图)

球；按应用领域可以分为军用和民用，军用又可以分为 ISR、通信中继和安全预警
型等 [21]。

表 1.1　不同体积系留气球分类及其性能

类别	体积/m³	高度/m	载荷/kg	抗风
微型	5～20	≤ 200	5	五级
小型	20～200	≤ 500	50	六级
中型	200～2000	≤ 2000	200	八级
大型	2000～5000	≤ 3000	300	十级
特大型	5000～10000	≤ 5000	500	十级
超大型	≥ 10000	≥ 5000	≥ 500	十级

　　大型、特大型和超大型系留气球升空高度大、带载量大、滞空时间长，经常用
于战略部署，得到各国军方重视，典型的应用系统有美国的 JLENS 系统和俄罗斯
的 PUMA 系统，但大型系留气球系统构成复杂、造价昂贵，对锚泊设施和发放场
地的要求较高，进而限制了大规模应用 [22]。中型常规系留气球相对小型系留气球
滞空时间长、可靠性高、带载量大且可灵活布置载荷，相对大型系留气球机动性
强、容易部署、成本低，因此无论是在军事活动还是在民用中都得到广泛应用，典
型的应用系统有美国 RAID 系统、PGSS 系统和 PTDS 系统等。近年来，随着任务
载荷的小型化以及对机动性要求的提高，微、小型系留气球以其轻巧紧凑的结构和
快速部署能力迎合了应用需求，因而广泛应用于反恐冲突中单兵侦察、战术部署和
快速应急通信等任务。

　　随着现代电子技术、高分子纤维囊体材料、球体设计、风洞试验、系缆、压力控
制等技术的进步以及应用需求的增加，系留气球的发展经历了一个由小到大、由简
单到复杂的发展历程。目前，随着载荷集成化程度的进一步提高，以及应用任务向
着综合化和单一化两个方向的发展，系留气球的发展趋势也出现了两极分化——超
大型的战略系统和灵巧的战术系统，灵巧系留气球具有结构紧凑、快速部署的特
点，广泛应用于多个领域。

　　1) 常规系留气球

　　常规系留气球结构的显著特点是其球体为流线型球体，一般由球体，测控、供
电、系缆、锚泊设施，以及应用载荷等组成。以 TCOM12MTM 为例，如图 1.21 所
示，TCOM12MTM 系留气球是美国 TCOM 公司研制的战术系留气球 [23]，可以在
中等高度为载荷提供稳定平台，它延续了 TCOM15M，TCOM17M 的简约设计理
念：结构紧凑，高度便携，非常适合于快速、战术部署和地面观测应用。其典型应
用是应急响应小组的安全保卫和通信任务。它也可以用于海军部署，既可以沿海岸
线布置，也可以直接部署在船基平台上。其球体为流线型，长细比一般由风洞试验
和飞行试验确定，具有良好的气动稳定性。球体结构包括主气囊 (图 1.21 中 1 所示

位置)、副气囊 (在主气囊内部,未标注) 和尾翼 (图 1.21 中 2 所示位置),主气囊内充氦气以提供浮力;副气囊内充空气,副气囊设有排气和充气装置,以在球体升降过程中通过充入/排出空气保持球体压力 (也有些系留气球球体不设置副气囊,而通过气囊材料的超压能力承受升降过程中球体的压力变化)。尾翼的作用一是使球体保持迎风,二是使球体具有一定的气动稳定性,一般为倒 Y 形,可以是充气或张拉膜结构。系缆 (图 1.21 中 4 所示) 包括多个侧系缆和一个主系缆,侧系缆分成多股,将力分散在球体侧面;主系缆连接在球体的主节点上,从而保证在载荷质量改变时不会影响系留气球仰角。多个侧系缆也可以为载荷提供安装空间 (也有些系留气球的载荷固定在球体腹部);主系缆为复合缆,集成了承力缆 (一般为复合材料织物如芳纶)、供电缆 (一般为高压) 和通信缆 (可以是电缆或光缆),不仅提供拉力约束球体,还可以为浮空器上设备提供能源和传输载荷数据。测控、配电设备以及载荷 (图 1.21 中 3 所示位置) 一般安装在球体下方腹部或系缆之上 (图 1.21 中 3 所示位置)。锚泊设施 (包括氦气储存装置) 需特殊设计,包含自动快速展开装置,可以由小型卡车改装而成,以便快速机动。

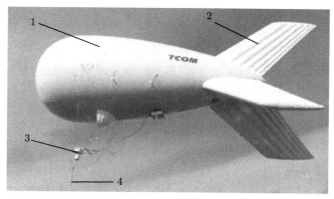

图 1.21 TCOM12MTM 系留气球

TCOM12MTM 非常适合携带各种轻型载荷。它适用于在 20.6m/s 稳定风速下操作,也可以在 25.7m/s 风速下锚泊,可在 10.3m/s 风速下发放和回收。TCOM12-MTM 长度为 12m(TCOM 产品均以长度命名),体积为 184.0m³,初始充氦气体积约为 1274.2m³。TCOM12MTM 在 20℃下可以携带 27.2kg 载荷到 304.8m 高度,最大滞空时间为 5 天。TCOM12MTM 系统总质量为 1723.6kg,可整合为大小为2.1m×2.1m×2.1m 的模块,用标准军用卡车即可运输。TCOM12MTM 发放只需要直径 24.4m 的发放场地。发放回收操作只需 3 个人,并可在 2h 内进行部署。

TCOM12MTM 的航空电子设备包括一个轻量动力压力远程自动快速展开装置 (power-pressure-telemetry-automatic rapid deflation device,PPTARDD)、天气传

感器和球载线缆。系统数据通过系缆中的光纤由球载传感器传到地面计算机中。远程系统为操作者提供至关重要的飞行和性能参数、天气数据 (包括温度、气压、风速风向、GPS 位置等)。地面远程计算机提供载荷和系留气球系统参数的监测。所有的系留气球装备均安装在主气囊腹部。其载荷是宽视场运动图像监测和目标追踪系统，安装在系缆之上，如图 1.22 所示。

图 1.22   TCOM12MTM 的载荷安装形式

2) 非常规系留气球

非常规系留气球一般也由球体，测控、供电、系缆、锚泊设施，以及应用载荷等组成。与常规系留气球的流线型球体不同的是，非常规系留气球的球体为扁球形，这种形状受温度、压力和海拔影响最小，同时，扁球体在一定攻角下也可以产生气动升力，进而提高球体负载能力；球体结构可以是单层结构 (如 Skystar)或双层结构 (如 Desert Star)，一般无副气囊 (也有些因驻空高度较高设置副气囊，如 Skystar330)；"尾翼" 可以是半硬式或软式结构，如美国 Allsopp Helikites 公司的 Desert Star Helikites 采用了半硬式结构 [24]，以色列 RT LTA Systems 公司的Skystar 系列则为软式结构。以下将分别介绍两种结构形式。

采用半硬式结构的 Desert Star Helikites 结构如图 1.23 所示，其中，1 为球体；2 为张拉膜 "尾翼"，其作用一是提供额外的气动升力，二是作为风标使球体保持迎风方向，从而具有一定的稳定性；3、5、6、7 为张拉膜 "尾翼" 的龙骨，它们的存在使该系留气球构型成为半硬式球体结构，其中 5 是主龙骨，3、6、7 为加强结构，也可以为载荷提供安装平台，龙骨可以在图中 19 龙骨出口处抽出，以方便运输；4 为长度可变的拉绳，通过该拉绳约束球体体积可以改变球体压力，这种特殊结构可以不改变球体结构而使球体体积变化，因此不需要复杂的副气囊，这样可以适应不同海拔、不同温度的天气，也可以保证气囊压力的保持；9 为操作绳，可单人操作；11、12 为载荷舱；20、21、22、23 均为载荷安装位置；16、17、18 为天线安装位置；8 为前安装点；10 为中安装点；13、14 为拉祥；15 为氢气充气阀门 [25]。

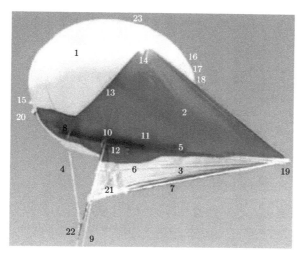

图 1.23　Desert Star Helikites——半硬式系留气球结构

　　软式非常规系留气球结构与半硬式相比没有硬式龙骨，"尾翼"结构以软式风兜代替。Skystar 系列系留气球即采用了软式结构，如图 1.24 所示，其中，1 为扁球体；2 为风兜，作为"尾翼"为球体提供稳定性；3 为操作绳，在系留气球发放和回收时由操作员控制球体稳定；4 为载荷；5 为氢气充气阀门；6 为拉绳，可以通过其伸缩调整球体体积进而调整球体内部压力。

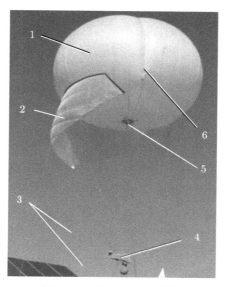

图 1.24　Skystar300 结构

上述几种系留气球结构虽然外形各异，但是各部分作用却极其相似。表 1.2 对比其相似点与区别。

表 1.2 不同结构系留气球对比

类型	常规结构 TCOM12MTM	非常规半硬式结构 Desert Star Helikites	非常规软式结构 Skystar 300
球体	流线型	扁球体	扁球体
"尾翼"	倒 Y 形尾翼	张拉膜	风兜
压力控制	副气囊	龙骨拉绳	球体拉绳
其他	具有载荷、操作绳、充氦气阀门、系缆		

由表 1.2 可以看出，不同系留气球均包含了提供升力的球体、起稳定作用的"尾翼"；可以通过球体内部的副气囊或球体外部拉绳结构调整球体压力；主系缆集成了光、电线缆以为载荷供电和传输数据；结构附件均包括操作绳、充气阀门等。

3) RT LTA Systems 公司系留气球系列

Skystar 系列系留气球由以色列 RT LTA Systems 公司研制，包括 Skystar 100 (图 1.25)、Skystar 180、Skystar 220、Skystar 250、Skystar 300，以及最新款 Skystar 330。Skystar 系列系留气球是一种单兵系留气球系统，是依靠两人即可实施操作的低空浮空平台系统，系统主要包括球体、系缆 (含供电、数传)、绞盘、气瓶、载荷及其控制接收装置。

图 1.25 以色列单兵系留气球 Skystar 100 系统

Skystar 100 全系统可打包至一个或两个背包中，由单兵背负。气球直径 2.8m，体积约 12m^3，系统总质量 8kg，载荷质量 2.5kg，升空高度 100m，探测范围 1km，目标辨识范围 500m，可以拍摄高清的图片和视频。

在 2014 年 7 月和 8 月加沙边境的冲突中，以色列沿边境部署了 13 套 Skystar

300 系留气球系统，如图 1.26 所示。该球直径 7.7m，体积 100m³，部署时间仅需要 20min。该系统可以在 350m 高度搭载 50kg 的载荷，其连续工作时间长达 72h，抗风能力达到 20m/s。目前，RT 气球系统已被以色列、阿富汗、墨西哥、泰国、加拿大、俄罗斯以及一些非洲国家使用。

图 1.26　Skystar 300 系留气球系统

4) Allsopp Helikites 公司系留气球系列

Allsopp Helikites 公司开发了一系列系留气球产品，包括 Skyhook 系列、Skyshot 系列、Desert Star 系列等，如图 1.27 所示。各系列系留气球尺寸各不相同，应用范围也各种各样。这里以 Desert Star 系列为例，介绍其产品特征。

(a) Skyhook系列　　　(b) Skyshot系列　　　(c) Desert Star系列

图 1.27　Allsopp Helikites 公司系列系留气球产品

Desert Star 系列针对风沙等恶劣天气情况采取了特殊设计, 球体分为内、外两层, 内层采用聚氨酯 (PU) 材料, 内充氢气以提供浮力和保持球体外形, 外层保护膜采用高比强度材料, 能使球体免于腐蚀和打击。Desert Star 系列最大飞行高度为几千英尺, 可以在恶劣环境中布置和操作, 这一特性比其他任何尺寸系留气球都优秀。此系留气球没有易损坏的电子元器件, 没有易破的副气囊, 身形小巧——远小于其他类型系留气球, 驻空高度较高——大于一般火力范围, 即使 Desert Star 系列受到子弹攻击, 也不会很快失去氢气, 仍能够维持驻空高度很长时间, 方便时即可将它收回进行补救, 即使不可补救, 其内部气囊也可以在几分钟之内完全换掉, 因此其生存性能极好, 世界范围的使用也肯定了其强度和优秀的天气适应能力。Desert Star 系列参数特征见表 1.3。自从 2005 年制作第一只 Desert Star 以来, 已有很多该系列产品投入使用, 目前无一损坏。所有这些用于英军和美军在阿富汗战场的系留气球依然在服役, 用于其他行动中的系留气球也是一样。

表 1.3　Desert Star 系列参数特征

系留气球类型	体积/m³	无风时载荷能力/kg	15kn① 风时载荷能力/kg	最大抗风能力/kn	无载荷最大升空高度/(ft/m)	长轴/(ft/m)	短轴/(ft/m)
Desert Star	5	1.0	9	40	2000/609.6	10/3.05	7/2.13
Desert Star	6	1.5	9	40	2100/640.08	10.5/3.2	7.5/2.29
Desert Star	8	2.5	10	42	2500/762	11/3.35	8/2.44
Desert Star	10	3.0	10	45	3000/914.4	12/3.66	9/2.74
Desert Star	15	5	12	46	3500/1066.8	14/4.27	10/3.05
Desert Star	20	8	16	48	4000/1219.2	16/4.88	11/3.35
Desert Star	24	9	23	50	4500/1371.6	20/6.1	13/3.96
Desert Star	34	14	30	50	6000/1828.8	22/6.71	15/4.57
Desert Star	45	20	40	50	7000/2133.6	24/7.32	18/5.49
Desert Star	64	30	70	60	9000/2743.2	26/7.92	19/5.79
Desert Star	75	35	75	60	10000/3048	28/8.53	20/6.1
Desert Star	100	50	100	60	11000/3352.8	32/9.75	22/6.71

注: ① 1kn = 1.852km/h。

5) 其他非常规微/小型系留气球

2015 年 8 月, 美国 Drone Aviation Holding 公司生产的军用 WASP(Winch Aerostat Small Platform) 浮空器成功完成了 2015 年 "美国国防部企业挑战", 该挑战旨在探索能够通过参与者之间的互联网络为其提供某地区实时数据和视频的各种科学技术 [26]。WASP 能够扩展通信距离, 为地面部队和相关人员提供实时情景视频和信息。WASP 是一种高级战略型移动浮空器系统, 它的通信范围比正常战略型天线更大, 如图 1.28 所示。其飞行高度是美国陆军最高的塔系统的 10 倍, 通信范围可覆盖至偏僻地区，WASP 飞行状态如图 1.29 所示。这款由地面的士兵操作的浮空器可以在携带装备的情况下，连续数日、数周甚至数月执行各种使命，其中主要包括为地面人员提供数据信息和实时视频 [27]。

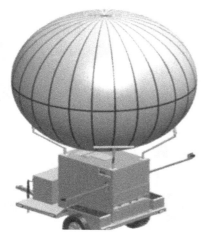 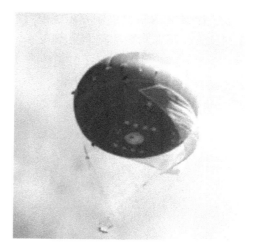

图 1.28 WASP 系统构想图   图 1.29 WASP 系统飞行图

2016 年 3 月 9 日，Drone Aviation Holding 公司又获得了 WASP 系统的一项合同，总价值超过 78 万美元。该合同中主要生产第 2 代 WASP 系统，如图 1.30 所示，具体改进包括：① 扩大了氢气存储箱，以支持长达 4 周的扩大部署和飞行；② 对 APIU(空中有效载荷接口单元) 进行了升级和模块化，以支持可互换的有效载荷，包括先进的 ISR/视频/SIGINT 和中继通信系统；③ 为了增强起飞和回收作业，重新设计和强化了系留系统。2016 年 10 月 19 日，Drone Aviation Holding 公司将一种新的通信传感器集成到 WASP 浮空器上，该有效载荷所提供的更强通信能力 (包括更远的语音和数据网络工作距离) 扩展了该浮空器的 ISR 任务范围。

WASP 系统已经在军队网络整合试验 (NIE) 中成功完成了许多操作，能有效扩展通信距离，扩大了 ISR 任务范围，并被美军认定为可以为地面士兵提供支持的战略型解决方案。

系留型浮空器的一个新的应用是利用浮空器提高濒海作战舰 (LCS) 和无人浮空器间的通信距离。为此，美国机器人研究公司以及 Carolina 无人机和无人系统国际公司合作开发了模块化浮空器通信中继系统，即 Marcel。此项工作还包括传感器研究，系统利用传感器输入，识别并对环境变化作出反应，伸长或收回系留绳。

此研究中，LCS 部署的无人浮空器 (如图 1.31、图 1.32 所示) 将使用多舰艇通信系统 (MVCS)，其中 Carolina 公司的轻型浮空器系统 (LAS) 利用的 Marcel 系统携带 RT-1944/U Sealancet 电台，可提供视距通信能力。Sealancet 是一种战术网络电台，使用 IP (Internet Protocol) 路由，可在地基、舰载和机载应用中为无线局域网 (WLAN) 服务提供视距和超视距通信。Sealancet 是一种可编程的宽带、安全的网络化电台，能处理数据、图像和流视频，能利用多种波形，提供不同的数据速率，从使用 BPSK(二进制移相键控) 波形的 6Mbit/s 到使用 64QAM(正交调幅) 的 54Mbit/s。基本系统的频率范围在 2.2~6GHz 四个波段，再加上额外的两个 L 波段。经验证，携带电台的浮空器作为通信中继，将有效扩展 LCS 与无人浮空器间的通信距离 [28]。

图 1.30   Drone Aviation Holding 公司第 2 代 WASP 系统

图 1.31   在 LCS 上部署的浮空器

图 1.32　船舰与无人浮空器之间的通信

　　与 RT LTA Systems 公司的 Skystar 系列和 Allsopp Helikites 公司的系留气球类似，还有 SkySentry 公司的 TEA-45，Carolina Unmanned Vehicles 公司的 STM-PAS，以及 Drone Aviation Holding 公司的战术系留气球等此类非常规构型系留气球系统。

　　快速部署系留气球平台 (Rapidly Elevated Aerostat Platform，REAP) 由 Lockheed Martin 公司和 ILS-BOSCH 公司联合研制，是一种提供紧凑型、高度便携、快速部署与回收的 ISR 系统。系统包括：载有光电系统的系留气球，ILSMK1 昼间和夜间摄像机，Raytheon 公司研制的红外 (IR) 装置 (从 100m 高度对目标的探测距离估计为 35km，当飘浮在 91.4m 高度时，REAP 上的传感器能覆盖 29km 的地面区域)，以及安装在 "悍马" 汽车上的地面设备，如图 1.33 所示。

图 1.33　REAP 系留气球运输及部署照片

　　REAP 系统的设计适合各种任务，可以通过调整主气囊体积和系缆长度来调节升空高度。其载荷数据通过无线转换器传送到地面控制中心。REAP 的综合基础安装界面装备 (包括锚泊系统) 允许安装到任何卡车或中等尺寸车辆之上。

　　REAP 系统的结构如图 1.34 所示，长度为 11.9m，体积为 141.6m³，可快速移动到指定区域部署，只需 2 名操作员即可在 15min 内自动展开、3 名操作员在 10min 内回收。REAP 最大可提升 54.4kg 载荷至 304.8m 高度，其最长滞空时间为 6 天。

艇体和尾翼　　锚泊垫　　主气囊箱　　平台　　主气囊　　锚泊杆　　绞盘　　旋转台

图 1.34　锚泊状态下的 REAP 系统

　　REAP 系统主要部署在阿富汗喀布尔、坎大哈和其他任何美军集结或感兴趣地区，如图 1.35 所示，它能够在 5min 内快速展开。其战术单元可以在白天、夜晚甚至微光情况下 (比如雾、霾、烟等) 提供 ISR、火力保护、发现和识别目标。

图 1.35　阿富汗天空中的 REAP 监视气球

　　除 TCOM12MTM 和 REAP 之外，还有许多其他公司的微/小型常规系留气球，比如 RIVEN 公司的 TIF 系列 (见图 1.36，主要参数见表 1.4)、世界观测组公司的 "盒子飞艇"(BiB) 等。

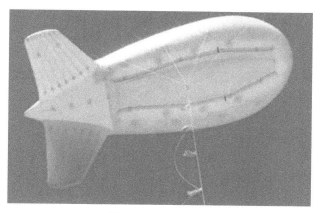

图 1.36 TIF-6500

表 1.4 RIVEN 公司微/小型系留气球参数

型号	长度 /(ft/m)	最大直径 /(ft/m)	最大载荷 /(lb/kg)[①]	飞行高度范围 /(ft/m)
TIF-6500	49.8/15.2	17/5.2	279/127	0～8000/2438.4
TIF-4500	44.4/13.5	15/4.6	128/58	0～3000/914.4
TIF-3750	41.1/12.5	14/4.2	109/49	0～3000/914.4
TIF-2675	36.2/11.0	12/3.7	85/39	0～3000/914.4
TIF-1600	31.5/9.6	11/3.3	36/16	0～2000/609.6

注: ① 1lb = 0.453592kg。

俄罗斯空天军第 13 浮空器科学研究试验中心与多尔戈鲁基设计局合作, 完成了 "眉心" 第四代军用系留气球系统的研制和试飞。2010 年 12 月, 多尔戈鲁基设计局在第 13 浮空器科学研究试验中心完成了 PA1-720D"佩列斯韦特" 第四代军用系留气球系统。该型防空预警系留气球体积 3000m³、最大升限 3500m、长 32m、高 13m、自身质量 1000kg、有效载荷 300kg、抗风强度 25m/s, 通过地面缆索供电, 球上总供电功率 4.5kW, 系统工作人员 8～12 人。

2014 年 4 月和 2015 年 5 月, 多尔戈鲁基设计局和 "阿夫古里–俄航空系统" 公司, 分别推出了 "马科思" 和 "猎豹" 第四代军用系留气球系统。"马科思" 系统主要担负海上防空预警任务。该型系留气球系统体积 80m³、长 10.8m、球体质量不超过 42kg、350m 高空最大有效载荷 20kg、展开时间不超过 1.5h、留空时间 10 昼夜。2015 年 7 月, "马科思" 系统曾经在喀朗施塔得海军基地进行试飞[29]。

"猎豹" 系留气球系统采用了家族式设计方案, 分别由 "猎豹-12"、"猎豹-15" 和 "猎豹-18" 组成。"猎豹-12" 体积 1200m³、长 27.9m、留空时间 20 昼夜、最大升限 1000m、有效载荷 100～300kg, 通过地面缆索供电, 球上总供电功率 4kW, 雷达发现目标 120km；"猎豹-15" 系统体积 1500m³、长 30m、留空时间 30 昼夜、最大升限 1100m、有效过载 100~400kg、最大供电功率 4kW、雷达发现目标距离 130km。"猎豹-18" 系统体积 1800m³、长 32m、留空时间 20 昼夜、最大升限 1700m、有效过载 100~500kg，通过地面缆索供电，球上总供电功率 5kW，雷达发现目标距离 170km。

2015 年 2 月，俄罗斯私营企业 "扎拉" 公司在莫斯科郊区完成了 ZART-180 第四代军用系留气球系统的试飞。该系统体积为 45~60m³。系统最大特点是，球体内部充有氢气的主气囊和充有空气的副气囊，一次充气后的使用时间由 3 昼夜增加到 3 个月。2016 年 8 月 28 日，俄罗斯空天军驻叙利亚赫梅明空军基地首次使用了第四代军用系留气球系统，如图 1.37 所示。据俄罗斯军事专家分析，该型防空预警系留气球系统的外形，与 "阿夫古里–俄航空系统" 公司研制的 "雪豹" 系统十分相似。

图 1.37 俄罗斯驻叙利亚赫梅明空军基地首次使用第四代防空预警系留气球系统

"雪豹" 系统体积 110m³、长 12m、最大抗风强度 20m/s、留空时间 1 昼夜、最大升限 900m、300m 高度有效载荷 25kg、摄像头发现目标距离 60km。"雪豹" 系统主要担负赫梅明基地的安全保障任务，系留气球摄像头能将基地周边地面和空中的安全动态情报实时传递给基地指挥所和俄罗斯国家防御指挥中心。除担负防空预警任务外，该型系留气球系统还可以担负军事中继通信和军事气象侦察任务，可将风速、湿度和气压实时传递给战机飞行员。

以色列 RT LTA Systems 公司宣布推出 Skystar 120 (如图 1.38 所示)，这是一种微型战术浮空器系统，旨在为现场指挥官提供实时侦察能力，即使在崎岖地形中也能进行操作。该系统最近向以色列国防军进行了展示，并已准备好投入使用。Skystar 120 地面控制站基于 Skystar 110 平台，安装在可以穿越大多数地形的 ATV(全地形车) 上，操作人员可以同时操纵浮空器和 ATV，使系统处于待发射状态和飞行状态，并且依靠通信设备可实时观察地面情况。Skystar 120 结构紧凑，坚固耐用，可在极端天气条件下运行，监控范围可达 1500ft。

图 1.38　车载战术浮空器系统平台

6) 系留型浮空器的材料、结构与工艺

系留型浮空器所使用的囊体材料由多层高分子功能材料组成，一般具有 "耐候层–阻隔层–中间层–承力织物–热封层" 的结构特征。国内用户曾一直从美国进口系留气球用高性能囊体材料，以应对急需。

系留型浮空器的囊体材料、结构和工艺不仅影响系统可靠性与安全性，也影响到氦气泄漏率，从而影响其滞空时间和使用成本。目前国内外在囊体低泄漏方面开展了大量研究工作，主要是提高囊体材料气密性、提高囊体加工质量、优化阀门等浮空器的结构连接方式等方面。

美国 TCOM 公司的 Mark-7s 系留气球囊体材料采用 Tecllar 膜 (聚氟乙烯，

PVF) 为耐候层、PEF 膜为阻隔层、涤纶织物为承力层、热塑性弹性体为中间层和热封层材料。材料的拉伸强度为 40kg/cm、氦气泄漏率为 0.5U(m²·d·atm)。德国齐柏林飞艇公司生产的天舟 600(Skyship 600) 载人飞艇的囊体采用层压工艺,具有优良的氦气保存特性,氦气损耗率很低,一般是每月 1%,故浮空器使用过程中只需要偶尔补充氦气。囊体对污染物有很强的抵抗力,氦气纯度平均每年下降约 2%,一般每年提纯一次即可。

国内目前开展中型系留气球用囊体材料的研制工作,在原材料、复合加工技术和集成技术方面取得阶段性进展,包括囊体材料的组成与结构设计、复合工艺技术、辅助材料技术以及囊体材料的性能检测等方面。目前所研制的囊体材料在主要性能指标上接近国外同类材料水平,但囊体材料的长期使用寿命或耐候性还需要经过户外曝晒和室内加速老化试验验证。此外,囊体材料的批产稳定性也需要进一步验证。国内系留浮空器的氦气泄漏率同国外相比有较大差距,目前中小型机动式系留浮空器的氦气耗损率一般高达每月 10% 以上。主要原因是囊体材料经反复揉搓后的气密性较差、加工过程中对囊体保护不足导致表面破损、囊体表面安装的阀门等构件漏气等。

近年来,国内出现了观光用途的系留气球,如西安的 "曲江眼"。"曲江眼" 采用英国 Lindstrand 公司技术,囊体材料的结构组成为:聚氨酯 + 涤纶织物 + 聚氨酯,拉伸强度 64kg/cm(聚氨酯)/46kg/cm(涤纶织物),面密度 460g/m²。

7) 测控、能源与任务载荷

目前国内外绝大部分的系留浮空器均采用缆绳供电技术,这是系留浮空器高海拔、大功率、长时间滞空必须解决的关键技术。国内基本掌握了大功率长距离缆绳供电技术,但在防雷、可靠性、缆绳寿命、轻质化等方面还有待提高。

风光柴互补供电在边境地面供电中已有应用,且技术相对成熟,但在系留浮空器上还没有相关应用。近些年随着柔性薄膜电池和永磁直驱风力发电技术的发展,风光互补技术也开始在浮空器上开展应用研究。

在任务载荷方面,利用小型机动式系留浮空器搭载便携式雷达设备、电子侦察设备、电视成像设备、无源雷达、红外成像设备、可见光成像设备、移动通信基站、超级 WiFi 设备等多种任务载荷完成验证试验和应用试验,并将应用范围逐步拓展到森林防火、交通管理、雾霾监测、无线通信等多个领域,应用市场不断拓展。大型固定式系留气球在国内外的应用方向主要是预警探测、协同制导、旅游观光等,任务载荷主要有侦察监视、预警探测、制导雷达、AIS (船舶自动识别系统) 接收模块等,实现对空中机动目标、隐身目标、巡航目标的探测和预警,并引导战斗机、空空导弹与地空导弹,实现对相应目标的拦截作战;实现大覆盖范围内海上船只动态信息 (船位、航速、航向等)、静态信息 (船名、目的港等)、航次信息和安全短消息等信息的采集 [30]。

8) 地面保障与安全性

近年来, 国内外在机动式系留浮空器地面锚泊系统集成方面开展研究, 并在某些型号的系留浮空器上成功应用。美国的 REAP 快速升空气球平台 (长 9.5m, 体积 74m³) 的地面系统就集成在一辆机动多途轮式车上, 直接从车上的氦气储存罐向放置在车上的气囊内充入氦气释放系留缆绳升空。RAID 快速初始部署浮空器由一辆锚泊车加一辆氦气保障车实现地面锚泊。

国内与国外先进水平相比有很大差距, 小型系留浮空器尚未完成一体化集成研制, 地面锚泊系统主要包括一辆锚泊车、一辆氦气保障车, 由于氦气回收设备功率较大, 还需配置一台专门的发电车。

氦气昂贵, 氦气回收速度直接影响浮空器的撤收速度。氦气通常采取压缩方式回收、储存、运输。氦气压缩机国际上主要采用德国宝华 (BAUER) 公司产品, 其技术国际领先, 压缩流量为 5~322m³/h。国内厂家的产品性能和可靠性低, 目前单台最大压缩流量为 300m³/h(北京航空航天大学), 结构形式绝大部分为活塞式压缩机。

针对国内机动系留浮空器与实用需求和国际水平的差距, 国内开展了 "小型系留浮空器工程化技术研究", 以国外先进技术指标为实现目标, 对囊体低泄漏、环境适应性、快速展开撤收、地面锚泊系统集成、缆绳均力和风光柴互补供电等多项关键技术进行攻关研究和试验验证, 以期提高小型机动式系留浮空器的综合性能, 拓展应用市场。此外, 为保证系统全寿命周期内战备完好性及规定的技术状态, 确保任务的完成, 还逐步建设完善了系留浮空器除冰雪设备、气象保障设备、氦气保障设备、视频监视设备、工程保障设备、方舱电站等地面保障设施。

3. 搭载式快速部署灵巧浮空器

为了尽可能减小浮空器释放过程中的风险, 满足军事需求中不同作战模式和战场环境变化, 各国提出了多种不同的解决方法 [31]。美国 Aerostar 等公司提出的 "高空哨兵" (Hisentinel) 计划, 在发射时只需部分充满氦气, 在升空过程中氦气膨胀充满囊体, 因此在发射时无须占用大型飞机库和专用设施, 易于军事行动进行野外部署 [32]。美国西南研究院的 I. S. Smith 等提出了机载气球系统 (ABLS) 部署方案 [33]: 把气球平台集装到一个空外用燃油箱 (OBJS) 内, 利用飞机把 OBJS 带到 10km 高度释放, 在降落伞减速过程中利用携带的高压氦气瓶对气球进行快速充气, 充气完成后抛掉降落伞和空外用燃油箱, 气球携带有效载荷经过 6h 上浮到 20km 的准零风带。此方案论证了机载气球系统大规模低成本部署的可靠性及其响应快、机动性强、可全天候监视的特点。图 1.39 为 ABLS 部署序列, 图 1.40 为 OBJS 机载到 10km 高度后的部署序列。美国约翰·霍普金斯大学的研究人员提出了 "高空侦察飞行器"(HARVe) 方案: 将一个类似于气球形状的浮空器装载在飞机或不带战斗部位的导弹上, 在指定高度释放后, HARVe 将自行充气后进入工作区域。

图 1.39   ABLS 部署序列

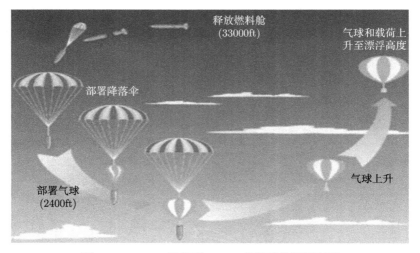

图 1.40   OBJS 机载到 10km 高度后的部署序列

  然而,目前这些研究方案未能完全满足平流层浮空器的全天候、全地域、安全可靠、快速地完成释放部署的任务需求。基于上述情况,本书提出建议,将弹道导弹与浮空器侦察侦测平台结合起来,提出一种具备应急发射能力的临近空间浮空侦察侦测系统的快速释放部署方案,减少释放窗口的限制约束,降低升空时的意外风险,极大地缩短浮空器平台的部署时间,实现平流层浮空器的全天候、安全、快速部署。

1.4.2   国内研究现状

1. 空飘气球

  我国从 20 世纪六七十年代至今,先后研制生产了升空高度 50m~25km、体积几立方米至几万立方米、载重量 200g~300kg 的各种不同型号空飘气球。1984 年建成了我国唯一的万立方米级高空科学气球系统，并开始应用于科学观测和研究。发展到今天，我国高空气球系统技术及其在科学研究中的应用已经比较成熟，在主要总体技术指标上仅次于美国、法国，处于世界先进行列。气球体积形成了从 $30000m^3$ 到 $400000m^3$ 的系列，最大可制造 $600000m^3$ 的气球，气球的载荷能力提高到 1500kg，飞行高度最大达 40km[34]。

我国早在 20 世纪 70 年代末即开展了临近空间浮空器的研究。中国科学院于 1984 年建成了我国的高空科学气球系统并开始应用于科学观测和试验。1990 年实现了从我国北方到俄罗斯西南部的长时间飞行，飞行时长 72h，飞行距离 4000 余千米。中国科学院是目前国内为数不多的全面掌握高空气球技术的单位，已在国内开展气球飞行试验 200 多次，达到国际先进水平。

近年来临近空间浮空器成为热点，多家科研院所、高校开展了方案论证、关键技术攻关和集成演示验证等研究工作，近期部分民营企业也投入临近空间浮空器的研制过程中。2015 年 10 月，北京航空航天大学、北京南江空天科技股份有限公司共同完成了临近空间飞艇 "圆梦号" 的飞行试验，实现了可控飞行与完好回收，同时开展了临近空间宽带数据传输、语音图像传输、对地观测与空中态势感知等初步应用试验 [35]。

2. 系留气球

我国早在 20 世纪 60 年代开始研制系留气球 [36]，1989 年研制出具有现代系留气球特点的 $150m^3$ 小型系留气球。1996 年研制成功我国第一个 $400m^3$ 系留气球升空平台并应用于各种不同的用途，平台载荷 50kg，浮空高度 1000m，利用系缆供电和传输信息。2004 年 11 月完成了体积 $1250m^3$、长 30m、载重量 150kg、系留高度 1km 的系留气球的研制和试飞。2003 年 10 月，成功研制出 BWQ450 型车载机动式系留气球，体积 $450m^3$，工作高度 0.7km，有效载荷 80kg，留空时间 14 天；该系统参加了 2005 年 5 月的北京奥运会安防系统演示验证。2007 年完成了体积 $4500m^3$、载重量 150kg、升空高度 3000m 的中型系留气球系统的试验研制。目前我国已研制出体积 $12000m^3$、载重量 1500kg、系留高度 3km 的系留气球平台。相信在不久的将来，国内将会有一批性能指标更高的系留气球平台问世 [37]。

系留气球载雷达系统在我国的应用较晚，主要因为浮空器在我国的发展时间不长。系留气球在我国 20 世纪 80 年代才开始研究，并且研究规模不大。随着现代科技的发展，浮空器的价值又重新为人们所认识，尤其是其在军事领域的广阔的应用前景使得 20 世纪 90 年代开始至今在工业发达国家中掀起了一场浮空器研制热潮。我国也在这一时期涌现出了一批以中国电子科技集团有限公司第三十八研究所、中国航空工业集团有限公司特种飞行器研究所、西北工业大学、北京航空航天大学、北京龙圣等为代表的科研院所及民营企业，先后开发出了具有自主知识产权的载人、遥控和无人自主浮空器及系列系留气球产品。其中，首部国产机动式多用途系留气球系统 (可以搭载雷达、光电、通信等设备) 的研制成功标志着我国系留气球系统已进入工程化阶段 [38]。

据报道，2010 年上海世博会启用机动式系留气球监测系统，同时搭载预警雷达、图像监控、气象、环保、应急通信等多种设备，完成对低空、超低空目标和水面船只的预警探测。作为世博会立体监测的有效手段，该系统的特别之处就是可以和地面、水域监测构成完整的、立体的、一体化的安防系统。它对于一些原本无法进行有效监控的空间、地面区域可以实现 "一球全覆盖" 式的视频监控，实时掌握人员流动、车船动向、危险源监测、恐怖袭击等动态情况，而以往夜间监控无法得到清晰图像的问题也能够轻松解决。启用系留气球系统保障公共安全，在国内尚属首次。

1.4.3　国内外差距分析

近几年，我国在浮空器技术方面的发展已得到许多科研单位、高等院校和一些企业的重视，我国在浮空器基础理论和工程设计方面也积累了一些经验和研究成果，但与有浮空器悠久发展历史的德国、英国、美国、俄罗斯相比，我国在该学科专业研究方面还存在明显差距，主要表现在以下几个方面。

(1) 基础薄弱。我国针对浮空器总体、外形、结构、系统各专业的基础理论和试验研究积累少，一定程度上减缓了我国浮空器发展的速度。

(2) 大型浮空器型号研制经验不足。由于缺乏大型浮空器型号研制实际经验，在系统集成技术与关键技术攻关能力方面均存在差距，技术创新能力较弱。

(3) 关键材料和技术开发能力弱。在囊体材料、能源动力装置、控制部件等浮空器关键材料和技术开发能力上，我国还明显落后于国外先进水平，严重影响我国浮空器设计制造的性能和可靠性。

(4) 高性能轻质阻氦囊体材料工业化生产技术与国外水平相比差距较大。囊体材料在浮空器质量中所占比例最大，为适应高空环境，要求其蒙皮材料必须具有强度高、质量轻、抗辐射、耐环境、渗漏低、抗皱折和工艺性好等特点。当前国外囊体材料的面密度已小于 $200g/m^2$，抗拉强度达 1000N/cm。国内在囊体材料和复合技术方面开展了大量研究工作，已试制出与国外水平相当的材料样品，但还未实现产品化。

(5) 高效轻质柔性太阳能薄膜电池技术与国外水平相比存在差距。目前国外太阳能薄膜电池产品稳定的转换效率达 8%，实验室效率达 14.7%。国内目前尚不能提供工程实用的大面积柔性衬底太阳能电池，与国外存在一定的差距。

(6) 稀薄气体环境下高效螺旋桨及电机技术与国外水平相比存在差距。目前美国和欧洲在 20km 以上低密度稀薄气体工况下的高效螺旋桨设计和制造技术发展比较成熟，设计效率高达 85% 左右，国外大功率无刷变速直流电机已在高空太阳能无人机上得到应用。国内目前也开展了相关技术研究，但在性能和质量等指标方面明显落后。

1.5 灵巧浮空器关键技术

灵巧浮空器与其他浮空器相比，优势在于系统紧凑、部署快速、机动性高和成本低等，这些特性与它的关键技术息息相关。首先其系统紧凑性取决于灵巧浮空器的总体设计优化技术，这一技术同样决定了其机动性和成本控制，另外灵巧浮空器平台的快速部署能力取决于其放飞以及发放设施的性能。灵巧浮空器的关键技术主要包括普通浮空器的相关关键技术、不同类型灵巧浮空器的独特关键技术，以及相关任务载荷的关键技术。

1.5.1 浮空器系统关键技术

1. 总体优化设计技术

自由浮空器系统总体设计本质上则需要解决两个平衡问题：浮力重力平衡和昼夜能源平衡，此外还需考虑持久留空带来的环境适应性、可靠性和安全性设计问题。考虑浮空器的造价和工程实现性，高空自由浮空器的整体尺寸和起飞质量应当被限制在一定范围之内。因此，综合气动、结构、控制、能源等学科，在满足既定总体技术指标的条件下，以尺寸、起飞质量最小或者驻空时长最长为目标的多学科优化设计 (MDO)，是浮空器方案设计的重要技术途径。在设计过程中，建立能妥善处理多学科耦合信息的模型，以及选用适合的 MDO 方法是重要的研究内容。

系留浮空器平台使用的前提是有足够的浮力使其维持在要求的驻空高度，此时优秀的系统应该有以下特性：较强的环境承受力，从而可以适应不同恶劣环境(如大风、风沙、高温、低温、酸雨等)，这需要球体材料具有较高的强度，且有防老化、抗腐蚀等附加性能，也需要系缆强度足够好；较小的自重，从而允许携带更重的载荷，这需要球体的材料和系缆有较高的比强度；成本低，其前提是满足前述特性的同时降低系统成本，这需要对系统进行分析和计算，选取合适的强度裕度，并尽可能采用成熟产品和技术，以降低成本。综合来看，要满足这些特性都需要开展浮空器平台的总体优化设计。

2. 轻强囊体材料技术

浮空器的囊体材料须具备极高的比强度，只有面密度足够小，同样容积的囊体才可产生更大的有效浮力，而控制浮空器囊体体积是浮空器工程可行性和经济可行性的基本要求。囊体材料强度还需要足够大,以抵抗浮空器运行过程中昼夜温差引起的囊体内外压差载荷,保证浮空器在运行过程中的安全性。现代浮空器已普遍采用氦气,所以囊体材料须具备良好的密封性能,必须在有限面密度的囊体材料中集成具有良好环境适应性的氦气密封层,保证浮空器在长时间飞行过程中不漏气,浮力不下降。囊体材料须包含性能优良的抗老化层,抵抗紫外线 (UV)、臭氧 (O₃) 等带来的综合老化作用,同时需要采用隔光层,防止太阳辐射对内层材料的损伤。囊体材料中所有的功能层需要在低温环境下工作,并可克服较大的昼夜温度变化,这极大地限制了高分子材料的可选范围。囊体表面积巨大,加工难度很高,对囊体材料的可加工性、耐损伤特性、可维修性等提出了很高要求。因此,只有充分认识囊体材料的需求,通过精细设计、深入优化,开发应用最前沿的材料技术,将材料的性能发挥到极致,方可突破囊体材料关键技术。

3. 起降阶段的操纵性设计技术

浮空器起降阶段,飞行速度低,舵面操纵效果差,而起降操纵的灵活性和准确性又是提高浮空器运行可靠性、减少对地面人员和设施依赖的重要途径,国外研制的浮空器项目,已经十分重视这一方面的技术,而我国在此方面研究还不够,技术积累很少。

4. 浮空器热设计与验证技术

浮空器因昼夜日照差异,引起囊体内部温度变化幅度较大,迫切需要测量分析浮空器环境温度高低交变过程,作为总体设计和任务载荷工作环境的输入。浮空器的热问题非常复杂,涉及太阳辐射及风场等气象模型、蒙皮材料以及可能的太阳能电池板传热性能等多方面因素,国内在这方面基础薄弱,需加以重点研究。

5. 浮空器的集成与测试技术

浮空器构成复杂,一些集成检测操作困难,一旦方法或工序不正确或无法实施,不但影响进展,更重要的是可能造成系统的一些重要指标或参数无法考核或验证,为浮空器的安全升空飞行带来隐患。另外,如何填充空气和浮升气体,囊体的整体检漏与修补,如何有效开展组装和测试工作,如何形成合理高效的流程,这些都是需要解决的问题,目前还缺乏不同型号浮空器的集成和测试经验。

6. 浮空器的演示验证技术

浮空器是一种技术难度高、综合性强、集成度高、风险较大的飞行器,演示验证是保证后续研究成功的重要技术方法。通过浮空器研制和试验试飞演示验证活动可检验设计方法是否正确严谨,设计指标、使用模式是否科学并符合工程实际情况,利用试验和试飞采集大量科学数据将有助于促进工程设计技术的逐步改进提高。通过地面集成、制造与试验试飞等演示验证可以降低充气、升空、回收等阶段的风险。在近似真实的环境条件下，对预研成果进行综合集成和演示试验，可以验证浮空器及其应用的可行性、实用性、经济性，为评价预研工作成效提供科学依据。

1.5.2 高空自由浮空器关键技术

1. 控制系统精确化

控制系统精确化是高空浮空器控制的必然要求。因为浮空平台是柔性体，尺度大、惯量大、机动性差、响应缓慢、时滞效应显著，而在灵巧浮空平台的应用中，将会有很多点对点的任务，所以，这就对控制系统提出了较高的要求，必须根据不同的任务需求对控制系统做出精确的设计，主要包括压力控制技术、姿态控制技术、温度控制技术、定点悬停控制技术等。

2. 高效能源获取与转换技术

高效率太阳能电池、高比能量的储能电池、能源转换与管理系统是临近空间浮空器循环能源系统的重要组成部分。目前，高空浮空器上采用的太阳能电池主要有三种技术方案：柔性薄膜太阳能电池、半柔性太阳能电池和刚性太阳能电池。其中柔性太阳能电池又分为非晶硅 (a-Si)、铜铟镓硒 (CIGS)、砷化镓 (GaAs) 等材料体系[39]。目前，国内能量转换效率超过 10% 的非晶硅电池和铜铟镓硒电池还未能实现批量生产；柔性砷化镓电池国内外已有样件，但价格昂贵，无法批量应用于高空浮空器[40]。

高空浮空器的储能系统目前具有可再生燃料电池、锂硫电池和锂电池等典型技术方案。其中可再生燃料电池虽然比能量较高，但由于系统构成复杂，工作环境要求较高，以及能量转化效率较低而需要更大面积的太阳能电池板，在国内外已开展的试飞试验中均未能得到应用。在另外两种方案中，锂硫电池单体在比能量上具有显著优势，但在电堆循环寿命与安全性上仍未能达到实用要求；因此，目前高空浮空器的设计仍以单体比能量超过 $200W\cdot h/kg$ 的锂电池作为储能系统方案[41]。

3. 能源系统配置与管理技术

为实现高空浮空器的任务功能，需要浮空器能够全天候、长航时、高可靠性、安全稳定地运行。这就对浮空器的能源系统提出了较高的要求。因此，如何根据高空的大气环境特点和太阳光照特性，将不同功能、不同特点的能源有机地综合在一起，最大限度地做到系统信息共享、高效控制，使各机载能源和动力系统协调、有效、安全、稳定可靠地工作，实现浮空器的总体运行要求，是一个十分关键的技术问题。

1.5.3　系留浮空器主要关键技术

1. 高生存能力总体设计技术

生存能力是武器装备发展最本质的要求。系留浮空器的生存能力包括战场生存能力和复杂大气环境下的生存能力。国内外的应用经验表明，系留浮空器系统的有效工作时间受制于大气因素，在大风和雷暴天气下必须把浮空器收回到地面，特别恶劣的天气会使浮空器破损甚至逃逸，导致整个系统损坏。因此，提高系留浮空器系统在大气环境下的生存能力，成为我国系留浮空器系统产业化以及提高系留浮空器出勤率方面急需解决的问题。更具体地说，重点是载荷分析与结构强度设计和雷电防护设计。

2. 锚泊和发放设施设计

锚泊和发放设施的设计对整个系统至关重要，它不仅关系到整个系统正常运行，还决定着系统的部署速度和机动性。锚泊和发放设施应该具备以下特性：自动充气和自动发放能力，这不仅可以简化操作、减少操作人员 (1~3 人)，还可以减少操作时间 (一般要求 30min 以内)；模块化，这一特性可以使整个设施方便安装使用，方便运输，增加其机动性，整系统一般可以用标准卡车运输。

国外已经成功应用的锚泊和发放设施包括 TCOM12MTM 的轻量动力压力远程自动快速展开装置 (PPTARDD)，REAP 的基本单元 (basic unit)；SkySentry 公司的战术应急系留浮空器平台 (TMP) 等。

3. 高效推进技术

电动螺旋桨推进装置是目前系留浮空器设计使用的主要推进方案，也有学者在探讨等离子体推进和喷气动力在高空系留浮空器上应用的可行性。为了实现高效率和高功率质量比，浮空器的螺旋桨多采用大直径复合材料双叶桨结构。由于国内外还缺乏有效的地面模拟实验条件，因此其气动设计多以计算流体力学 (CFD) 软件为主要工具，辅以缩比样件的风洞试验。经过多年攻关，在来流风速 15m/s 的条件下，已经可以设计出效率接近 70% 的螺旋桨。高比功率的推进电机是系留浮空器推进系统的主要部件，目前多采用永磁直流无刷电机，部分使用盘式直驱电机，电机效率有的已超过 90%。更高效率的新型推进技术以及更高可靠性和比功率的推进电机将是浮空器推进技术的重要发展目标。

4. 浮升一体化设计技术

浮升一体化设计的目的是选择合理的浮空器气动布局，充分利用系留浮空器飞行过程中产生的气动升力平衡部分重力，以达到减小浮空器囊体体积、提高浮空器性能的目的。与常规单囊体浮空器相比，浮升一体化布局浮空器在气动外形、部件布置、升空回收方式、使用模式等方面都有很大的不同，特别是系留浮空器的囊体外形更为复杂，需要兼顾气动升阻特性、形状保持能力和成型工艺性。

5. 可靠性和易用性设计技术

高可靠性是装备始终追求的目标。我国系留浮空器系统仍然处于研制和试用阶段，设计和使用经验积累不足，使得整个系统的可靠性不高，较为突出的是系缆及其收放系统的可靠性、电子电气系统在雷击条件下的可靠性问题等。

易用性是指系统在使用过程中对人员、配套设施、时间的要求，还包括对不同布设环境的适应能力。这一点是用户最为关注的，也存在较大的提升空间。

6. 通用化和模块化设计技术

系留浮空器的应用表现为多品种小批量的特点，对这一类型的装备系统，既要满足用户的要求，又要取得商业成功，必须推行通用化、模块化，才能达到以下目的：缩短研制周期，降低研制成本；简化技术状态管理；提高系统可靠性和易用性；降低售后服务和全寿命周期维护保障费用。

1.5.4 搭载式浮空器关键技术

1. 持久飞行控制技术

飞行控制技术是高空浮空器的核心技术之一，主要研究问题是区域驻留过程中的飞行模式设计、控制律研究，以及长航时飞行所需的容错飞行控制。目前，区域驻留所采用的控制器设计方法包括线性和非线性方法。其中，线性方法一般利用小扰动线性化理论或反馈线性化理论，将非线性模型作线性化处理，实现横纵通道解耦，得到适合控制器设计的线性模型；并在此基础上应用经典的控制方法进行控制器设计。小扰动线性化理论只适用于浮空器状态特征点附近邻域内的状态控制；反馈线性化对模型的准确性具有较高要求，目前多通过神经网络、干扰观测器等对不确定项进行逼近。非线性方法多采用强鲁棒性的控制方法对浮空器进行控制器设计，如滑模控制、模糊控制、自适应动态逆等。航线巡航为航迹控制问题，一般转化为跟踪问题(路径跟踪或轨迹跟踪)。航迹控制问题不仅需要解决在临近空间内的运动变化，还需保证运动过程中的姿态稳定。合理的既定航线是提高高空浮空器驻空能力的重要前提，因此航迹控制还需考虑航迹优化问题。浮空器的容错飞行控制可以转化为研究控制量分配问题和控制器重构问题。控制分配问题主要解决浮空器不同执行机构之间的控制量协调问题。

2. 发射回收技术

搭载式高空浮空器作为可以快速部署、结构复杂的飞行器，其发射与回收过程都极具挑战。对于高空浮空器，其转运和发射系统往往需要基于浮空器状态以及任务进行设计定制，此外还需要通过气象预报手段，选择最优的发射窗口。目前高空浮空器回收主要运用非成形回收方案：通常使用区域预测降落技术，预先设置降落点或在飞行过程中预测降落地点。经试飞验证，区域预测降落技术的着陆精度可以控制在数百米到 2km 的范围。高空浮空器回收技术研究的最终目标是实现浮空器的完好回收和可重复使用。

3. 空气动力学设计

空气动力学设计是实现浮空器更好控制的保障。随着外形的不断优化，浮空平台的运行速度将得到很大的提高，这也是高效率需求下的必然趋势之一。但是，当平台速度过高时，不仅会带来较大的阻力，还会导致流经囊体表面的气流出现分离现象，这样不仅会降低平台的气动升力，同时由于紊乱气流的影响，浮空平台将变得难以控制。因此，研究高空环境下浮空平台的气动布局与减阻，包括高空环境下附面层的形成、发展和转捩控制，外形减阻机理和优化，表面工艺和精度对附面层的影响，是很有必要的。

4. 长时定点悬停技术

长时定点悬停是高空浮空器与其他飞行器相比的优势所在，表现出探测精度具有较高的空间分辨率和时间分辨率。这种优势在完成军事任务时，是其他飞行器很难简单替代的。因此长时定点悬停技术是浮空器完成军事任务和发挥优势的必要保证。

临近空间存在随纬度和季节变换的长时风场，高空浮空器定点悬停实际上是一种顺风飞行状态，要实现定点悬停，浮空器需要调节飞行高度到不同的风场中。周围大气的随机变化，使得浮空器位置会发生飘移，若不加以控制，浮空器很难保证其位置不超出完成任务所要求的活动范围[42]。

由此可见，定点悬停技术成为制约高空浮空器发展的核心关键技术，必须按照大系统理论，进行复杂的多系统综合与协调控制以及确定各系统需要控制的阈值，以满足浮空器的飘移范围不超出完成任务所规定的定点范围。

1.5.5 灵巧浮空器任务载荷关键技术

无论是高空浮空器，还是系留浮空器，其负载能力与最大飞行高度相互制约，为保证浮空器具有足够的侦察视距和留空时间，应尽量降低载荷设备的质量和功耗，尽可能地进行一体化设计。

1. 任务载荷总体设计技术

浮空器作为升空平台会使载荷设计受到许多条件的约束，如平台的资源有限，受其负荷能力、可用空间、供电能力、供风导热能力等的严格限制，平台的环境条件如温度、气压、辐射、振动等也与以前地面和低空的有较大差别，总体设计必须充分考虑以上因素，进行系统综合优化设计，保证系统综合最优。

2. 高效轻质有源相控阵天线技术

由于浮空器平台所能提供的功率消耗受到严格的限制，为使机载任务载荷能够充分利用平台高度提供的大探测视距，必须采用非常大的天线孔径，在载荷受限的情况下，必须尽可能地降低单位面积的天线质量，同时采用宽禁带器件提高组件效率。目前的技术水平输出功率为毫瓦级，且质量偏大，与需求差距甚远，需要进行大量的技术攻关。

3. 轻型/低功耗电子侦察载荷技术

现代电子侦察对接收机系统提出了阵列多通道并行接收、宽频段与宽瞬时带宽、高速实时处理等性能要求，往往不利于载荷轻型化、低功耗设计，接收机系统方案必须全面优化考虑，尽可能采用高集成度、低功耗的部组件设计以及微组装工艺。此外，应当寻求新体制侦察接收技术支撑，如压缩感知、微波光学接收等，在确保侦察系统性能指标的同时，最大限度地降低载荷质量、功耗。

4. 主被动一体化侦察监视技术

电子侦察依赖目标辐射源，且非合作、被动接收，处理难度大、精度有限，通过与红外/可见光/雷达多源信息的融合，可以弥补单一传感器性能的不足，有利于提升目标的识别准确度和定位精度，显著提升系统的作战效能，满足各种应用需求。要突破宽带宽角阵列天线、多波束发射 DBF、大动态一体化接收、红外预警与多目标跟踪定位、主动发射与被动接收、多传感器/多源信息融合等关键技术，研制具备电子侦察、光电和雷达探测于一体的侦察监视系统。

5. 传感器与浮空器结构一体化技术

大型天线阵列是侦察预警系统提升灵敏度和空域选择能力的重要手段。采用结构一体化设计技术，将浮空器平台结构与侦察预警巨大的轻质天线阵面进行交互和集成设计，提高载荷质量在整个系统质量中的比重，实现系统探测能力最大化。天线阵面采用共形方式与浮空器囊体结合在一起并依靠囊体充气来保持形状，容易受到温度等自然环境因素的影响而变形，必须实时监测共形天线阵面的形变量，并通过控制 T/R (transmitter and receiver, T/R 组件是指一个无线收发系统中视频与天线之间的部分，即 T/R 组件一端接天线，一端接视频处理单元就构成一个无线收发系统) 来补偿，保证雷达天线系统的正常工作。

1.6　灵巧浮空器的发展

灵巧浮空器作为一种超长航时飞行器，既可以弥补卫星在分辨率、灵敏度、动态监视能力方面的不足，又能弥补空中平台在监视范围、生存能力、持续性等方面的不足，还能克服地基系统视野和探测范围有限等方面的缺点。其工作模式类似于"近地卫星"平台，在军用领域具有巨大的应用价值，具体应用包括通信中继、广播通信、导弹预警、空域监视与控制、海上监视与控制、空中与地面侦察、监视与目标获取、火力协调、定位/导航、战场环境监测、电子对抗、空中防御/巡航导弹防御/战术导弹防御武器平台、空地武器平台等。

随着现代信息技术与网络互联技术的快速发展，围绕灵巧浮空器拓展创新的应用领域，将是浮空器未来在民用领域的重要发展方向。系留浮空器以及高空自由浮空器可以携带遥感、成像、通信等任务载荷，长时间停留在城市上空，对城市建筑、交通、排放等进行实时监测，建立城市和相关行业大数据资源库，服务于城市精细化管理、环境与污染管理、气象监测与精细预报、应急通信等领域。多个浮空器携带通信基站，部署在沿海地区上空，可为距离海岸 200km 的用户提供低成本 4G 通信服务。灵巧浮空器还可作为空中通信枢纽和探测平台，探测区域内客机、邮轮以及海事船舶当前位置，可充当塔台、搜救单位和被探测体间的通信中继，以执行主动监测、监控应答、即时发现、即时搜救任务。此外，高空浮空器可以携带红外成像系统，对草原和森林提供实时火灾报警、病虫害预警等，并监测远方和下方云层流动，实现精准天气预报。

灵巧浮空器在军事应用和民事应用上均具有自身的独特优势，可以用来弥补卫星、有人/无人飞机通信中继能力的不足。各国在不断开展对灵巧浮空器相关技术方面的研究，且一些新的应用正逐渐兴起。

1.6.1　发展趋势

1. 科技含量越来越高，研究力度逐渐加大

现代浮空器的设计应用了许多先进的科技成果，如高性能复合材料、现代电子系统、光传操纵飞行控制系统、推力矢量技术、高性能动力装置、太阳能技术等；涉及空气动力学、稳定性与控制等领域的最新理论和设计工具。这使得现代浮空器的各项性能指标得到了全面的提升，为浮空器的重新崛起奠定了必要的技术基础。经过近二十年的探索与实践，浮空器的军民应用前景逐渐明朗化，世界各国也因此加大了对浮空器关键技术研究的投入力度，力争在这个刚刚复兴的领域能够捷足先登。在一些发达国家，浮空器的发展速度明显加快。

2. 向更长航时和高空型发展

高空、长航时是浮空器区别于其他航空器的主要功能特点和优势,也是实现浮空器优良效费比的基础。因此,如何充分挖掘浮空器在这些方面的潜力,以较小的成本代价满足现代空中斗争的各类军事应用需求,自然成为各国军方浮空器研发的重要立足点之一。在高空甚至临近空间可连续工作几天甚至几十天,其预警效果和运行费用将极大地优于其他航空器。

3. 近空间将是未来浮空器应用的重点领域

随着信息技术的广泛应用和空中战争形态的演变,占领更高空间、夺取信息的优势直接关系到掌握战争的主动权。近空间由于其空间位置的特殊性和潜在的军事利用价值,将成为未来各国军事争夺的又一焦点空域。浮空器作为目前在近空间唯一实用的飞行平台,在这一空域将当仁不让地扮演至关重要的角色。其中高空区域驻留浮空器工作在 20km 左右的近空间高度,具有巨大的军事应用和商用价值,是 21 世纪重要的战略制高点。目前,美国军方出于其独霸空间的战略,更是加快了对近空间资源开发利用的步伐,其陆、海、空三军对近空间浮空器平台都提出了强烈的需求,并已着手启动了一系列的开发计划。

4. 环境适应性和安全性能不断提高

系留浮空器除了要满足一定的抗风性能要求之外,还可能需要适应和克服高原环境、沙漠环境、近海岸环境、海洋环境、南方湿热环境、北方干燥环境等多样化自然环境带来的影响。因此,提高综合环境适应能力已成为系留浮空器的一个重要发展趋势。同时,为满足未来高任务出勤率浮空平台的需求,安全性设计仍将是系留浮空器产品和技术发展的重点方向。

5. 囊体材料的发展

(1) 轻量化设计和制备。依托新材料、新结构和新技术等最新研究进展,能够在已有技术基础上实现囊体材料的更轻量化设计和制备。

(2) 功能化设计。采用锁铝膜反射太阳光以及具有红外发射功能或低吸发比的囊体材料来满足浮空器利用太阳光热实现有效控制功能的需求,增强囊体材料的实用性。

(3) 新型复合结构囊体材料。按照浮空器承力结构设计需求,在需要承受应力的方向上有序排列承力纤维,建立集纤维组合、多层复合为一体的新型复合结构囊体材料,能够最大限度提高纤维强度利用率,实现轻量化的囊体材料的一体化设计。

6. 能源动力的发展

(1) 锂电池性能指标不断提高，浮空器应用继续深入。锂电池技术状态成熟，但比能量的提升受限，在短期驻空的浮空器上具有很高的应用价值。

(2) 再生燃料电池技术不断发展，在高空浮空器中逐步应用。高空长航时浮空器储能电池，能量需求巨大，需发展再生燃料电池储能系统，解决全系统方案设计、关键部件的性能优化和空间环境适应性设计等方面的问题，尽快研制出可用的成品。

(3) 薄膜太阳能电池效率提高、面密度减小，批量化生产应用。非晶硅类型电池，单节技术较成熟，但效率较低，需提高效率，同时解决非晶硅电池的衰减问题和大面积生产工艺的问题。薄硅类型半柔性薄膜太阳能电池，效率较高、工作稳定，需减小面密度，解决其在使用过程中易损坏的问题。CIGS 类型柔性薄膜太阳能电池，效率较高、工作稳定，但目前国内还没有可用的成品提供，短时间内还需进口。

(4) 直驱/减驱电机，功率密度、效率、可靠性不断提高。电机系统深化直驱电机和减驱电机两条技术路线，探索研究无铁心直驱电机关键技术，开展环境适应性试验，不断提高电机技术水平、效率指标和工作可靠性。

除上述趋势外，浮空器的减重和组网技术研究，以及中小型软式浮空器和系留浮空器的系列化发展态势，均是值得关注的发展动向。

1.6.2　发展方向

1. 大气环境研究 (不同地区、季节、高度的温度、气压、风场、辐射等)

无论在设计阶段，还是在运行阶段，首先遇到的问题就是必须充分考虑其所处大气环境的影响。采集积累各地区、各种高度对流层和平流层环境的详细气象参数、研究掌握其特点和变化规律，对高空浮空器的研制和将来的部署使用至关重要。

2. 轻质、高强、阻渗、抗老化囊体材料技术和制造工艺

由于高空浮空器要长期在低密度、高辐射、低温的环境下运行，要求囊体材料必须具有高强度、抗辐射、耐低温、低渗漏的特性。此外，在浮空器的整个结构质量中，主气囊囊体材料的质量约占一半，材料的轻质化是降低浮空器结构质量的重要措施。目前，国内在高性能囊体材料的设计和加工技术上与国外尚有较大的差距。保证军用系留浮空器能够抵抗各种恶劣气候条件的影响、长期滞空工作，高性能的囊体材料至关重要，其综合物理性能在很大程度上直接影响到整个系统的使用性能。对囊体材料的一般要求是：质量轻、强度大、阻气性好、寿命长、耐老化、耐腐蚀、抗辐射等。目前国际上通常采用多层复合膜层压技术制作囊体材料。

3. 高效太阳能薄膜电池、高能量密度燃料、电池等新能源技术,能源与动力推进技术

平流层无云层遮挡,利用太阳能是最佳的方案,稳定高效的柔性衬底薄膜太阳能电池是浮空器能够长期驻空工作的基础。浮空器在夜间的供电则必须依靠储能电池,通常的选择是再生式氢氧燃料电池。目前,国内已开发出符合要求的实验室级柔性衬底薄膜太阳能电池,但尚未商品化。柔性薄膜与浮空器蒙皮的结合技术、再生式燃料电池的技术水平则与国外还有较大差距。

4. 发放、回收与地面系泊技术,气源与配套设施及系统安全技术

发放、回收是整个浮空器运行过程的重要环节。为避免在发放过程中产生过大的载荷,保障发放过程的平稳安全,大型高空浮空器需要研制专门的地面发放设备或系泊设施。如何尽可能减小升空和回收过程中的风险,并安全返回,目前在世界范围内都是一个需要深入研究的课题。此外,系留浮空器在不工作时必须系泊在地面设施上,对系泊系统的基本要求是:必须在各种可预料的气候条件下确保浮空器的安全,并使浮空器结构所受到的载荷最小。选择何种系泊设计方案对浮空器的地面维护有非常大的影响,有许多涉及复杂系统的问题需要考虑。

5. 导航定位技术 (GPS、惯导等组合)

浮空器在空中飞行时,地面站应能随时跟踪浮空器的运动,确定浮空器的位置。无论是作为定位导航基准平台,还是作为情报侦察平台,浮空器都需要具有一定的定位精度,有时甚至要求达到米级。由于留空时间长,飞机上通常使用的惯性导航系统将无法保证浮空器的位置精度要求。利用卫星信号导航虽可满足精度要求,但战时又无法保证可靠实现。因此,研究更加精确和可靠的技术手段实现浮空器的导航定位功能十分必要。

6. 飞行控制技术

飞行控制技术是浮空器实现可控飞行的核心技术,有遥控和自动控制两种方式。通过升降控制技术使浮空器能根据地面指令以较大的幅度上升或下降,去寻找合适的风层,以改变浮空器飞行方向,使之进入预定的目标区域或回收区域。利用特定的装置自动保持浮空器的飞行高度,保障顺利地完成任务。

7. 通信与测控技术 (空地、空空地、空天地、组网等)

保持浮空器的测控和通信畅通,是保证其飞行正常和安全的基础。根据浮空器飞行的距离,通信测控链路可以分为空地、空空地、空天地、组网等方式。必须保证测控链路的可靠、抗干扰和保密。

8. 总体设计与多学科优化技术 (气动布局、总体结构、热平衡、电磁兼容、隐身、故障检测、安全管理、系统可靠性等)

由于浮空器的稳定性主要依靠其自身形状所产生的空气动力来维持，良好的气动外形、足够的稳定性是保证球载设备正常工作的必要条件。对浮空器来说，过热可能导致蒙皮膨胀破裂，因为在浮空器运行中，有效载荷的正常工作依赖于合适的热环境，浮空器载荷热环境一方面是强烈的太阳辐照、太阳电池废热以及机载设备产生的热，另一方面是微弱的外表面对流换热、散热，这将使浮空器内气体温度升高。因此，热分析和热控制技术成为浮空器的关键技术之一，是一个需要加强研究的课题。此外，电磁兼容、隐身、故障检测、安全管理、系统可靠性等都是浮空器设计制造时必须解决的问题。

1.6.3 发展建议

现代科技的飞速发展，使得浮空器在动力学分析、结构设计、囊体材料、发动机、航电设备、操纵系统、有效载荷等众多技术环节以及各项性能指标上，与过去相比，有了前所未有的巨大进步。而浮空平台作为继飞机、坦克、军舰之后的第四大作战平台，具有巨大的发展空间和极其重要的经济、军事应用前景。但我国目前浮空器的发展现状与国外先进国家相比，在观念认识、理论研究、技术水平以及组织管理方面仍存在不小的差距，所以希望国家有关部门、科研机构和企业给予高度重视，共同推动我国浮空器事业的发展。

根据世界浮空器领域前沿动态和技术发展趋势，结合国际、国内浮空器研制和技术研究现状，着眼我国浮空器学科和事业的健康长远发展，建议：

(1) 国家重视，政策倾斜，军民两用，加大投入。加大规划协调，加大预研投入，通过概念研究、关键技术攻关和工程模型样机，从技术和需求的实际出发，制订我国浮空器发展路线图，作为今后工作的指导性文件。

(2) 加强各种类型浮空器基础理论研究和工程应用试验研究，积累科学技术数据，造就高素质人才队伍，推进科技创新，为浮空器系列化可持续发展奠定基础。加强各种类型浮空器基础理论研究和工程应用试验研究，积累科学技术数据，为浮空器系列化可持续发展奠定基础。

(3) 优势互补，联合研发。面向工程实际需求，探索产、学、研、用相结合的途径，提高技术发展的针对性和有效性，提高产品的性能、质量和推广应用范围。

(4) 进一步加强国内外学术技术交流与合作、项目合作和联合研发。在加强国内研发自主创新的基础上，充分利用国外先进技术和经验，通过合作与交流，形成浮空器发展的良好氛围与合力，防止重复研究，缩短研发周期，促进技术创新与发展。通过国内外学术交流与合作，促进技术创新与发展，加强浮空器专用材料和配套设备的专项技术研究。针对囊体材料、能源动力装置、控制部件等影响浮空器总体性能和效率的重要材料或设备，开展广泛深入的科学研究，减轻系统重量，提高性能和可靠性。

(5) 加强浮空器相关航空航天已有成果的转化应用。针对材料、能源、动力、阀门、风机等影响浮空器总体性能和效率的重要材料或设备，融合利用航空航天已有技术成果，开展广泛深入的科学研究，以减轻系统质量，提高效率、性能和可靠性，加快浮空器专用材料和配套设备的发展。

参 考 文 献

[1] Khoury G A. Airship Technology. Vol. 10. Cambridge: Cambridge University Press, 2012.

[2] 李彤, 李源源, 茅志义. 浮空器学科专业发展研究 // 中国航空学会. 航空科学技术学科发展报告 (2008—2009). 北京: 中国科学技术出版社, 2009.

[3] 张蓓蓓. 浮空膜结构初始形态与荷载效应分析. 天津: 天津大学, 2011.

[4] 刘四洋. 浮空器气囊热特性分析研究. 合肥: 合肥工业大学, 2016.

[5] 张月. 浮空气囊泄漏的仿真及预测研究. 合肥: 合肥工业大学, 2016.

[6] 刘鹏, 盛怀洁, 廖明飞. 浮空器优势分析及其军事应用. 飞航导弹, 2011, 09: 84-87.

[7] 罗敏. 浮空器雷达载荷发展浅析. 现代雷达, 2010, 32(06): 14-16.

[8] 吴德伟, 景井, 李海林. 临近空间环境对高超声速飞行器导航系统的影响分析. 飞航导弹, 2012, 12: 73-80.

[9] 何荣斌. 平流层飞艇平台姿态控制研究. 南京: 南京航空航天大学, 2009.

[10] 郭伟民, 司万兵, 桂启山, 等. 导弹作战中临近空间飞行器与航天器的协同应用. 飞航导弹, 2008, 05: 19-21.

[11] 丁一, 王进, 李文洲. 临近空间飞行器在防空反导预警中的运用. 国防科技, 2009, 30(06): 21-26.

[12] 常建龙, 赵良玉, 李克勇. 临近空间平台与空天飞机在未来战争中的协同作用. 飞航导弹, 2012, 09: 81-84+96.

[13] 刘玉伏, 龚荣兴. 美军浮空器的发展. 国防科技, 2007, 07: 39-42.

[14] 鲁芳, 池小泉. 美国临近空间飞行器的 C~4ISR 能力及其启示. 装甲兵工程学院学报, 2010, 24(03): 17-20+40.

[15] 苏润, 李小建. 平流层零压气球飞行控制仿真研究. 合肥工业大学学报 (自然科学版), 2018, 41(03): 325-332.

[16] 陈旭. 长时高空气球的研制发展. 航天器工程, 2007, 04: 83-88.

[17] 田莉莉, 方贤德. NASA 高空气球的研究及其进展. 航天返回与遥感, 2012, 01: 81-87.

[18] 中国电子科技集团. 38 所 "超级气球" 上海测霾广受关注. 电子技术与软件工程, 2014, 01: 9.

[19] 梁德文. 系留气球载监视雷达述评. 电讯技术, 1991, 01: 52-62.

[20] 曹洁. 国外系留气球的发展与应用. 科技资讯, 2010, 25: 6-7.

[21] 何巍. 系留气球球体结构纵向刚度研究. 力学与实践, 2015, 37(1): 64-69.

[22] 国外微/小型系留气球概述. http://www.81it.com/2018/0117/8418.html [2018-1-20].

[23] 兰. 高空气球——探测隐身目标的经济手段. 现代军事, 1995, 9: 58.

[24] Helikites D. http://www.allsopp.co.uk/[2018-6-14].

[25] 黄宛宁, 栗颖思, 周书宇, 等. 现代浮空器军事应用. 科技导报, 2017, 35(15): 20-27.

[26] 王艳奎. 临近空间飞行器应用前景及发展概况分析. 中国航天, 2009, 10: 39-41+44.

[27] 左卫, 包志勇, 张闻宇. 系留缆绳的应用特点与发展趋势. 光纤与电缆及其应用技术, 2013, 06: 1-3+7.

[28] 单亚玲, 刘耀宗. 基于低空探测系留气球系统总体技术概述. 长沙航空职业技术学院学报, 2007, 03: 51-54.

[29] 姜永伟. 再展宏图的俄罗斯军用系留气球系统. 兵器知识, 2018, 1: 38-42.

[30] 王健. 基于 AIS 的航标无线监控系统的应用研究. 大连: 大连海事大学, 2006.

[31] 常晓飞, 尚妮妮, 符文星, 等. 平流层浮空器快速部署平台的建模与仿真. 宇航学报, 2014, 35(10): 1135-1140.

[32] 陈文英, 陈玲. 美军高空飞艇. 江苏航空, 2007, 03: 15-17.

[33] 谭惠丰, 王超, 王长国. 实现结构轻量化的新型平流层飞艇研究进展. 航空学报, 2010, 02: 257-264.

[34] 吴耀, 姚伟, 王超, 等. 一种利用自然能飞行的临近空间浮空器研究. 航天返回与遥感, 2015, 03: 20-25.

[35] 祝明, 陈天, 梁浩全, 等. 临近空间浮空器研究现状与发展展望. 国际航空, 2016, 1: 22-25.

[36] 赵攀峰, 唐逊, 陈昌胜. 系留气球载雷达系统. 航空科学技术, 2008, 02: 12-16.

[37] 陈昌胜, 赵攀峰. 系留气球载雷达系统分析. 雷达科学与技术, 2007, 06: 410-414+469.

[38] 钱洁, 刘志高, 皇甫流成, 等. 系留气球平台及其可靠性技术研究探索. 电子产品可靠性与环境试验, 2012, 30(06): 35-39.

[39] 洪瑞江, 沈辉. 薄膜太阳电池的研发现状和产业发展. 中国材料进展, 2009, 28(Z2): 35-44.

[40] 范文涛, 朱刘. 碲化镉薄膜太阳能电池的研究现状及进展. 材料研究与应用, 2017, 11(01): 6-8.

[41] 李莹霄. 我国太阳能光伏发电行业投资风险分析. 长春: 吉林大学, 2008.

[42] 刘刚, 张玉军. 平流层飞艇定点驻留控制分析与仿真. 兵工自动化, 2008, 12: 64-66.

第2章 灵巧浮空器设计基础

相比较而言，浮空器具有诸多飞行器所不具备的优点。① 浮空器可长时间滞留。浮空器飘浮在空中，因此极大地节约能源，可以长期滞留空中而消耗很少的能量。由于其耗能较小，可以利用太阳能为其补充能源，也可以利用可再生氢氧能源燃料电池作为辅助能源。正因于此，浮空器可做到长期的定点侦察监视。② 浮空器可提供高分辨率成像支持。浮空器依靠浮力而悬浮在空中，因此其可搭载分辨率更高的成像设备而不需要消耗过多的能量，从而能够为用户提供高分辨率的成像支持。③ 浮空器的使用成本非常低。相比较而言，浮空器依靠浮力工作，比无人机、卫星等所消耗的成本要低很多。④ 浮空器具有较强的生存能力。由于其体型、材质、运动特性等，浮空器能够适应较恶劣的气候条件，而且，即使出现损坏，其特殊的体型结构也能保证其安全地降落到地面。另外，浮空器的体型、材质、运动特性等使其很难被发现，在军事应用中也具有极大的前景。

2.1 浮空器设计要点

灵巧浮空器的分析与设计是从任务需求的总体目标和约束条件出发，确定满足这些要求和约束条件的灵巧浮空器任务方案，为其系统方案设计提供输入条件。灵巧浮空器的分析与设计是一个迭代过程，需要考虑的约束条件复杂，包括浮空器的飞行状态、载荷能力、放飞条件、驻空时间、研制周期及成本等，其中许多因素难以用准确的数学模型进行定量描述，因此，浮空器的分析与设计只是在限定条件下的优化目标的选取问题。

2.2 浮空器浮空原理

浮空器的浮空原理实际是来源于公元前 200 年以前古希腊学者阿基米德 (Archimedes, 公元前 287—公元前 212) 发现的浮力原理：浸在液体中的物体受到向上的浮力，浮力的大小等于物体排开的液体所受的重力。下面对这个现象进行解释。

如图 2.1 所示，一正方形单元浸入液体，根据帕斯卡定律，不可压缩静止流体中任一点受外力产生压力增值后，此压力增值瞬时传至静止流体各点，单元表面受到流体作用到其表面的法向压力 [1]。作用在单元上、下表面的压力分别为

$$p_1 = \rho \cdot g \cdot z_1 \tag{2.1}$$

$$p_2 = \rho \cdot g \cdot z_2 \tag{2.2}$$

式中，ρ 为液体密度；g 为重力加速度；z_1, z_2 分别为上、下表面的深度。

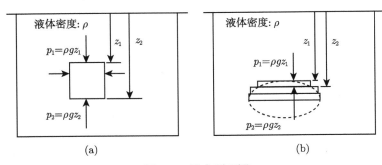

图 2.1　浮力原理图

大气中的所有物体都受到浮力，就像流体力学中所描述的在水中的相同作用，但是空气浮力大小与物体本身的质量相比，通常可忽略 [2] (例如，在海平面上，人体所受到的空气浮力大约仅为体重的 0.12%[3])。

气球上升过程中的阻力 F_{drag} 为

$$F_{\text{drag}} = \frac{1}{2} C_{\text{d}} A \rho v^2 \tag{2.3}$$

其中，C_{d} 是气球的阻力因子；A 是气球垂直方向的横截面积；ρ 是大气阻力；v 是气球上升的垂直速度。

气球上升过程中总的重力 G 为

$$G = mg \tag{2.4}$$

其中，m 是气球系统的总质量；g 是重力加速度。

不同海拔环境温度和压力的变化是描述上升速度变化原因的关键。运动动力学方程表示爬升速率的变化，根据牛顿第二运动定律可以写成

$$F_{\text{total}} = ma \tag{2.5}$$

$$F_{\text{float}} - G - F_{\text{drag}} = ma \tag{2.6}$$

其中，a 是垂直方向上的加速度。

上升速度为

$$v_{i+1} = v_i + a_i \cdot \Delta t \tag{2.7}$$

其中，i 为时刻。

气球的实时高度可以写成

$$H_{i+1} = H_i + v_i \cdot \Delta t \tag{2.8}$$

2.3 浮空器主要参数

浮空器主要参数包括：浮空器的质量、浮空器的几何外形等。

2.3.1 浮空器的质量

灵巧浮空器是一种以空气浮力为主要重力平衡形式的高低空飞行平台，其利用轻质气体来提升升力，能够执行长时驻留任务。灵巧浮空器包括系留浮空器和高空自由浮空器两大类，分别如图 2.2 和图 2.3 所示。

图 2.2　美国在亚利桑那州边界部署的系留浮空器

图 2.3　高空自由浮空器

系留浮空器，主要由囊体、尾翼、能源系统、载荷舱以及控制系统等组成。囊体用于填充浮升气体，得以提供浮力；尾翼提供稳定性和操控性；载荷舱提供平台用于搭载有效载荷系统；部分系留浮空器还配置有推进装置，提供前进动力。系留浮空器一般工作在对流层的底层 (高度在 20~30km)，它具有携带有效载荷并实现定点、主动控制和机动飞行的能力。

　　高空自由浮空器是一种飞行在平流层高度 (30~40km) 无推进装置的浮空器 [4]，具有飞行高度高、成本低、准备周期短、易于灵活实施等其他飞行器所不具备的特点。高空气球飞行系统由气球、球伞分离装置、回收伞、缆绳和吊舱组成。吊舱内装有有效载荷 (遥测遥控设备等)、电源及压舱物等。

　　浮空器系统的质量主要由气囊、连接装置、填充气体、载荷舱和所携带的载荷组成 [6]。

2.3.2　浮空器的几何外形

　　薄膜结构外形的形成通常有两种情况，一种是将边界上的膜结构固定在刚性骨架结构或支柱上得到薄膜表面预张力，从而形成空间结构；另一种是通过对膜内部结构冲压，形成膜内外空气压差，使膜结构形成一定的空间外形。

　　高空气球可以分为两种类型：零压气球和超压气球。传统的零压气球采用 "自然形" 外形设计和开放式的结构。超压气球基本形状的两种主要思想为：正球形超压气球和南瓜形超压气球。正球形超压气球，其体积面积比最大，由均衡的高强度薄膜组成 [7]。1985 年，苏联与法国合作的 VEGA 项目中，使用特殊膜材制成的正球形超压气球对金星大气进行了探测。但这种超压气球有其局限性，其强度和层压能力极大地依赖于材料本身的性能，随着球体尺寸的增加，相同的压差作用下球膜上的应力也随之增加，限制了气球的尺寸 [8,9]。南瓜形超压气球 (图 2.4)，由薄膜和加强筋构成，通过连接球顶和球底的高强度、低延伸性的加强筋使球膜在受到很大的内外压差时形成圆弧形状的鼓包。这种结构可以利用加强筋来传递气球蒙皮内外压差所产生在气球子午线上的力，并通过鼓包来减小蒙皮的曲率半径，从而降低蒙皮上的应力 [10]。

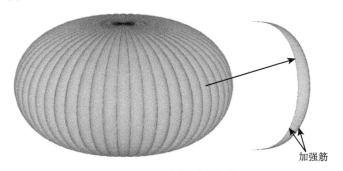

加强筋

图 2.4　南瓜形超压气球

2.4 浮空器压差

对零压气球来说，随着高度的上升，内部浮升气体不断膨胀，当气球蒙皮膨胀到一定程度后，为了保证蒙皮不发生破裂，则需要排出部分氢气，以维持蒙皮内外压差平衡 [11]。超压气球的发放和升空过程类似于开放式零压高空气球：地面发放时充入部分浮升气体，在上升过程中，随着气压的降低，球体逐渐展开并胀满，但超压气球胀满后并不自动排出气体，而是将多余的气体封闭在球体内并形成超压 [12]。

通常系留浮空器尺寸和体积都比较大，内部气体昼夜温差引起内外压差的变化，蒙皮在内外压差作用下产生较大的柔性变形。低空系留浮空器可以延续传统浮空器的结构形式，主要包括：硬式、半硬式及软式。硬式浮空器由刚性骨架维持外形并承担全部载荷，由内部的非刚性气泡或者气球提供升力，如图 2.5 所示。硬式浮空器容易发生由结构弯曲造成的脆性破坏，主要活跃于第一次世界大战期间。

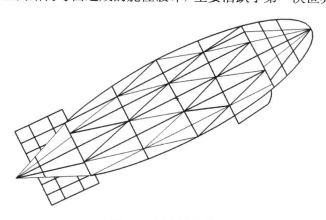

图 2.5　硬式浮空器

半硬式与软式系留浮空器使用充气囊体，囊体的外形由压差维持。不同于软式浮空器，半硬式浮空器在囊体底部布置有承担主要载荷的刚性骨架，如图 2.6 所示。而软式浮空器的刚度完全由充气艇体提供，载荷完全由充气囊体承担，如图 2.7 所示。与半硬式系留浮空器相比，软式浮空器质量更轻，更容易设计、成形与维护，是系留浮空器的首选结构形式 [13]。

低空系留浮空器的囊体为典型的长椭圆旋成体结构，为了单独研究浮空器蒙皮内外气体压力梯度对蒙皮应力的影响，计算时不考虑浮空器控制舵面、吊舱等部件的载荷作用，囊体轮廓曲线为

$$y(x) = \frac{1}{8}\left[a(l-x)\left(bx - l\sqrt{c} + \sqrt{cl^2 - dlx}\right)\right]^{\frac{1}{2}} \tag{2.9}$$

式中，a, b, c, d 为囊体的形状因子，l 为气球轴线长。

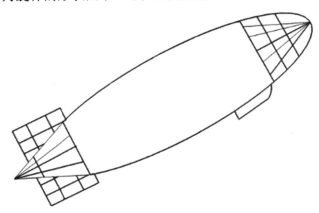

图 2.6　半硬式浮空器

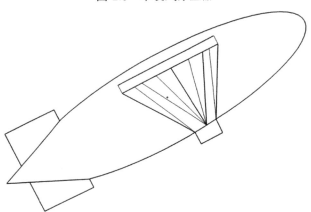

图 2.7　低空软式系留浮空器

　　因囊体蒙皮厚度远小于浮空器外形尺寸，蒙皮在计算和仿真时均视为柔性膜结构，蒙皮法向应力很小，忽略不计，在驻留高度，囊体蒙皮通过内部浮力气体的压力和外部大气环境压力共同作用以自由维持蒙皮的外形。根据浮空器驻留特性，囊体必须在超压载荷作用下保持外形不变，从而使得浮空器气体浮力恒定以实现在预定高度驻留或巡航[14]。囊体超压载荷大小由平流层环境中的昼夜高低温变化范围、蒙皮材料热辐射特性及囊体体积共同决定，目前浮空器蒙皮材料可承受的超压范围为 0~1000Pa。进行囊体蒙皮受力分析和有限元仿真，浮空器内部充氦气，浮空器囊体超压时，其内部平均压力 $p_1(h)$ 及外部大气压力 $p_2(h)$ 分别为

$$p_1(h) = \frac{n_{\mathrm{He}}RH}{V} - \rho_{\mathrm{He}}gh \tag{2.10}$$

$$p_2(h) = p_{20} - \rho_{\mathrm{a}20}gh \tag{2.11}$$

式中，n_{He} 和 ρ_{He} 分别表示囊体内部氦气的物质的量 (即氦气质量与摩尔质量之比) 和氦气在温度 T 时的平均密度；h 为距离囊体中心轴线 (并轴) 的垂直高。囊体蒙皮承受的内外压力均随着高度呈线性递减规律。囊体承受的内外压差为

$$\begin{aligned}
\Delta p(h) &= p_1(h) - p_2(h) \\
&= \left(\frac{RTm_{\mathrm{He}}/M_{\mathrm{He}}}{V} - p_{20} \right) + \left(p_{20} - \frac{m_{\mathrm{He}}}{V} \right)gh \\
&= p_{\mathrm{c}} + \rho_{\mathrm{c}}gh
\end{aligned} \tag{2.12}$$

式中，m_{He} 为内部氦气质量；M_{He} 为氦气的摩尔质量；p_{c} 为一定囊体氦气质量时的囊体超压值；ρ_{c} 为囊体超压等效气体密度。

囊体超压时通过调节氦气的质量或内部氦气的温度变化以控制囊体的压差值。浮空器囊体在内外压差作用下发生变形，蒙皮可近似处于面内二向应力状态 (因法向应力小可忽略)，囊体沿着表面母线的切线方向和圆周环向分别受到面内拉伸轴向应力和环向应力，在面内两应力互相垂直。环向应力计算如图 2.8 所示。

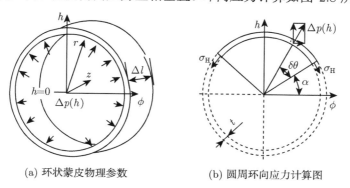

(a) 环状蒙皮物理参数　　　　(b) 圆周环向应力计算图

图 2.8　浮空器蒙皮表面应力计算

环向角度以逆时针旋转角度为正，选取任意角度 α 及关于竖直轴对称的上半部蒙皮作为研究对象，如图 2.8 所示。根据压差载荷关于竖直轴 (h) 的对称性，位于 α 角度和 $\pi - \alpha$ 角度处的蒙皮环向应力 $\sigma_{\mathrm{H}}(\alpha)$ 相等，方向沿着该点的圆周环向的切线方向，则选取微小蒙皮的环向合力为

$$F_{\mathrm{H}}^{\mathrm{sum}}(\alpha) = \sigma_{\mathrm{H}}(\alpha)t\Delta l \tag{2.13}$$

选取蒙皮任意角度 $(\alpha + \delta\theta)$ 处的微元面积为

$$\mathrm{d}s = R_{\mathrm{H}}\Delta l \delta\theta = R\Delta l \delta\theta \tag{2.14}$$

则微元面积上所受到的气体压力为

$$\Delta F_{\mathrm{s}}\left(\alpha + \delta\theta\right) = \Delta p\left(h\right)\delta s = \Delta p\left(h\right)R_{\mathrm{H}}\Delta l\delta\theta \tag{2.15}$$

气体压力沿着竖直方向 h 的分量为

$$\Delta F_{\mathrm{s}\alpha}\left(\alpha + \delta\theta\right) = \Delta p\left(h\right)R_{\mathrm{H}}\Delta l \sin\left(\alpha + \delta\theta\right)\delta\theta \tag{2.16}$$

将 $\delta\theta$ 视为角度微元 $\mathrm{d}\theta$，则采用积分方法选取的蒙皮沿着 h 方向的总压力为

$$F_{\mathrm{s}\alpha} = \int_{\alpha}^{\pi-\alpha} \Delta F_{\mathrm{s}\alpha}\left(\alpha + d\theta\right) = \int_{\alpha}^{\pi-\alpha} \Delta p\left(h\right)R_{\mathrm{H}}\Delta l \sin\left(\alpha + \mathrm{d}\theta\right)\mathrm{d}\theta \tag{2.17}$$

$$h = R_{\mathrm{H}} \sin\left(\alpha + \mathrm{d}\theta\right) - R_{\mathrm{M}} = y\left(x\right)\sin\left(\alpha + \mathrm{d}\theta\right) - R_{\mathrm{M}} \tag{2.18}$$

其中，R_{M} 表示囊体最大环向半径。根据选取蒙皮沿着 h 方向的受力平衡可得

$$F_{\mathrm{s}\alpha} = 2F_{\mathrm{H}}^{\mathrm{sum}} \cos\alpha \tag{2.19}$$

囊体各点的环向应力值为

$$\begin{aligned}
\sigma_{\mathrm{H}}\left(\alpha, x\right) = &\left[\left(p_{\mathrm{c}} - \rho_{\mathrm{c}}g \times R_{\mathrm{M}}\right)\cos\alpha + \frac{1}{2}\rho_{\mathrm{c}}gy\left(x\right) \times \left(\frac{\pi}{2} - \alpha\right) \right. \\
&\left. -0.25\sin\left(2\alpha\right) - \rho_{\mathrm{c}}g \times \left(\frac{\pi}{2} - \alpha\right) \right] \Big/ \left[\frac{y\left(x\right)}{t\cos\alpha}\right]
\end{aligned} \tag{2.20}$$

浮空器囊体轴向应力与蒙皮轴向、环向曲率及环向应力有关，考虑蒙皮为各向同性材料，弹性模量相等，则轴向应力与环向应力关系为

$$\frac{\sigma_{\mathrm{H}}\left(\alpha, x\right)}{k_{\mathrm{H}}\left(x\right)} = \frac{\sigma_{\mathrm{X}}\left(\alpha, x\right)}{k_{\mathrm{X}}\left(x\right)} \tag{2.21}$$

式中，$k_{\mathrm{H}}(x)$ 和 $k_{\mathrm{X}}(x)$ 分别为蒙皮计算点的环向和轴向曲率：

$$k_{\mathrm{H}}\left(x\right) = \frac{1}{R_{\mathrm{H}}\left(x\right)} = \frac{1}{y\left(x\right)} \tag{2.22}$$

$$k_{\mathrm{X}}\left(x\right) = \frac{\left|y''\left(x\right)\right|}{\left(1 + y'\left(x\right)^2\right)^{\frac{3}{2}}} \tag{2.23}$$

浮空器囊体为旋成体轴对称膜结构，囊体的边界条件设置为底部区域与底端固定点进行耦合，以模拟浮空器下部悬挂的吊舱载荷，囊体蒙皮内表面加载恒定超

压载荷,外表面施加等效的气压压差梯度,以模拟浮空器囊体实际工况下的压差梯度超压载荷,并考虑蒙皮自身的重力载荷,为提高模型非线性求解效率和保证结果的收敛精度,囊体前后部区域网格为结构四边形网格。

以某型号浮空器为研究对象,进行仿真计算。浮空器从海平面到 20km 高度时浮空器的稳态压差曲线如图 2.9 所示。此部分的变化规律与大气温度的变化规律一致。也就是说,浮空器静稳定状态的压差与飞行高度有一个自然的变化关系,压差变化的范围取决于浮空器初始高度和目标高度之差。

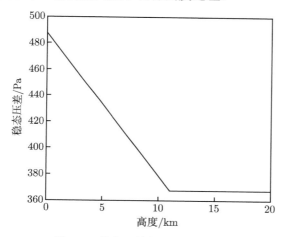

图 2.9 稳态压差与飞行高度关系

通过仿真,在海平面和在 20km 处时,上升速度与压差的关系分别如图 2.10 和图 2.11 所示。

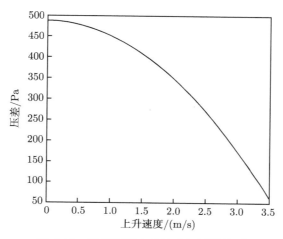

图 2.10 海平面时上升速度与压差关系

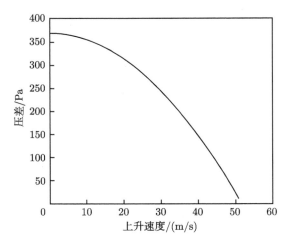

图 2.11　20km 时上升速度与压差关系

随着高度的增大，浮空器通过自身静浮力调节能够跟踪的上升速度也越大，但这是以损失压差为代价的。但在低空时，速度的大幅变化会导致压差超出允许范围发生飞行安全事件，所以在低空阶段必须严格控制飞行速度。

浮空器囊体应力的大小取决于囊体曲率的大小，曲率越大，囊体内部应力越大；曲率越小，囊体内部应力越小。囊体最大主应力主要集中在浮空器腰部，随着回转半径的减小，囊体主应力向浮空器头部和尾部递减，囊体最小主应力主要集中在浮空器头部和尾部。因此，可以按照浮空器最大曲率处的应力大小来判断囊体的强度余量和安全性是否可靠，如图 2.12 所示。

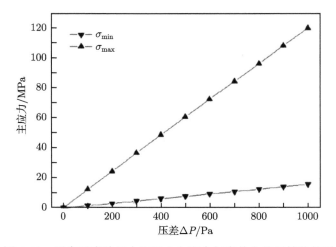

图 2.12　浮空器囊体最大和最小主应力与囊体内外压差的关系

2.5 浮升气体物性

比浮力最大的浮升气体是氢气,它是早期浮空器最早被普遍应用的浮升气体,可惜它按容积比在空气中达到 4%~74.2% 的浓度时遇到火焰会燃烧,浓度达到 18.0%~59.0% 时燃烧能形成很大的压力,出现爆炸。由于早期浮空器普遍采用氢气作为浮升气体,所以安全性较差,1937 年 "兴登堡号" 飞艇的爆炸让飞艇的发展沉寂了近半个世纪 [15]。

试验表明,如果将氦气与氢气组成混合气,使氢含量不超过 15%,此混合气仍是不易燃烧的安全气体。用它充填浮空器气囊,则既可节约昂贵的氦气用量,降低成本,又可保证安全,还能加大浮升力。唯一的缺点就是价格昂贵,同质量的氦气的提取成本接近氢气的 100 倍。

当然,可以用作浮升气体的还有很多,如水蒸气、直接加热的空气等,但相较氢气和氦气,这些气体的比浮力小了很多,对于平流层只有地面的 4.7%~5% 大气密度而言,除了使用氢气和氦气作为浮升气体,其他气体是不可能产生足够的升力的。表 2.1 列出各种浮升气体的性能和价格。

表 2.1 各种浮升气体的性能和价格比较

浮升气体	比浮力/(kg/m³)	价格比 (以水蒸气为 1)	燃烧性 (空气中体积含量)
氢气 (H_2)	1.140	3.6	4%~74.2%
氦气 (He)	1.058	340	—
水蒸气 (100℃)	0.629	1	—
沼气 (CH_4)	0.547	2.8	5%~15%
氨气 (NH_3)	0.505	4.8	6%~27%
天然气	0.425	3.5	4.5%~14.5%
空气 (100℃)	0.279	1.5	—

2.6 浮空器蒙皮材料

浮空器驻空飞行空间,特别是高空空间,环境非常恶劣,在 12~50km 范围内集中了大气臭氧含量的 90%,而臭氧含量的 75% 又集中在 15~30km 范围里;夜间低温环境为 $-80 \sim -56$℃,而白天在太阳光辐射下最高温度能够达到 80℃,一般浮空器的工作温度范围为 $-75 \sim 65$℃。浮空器蒙皮材料必须承受 90kg/cm 的表面应力,此外,运行过程中由于温度过高和空气动力、惯性力的作用,会产生额外的 25kg/cm 表面应力 [16]。如此环境下需要蒙皮材料性能不会有明显下降,氦气渗透率仍然低于 2000mL/(m²·d·atm)，这对蒙皮材料提出了很高的力学性能和气体阻隔性能要求 [17]。

灵巧浮空器驻空空间环境具有空气稀薄、昼夜温差大、紫外线辐射及臭氧作用强等特点，这些环境因素势必会导致浮空器蒙皮材料物理性能的变化，此外高空浮空器还需承受浮力、空气动力和惯性力等外力的作用，从而导致蒙皮材料力学性能的改变，甚至出现不同模式的损伤，致使内部储存的氦气加速泄漏，降低浮空器工作的可靠性和使用寿命。

蒙皮材料作为高空浮空器的主体结构材料，其性能的高低直接影响浮空器的应用效能，如浮空高度、持续飞行时间、有效载荷、服役寿命等。由于浮空器长期工作的地点在平流层这种特殊的环境中，昼夜温差非常大，大气空气稀薄，在 20km 的高空，空气密度约为 0.0889kg/m³，仅为地面的 1/14，其蒙皮材料必须满足轻质高强、耐候 (高低温、湿度、紫外线辐射、臭氧等)，以及低的面密度和氦气渗透率。目前各国的浮空器均处于研究阶段，还没有通用的标准要求，日本研究机构曾提出，蒙皮材料的面密度小于 380g/m²，抗撕裂强度大于 300N/cm，氦气渗透率小于 1L/(m²·d·0.1MPa)，才有工程应用价值。

2.6.1　蒙皮材料的结构

典型浮空器蒙皮材料一般主要由防护层、阻氦层和承力层三层膜结构组成，加上起黏接、保护作用的黏接层和焊接层，各层材料通过黏接形成层压复合材料，如图 2.13 所示。防护层主要是用来防止紫外线辐射和臭氧腐蚀，确保蒙皮材料其他功能层性能；阻氦层主要是用来阻隔氦气渗透；承力层体现蒙皮材料的强度，主要用来承担蒙皮材料受力状况 [19,20]。

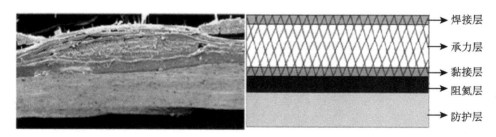

图 2.13　蒙皮材料结构图

由于高分子氟化物是目前耐受环境性能最好的材料，再添加防老化剂就能有效屏蔽紫外线的辐射，是蒙皮材料防护层的理想选择，一般以聚偏二氟乙烯 (PVDF)、聚氟乙烯 (PVF) 膜等作为蒙皮结构的防护层。阻氦层通常是高阻隔、高密封性的薄膜复合材料，聚对苯二甲酸乙二酯 (PET)、乙烯–乙烯醇共聚物 (EVOH) 以及聚氟乙烯膜都是常用阻氦层材料。作为主结构的承力层纤维材料有合成纤维、织物纤维、聚酯尼龙等普通纤维,以及 PBO、聚酰胺 (PA) 和芳纶等高强纤维,主要根据蒙皮材料性能要求来选择。黏接层是用于蒙皮材料内纤维基布各涂层以及面层之间的胶黏剂交合层,主要化合物有聚亚安酯和聚碳酸酯,胶黏剂不仅用于各层之间的黏接,同时也用于膜片焊合缝,其黏着力强弱反映膜片的焊接强度大小。

浮空器蒙皮材料由多层薄膜层压复合而成,属于柔性复合材料 [21]。

1) 承力层

承力层几乎承受囊体的全部强度,是囊体材料的核心层,主要承受浮空器内压并确保蒙皮的强度,由纤维织物构成 [22]。作为基质的纤维织物结构形式一般为低支数低密度平纹布:从发展早期的 PET 纤维 (商品名 Dacron,涤纶)、尼龙、高强聚乙烯纤维 (商品名 Dyneema),到芳纶 (商品名 Kevlar1414) 及聚芳酯 (商品名 Vectran)、PBO 等纤维复合材料 [23]。

日本宇宙航空研究开发机构等分别采用了芳香族聚酯纤维、芳纶纤维和 PBO 纤维等织物作为承力层进行了高强纤维基质浮空器蒙皮材料的研究,发现 PBO 基蒙皮材料在所测试的材料中性能最优、强度最高,在不同环境温度下有优异的力学性能,能够满足浮空器蒙皮的基本要求。

我国最早在 20 世纪 90 年代初期,北京航空材料研究所 (现为中国航空发动机集团公司北京航空材料研究院) 研制的涤纶基体承力层在我国第一艘充氦气载人飞艇 FK-4 上得到应用。中国空间技术研究院北京空间机电研究所曹旭等 [23] 采用自制的 PBO 平纹织物作为承力层,厚度为 200μm,幅宽为 50cm,面密度达到 86.45g/m²,经向抗拉强度大于 1000N/cm,各项指标均达到承力层要求。东华大学王琳 [24] 等采用国产高强低密的涤纶平纹织物和国产树脂,经测试所研制的材料不仅满足浮空器蒙皮材料基本要求,而且略高于国外涤纶基质蒙皮材料。国防科技大学刘卓峰等 [25] 采用国产芳纶平纹布作为基质承力层,发现断裂强度达到 1790N/cm,膜/布抗剥离强度大于 5.5N/cm 等,各项指标也满足浮空器蒙皮的基本要求。近年来,中国航天科工集团第六研究院 46 所由于 F-12 纤维的研发成功,也在积极探索在浮空器承力层方面的应用。2015 年 8 月,我国商用平流层浮空器"旅行者号"在新西兰试飞,其浮空器用蒙皮材料由中国航天科工集团第六研究院 46 所设计制造,高空浮空器一直致力于研究高强度质量比的蒙皮材料,研究的突破点正是开发高强度的织物纤维 [26]。

2) 阻氦层

由于现代浮空器大都使用氦气作为浮升气体,要使浮空器长时间驻留在空中,作为蒙皮必须具备阻氦性能。国内李斌太等采用 PET 薄膜作为阻氦层,并对其进行改性,为了充分利用铝的阻隔性能,又避免其缺点,对 PET 薄膜进行金属化改性,通过磁控溅射工艺制备出金属化试样,如表 2.2 所示。

表 2.2　金属化后 PET 薄膜氦气阻隔性能变化

试样	氦气渗透率/(L/(m²·d·0.1MPa))	镀铝厚度/nm
PET 薄膜	1.550	0
镀铝 PET 薄膜	0.070	59.2

Tedlar 聚氨酯等材料都具有一定的阻隔性能，其中 Tedlar 膜具有一定的抗渗透率和抗霉菌性，其外气囊膜渗透氦气为 0.2~1.14L/(m²·d·atm)。目前为止，性能最好的氦气阻隔膜是日本可乐丽公司生产的 EVAL(聚乙烯和聚乙烯醇的共聚物)商用薄膜。经过镀铝后 PET 薄膜氦气透过量明显减少，证明金属化 PET 薄膜对氦气有良好的阻隔性能 [27]。

Tedlar 膜 (图 2.14) 具有一些独特的性能，包括卓越的耐风化性能、优异的力学性能，以及对各种化学物品、溶剂、染色剂的耐腐蚀性。一般在 Tedlar 膜内添加吸收颗粒如 TiO_2 颗粒等，能够有效屏蔽波长为 290~350nm 的紫外线，且该膜内不含有增塑剂，因此 Tedlar 膜具有良好的抗老化性能，在不同温度范围内可以保持住强度和柔韧性。Tedlar 膜的缺点是低温下其阻氦性不是特别好，使得 Tedlar 膜不能单一满足低温下蒙皮材料的阻氦性，尤其是当平流层温度降低至 −75℃时，需要确保蒙皮材料的氦气渗透率仍然维持在很低的水平 [28]。

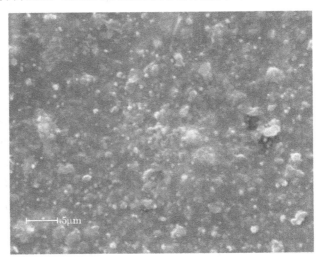

图 2.14　Tedlar 膜的微观形貌

3) 防护层 (耐候层)

防护层也称耐候层、防老化层或耐环境层，主要为了防紫外线辐射。高分子氟化物在加入防老化剂后，可以阻止紫外线通过，防止对浮空器蒙皮内层材料造成伤害，是目前耐候层最好的材料。PVDF 和 PVF 膜具有良好的耐弯折、耐磨损和自清洁的特性,是良好的耐候层材料。其中 PVF 涂层膜材料具有材料轻、强度高、气密性优、抗形变等显著的优点,杜邦公司生产的 PVF 膜(商品名 Tedlar)使用得最为广泛。美国海军的浮空器普遍采用 PVF 聚酯布复合层,具有较好的耐候性,同时具有一定的雷达隐身性能[29]。此外,由于热塑性聚氨酯具有优良的抗拉伸、耐高低温、抗撕裂和抗老化性能,也广泛地应用于防护材料中。

4) 黏接层

黏接层是将承力层、阻氦层和耐候层三层黏接在一起的媒介,因此是蒙皮材料中一个重要的组成部分,需要一定的耐脱层性和耐候性,同时在多次屈挠后扔能保持原来的状态,不发生脱层现象[30]。黏接剂不仅可以用于层与层之间的黏合,也可以用于膜片的焊合缝。常用的黏接剂有以下三种:聚酯类、聚醚类和聚氨酯类,三类黏接剂有着各自的优缺点,应依据各层材料的特点选择合适的黏接剂。但总体来说聚氨酯黏接剂在蒙皮材料上应用较多。其分子链中含有氨基甲酸酯基团(—NHCOO—)或异氰酸酯基(—NCO),黏接性较高,可以黏接多种不同材料,可以在极低的温度下保持较高的玻璃化强度,黏接后的黏接层耐冲击性好、坚韧、挠曲性好,耐油和耐磨性好。

杜邦公司生产应用于浮空器囊体材料上的新型聚酯型热塑性弹性体,其黏接强度可以达到 0.069MPa 以上,性能优异[31]。冯铭竹等[32]采用国产的双组分聚氨酯黏接剂开发制备浮空器蒙皮材料,并研究了黏接剂的配方、初固化温度和熟化条件等对蒙皮材料综合性能的影响,进行调控,最终制得了具有优异的机械强度和耐候性能的蒙皮材料。

5) 蒙皮拼接技术

蒙皮各个功能层一般采用热压层合工艺,经过制备完成的膜片需要拼接成浮空器蒙皮,蒙皮外囊片的连接形式一般分为平接、搭接、错接三种,低空浮空器大多采用平接法,并在局部处采用错接。对接法需采用专门的对接胶带,进行高频熔接,间隙控制在 1mm,外对接胶带宽度为 60~80mm,内对接胶带宽度为 40~50mm。也有采用缝合方法,然后采用针眼密封处理。中国航天科工集团有限公司第六研究院 46 研究所邓云飞[33]等对浮空器蒙皮材料采用高频焊接机对接焊接蒙皮片层,得出纤维线密度与焊接带焊接性能成正比关系,织物面密度越小,织物结构越稀松,焊接带剥离性能越好,缎纹结构焊接带焊接剥离性能普遍偏低。上海交通大学高海建等[34]对三种气囊膜材进行分析发现,3216L 膜材采用对接焊缝时,试件都是在焊缝处破坏,原因可能是高温导致材料性能改变以及对接焊缝处应力集中,在实际工程中可以采用双面焊等措施解决。

2.6.2 材料研究进展

近十年来,随着世界各国军事科学技术的快速发展,如利用氦气更换了易爆炸的氢气, 同时利用了新型复合层压柔性工艺, 以及对平流层资源的抢先利用竞争更加激烈, 平流层浮空器的发展与研制更加迅速, 其应用于军民用的诸多领域, 这也使得新型能源技术和高强轻质的层压蒙皮材料的需求更加迫切, 世界许多国家加快研制平流层高空浮空器的进度, 特别是在蒙皮材料的设计和研制方面都取得了一定的进展, 纤维增强层压复合材料主要用于轻质高强柔性薄膜蒙皮的浮空器, 并要求具有良好的耐环境性能。

复合材料受损伤及外载荷的影响导致氢气泄漏的研究一直以来比较集中于碳纤维增强复合材料 (CFRP) 力学性能的变化及裂纹扩散模式 (图 2.15), 对损伤引起的氢气泄漏也进行了理论上和实验上的尝试。

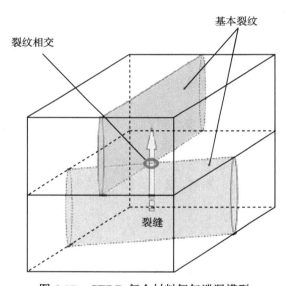

图 2.15　CFRP 复合材料氢气泄漏模型

NASA 在 2003 年设计了长驻空高空平台 (HALE) 方案, 整体外形为 V 形, 其容积约为 28 万 m³, 全长 53m, 宽度为 30m, 以高空浮空器为载体, 展开空间联合作战计划。该浮空器高空平台由于体积大, 浮升气囊超压总面积大, 气囊外形蒙皮全部为柔性纤维增强层压薄膜复合材料, 以至于对高性能的柔性纤维增强层压薄膜型复合材料需求量很大。

英国在柔性纤维增强层压薄膜复合材料开发和超压浮空器应用方面的研究更早, 并直接用于军事领域。早在 2000 年 11 月, 英国的国防评估与研究局 (DERA) 就和本国的轻型飞艇公司开发了 LGA60 型浮空器。德国卡尔戈莱伏特齐柏林飞艇公司在 20 世纪 90 年代提出的 "卡尔戈莱伏特" 巨型运输飞船, 具有 160t 负载能力, 并采用新型高性能的柔性纤维增强层压薄膜复合材料。俄罗斯曾设计研制了

RD-1.5/2/2.5 三种型号的载重飞艇, 1995 年, 俄罗斯研制的 "航空静力学" 2 型飞艇进行了地面放飞升空试验, 其最大有效载荷达到 100kg。另外, 其浮空器飞行学会最近研制的巨型浮空器, 将拥有 200t 的有效载荷, 开发的新型纤维增强层压薄膜复合材料蒙皮能使浮空器的飞行技术性能和使用性能得到明显提高 [35]。日本对高空浮空器用纤维增强层压薄膜复合材料的研究最为前沿, 并已经形成一定规模和坚实的技术积累。其研制的 Vectran 纤维增强薄膜复合材料拥有自主产权, 并具有工业化批量生产能力, 最近研制的 PBO 纤维增强薄膜复合材料由美国全部包销, 并对外实行技术垄断。日本高空浮空器用于环境监测、通信和广播等领域, 其在信息平台的系统设计、外观样式、使用材料等方面已经达到飞行试验水平。

国内研究方面, 多家单位也已经开展高空、系留浮空器的研制, 包括 Kevlar 和 Vectran 纤维增强的蒙皮材料。国内的许多浮空器企业建立的临近空间气球, 其最大体积达 60 万 m³, 载荷达到 2t, 升空高度可达 40km。低空浮空器主要用于广告宣传、地面观测、旅游体验等, 高空浮空器仍均处于技术验证阶段。

对于高强轻质的浮空器蒙皮材料, 纤维增强层压复合材料是一种由高强纤维丝编织增强与多层多功能膜层胶黏而成的薄膜复合材料, 为柔性涂层织物材料或者层压织物材料, 由织物基底材料和涂层 (或者功能膜层) 组成, 具有承力、胶黏、阻气和防老化等功能 [36]。纤维增强层压复合材料在平流层浮空器等领域中广泛应用, 纤维增强层压复合材料承力层一般由 PBO 或 Vectran 纤维纱束机织而成, 这种丝束具有高强、低断裂伸长率特点, 是理想的织物增强基底材料。其他功能防护层主要由耐候层、阻氦层、黏接层等组成, 其典型结构如图 2.16 所示, 其中阻氦层、防护层常用的有 Tedlar、EVOH、PVC 等材料。

按照主结构纤维编织方法来划分, 纤维增强编织型复合材料一般包括纺织、编织、针织等几种编织方式, 目前浮空器蒙皮薄膜材料中的承载织物层多采用平纹编织法和 Panama 编织法, 其中 Panama 编织法为一次编织多束纤维纱束。主要承载层为纤维编织层, 因此材料力学损伤特性与纤维约束强度、机织工艺及基体等参数有关, 基体主要传递经纬向的剪切应力。

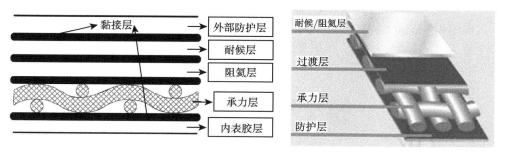

图 2.16 典型非刚性浮空器蒙皮材料结构

防护层 Tedlar 膜和阻氦层 PET(商品名 Mylar) 聚酯薄膜采用溶解扩散模型，承力层 Vectran 纤维复合膜采用多孔黏性流动模型，分别解释了氦气的微观渗透机制，得到了氦气在各层内扩散的等效渗透率。氦气从蒙皮材料内部泄漏到外空间的过程中，需要依次通过蒙皮材料结构每一层的渗透路径。浮空器蒙皮各层材料及其厚度如表 2.3 所示。

表 2.3　浮空器蒙皮各层材料及其厚度

蒙皮组成	主要构成材料	厚度/μm
耐候层	PVF	38
承力层	Vectran	187
阻氦层	Mylar	25
黏接层	PU	12
焊接层	PU	8

黏接层是连接承力层与各功能膜层的纽带，主要为聚亚安酯和聚碳酸酯的化合物。其中耐候层要求具有良好的防老化材料，且满足 0.1L/(m²·d·0.1MPa) 氦气低渗透率阻隔性要求。防护层可使用 PVDF、PVF 膜 (Tedlar)，抗弯强度、耐磨、自洁性能满足使用要求。材料的损伤与纤维纱束强度、机织工艺及基体等参数有关，同时与平流层高空环境因素 (如高低温交变、紫外臭氧老化、太阳辐射、空间高能粒子撞击等) 等密切相关。

而对于浮空气球等飞行器，蒙皮材料的应力疲劳损伤与环境辐照破坏是主要失效形式，当随着交变载荷的继续，蒙皮复合材料中的初始损伤会逐步扩张，蒙皮承载的有效面积会逐步减小，并随着内部损伤累积的增加，逐步形成初始微裂纹或者宏观初始裂纹。

对于三层膜结构复合而成的蒙皮材料，其各分层的损伤模式有所不同。阻氦层 Mylar 聚酯薄膜和防护层 Tedlar 膜都是均质的薄膜材料，其主要损伤模式是微裂纹和微孔洞；承力层 Vectran 纤维平纹编织结构内部本身存有缺陷，其损伤模式包括纤维断裂、纤维与基体界面开裂等。表面型损伤主要由于磨损或划伤而形成，其等效作用是局部增大材料的氦气渗透率；封闭型损伤由结构内部的微观缺陷发展扩大而成，对材料施加拉伸循环载荷容易产生此类损伤，其等效作用是使结构变成两个更加薄的板平行排列；贯穿型损伤一般由刺穿等外力导致，如图 2.17、图 2.18 所示。

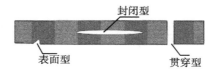

图 2.17　损伤模式

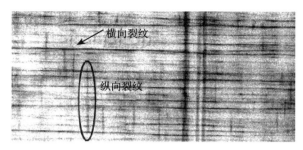

图 2.18　石墨环氧复合材料双轴向裂纹

当浮空器蒙皮材料承受的内外压差达到一定阶段的应力载荷 (随着蒙皮使用时间的增加，蒙皮会发生老化及力学性能退化) 时，层压蒙皮材料中初始微裂纹或微小空洞开始缓慢扩展，发生局部纤维丝断裂和界面失效，当内外压差载荷达到一个临界数值时，损伤裂纹快速扩展，致使裂纹尖端纤维撕裂 (可达到每秒几十米的速度) 而破坏。复杂的平流层环境以及较大温度差值形成的压力差会引起初始裂纹扩张并形成宏观裂纹而破坏。因此，研究浮空器蒙皮复合材料的损伤演化机理对优化材料设计、提高其使用可靠性，以及平流层浮空器在复杂载荷状态下的结构布局设计具有重要意义。

2.6.3　复合蒙皮材料的使用环境特点

纤维纱束编织的层压柔性复合材料，如高空浮空器蒙皮材料，一般工作在环境因素恶劣的平流层空间或临近空间，并且随着现代科技的发展和新型材料的出现，此部分的空间资源已成为人们关注的热点和重点。而平流层飞行器的飞行与运行环境有着密不可分的联系，浮空器长航时飞行与驻留的性能均受到此空间环境的重要影响，蒙皮复合材料所受的空间环境影响因素包括昼夜温差、低密度 (密度约为地面大气密度的 1/14)、紫外辐射、宇宙射线、臭氧等。

纤维增强型层压柔性复合材料浮空器蒙皮为高分子材料，遇热后往往会形成两种变化 [13]：一方面表现为宏观上在外载荷作用下的大变形，并产生高低温交变的应力疲劳效应；另一方面是热分解，发生氧化化学反应，从而使强度、刚度发生变化并影响材料的应用。其中高低温交变的应力疲劳效应问题成为浮空器实现长时间驻留高度稳定飞行的瓶颈和关键技术，而环境因素损伤主要制约中长期驻空飞行的任务应用高空浮空器，因此，在高空浮空器的研制初始阶段，需要重点关注浮空器蒙皮材料的高低温交变引起的应力疲劳效应和宏观撕裂损伤破坏失效问题。

2.6.4　材料的辐射特性

国防科技大学的 Yang 对临近空间浮空器的热性能及轨迹进行了预测，其研究了蒙皮吸收率对氦气温度以及浮空器上升速度的影响, 如图 2.19 和图 2.20 所示。结果表明, 蒙皮吸收率越高, 内部氦气温度越高。

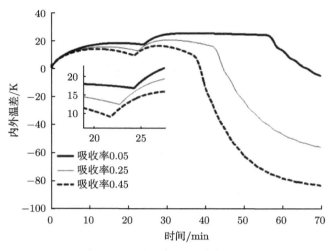

图 2.19　太阳辐射吸收率影响

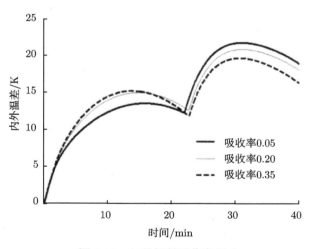

图 2.20　红外辐射吸收率影响

李小建等[37] 建立了临近空间浮空器的热力学数值模型, 对蒙皮的吸收率、发射率和吸发比等参数对浮空器热性能的影响进行了分析研究。结果表明, 蒙皮的吸收率、发射率和吸发比等对浮空器蒙皮温度以及内部氦气温度均有很大影响, 并且在白天和夜晚的主要影响因素不同。刘东旭等[38] 针对蒙皮材料属性对浮空器氦气温度特性影响进行了分析。材料吸收率分别为 0.1、0.2、0.3, 发射率从 0.5 变化到 0.9，氦气温差变化如图 2.21 所示，图中横坐标积日表示一年中的日期序号。如图 2.21(d) 所示，在吸收率确定的情况下，增加材料的发射率，可以有效降低浮空器中内部浮升气体的昼夜温差。

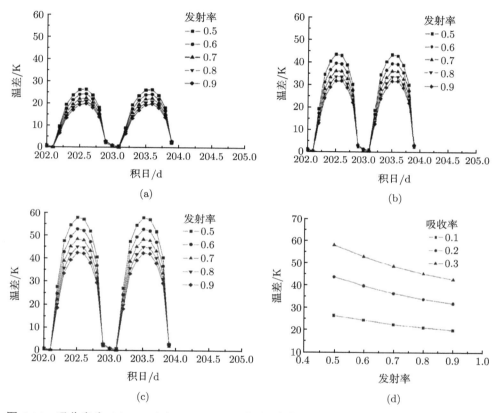

图 2.21　吸收率为 (a) 0.1，(b) 0.2，(c) 0.3 时不同发射率对温度的影响；(d) 全天最大温差与发射率的关系

发射率分别为 0.6、0.7、0.8，吸收率从 0.1 到 0.4 变化，浮空器浮升气体温差变化 (以夜晚最低温度为基准) 如图 2.22 所示。在同样发射率的情况下，材料吸收率越小，浮升气体的温差越小，而吸收率减小对温差降低的贡献较大，如图 2.22(d) 所示，在发射率为 0.6 时，吸收率每减少 0.1，内部浮升气体的温差降低约 13K。图 2.23 是春分日蒙皮辐射物性对蒙皮最高温度、最低温度和最大温差的影响[39]。由图可知，吸收-辐射比越大，蒙皮最高温度和最低温度越高，蒙皮温差越大；当 $\alpha_s/\varepsilon = 0.33/0.8 = 0.4125$ 时，蒙皮最高温度可达 307.7K，蒙皮最大温差为 71.7K；而当 $\alpha_s/\varepsilon = 0.12/0.53 = 0.2264$ 时，蒙皮最高温度为 273.0K，蒙皮最大温差为 45.9K。

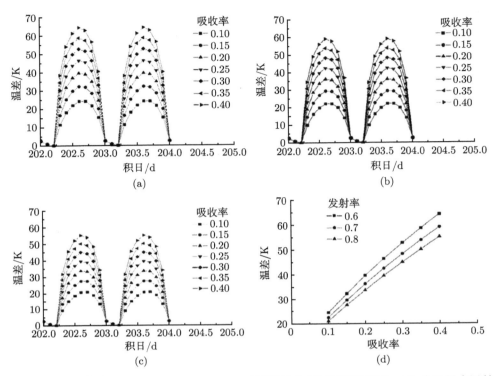

图 2.22　发射率为 (a) 0.6, (b) 0.7, (c) 0.8 时不同吸收率对温度的影响; (d) 全天最大温差
与吸收率的关系

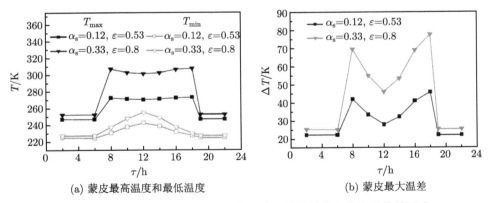

图 2.23　蒙皮辐射物性对蒙皮最高温度、最低温度和最大温差的影响

2.6.5　材料气密性影响

气密性是浮空器一项重要的技术指标, 它关系着浮空器安全、留空时间及使用

的经济性。然而，对气囊气密性的检测，尤其是复杂大气环境温度变化下气囊气密性的检测是一项难点[40]。传统的办法是对气囊内部充空气使其压强超过外界大气压强，然后，检测某一时间段内气囊内部与外界大气压强差的变化值，利用理想气体状态方程，推导气囊内部气体泄漏量，如图 2.24 所示。但考虑到大气环境，如外界温度变化，会对气囊内部气体产生影响，从而影响气囊内部与外界大气压强差，其影响量甚至大于气囊内气体泄漏本身产生的影响[41]。因此，需要开展在复杂大气环境温度变化下气囊气密性的检测方法的研究，旨在找到泄漏量与环境温度及气囊内外压差变化的关系，建立数学模型，从而计算出气囊泄漏量[42]。

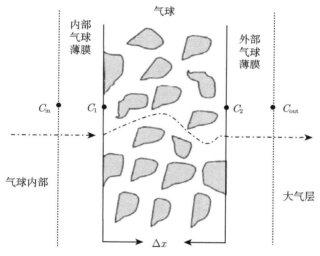

图 2.24　氦气泄漏原理示意图

　　气密性检测也称泄漏检测，属性能指标范畴，主要用于测试密闭容器的气密性状态，目前主要有如下几种常用气密性检测方法：水检法、流量检测法、直压检测法、压差检测法、氦气检测法、超声波检测法等。在这几种方法中，水检法和氦气检测法直接测定泄漏量大小，属于直接检测[43]，而其他几种都属于间接检测法。压差和流量检测法通过检测若干相关参数并采用气体流量公式进行计算得出气体是否泄漏的结论，因此相关参数的选取及测定，对其泄漏检测的精度影响较大。超声波测量法从物理特性出发，定性地测试密闭容器是否产生泄漏。其中，氦气检测法原理为：将充入一定压力氦气的被测元件放置于密闭容器内，若一段时间后在该密闭容器中捕捉到氦气，则表明被测元件存在泄漏情况，并可通过测量其中的氦气量来判定被测元件泄漏量。瑞典 Lowener 公司制造出全自动氦真空检漏系统，这种测量方法精度比较高，一般用在高精度场合[44]。其缺点是：测量花费非常高昂，并且消耗大，测量后需将密闭容器内氦气清理干净，否则对下次实验测量有较大影响，使用后的氦气需合理回收处理，否则会污染环境。

水检法是较为传统的气密性检测方法，也称作气泡法。具体原理是将被测工件放入水中，泄漏小孔两侧存在压力差从而使工件中的气体排出并产生气泡，根据气泡的状态来衡量气体的泄漏量。

流量检测法是被测工件在充入一定压力气体的情况下，气体的泄漏会使工件内部与外界大气环境之间产生气体的流动，由于泄漏量和流量相等，用高精度的流量传感器便能测出被测工件的泄漏量。其测试原理如图 2.25 所示 [45]。

图 2.25   流量测试原理

直压检测法是向被测工件内充入一定压力的气体后，通过对相关阀门的控制，观测测试前后压力传感器采集值的变化，并记录泄漏时间，气体泄漏产生的压力变化可以近似地看作与时间成正比，可利用压力变化率 $\Delta P/\Delta T$ 来计算被测工件的泄漏量大小。其测试原理如图 2.26 所示。

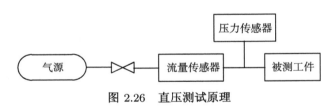

图 2.26   直压测试原理

压差检测法是先引入一个与被测工件相同且无泄漏的参考工件，将其接入检测管路系统 [46]。在检漏阶段，同时将压力相同的气体充入被测工件与参考工件中，如果被测工件发生气体泄漏现象，接在两者之间的压差传感器就会测量出两个工件之间的压差，据此来计算被测工件的泄漏量，如图 2.27 所示。

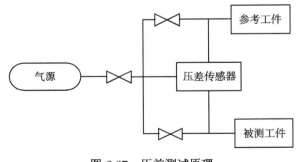

图 2.27   压差测试原理

氦气检测法是向被测工件充入一定压力的氦气, 再将被测工件放入一个特制的密闭容器内, 密闭容器内为常压大气。若被测工件的气体发生了泄漏, 那么氦气将会泄漏至此特制的密闭容器中, 从而导致氦气在密闭容器内的分压增大[47]。一段时间后, 当密封容器内氦气的分压上升到某一特定的数值时, 检测人员便可以利用氦气测量仪测量密封容器内氦气的分压变化, 并通过氦气分压的变化计算出被测工件内气体的泄漏量。其测试原理如图 2.28 所示。

图 2.28　氦气测试原理

超声波检测法的原理是: 该方法需要向被测容器充入相当压力的气体, 使得被测容器内部压强大于外部压强, 若容器有泄漏, 气体必然会从容器上的漏孔冲出, 利用容器内部冲出气体形成的湍流会在漏孔附近产生一定的超声波频率的特点, 通过测量声波频率来判定泄漏状况及流量。使用手持式超声波泄漏检测仪, 操作简单, 具有实时性, 该方法要求漏孔尺寸较小, 在雷诺数较高的湍流情况下才能使用该原理检测, 因此在流速较慢的层流和分子流状况下难以实现, 而在有噪声的情况下该方法也易造成误判, 具有相当的局限性[46]。

虽然目前国内外已有大量技术成熟的压差泄漏检测仪, 然而其检测精度、检测的重复性及检测效率仍存在很大的提升空间, 因此国内外很多研究机构及学者仍致力于通过不同的方法提高压差泄漏检测方法的检测精度及效率[47,48]。赵勇等[49,50] 提出了利用训练好的 BP 网络对需要检测的高压大体积容器内的温度进行预测, 将预测的温度应用到智能气密性检测判断中, 提高了高压气密性检测的精度; 熊四昌等[51,52] 提出一种测试速度快、测试精度高的压差泄漏检测方法, 该方法基于检测补偿容积来得出泄漏气体体积的大小。上述方法具有一定的提高压差泄漏检测效率及其精度的作用, 然而由于其处理过程复杂, 应用场合不具有普适性, 需多次试验以测定所需的基准参数[53]。因此, 上述方法并未能投入应用, 仅停留在理论研究层面。另外一些参考文献从工程应用的角度提出了一些相应的理论和方法, 例如快速充气法、基准曲线法、温度补偿法、加装填充物来减少被测试工件的内容积等方法, 这些方法应用范围窄, 仅在特定场合具有良好的应用价值。

由于氦气的溶解扩散是一个动态过程, 需要一定的测试时间才能达到平衡。在压差法测试过程中, 得到的测试量是低压腔一侧气体的压强随时间变化的数据, 这一数据曲线是渗透过程从初始缓慢过渡到稳定态的积累结果, 并不能直观得到表征氦气渗透性能的参数, 因此需要相应的数据处理方法, 从实验测试所得到的 p-t 曲线中提取出相关的渗透性能参数。

在压差渗透测试中, 高压腔的气压 p_0 一般为 0.1MPa, 低压腔气压变化率为

$$\frac{\mathrm{d}p}{\mathrm{d}t} = Q\frac{A}{V} \tag{2.24}$$

其中，A 为气体透过蒙皮材料的有效面积；V 为低压腔的体积。得到低压腔气压变化率由渗透率 P 表示的关系：

$$\frac{\mathrm{d}p}{\mathrm{d}t} = P\frac{A}{V}\frac{p_0}{h} \tag{2.25}$$

氦气通过蒙皮材料的一维溶解扩散控制方程及溶解扩散边界条件为

$$\frac{\partial c}{\partial t} = D\frac{\partial c^2}{\partial x^2} \tag{2.26}$$

$$\begin{cases} x = 0, p = p_0 \\ t = 0, x > 0, p = p_0 \\ t > 0, x = +\infty, p = 0 \end{cases} \tag{2.27}$$

对于厚度为 h 的蒙皮材料，偏微分方程解的形式可以用傅里叶级数来表示：

$$\frac{\mathrm{d}p}{\mathrm{d}t} = p_0\frac{ADS}{Vh}\left[1 + \sum_{k=1}^{\infty} 2\cos k\pi \exp\left(-\frac{k^2\pi^2 D}{h^2}t\right)\right] \tag{2.28}$$

当氦气溶解扩散达到稳定平衡态时，式 (2.28) 低压腔气压随时间变化为定值：

$$\frac{\mathrm{d}p}{\mathrm{d}t} = DS\frac{A}{Vh}\frac{p_0}{h} \tag{2.29}$$

氦气渗透率和溶解度系数、扩散系数满足如下关系：

$$P = DS = \frac{Vh}{Ap_0}\frac{\mathrm{d}p}{\mathrm{d}t} \tag{2.30}$$

经过任意时间 t 后，低压腔一侧氦气的气压从 0 到 t 对时间积分得到

$$p = p_0\frac{ADS}{Vh}\left(t - \frac{h^2}{6D} - \frac{2h^2}{\pi^2 D}\sum_{k=1}^{\infty}(-1)^k\frac{\exp\left(-\dfrac{k^2\pi^2 D}{h^2}t\right)}{k^2}\right) \tag{2.31}$$

当氦气渗透经过足够长时间时，式 (2.31) 中的指数项可以忽略不计，低压腔的压强近似于时间的线性函数：

$$p = p_0\frac{ADS}{Vh}\left(t - \frac{h^2}{6D}\right) \tag{2.32}$$

式 (2.32) 表明，当氦气扩散一定时间后，低压腔的气体压强随时间变化为一条直线，若延长此直线，得到其在时间和压强坐标轴上的截距，分别记为 t_a 和 p_a，

则由式 (2.32) 可得到蒙皮材料的氦气扩散系数 D 和溶解度系数 S:

$$D = \frac{h^2}{6t_a}$$

$$S = -\frac{6V}{Ah}\frac{p_a}{p_0}$$

(2.33)

故蒙皮材料氦气渗透率为

$$P = DS = -\frac{Vh}{At_a}\frac{p_a}{p_0}$$

(2.34)

傅里叶级数展开的方法是处理材料渗透性能数据的有效方法, 它可以对渗透检测的 $p\text{-}t$ 实验数据进行快速精确的处理, 并且分离出材料的氦气扩散系数 D 和溶解度系数 S 等渗透性能参数。

温度变化引起高分子聚合物渗透率的改变可以从两方面解释: 聚合物分子链结构和材料渗透率本质属性。根据高分子排列的有序性, 固态高分子聚合物可以分为结晶态、非晶态和取向态。绝大多数结晶态聚合物既包含结晶部分又包含非定形部分, 只是结晶的程度不同而已, 理论上认为渗透物分子是不能够通过聚合物结晶部分的。渗透物分子通过聚合物非结晶部分包括横向运动与垂直运动, 当温度升高时, 聚合物基体的分子链构造将会加速变化, 降低分子间的聚合程度, 使得聚合物分子链之间的距离增大, 渗透物分子能够更容易地进行横向运动与垂直运动, 故当温度升高时, 渗透物分子能够更轻松地通过聚合物。另一种观点是自由体积理论, 此理论假设渗透物分子的移动只能在其周围的空间 (即自由体积) 超过一个临界值时发生, 当聚合物温度升高时, 分子链构造加速改变, 大大增加了其自由体积的百分比, 从而提高了渗透物分子的扩散空间, 材料的渗透性能也随之提高。

气球系统的垂直运动取决于内部气体之间的传热, 因为气体的温度和压力决定了气球的升力和有效载荷。通过辐射和对流将热量从外部传递到气球表面; 热量通过传导和红外辐射从表面转移到气球内部。图 2.29 为考虑气球传热的示意图。

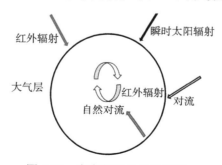

图 2.29　高空气球传热示意图

　　Kayhan[54] 利用与 NASA 试验飞行相同的条件,将气体储存、气球内氦气、有效载荷初始质量增加到 1000kg,然后考察气球薄膜厚度对飞行时间的影响。研究表明,当厚度从 0.000038m 增加到 0.0038m 时,飞行时间增加。从图 2.30 可以看出,传质系数越大,氢传质速率越高。因此,有可能使气球系统在其高度长期驻留。

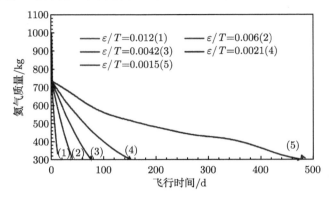

图 2.30　氢气质量随传质系数的变化

　　图 2.31 为气球飞行第 4 天带传质系数的氦气质量随传质系数变化的示意图。在白天,气球内部的气体温度上升,会影响气球的体积。当体积增加时,作用于它的浮力也随之增加,这就增加了 20000m 以上的速度和高度。当速度控制气体压缩释放系统启动时,通过泵入升降机气体储存库,气球内的气体以可控的方式被抽离。因此,气球的体积减小,阻止了它的进一步上升。然而,在夜间,由于气体冷却,气球的体积减小,上升的气体从储气罐释放到气球中,阻止了气球进一步下降。

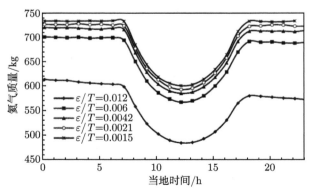

图 2.31　第 4 天氦气质量随传质系数的变化 (最初的氦气质量为 1000kg)

　　图 2.32 显示了储罐和气球在长达 485 天的飞行中的氦气质量。继续压缩释放循环,直到所有可用的储存气体通过气球壁释放。当气球落地时,氦气质量以一种震荡的方式下降到零。

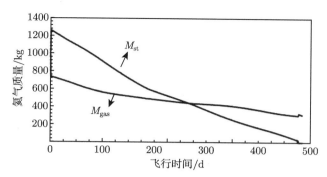

图 2.32　气球内氦气质量随时间的变化 (初始氦气质量为 1000kg)

高空浮空器蒙皮材料是一种轻质高性能的薄膜复合材料, 对于整个浮空器系统, 蒙皮结构是至关重要的部分。它不仅能够存储提供浮升力的氦气, 而且需要承担外载荷作用并保持浮空器的气动外形。由于浮空器需要长久区域驻留于平流层, 蒙皮结构容易受复杂空间环境的作用, 其力学性能和一些物理性能也会因此而发生变化。

参 考 文 献

[1] 朱优兵. 超磁致伸缩谐波电机特性研究. 大连: 大连理工大学, 2016.

[2] 甘萍. 充气囊体结构在吊挂荷载下变形性能实验研究. 上海: 上海交通大学, 2012.

[3] Khoury G A. Airship Technology. Vol. 10. Cambridge: Cambridge University Press, 2012.

[4] 姜鲁华. 我国的高空科学气球系统. 中国科协首届学术年会, 杭州, 1999.

[5] 李智斌, 李果, 王大轶, 等. 近空间飞行器动力学与控制的研究现状及难点//李俊峰. 动力学与控制及航天应用. 北京: 中国宇航出版社, 2008.

[6] 梁琨. 基于布里渊激光雷达的大气温度测量系统研究. 武汉: 华中科技大学, 2008.

[7] Nakashino K, Saito Y, Goto K, et al. Super pressure balloon with diamond-shaped net: a numerical study of its structural characteristics. 2017.

[8] Welch V, Wang J S, Blandino J R, et al. Super pressure balloon non-linear structural-analysis and correlation using photogrammetric measurements. AIAA 5th Aviation, Technology, Integration, and Operations Conference, 2005.

[9] Pagitz M. Stability of lobed superpressure balloons during ascent. Journal of Aircraft, 2011, 48(6): 2042-2049.

[10] 田莉莉, 方贤德. NASA 高空气球的研究及其进展. 航天返回与遥感, 2012, 01: 81-87.

[11] 祝榕辰, 王生. 超压气球研究与发展现状. 第二十四届全国空间探测学术交流会, 西安, 2011.

[12] Wakefield D, Bown A. Non-linear analysis of the NASA super pressure balloons: whole

flight simulations. AIAA Ballon Systems Conference, 2017.

[13] 刘龙斌, 吕明云, 肖厚地, 等. 基于压差梯度的平流层飞艇艇囊应力计算和仿真. 北京航空航天大学学报, 2014, 40(10): 1386-1391.

[14] 吴雷, 李勇, 李智斌. 平流层飞艇高度压差协调控制策略. 2011 年中国智能自动化学术会议, 北京, 2011.

[15] 夏中贤. 平流层飞艇总体性能与技术研究. 南京: 南京航空航天大学, 2006.

[16] 王全保. 柔性蒙皮结构应变监测技术研究. 上海: 上海交通大学, 2012.

[17] 吴清. 浮空器蒙皮材料氦气泄漏机制的理论与实验研究. 北京: 清华大学, 2010.

[18] 张金奎, 刘涛, 鲁国富. 飞艇蒙皮材料加速老化性能试验研究. 装备环境工程, 2014, 11(04): 93-97.

[19] 孟军辉, 张艳博, 吕明云. 平流层飞艇蒙皮材料织物纤维拔出过程分析. 北京航空航天大学学报, 2014, 40(8): 1149-1153.

[20] 白向红. 飞艇蒙皮材料力学性能演化规律研究. 哈尔滨: 哈尔滨工业大学, 2009.

[21] 顾正铭. 平流层飞艇蒙皮材料的研究. 航天返回与遥感, 2007, 28(1): 62-66.

[22] 黄刚, 李良春. 精确空投缓冲气囊材料研究. 装备环境工程, 2011, 8(05): 66-69+88.

[23] 曹旭, 高诚贤. PBO 基质平流层飞艇蒙皮材料的制备研究. 高科技纤维与应用, 2009, 34(04): 37-42.

[24] 王琳. 飞艇囊体材料的研究与研制. 上海: 东华大学, 2007.

[25] 刘卓峰, 肖加余, 王宇, 等. 芳纶基质飞艇气囊囊体材料的制备研究. 高科技纤维与应用, 2006, 03: 26-28+45.

[26] 谭惠丰, 王超, 王长国. 实现结构轻量化的新型平流层飞艇研究进展. 航空学报, 2010, 02: 257-264.

[27] 杨永强, 马云鹏, 武哲. 高空浮空器蒙皮材料特性分析与组合优化. 北京航空航天大学学报, 2014, 03: 333-337.

[28] 马寅佶, 吴清, 姚学锋, 等. 柔性蒙皮材料氦气渗透的细观机制. 清华大学学报 (自然科学版), 2011, 51(05): 646-650.

[29] 田越, 肖尚明. 平流层飞艇囊体材料的发展现状及关键技术. 合成纤维, 2013, 42(04): 11-15.

[30] 刘帅, 朱仁胜, 张金奎, 等. 浮空器蒙皮材料老化后透氦率实验研究. 装备环境工程, 2018, 15(07): 25-28.

[31] 赵臻璐, 王小群, 杜善义. 平流层飞艇囊体气密层材料及氦气透过聚合物研究现状. 航空学报, 2009, 09: 1761-1768.

[32] 冯铭竹, 高中录, 李建平, 等. 平流层飞艇蒙皮材料粘合剂应用研究. 信息记录材料, 2015, 16(03): 27-30.

[33] 邓云飞, 张帆, 姚纳新, 等. 基于 MBD 复合材料结构设计与工艺一体化设计方法研究. 第三届中国国际复合材料科技大会, 杭州, 2017.

[34] 高海健, 陈务军, 付功义. 浮空器囊体膜材力学性能试验研究. 空间结构, 2010, 16(01): 57-64.

[35] 李家宁. 平流层飞艇定点控制技术研究. 南京: 南京航空航天大学, 2009.

[36] 孟军辉, 曹帅, 吕明云, 等. 平流层飞艇蒙皮材料撕裂性能分析方法. 宇航学报, 2015, 02: 230-235.

[37] 李小建, 方贤德, 戴秋敏. 壳体辐射物性参数对平流层飞艇热特性影响的研究. 世界科技研究与发展, 2012, 04: 551-554+563.

[38] 刘东旭, 杨永强, 吕明云, 等. 蒙皮热辐射特性对平流层浮空器氦气温度影响. 北京航空航天大学学报, 2010, 07: 836-840.

[39] 李德富. 平流层浮空器的热特性及其动力学效应研究. 哈尔滨: 哈尔滨工业大学, 2011.

[40] Noll J. Determination of lift gas leakage rate for a stratospheric airship hull // 11th AIAA Aviation Technology, Integration, and Operations (ATIO) Conference. American Institute of Aeronautics and Astronautics, 2011.

[41] 邢建国. 复杂大气环境条件下飞艇气囊气密性检测方法研究. 大连: 大连理工大学, 2015.

[42] Conner J, Arena A. Near space balloon performance predictions. AIAA Aerospace Sciences Meeting Including the New Horizons Forum and Aerospace Exposition, 2013.

[43] 刘浩. 基于外压压差法高压气密性检测系统研究. 太原: 太原科技大学, 2014.

[44] 张宏伟. 基于 LabVIEW 的瓣阀气密性检测系统研究. 合肥: 合肥工业大学, 2016.

[45] 田鹏飞. 红外热成像气密性检测方法的技术探讨. 扬州: 扬州大学, 2013.

[46] 孙程. 浮空气囊气密性检测系统的设计及试验研究. 合肥: 合肥工业大学, 2016.

[47] 张月. 浮空气囊泄漏的仿真及预测研究. 合肥: 合肥工业大学, 2017.

[48] 朱仁胜. 复杂大气环境条件下气囊气密性检测方法研究. 合肥: 合肥工业大学, 2016.

[49] 赵勇. 基于人工神经网络的温度预测在高压气密性检测中的应用研究. 合肥: 中国科学技术大学, 2009.

[50] 易姣. 差压气密性检测仪的研制及其优化补偿方法研究. 杭州: 中国计量学院, 2014.

[51] 金振峰. 基于容积补偿的差压式高精度气体检漏装置的研究. 杭州: 浙江工业大学, 2008.

[52] 熊四昌, 黄林, 金振峰, 等. 基于容积补偿的差压式高精度气体检漏装置的研究. 机床与液压, 2008, 11: 109-111.

[53] 管士涛, 陈均伟. 基于 ZigBee 技术的气体阀门泄漏检测系统. 石油和化工设备, 2013, 16(10): 52-54.

[54] Kayhan Ö, Hastaoglu M A. Modeling of stratospheric balloon using transport phenomena and gas compress-release system. Journal of Thermophysics & Heat Transfer, 2014, 28: 534-541.

第3章 灵巧浮空器飞行理论

3.1 飞行大气环境

浮空器在大气层中飞行时,大气风场复杂变化和温度、密度、气压状态及动力学扰动,将直接影响飞行器的姿态和位置等飞行状态[1];而臭氧、电子密度等空间环境参数变化,对浮空器总体、材料、有效载荷产生重要影响[2]。因此,对浮空器所飞行的临近空间大气环境开展研究,为航天和国防工程服务,具有重要的经济和军事意义[2]。

地球大气指的是由地球引力场和磁场所束缚,包裹着地球陆地和水圈的气体层,狭义的地球大气仅指地球周围的中性气体层。地球大气是地球的组成部分,它随着地球一起运动。大气总质量约为 5.13×10^{18}kg,占地球总质量的百万分之一,地球大气总质量的 90% 集中在地表 15km 高度以内,总质量的 99.9% 在 50km 高度以内,而高度大于 100km 的空间仅占 0.0001% 左右[3]。根据大气温度的垂直分布把大气分成对流层、平流层、中间层、热层和逃逸层。

对流层是最贴近地球表面的一层,浮空器在升空和回收过程中都要经过对流层。对流层是从地面开始直至对流特征消失的高度,其厚度随着纬度和季节等因素而变化,此层以空气对流为主要特征,大气会发生强烈的水平和垂直流动;大气温度、密度、湿度和压强一般随着高度的增加而减小;地面所观测到的大部分天气现象也都发生在这一层[4]。

平流层是从对流层顶以上至温度出现极大值 (高度约在 50km 处) 所在高度的大气层。该层的空气质量约占大气全部质量的 1/4,平流层内没有水蒸气,没有天气现象,空气没有上下对流现象,只有水平方向的流动。地球大气中的臭氧主要集中在平流层内,臭氧吸收太阳的紫外辐射,层内温度随高度升高而增加,平流层顶的平均温度约为 273K。平流层中大气环境非常适合飞行:首先平流层内的水汽、悬浮固体颗粒、杂质等极少,没有雨、雷、冰雹等气象变化,天气晴朗,光线好,能见度很高;其次平流层内大气没有垂直对流运动,以平流运动为主,风向和风速随季节、纬度有规律地变化,浮空器在此层中受力比较稳定,易于操作驾驶[5]。

中间层是从平流层顶以上至温度出现第二个极小值 (高度约在 85km 处) 所在高度的大气层。该层空气质量仅占大气全部质量的 1/3000。中间层内温度随高度升高而下降,降温的主要机制是二氧化碳发射的红外辐射,中间层顶的平均温度约为 190K，高纬地区中间层顶温度有强烈的季节变化。

热层是从中间层以上大气温度重新急剧升高，直至包含一部分温度不再随高度变化的高度区间的大气层。太阳活动情况不同，热层顶的高度和温度有较大的变化，层顶高度大致在 400~700km，大气吸收太阳辐射中波长小于 200nm 的远紫外辐射，引起大气分子的光化、电离，并伴随着放热过程，大气温度随高度有陡峭的增高。在 200km 高度以上，随着高度增加，储存在大气中的热量逐渐减少，如果从地球磁层没有大的能量输入，热层大气就逐渐趋近于等温状态。

3.1.1 温度特性

大气温度随高度的分布很复杂，标准大气是按中纬度地区的平均气象条件定出来的。海拔 32km 以下的大气温度 T 随高度的分布是分段的：

$$T = \begin{cases} 288.15 - 6.5h & (0 \leqslant h \leqslant 11) \\ 216.65 & (11 < h \leqslant 20) \\ 216.65 + (h - 20) & (20 < h \leqslant 32) \end{cases} \quad (3.1)$$

其中，h 是海拔，单位 km。

海平面大气温度的标准值 $T_0 = 288.15$K，不同高度处大气温度值如表 3.1 所示。

表 3.1　临近空间区域几个高度处大气温度

高度/km	0	11	20	32	47	52	61	69	79	90	110
温度/K	288.15	216.65	216.65	228.65	270.65	270.65	252.65	220.65	190.65	190.65	254.25

大气温度的垂直分布如图 3.1 所示。临近空间区域的大气温度存在三个极值，其中两个为极小值，一个为极大值。在 20km 处是一个极小值，为 216.65K；从 20km 开始，大气在太阳红外线的强烈辐射下进行着剧烈的化学反应，生成大量的臭氧成分，同时也引起部分空气分子的电离，由于臭氧的吸热率高，温度随高度增加而增加，到 50km 处约为 270.65K；随后温度又降低，到 85km 处达到第二个极小值；

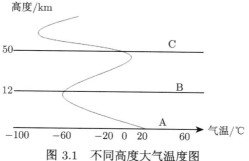

图 3.1　不同高度大气温度图

85km 以上，大气中出现空气的分解和电离，由于吸收太阳辐射热，随高度的增加，温度逐渐升高，在 100km 处大气温度约为 199K。

20km 高度大气温度的季节性空间分布为：沿经度方向，各季节在中低纬地区变化较小，中高纬地区除夏季分布均匀外，其他季节沿经向起伏振荡，且在 30°W~100°E 经度带内温度较低，而两侧温度较高；沿纬度方向，各季节大气温度随纬度上升逐渐增大。50km 高度大气温度的季节性空间分布为：沿经度方向，除夏季均匀分布外，其他季节在中低纬地区变化较小，而中高纬地区存在温度较高的经度带 (0°E~90°E)；沿纬度方向，春季和夏季温度随纬度上升逐渐增大，而秋季和冬季恰恰相反。80km 高度大气温度的季节性空间分布为：沿经度方向，除秋季和冬季在中高纬地区逐渐减小外，其他季节大气温度沿经向分布较为均匀；沿纬度方向，春季和夏季逐渐减小，而秋季和冬季逐渐增大。

3.1.2   太阳辐射

太阳辐射量也是灵巧浮空器设计必须考虑的重要参数之一。与风场不同，太阳辐射量可以按照精确的模型计算出来。太阳辐射量的值与太阳高度角及太阳辐射强度都有关 [6]。太阳高度角的变化是由日期、时间、纬度决定的。太阳辐射强度在一年内的变化与地–日距离的变化有关。太阳辐射是地球–大气系统最重要的能量来源，也是产生大气运动的主要动力，它从根本上决定着地球–大气的热状况 [7]。我们知道，地球大气上方某一点的太阳辐射量长期变化非常小，而到达地面的太阳辐射量的变化则较大，造成这种差别的原因是大气对太阳辐射的吸收和散射不同，它与大气成分、云量、大气中水汽的含量，以及大气悬浮物含量等的变化密切相关 [8,9]。

由于受季风气候、海拔和纬度等因素的影响，中国总辐射量的分布呈现出一些显著特征。总辐射年平均值的主要分布特征是西北高，东南低。西半部地区由东向西减少；东半部地区以川黔地区为最小，向南北增加，华北地区为最大，华南其次，至东北地区又随纬度升高而减少。

在春季，全国的总辐射值较高，从我国东南向西北呈增加的趋势。在 100°E 以西的地区，总辐射变化呈经向分布，由东向西逐渐增大，在青藏高原区出现两个高值中心，辐射值达到 23.00MJ/(m²·d)，但到了准噶尔盆地和塔里木盆地，辐射值又明显减小，不超过 14.00 MJ/(m²·d)。100°E 以东，总辐射变化呈纬向分布，内蒙古中部的辐射值最大，约为 20.00MJ/(m²·d)；辐射值随纬度的降低而减小，两广丘陵也出现了低值中心，其值在 9.00MJ/(m²·d) 左右。

在夏季，全国的辐射值有所增高，在西北和长江中下游地区表现更为突出。在长江以北地区，总辐射变化呈纬向分布，北高南低。长江以南地区，由于受海洋风影响，总辐射变化呈经向分布，东高西低。总辐射值的高值中心较春季没有明显变化,低值中心向西有所移动。长江中下游地区在梅雨时期总辐射较低,梅雨期过后由于受副热带高压的影响,晴朗少雨,成为一个高值区。云南地区此时正盛行西南季风,处于雨季,因此总辐射反而成为低值区。我国东北地区,因正处于夏季,太阳高度角大,日照时间也很长,总辐射的值也比较大。

进入秋季,总辐射值明显减少,尤其体现在东北地区和新疆西北部,基本上形成了冬季的前奏。在 100°E 以西,总辐射变化呈纬向分布,南高北低,青藏高原仍为高值区。100°E 以东,总辐射变化的经向分布更加明显,东低西高,低值中心较夏季向东北方向移动,在长江流域出现了低值带。云南和两广地区由于雨季过后,直接辐射增大,总辐射出现高值,为 15.00~16.00 MJ/(m²·d)。四川盆地由于其特殊的地形因素,云雨天气很多,仍为总辐射的低值区。

冬季,全国总辐射量进一步减少,在 100°E 以西的地区,总辐射变化的纬向分布更加明显,青藏高原区的高值中心仅存一个,其值约为 17.00 MJ/(m²·d)。云南地区这时正是干季,总辐射也比较大,可以达到 14.00~15.00 MJ/(m²·d)。东部地区辐射值由西向东逐渐减少,低值区出现在长江流域和东北地区,一般在 7.00 MJ/(m²·d) 以下。新疆盆地地区冬季的总辐射也比较少。

3.1.3 风场

临近空间的空气极为稀薄,与对流层相似,仍以氮、氧等为主要成分,另含有臭氧、水汽、钠、铁等微量成分。相对于对流层而言,临近空间环境含水汽极少,没有雨雪等现象。由于太阳光紫外线的照射,大气开始电离,所以存在电子、离子成分,还包括外层空间进入的高能质子和中子。平流层和热层的对流运动很小,而中间层有较强烈的对流运动。临近空间的水平风场在 −200 ~200 m/s,风场的风向会随高度而变化,因而会有零风层的存在,即可能某个高度上风速为 0[2]。

大气风速是浮空器阻力和外蒙皮对流换热的重要影响因素。要对浮空器的能源系统进行设计,以及对长时间滞空工作期间的热特性和运动状态进行精确分析,就必须建立一个详细可靠的大气风场模型。实际上,大气风场有明显的高度、经纬度、季节和时间变化。在对流层,风速和风向随海拔、纬度、下垫面地形、季节和时间而变化剧烈;而在平流层,地表因素的影响几乎可以忽略,风速和风向有一定的规律性 [10]。

Roney[11] 对 White Sands 地区的大气风速进行了长期统计 (图 3.2)。结果表明,在对流层,风速与海拔成正比,到 11km 左右到达最大值,然后随海拔的上升而下降,在 20~22km 是风速的低值区,22km 以上风速随海拔缓慢上升,这也是平流层浮空器的滞空高度大部分设定在 20~22km 的主要原因。因为在这一高度,大气风速相对低,平流层浮空器阻力小,对平流层浮空器能源系统和动力装置的需求相对较低。

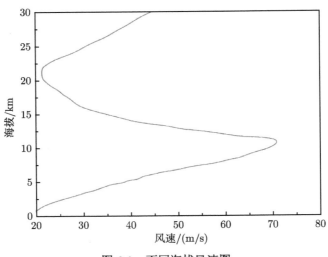

图 3.2   不同海拔风速图

临近空间平流层的气流运动相对平稳。气球以水平运动为主，尤其在临近空间下部 (20~25km 高度)，温度相对恒定 (216.65K)，因此几乎没有上下对流和涡流。同时，该区风速较弱，气流运动有规律，风向随季节有着规律性的变化，北半球冬季盛行西风，夏季盛行东风。

大气的水平风速随高度变化。不同地区在不同季节中的平均风速的分布也不同，虽然各地区的风速分布不同，不同季节的风速也不同，但风速分布的基本规律是相同的。在对流层中，大气因受地面吸收的太阳光能的加热和起伏不平的地形影响，呈现出下层热空气不断上升而上层冷空气不断下沉的强烈对流现象，在相当大的范围内有水平风和垂直风，水平风是由地面上复杂地形造成的气压差所引起的，而垂直风则是因温度随高度分布的差异形成的，所以近地面平均风速随高度增加，在对流层顶即 12km 附近达到第一个极大值。平流层下部的大气温度几乎保持不变，地形对大气的影响已不显著，既无对流现象和复杂的天气现象，也没有垂直方向的大气流动，但存在一定的水平风随高度减小，在 20km 左右达到极小值，20km 以上平均风速增加很快，直到 70km 左右达到第二个极大值，此后又快速减小，到 90km 左右达到第二个极小值，然后再次增加。在 60km 高度，风速可达 140m/s。

孙磊等 [2] 通过建立基于国家军用标准的中国地区平稳风模型和基于概率的最恶劣阵风模型，研究了风场变化特性和阵风幅值变化规律。平稳风通常是指特定时间段内风速的平均值，其大小随着时间和空间不断变化，它是风速的基准值。基于国家军用标准 GJB5601—2006 中的大气风场数据，采用线性插值得到中国任意地区，给定月份和高度的平均风矢量，即包括风的经纬度分量、合成风速、风向等信息。基于概率的最恶劣阵风模型是基于随机阵风频谱相关性完成离散阵风幅值的计算，可以得到指定置信度条件下，不同阵风尺度时的阵风幅值大小。

将 Dryden 频谱函数进行傅里叶逆变换确定其纵向、横向和垂向处湍流的自相关函数：

$$R_{\mathrm{u}}(d) = \mathrm{e}^{-d/L_{\mathrm{u}}} \tag{3.2}$$

$$R_{\mathrm{v}}(d) = \mathrm{e}^{-d/L_{\mathrm{v}}}[1 - d/(2L_{\mathrm{v}})] \tag{3.3}$$

$$R_{\mathrm{w}}(d) = \mathrm{e}^{-d/L_{\mathrm{w}}}[1 - d/(2L_{\mathrm{w}})] \tag{3.4}$$

式中，d 为滞后距离；L_{u}、L_{v}、L_{w} 分别为纵向尺度、横向尺度、垂向尺度。自相关函数描述了阵风在不同位置处的分量之间的相关性。

对实测资料的分析可知，风速在纵向、横向和垂向的三个分量都服从正态分布。假设初始阵风风速幅值为 V_1，另一相关位置处的阵风幅值为 V_2，则由条件概率，可以得到 V_2 的条件概率密度函数。

当初始阵风 $V_1=0$ 时，V_2 的条件概率密度函数为

$$f(V_1|V_2 = 0) = \frac{1}{\sqrt{2\pi e}} \exp\left[-\frac{1}{2}\left(\frac{V_2}{e}\right)^2\right] \tag{3.5}$$

式中，等效偏差 $e=\sigma(1-\rho^2)^{1/2}$，积分可得到 V_2 的累积分布函数：

$$F(V_2) = P(x \leqslant V_2) = \frac{1}{\sqrt{2\pi e}} \int_{-\infty}^{V_2} \exp\left[-\frac{1}{2}\left(\frac{V_2}{e}\right)^2\right] \mathrm{d}V \tag{3.6}$$

当初始阵风 $V_2 \neq 0$ 时，V_2 的条件概率密度函数为

$$f(V_1|V_2 \neq 0) = \frac{1}{\sqrt{2\pi e}} \exp\left[-\frac{1}{2t^2}\left(V_2 - \frac{\rho\sigma_2 V_1}{\sigma_1}\right)^2\right] \tag{3.7}$$

式中，等效偏差 $t=\sigma_2(1-\rho^2)^{1/2}$，积分可得到 V_2 的累积分布函数：

$$F(V_2) = \frac{1}{\sqrt{2\pi e}} \int_{-\infty}^{V_2} \exp\left[-\frac{1}{2t^2}\left(V - \frac{\rho\sigma_2 V_1}{\sigma_1}\right)^2\right] \mathrm{d}V \tag{3.8}$$

根据风场变化的周期长短，将平稳风分为随纬度–季节的长周期变化和随昼夜变化的短周期变化。

风场的长周期变化主要是受到全球大尺度环流的影响，随纬度、高度和季节呈现一定周期的规律变化，并且与地域相关。从北京地区平稳风风速随高度变化图 (图 3.3) 中明显看到，风速随高度变化趋势随着月份的不同出现较大的差异，特别是在 30km 以上的高度，变化尤为剧烈。在厦门地区平稳风风速随高度变化图

(图 3.4) 中, 风速变化不仅与高度有关, 也与月份密切相关。在低空区域, 1 月到 9 月风速呈递减趋势, 从 9 月到 12 月, 风速整体呈增加趋势。将仿真结果与大气环境 ERA-40 再分析风场资料进行对比可知, 平稳风风速随高度的变化规律与 ERA-40 再分析风场的变化规律基本一致。

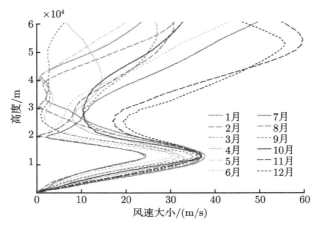

图 3.3   北京地区平稳风风速与月份、高度的关系 (后附彩图)

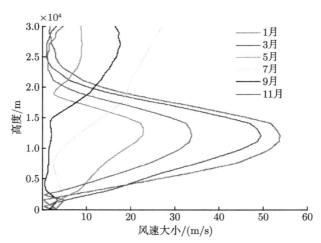

图 3.4   厦门地区平稳风风速与月份、高度的关系 [2](后附彩图)

        风随昼夜的短周期变化是由太阳加热的昼夜变化所引起的大气膨胀和收缩产生的, 同时也与太阳和月球的潮汐有关。从不同高度的风速日变化曲线 (图 3.5) 可以看出, 北京地区近地面区域的最大风速出现在午后温度最高时, 夜间风速最小。大气边界层上部气温的日变化趋势与此相反, 夜间风速最大, 白天风速相对较小。图 3.6 为日本馆野地区和葡萄牙亚速尔群岛对流层和平流层底部各高度上纬向风分量和经向风分量日振幅的年平均值。平流层的短周期变化主要出现在大气边界层、对流层和平流层底部，且变化范围较小。因此，平稳风对临近空间飞行器的影响主要在长周期的变化上。

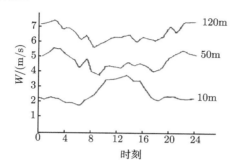

图 3.5　北京地区大气边界层风速日变化曲线

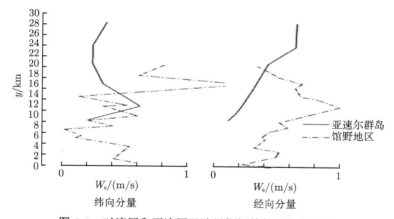

图 3.6　对流层和平流层风速日振幅的年平均值曲线

给定幅值置信度、平均风速、等效偏差以及各高度的湍流实测数据，经计算即可得到任意位置处的阵风幅值，通过仿真得到了指定置信度为 99% 时的不同阵风尺度的幅值变化曲线，如图 3.7 所示。

通过对比分析可知，当阵风的半宽度与引起阵风的湍流相关尺度相近时，阵风风速幅值达到最大。此外，随机阵风幅值与高度有关，当高度处于对流层顶和平流层底的 8~12 km 时，大气运动最为剧烈，阵风幅值达到最大。飞行高度上升到平流层时，风速迅速减小，最终到 20 km 以上的临近空间风速基本保持恒定且较小。

任国玉等 [13] 利用我国 1980~2006 年 119 个探空站采集的风速数据，获得了不同海拔的季节平均风速。表 3.2 列出了我国各海拔的四季和全年平均风速值。图 3.8 为我国高空平均风速季节变化。

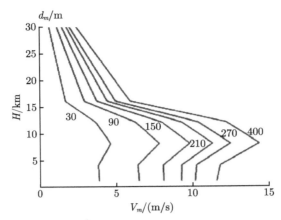

图 3.7　不同阵风尺度下阵风幅值随高度的变化曲线

表 3.2　我国各海拔的四季和全年平均风速值

等压面/mbar[①]	高度/m	春季	夏季	秋季	冬季	年平均
1013.25	0	2.65	2.19	2.05	2.12	2.25
850	1457.02	6.92	6.13	6.30	6.33	6.42
700	3011.62	9.17	6.96	7.94	10.12	8.55
500	5573.43	15.16	9.01	13.26	19.01	14.11
400	7184.17	20.32	11.70	18.15	25.96	19.03
300	9162.37	27.44	16.69	24.81	34.50	25.86
250	10361.18	31.33	20.20	28.43	38.57	29.63
200	11783.78	33.39	22.77	30.68	40.63	31.87
150	13607.68	31.26	21.51	29.13	38.94	30.21
100	16178.3	23.19	14.81	21.59	30.88	22.62
70	18439.65	14.86	9.55	14.29	22.31	15.25
50	20572.88	9.80	9.22	10.95	16.64	11.65
30	23811.51	8.10	12.30	10.67	13.72	11.20
20	26382.15	8.64	14.02	11.39	13.91	11.99

注：①1bar=10^5Pa。

　　风速是高度的函数，风速的大小和方向随着高度变化而变化。通常将风速分解为经向风和纬向风，对于经向风，南风定义为正向风；对于纬向风，西风定义为正向风[13]。风场数据是 2010 年 8 月 15 日上午 8 时测量北京从地面到 32 km 高空速度大小和方向的数据，经向和纬向风通过风速矢量的大小及其与正南方的偏角计算。离散的风速数据需要被拟合成连续的曲线，合成风、经向风和纬向风拟合曲线表达式相同，但常系数不同。合成风速数据拟合曲线表达式以及常系数为

$$v_{\mathrm{w}}(h) = a_1 \sin(b_1 h + c_1) + a_2 \sin(b_2 h + c_2) + \cdots + a_8 \sin(b_8 h + c_8) \tag{3.9}$$

$$a = [32.1700, 10.2800, 24.5900, 11.5000, 7.1520, 1.8670, 0.7593, 1.4880]^{\mathrm{T}} \quad (3.10)$$

$$b = [0.00009, 0.00047, 0.00018, 0.00058, 0.00065, 0.00133, 0.00104, 0.00199]^{\mathrm{T}} \quad (3.11)$$

$$c = [-0.4005, -4.3030, 0.6608, 3.0640, 4.8300, -1.1330, 4.6910, 1.4470]^{\mathrm{T}} \quad (3.12)$$

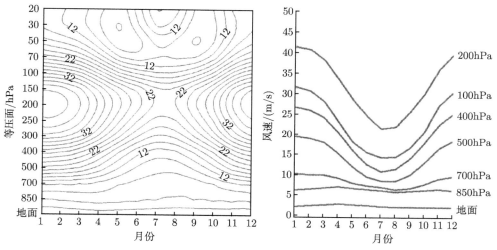

图 3.8 我国高空平均风速季节变化

$1\mathrm{hPa} = 10^2\mathrm{Pa}$

经向风速数据拟合曲线表达式以及常系数分别为

$$v_{\mathrm{wlon}}(h) = a_{\mathrm{lon1}}\sin(b_{\mathrm{lon1}}h + c_{\mathrm{lon1}}) + a_{\mathrm{lon2}}\sin(b_{\mathrm{lon2}}h + c_{\mathrm{lon2}})$$
$$+ \cdots + a_{\mathrm{lon8}}\sin(b_{\mathrm{lon8}}h + c_{\mathrm{lon8}}) \quad (3.13)$$

$$a_{\mathrm{lon}} = [71.6400, 10.5000, 6.0800, 1.1270, 0.3005, 0.5401, 59.6700, 0.6039]^{\mathrm{T}} \quad (3.14)$$

$$b_{\mathrm{lon}} = [0.00008, 0.00031, 0.00045, 0.00095, 0.00116, 0.00483, 0.00013, 0.00235]^{\mathrm{T}} \quad (3.15)$$

$$c_{\mathrm{lon}} = [-1.3000, 1.7210, 2.3140, -6.3969, -0.1182, 2.3890, 1.2110, -2.3020]^{\mathrm{T}} \quad (3.16)$$

纬向风速数据拟合曲线表达式以及常系数分别为

$$v_{\mathrm{wlat}}(h) = a_{\mathrm{lat1}}\sin(b_{\mathrm{lat1}}h + c_{\mathrm{lat1}}) + a_{\mathrm{lat2}}\sin(b_{\mathrm{lat2}}h + c_{\mathrm{lat2}})$$
$$+ \cdots + a_{\mathrm{lat8}}\sin(b_{\mathrm{lat8}}h + c_{\mathrm{lat8}}) \quad (3.17)$$

$$a_{\mathrm{lat}} = [19.1900, 16.2600, 6.2240, 0.7242, 1.5030, 1.3530, 1.6140, 1.4620]^{\mathrm{T}} \quad (3.18)$$

$$b_{\mathrm{lat}} = [0.00018, 0.00012, 0.00042, 0.00117, 0.00151, 0.00209, 0.00082, 0.0052]^{\mathrm{T}} \quad (3.19)$$

$$c_{\text{lat}} = [0.1311, -0.1226, -3.265, 0.2215, -2.4730, 0.6965, 1.3230, 4.4980]^{\text{T}} \qquad (3.20)$$

分割的风场数据与拟合曲线如图 3.9 所示。

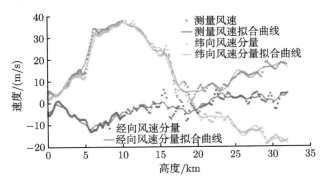

图 3.9   分割的风场数据与拟合曲线 (后附彩图)

3.2   浮空器动力学模型

定点飞行过程中, 平流层浮空器的外部热环境昼夜变化、太阳辐照非均匀, 导致蒙皮和内部填充气体温度的非均匀变化。一方面, 内部填充气体温度的非均匀性可能导致气囊内部气体质心发生偏移, 对浮空器产生力矩, 使浮空器姿态发生倾斜和偏转。另一方面, 浮空器蒙皮温度与大气温度的差异会驱动周围气体产生自然对流, 与来流相互作用, 可能会对浮空器浮升力产生影响 [14]。灵巧浮空器在升空过程中, 一方面将经历复杂的大气环境, 大气压强和温度等参数随高度大幅变化; 另一方面处于复杂的热环境中, 受到外部辐射以及大气对流的影响, 氢气的温度、压强和密度等参数将非线性地变化 [15]。

3.2.1   高空浮空器动力学

浮力、系统重力、附加惯性力和竖直方向的气动力 (阻力) 是气球在上升过程中受到的主要力, 如图 3.10 所示, 其他方向气动力的影响不大, 对于单气囊高空气球的升空过程可忽略其姿态的影响, 将整个系统视为质点, 建立质点动力学方程。

(1) 气球上升过程中受到的作用力包括重力、浮力、阻力。

(a) 气球的重力 $G=Mg$。

(b) 球内气体产生的浮力 F_{b} 可用如下公式计算:

$$F_{\text{b}} = gV_{\text{g}}(\rho_{\text{a}} - \rho_{\text{g}}) \qquad (3.21)$$

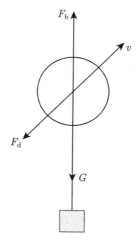

图 3.10 高空气球受力图

式中，ρ_a 为周围大气密度，$\mathrm{kg/m^3}$；ρ_g 为球内气体的密度，可用理想气体状态方程计算:

$$\rho_g = (p_a + \Delta p)/(R \cdot T_h) \tag{3.22}$$

其中，Δp 为气球球内气体与外界大气的压差；R 为氦气的气体常数，$2078.5\mathrm{J/(kg \cdot K)}$。

(c) 气球受到的阻力 F_d 可用如下公式计算:

$$F_d = \frac{1}{2}C_{df}A_t\rho_a V^2 \tag{3.23}$$

式中，A_t 为气球垂直投影面积，$\mathrm{m^2}$；C_{df} 为当量阻力系数，对于球体，当量阻力系数的值为 $0.1\sim0.47$。

(2) 根据牛顿第二定律，气球的运动方程为

$$\mathrm{d}z/\mathrm{d}t = V \tag{3.24}$$

$$\mathrm{d}V/\mathrm{d}t = (F - G - F_d)/(M + M_{bv}) \tag{3.25}$$

式中，M_{bv} 为气球附加质量，考虑了被气球拖动、与气球一起运动的那部分周围大气。

$$M_{bv} = C_{bv}(\rho_a V_g) \tag{3.26}$$

式中，C_{bv} 为虚拟质量系数，假定值为 $0.25\sim0.5$。

气球上升过程中，假设风是水平方向的，由于研究的是气球上升的轨迹，水平方向的风不会对气球竖直方向的运动产生影响，所以不考虑风力的作用 [16]。

3.2.2　系留浮空器动力学

系留浮空器的受力分析见图 3.11[17]。

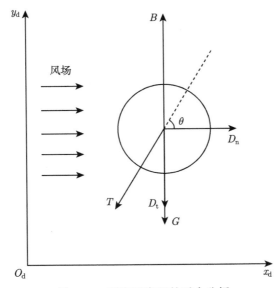

图 3.11　系留浮空器的受力分析

浮空器在地面坐标系下的动力学方程为

$$m \begin{bmatrix} \dot{v}_x \\ \dot{v}_y \end{bmatrix} = \begin{bmatrix} 0 \\ -mg \end{bmatrix} + \begin{bmatrix} 0 \\ B \end{bmatrix} + \begin{bmatrix} D_n \\ D_t \end{bmatrix} + \begin{bmatrix} \cos\theta & -\sin\theta \\ \sin\theta & \cos\theta \end{bmatrix} \begin{bmatrix} 0 \\ -T \end{bmatrix} \tag{3.27}$$

式中，T 为系留浮空器吊带的张力；m 为浮空器质量；g 为重力加速度；D_n 为浮空器受到的法向阻力；$\dot{v}$ 为浮空器加速度。

重力为

$$mg = (m_{\text{balloon}} + m_{\text{He}} + m_{\text{payload}})g \tag{3.28}$$

式中，m_{balloon}，m_{He}，m_{payload} 分别为系留浮空器材料质量、内含氦气质量和载荷质量。

浮力为

$$B = \rho_{\text{air}} V_{\text{balloon}} g \tag{3.29}$$

式中，ρ_{air}，V_{balloon} 分别为大气环境密度、系留浮空器的体积。

阻力为

$$\begin{bmatrix} D_n \\ D_t \end{bmatrix} = \frac{1}{2} \rho_{\text{air}} v_{\text{balloon}}^2 \begin{bmatrix} C_{D_n} \\ C_{D_t} \end{bmatrix} S_{\text{balloon}} \tag{3.30}$$

式中，C_{Dn}，C_{Dt}，S_{balloon} 分别为系留浮空器的法向气动阻力系数、切向阻力系数和特征面积。

质点 i(绳段 i) 的体坐标系 $O_i x_i y_i$ 见图 3.11，其中 x_i 与地面坐标系中 x_{d} 轴的夹角为俯仰角，且 x_i 轴指向上为正。受力分析见图，则质点 i 在地面坐标系下的动力学方程为

$$
\begin{aligned}
mi \begin{bmatrix} \dot{v}_{x,i} \\ \dot{v}_{y,i} \end{bmatrix} =& \begin{bmatrix} 0 \\ -m_i g \end{bmatrix} + \begin{bmatrix} \cos\theta_{i-1} & -\sin\theta_{i-1} \\ \sin\theta_{i-1} & \cos\theta_{i-1} \end{bmatrix} \cdot \begin{bmatrix} 0 \\ -T_{i-1} \end{bmatrix} \\
&+ \begin{bmatrix} \cos\theta_i & -\sin\theta_i \\ \sin\theta_i & \cos\theta_i \end{bmatrix} \cdot \left(\begin{bmatrix} F_{\mathrm{n}i} \\ F_{\mathrm{t}i} \end{bmatrix} + \begin{bmatrix} 0 \\ T_i \end{bmatrix} \right)
\end{aligned}
\tag{3.31}
$$

式中，θ_i 为绳段 i 的俯仰角，根据绳段 i 坐标定义：

$$
\theta_i = -a\tan\left[(x_{i-1} - x_i)(y_{i-1} - y_i)\right]
\tag{3.32}
$$

由于系留的动态应力–应变曲线很难得到，本书假设绳段为线弹性，并考虑张力波传播的速度阻尼求解张力：

$$
T_i = \begin{cases} 0, & \varepsilon_i \leqslant 0 \\ E_i \varepsilon_i + B_i \varepsilon_i, & \varepsilon_i > 0 \end{cases}
\tag{3.33}
$$

式中，E_i 为绳段 i 的弹性模量；B_i 为绳段 i 张力波传播的速度阻尼系数；ε_i 为绳段 i 的弹性应变，表达式为

$$
\varepsilon_i = (l_i - l_{0i})/l_{0i}
\tag{3.34}
$$

其中，l_{0i} 为绳段 i 的原始长度；l_i 为绳段 i 伸长后的长度，表达式为

$$
l_i = \sqrt{(x_{i+1} - x_i)^2 + (y_{i+1} - y_i)^2}
\tag{3.35}
$$

对式 (3.34) 求导得

$$
\dot{\varepsilon}_i = \dot{l}_i / l_{0i}
$$

对式 (3.35) 求导得

$$
l_i = |(x_{i+1} - x_i)(x_{i+1} - x_i) + (y_{i+1} - y_i)(y_{i+1} - y_i)|/l_i
\tag{3.36}
$$

借鉴绳索动力学中柔性绳索的气动力计算方法，求解绳段 i 气动力：

$$
\begin{aligned}
F_{\mathrm{n}i} &= -0.5\rho_{\mathrm{air}} |u_{\mathrm{n}i}| u_{\mathrm{n}i} C_{\mathrm{n}i} d_i l_i \\
F_{\mathrm{t}i} &= -0.5\rho_{\mathrm{air}} |u_{\mathrm{t}i}| u_{\mathrm{t}i} C_{\mathrm{n}i} d_i l_i
\end{aligned}
\tag{3.37}
$$

其中，u_{ni}，u_{ti} 分别为绳段 i 法向、切向速度；C_{ni}，C_{ti} 分别为绳段 i 法向、切向气动阻力系数，表达式为

$$C_{ni} = \begin{cases} 1.445 + 8.55 Re_{ni}^{-0.4}, & 1 < Re_{ni} < 30 \\ 1.0 + 4(Re_{ni})^{-0.5}, & 30 \leqslant Re_{ni} < 100 \\ 2.55 - 0.475 \cdot \lg(Re_{ni}), & 100 \leqslant Re_{ni} < 1000 \\ 0.9, & 1000 \leqslant Re_{ni} < 4000 \\ 1.05 + 0.054 \cdot \lg(Re_{ni}), & 4000 \leqslant Re_{ni} < 15000 \\ 1.21, & 15000 \leqslant Re_{ni} < 150000 \\ 0.3, & 150000 \leqslant Re_{ni} \end{cases} \tag{3.38}$$

$$C_{ti} = \begin{cases} 1.88/(Re_{ti})^{0.74}, & 0.1 < Re_{ti} \leqslant 100.5 \\ 0.062, & 100.5 < Re_{ti} \end{cases} \tag{3.39}$$

式中，Re_{ni}，Re_{ti} 分别为法向、切向雷诺数，表达式为

$$Re_{ni} = \frac{\rho_\infty d_0 |u_{ni}|}{\mu}$$
$$Re_{ti} = \frac{\rho_\infty d_0 |u_{ti}|}{\mu} \tag{3.40}$$

这里，d_0 为绳段 i 的直径；μ 为大气环境的动力黏度。

3.3　浮空器飞行性能

浮空器在自由放飞和滞空过程中，受外部环境因素的影响，气囊内浮升气体的温度和体积不断变化。另一方面，浮空器所处高度的改变意味着其外部大气密度的变化。这两个因素直接引起浮空器净浮力的变化，从而导致浮空器速度和滞空高度的改变。通过几何结构模型可以得到浮空器的表面积影响到浮空器表面的太阳辐射、长波辐射和对流换热量；热力学模型可以得到浮空器内部浮升气体和蒙皮表面温度变化；运动学模型则需要考虑几何结构模型提供的体积；大气模型提供浮空器周围大气温度、压力和风速。将几何模型、热力学模型和运动模型耦合起来，结合大气模型，可以计算浮空器内部的各种飞行性能 [10]。

3.3.1　快速升空方法

飘浮高度可逆控制是长航时飞行对浮空器设计提出的一项功能要求，气球学家受飞艇空气副气囊的启发，设计了带有空气压舱的双球系统。

1) 上下球方案

改进的带两个气球的浮空器系统由四个部分组成 (图 3.12)。第一节是位于浮空器系统顶部的动力气球。为了有效载荷达到期望的浮动高度时释放动力气球，使用释放单元将动力气球和位于下方的平衡气球断开。平衡气球和有效载荷飘浮在任务的预定高度上。当高空浮空器携带动力气球时，能以更快的爬升速率达到理想的浮动高度。上升时间缩短时，动力气球帮助宝贵的有效载荷攀登更快，有效的任务时间延长。

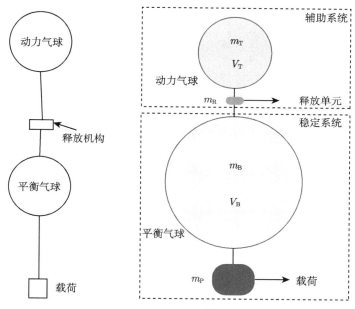

图 3.12　双球系统图

如图 3.13 所示，高空快速部署浮空器系统由两个主要系统组成：辅助系统和平衡系统。高空快速部署浮空器系统的总浮力可定义为

$$B = B_{\text{AS}} + B_{\text{SKS}} \tag{3.41}$$

$$B_{\text{AS}} = V_{\text{TB}} \cdot (\rho_{\text{air}} - \rho_{\text{gas\_TB}}) \cdot g \tag{3.42}$$

$$B_{\text{SKS}} = V_{\text{B}} \cdot (\rho_{\text{air}} - \rho_{\text{gas\_B}}) \cdot g \tag{3.43}$$

其中，B_{AS} 和 B_{SKS} 分别是辅助系统中的动力球和平衡气球的浮力；V_{TB} 和 V_{B} 分别为动力球和平衡气球的体积，可以表示为

$$V_{\text{TB}} = \frac{m_{\text{gas\_TB}}}{M_{\text{gas\_TB}}} \cdot R_{\text{gas\_TB}} \cdot \frac{T_{\text{gas\_TB}}}{P_{\text{gas\_TB}}} \tag{3.44}$$

$$V_{\mathrm{B}} = \frac{m_{\mathrm{gas\_B}}}{M_{\mathrm{gas\_B}}} \cdot R_{\mathrm{gas\_B}} \cdot \frac{T_{\mathrm{gas\_B}}}{P_{\mathrm{gas\_B}}} \tag{3.45}$$

式中，下标 gas_TB 和 gas_B 分别表示动力气球和平衡气球中的浮升气体：

$$P_{\mathrm{gas\_TB}} = P_{\mathrm{air}} + \Delta P_{\mathrm{gas\_TB}} \tag{3.46}$$

$$P_{\mathrm{gas\_B}} = P_{\mathrm{air}} + \Delta P_{\mathrm{gas\_B}} \tag{3.47}$$

$\rho_{\mathrm{gas\_TB}}$ 和 $\rho_{\mathrm{gas\_B}}$ 分别为牵引气球和平衡气球中浮升气体的密度，它们可表示为

$$\rho_{\mathrm{gas\_TB}} = \frac{m_{\mathrm{gas\_TB}}}{V_{\mathrm{TB}}} \tag{3.48}$$

$$\rho_{\mathrm{gas\_B}} = \frac{m_{\mathrm{gas\_B}}}{V_{\mathrm{B}}} \tag{3.49}$$

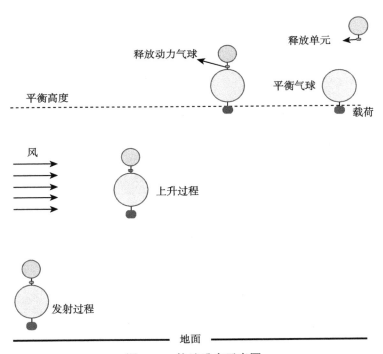

图 3.13　快速升空示意图

高空快速部署浮空器系统的总重力 G_{tot} 主要包括动力气球、释放单元、平衡气球和有效载荷的重量。

$$G = (m_{\mathrm{TB}} + m_{\mathrm{R}} + m_{\mathrm{B}} + m_{\mathrm{pay}}) \cdot g \tag{3.50}$$

系统的总阻力 D_{tot} 可以定义为

$$D_{\text{tot}} = D_{\text{TB}} + D_{\text{B}} \tag{3.51}$$

$$D_{\text{TB}} = \frac{1}{2} \cdot \rho_{\text{air}} \cdot v_{\text{sys}}^2 \cdot c_{\text{d}} \cdot A_{\text{eff\_TB}} \tag{3.52}$$

$$D_{\text{B}} = \frac{1}{2} \cdot \rho_{\text{air}} \cdot v_{\text{sys}}^2 \cdot c_{\text{d}} \cdot A_{\text{eff\_B}} \tag{3.53}$$

其中，$A_{\text{eff\_TB}}$ 和 $A_{\text{eff\_B}}$ 分别为动力气球和平衡气球的有效面积。

根据上述模型获得了气球上升过程数值模拟与实验结果的对比，实验结果用不同条件的不同符号表示。数值模拟结果用不同颜色的曲线表示。在图 3.14 中，可以看到上升阶段和飘浮阶段的气球轨迹。通过数值模拟与实验结果比较，气球飞行高度随飞行时间分布的变化几乎是一致的。图 3.15 和图 3.16 分别表示上升阶段和飘浮阶段的实际上升速度和上升加速度。从图中可以看出，实际飞行数据和预期数据十分接近，在某些点上的差异属于上升速度的不稳定性。

图 3.17 描述了动力气球对飞行轨迹的影响。结果表明，当设置相同的预定高度时，带动力气球的零压气球比不携带动力气球的零压气球在更短的时间内达到预定高度。

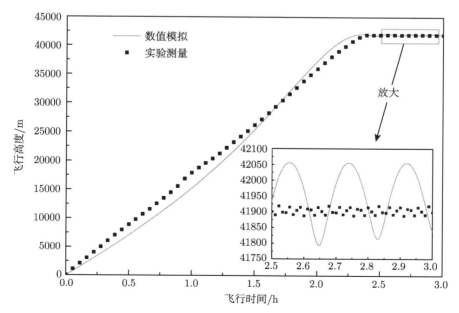

图 3.14　气球轨迹数值模拟与实验对比

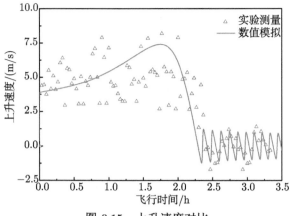

图 3.15   上升速度对比

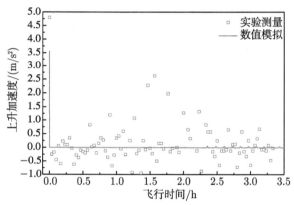

图 3.16   上升加速度对比

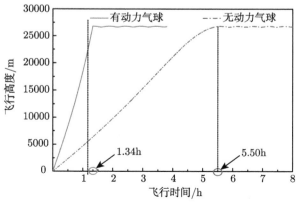

图 3.17   有/无动力气球的飞行轨迹对比图

如图 3.18 所示,在飘浮高度,上升速度趋于零,但由于大气环境的不确定性,上升速度在零附近波动。从图可以看出,没有动力气球的零压气球,上升速度从 1.2 m/s 开始增加,然后慢慢下降并波动到零,5.5h 后气球达到预定高度并开始飘浮。然而,当带动力气球的零压气球飞行时,上升速度从 4.4m/s 开始增加,直到 80min 后系统释放动力气球,然后气球的上升速度下降到飘浮速度,在预定高度飘浮。当气球的浮力增加时,上升速度增加,使气球提前到达预定高度。

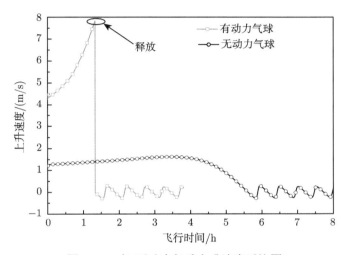

图 3.18 有/无动力气球上升速度对比图

2) 内外球方案

内外球结构是将超压气球置于主气球内部,可以有效避免氦气损失。如图 3.19 所示,科学实验负载可置于主气球下方或是内部超压气球下方。同样通过改变主气球内部氦气含量来改变主气球体积,以实现气球系统飞行高度的改变,而且可以加快气球上升速度。

超压气球维持自身体积不变所需的最小超压量 $\Delta P_{\min 1} = P_{\mathrm{a}}(1/(1 - \Delta T_{g\max}/T_g) - 1)$,其中,$P_{\mathrm{a}}$ 为当地高度的大气压强;$\Delta T_{g\max}$ 为昼夜温度差;T_g 为气球内部氦气的温度。对于零压气球,白天温度较高时,$P_1 V_1 = n_1 R T_1$,夜晚温度降低后,$P_1 V_1 = (n_1 + \Delta n) R (T_1 - \Delta T)$;而对于存储超压气球,在白天,$(P + \Delta P)V = (n + \Delta n)RT$,因此由于零压气球维持自身体积不变所存储的氦气引起的压强增量 $\Delta P_{\min 2} = \left(\dfrac{P_1 V_1}{(T - \Delta T)R} - \dfrac{P_1 V_1}{T_1 R} + n \right) RT/V - P$。因此,存储超压气球最小超压量为 $\Delta P_{\min} = \Delta P_{\min 1} + \Delta P_{\min 2}$。

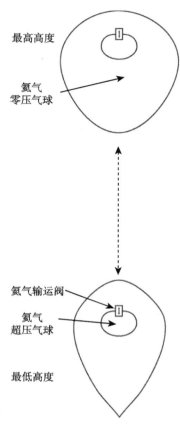

最高高度

氦气
零压气球

氦气输运阀

氦气
超压气球

最低高度

图 3.19   内外构型气球系统

3.3.2   升空过程体积变化

体积和充氦量是高空浮空器的重要设计指标，其直接决定着平流层高空浮空器的升空高度与载荷携带能力。采用理论方法推导零压气球受力平衡方程，并据此分析零压气球升空前后的体积变化情况 [18]。

假设曲线 C 为气球的母线，A 为中心旋转轴，曲线 C 绕轴 A 旋转形成球体。球体上表面微元定义如图 3.20 所示。其中，P_1、P_2 分别为气球的底点和顶点；底点沿母线 C 的长度定义为 s；竖直方向的距离为 z；总长度为 l_s；曲率半径为 R；切线与旋转轴的夹角为 θ；母线到旋转轴的距离为 r；P_1 到 P_2 的竖直距离定义为气球的高度，并且将 $2r_{\max}$ 定义为气球直径。

定义水平内的角度为 φ，气球经向和纬向的张力分别为 T_φ 和 T_θ，薄膜的面密度为 ω_e，内外压差定义为 Δp。微元体受力图如图 3.21 所示。

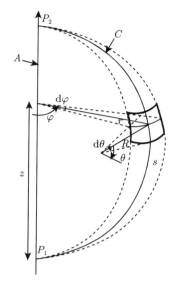

图 3.20 球体上表面微元定义

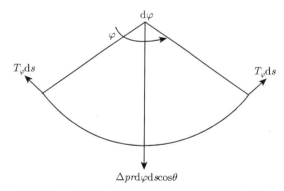

图 3.21 作用在表面微元上的压力与张力平衡

以如下假设为基础：薄膜本身的变形足够小，可以忽略；上升过程中，气球始终保持中心旋转对称的外形；上升过程中，气球母线的总长度 l_s 保持不变。

竖直方向和水平方向的平衡方程去除高阶项后，可得

$$\frac{\mathrm{d}(rT_\theta)}{\mathrm{d}s}\cos\theta - rT_\theta\sin\theta\frac{\mathrm{d}\theta}{\mathrm{d}s} - r\omega_e g - r\Delta p\sin\theta = 0 \tag{3.54}$$

$$\frac{\mathrm{d}(rT_\theta)}{\mathrm{d}s}\sin\theta + rT_\theta\cos\theta\frac{\mathrm{d}\theta}{\mathrm{d}s} - T_\varphi - r\Delta p\cos\theta = 0 \tag{3.55}$$

进一步化简得

$$rT_\theta\frac{\mathrm{d}\theta}{\mathrm{d}s} = T_\varphi\cos\theta - r\omega_e g\sin\theta - r\Delta p \tag{3.56}$$

$$\frac{\mathrm{d}(r\mathrm{T}_\theta)}{\mathrm{d}s} = T_\varphi \sin\theta + r\omega_e g\cos\theta \tag{3.57}$$

假定气球周边大气密度和内部气体密度分别为 ρ_g 和 ρ_a，那么压差 Δp 可以表示为

$$\Delta p = \Delta p_b + (\rho_a - \rho_g)gz \tag{3.58}$$

其中，Δp_b 为气球底部的压差值。假定压差 Δp=0 处的竖直坐标为 z_b，那么式 (3.58) 可以转化为

$$\Delta p = (\rho_a - \rho_g)g(z - z_b) = b_g(z - z_b) \tag{3.59}$$

其中，$b_g=(\rho_a - \rho_g)g$ 表示单位体积浮升气体产生的有效浮力。

将式 (3.59) 代入式 (3.56) 中可得

$$rT_\theta \frac{\mathrm{d}\theta}{\mathrm{d}s} = T_\varphi \cos\theta - r\omega_e g\sin\theta - b_g(z - z_b)r \tag{3.60}$$

根据几何关系，有

$$\mathrm{d}r/\mathrm{d}s = -\sin\theta \tag{3.61}$$

$$\mathrm{d}z/\mathrm{d}s = \cos\theta \tag{3.62}$$

由于气球纬线方向出现褶皱或者折叠现象，根据纬线方向张力为 0 的基本假设，将 T_φ=0 代入式 (3.57) 和式 (3.60) 中，有

$$rT_\theta \frac{\mathrm{d}\theta}{\mathrm{d}s} = -r\omega_e g\sin\theta - b_g(z - z_b)r \tag{3.63}$$

$$\frac{\mathrm{d}(r\mathrm{T}_\theta)}{\mathrm{d}s} = r\omega_e g\cos\theta \tag{3.64}$$

假定 F_1 和 F_2 分别为作用在气球底部和顶部的集中载荷，则定义无量纲长度 λ 为

$$\lambda = [(F_1 + F_2)/b_g]^{\frac{1}{3}} \tag{3.65}$$

在平衡方程和几何方程中定义的变量参数均可以转化为无量纲数，表达式为

$$\tilde{r} = r/\lambda, \quad \tilde{z} = z/\lambda, \quad \tilde{z}_b = z_b/\lambda, \quad \tilde{s} = s/\lambda, \\ \tilde{l}_s = l_s/\lambda, \quad \tilde{R} = R/\lambda, \quad \tilde{T}_\theta = T_\theta/(b_g\lambda^2) \tag{3.66}$$

将式 (3.66) 代入控制方程式 (3.63) 和式 (3.64) 转化为无量纲方程，即

$$\tilde{r}\tilde{T}_\theta \frac{\mathrm{d}\theta}{\mathrm{d}\tilde{s}} = -k\Pi\tilde{r}\frac{\mathrm{d}\tilde{r}}{\mathrm{d}\tilde{s}} - (\tilde{z} - \tilde{z}_b)\tilde{r} \tag{3.67}$$

$$\frac{\mathrm{d}(\tilde{r}\tilde{T}_\theta)}{\mathrm{d}\tilde{s}} = k\Pi\tilde{r}\cos\theta \tag{3.68}$$

其中，$k=(2\pi)^{-1/3}$；$\Pi=\omega_e g/(kb_g\lambda)$ 为无量纲化的气球膜重，是用于描述气球形状的重要相似性参数。

几何方程按照同样的无量纲长度转化为

$$\mathrm{d}\tilde{r}/\mathrm{d}\tilde{s} = -\sin\theta \tag{3.69}$$

$$\mathrm{d}\tilde{z}/\mathrm{d}\tilde{s} = \cos\theta \tag{3.70}$$

在无引导球或辅助气球存在的情况下，气球顶端的集中力 F_2 为 0，气球底端的有效载荷导致的集中力为 F_1。气球充满时，底端 ($\tilde{z}_b = 0$) 的压差为 0。

根据式 (3.67)、式 (3.68) 开展迭代计算，初始条件如下：

$$\tilde{r} = \tilde{z} = 0, \quad \tilde{r}\tilde{T}_\theta = 1/(2\pi\cos\theta_0) \tag{3.71}$$

不同气球对应的外形参数见表 3.3。

表 3.3 不同相似性参数 Π 对应的气球外形参数

Π	$\theta/(°)$	高度/m	面积/m^2	体积/m^3	体积比/%
1.00	84.2	0.4816	1.4229	0.1516	112
0.75	79.8	0.4997	1.4133	0.1510	111
0.50	71.8	0.5380	1.3814	0.1476	109
0.25	61.0	0.5884	1.3171	0.1387	103
0	50.0	0.6462	1.2334	0.1259	93

不同无量纲参数 Π 下气球充满时的外形变化情况如图 3.22 所示。

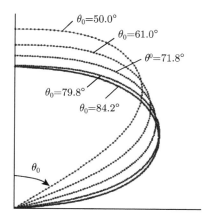

图 3.22 不同无量纲参数 Π 对应的气球外形

由图 3.22 可知，当 Π 近似为 0，即气球自重远小于载荷重量时，气球底端的夹角为 50°；而 Π 近似为 1，即无外部载荷时，气球底端的夹角为 84.2°。这表明，当气球膨胀至满体积且不考虑自身变形时，其底部夹角最小为 50°。

3.3.3 升空过程性能指标

对于单个气囊的高空浮空器，结合前面的动力学模型以及后面的热力学模型，进行上升过程的数值仿真，其中浮空器的基本参数见表 3.4[15]。

表 3.4   某高空浮空器参数

参数	参数值
浮升气体	氦气
放飞时间	7 月中旬上午 8 时
半径/m	30
驻留高度/km	30
蒙皮面密度/(g/m²)	90
载重量/kg	730
充气质量/kg	337.6

图 3.23 是上升过程中蒙皮平均温度、氦气平均温度和周围空气温度的变化曲线，图中显示，在上升过程中，内部氦气由于膨胀而存在 "超冷" 现象，其平均温度低于环境温度，如图 3.24 所示，在对流层区域氦气温差为 -8 K，平流层区域为 -19 K，原因如下：对流层中环境温度随高度增加而降低，且对流层空气密度较平流层高，对流强度高，两者都减弱了 "超冷" 现象；而蒙皮平均温度在上升过程中由于外部强制对流而与环境温度相近，温差很小。

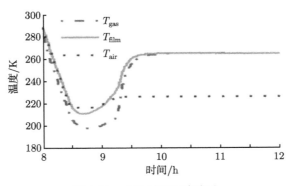

图 3.23   上升过程温度变化

如图 3.24 所示，在对流层基本没有温差，在平流层其温差也在 -5 K 以内，接近平衡高度时，由于外部强制对流减弱以及太阳辐射增强，氦气及蒙皮的温度均迅速上升；达到驻留高度后，经过一段时间，氦气、蒙皮与环境达到热平衡，在白天，囊体内氦气会存在 "超热" 现象，此时氦气及蒙皮的平均温度比环境温度高 39 K。

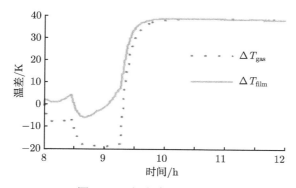

图 3.24 上升过程温差变化

图 3.25 是高空浮空器上升过程中的速度曲线,呈现双 V 形的变化特点。浮空器在放飞初始阶段速度迅速增大到 7.0m/s,之后由于氦气"超冷"产生浮力损失,速度有所下降,但随高度的增加空气密度减小,阻力减小,速度有微小的增加;上升到平流层后,氦气"超冷"更严重,速度明显减小;随后速度一直逐渐增加,一方面是由于高度增加阻力减小,另一方面是高空太阳辐射强度增加使氦气"超冷"减弱;气囊胀满而接近平衡高度时,其速度迅速减小且在 0 附近振荡,由于高空浮空器惯性大,空气密度小,振荡衰减非常缓慢,经过长达 1h 的振荡在驻空高度处平衡。

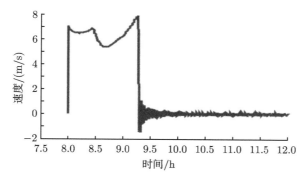

图 3.25 上升过程中的速度曲线

图 3.26 是无放气情况下氦气与大气的平均压差曲线。在远离平衡高度的上升过程中,囊体内氦气的平均压差为 0;在接近平衡高度处,压差迅速上升,且随着驻留时氦气与蒙皮平均温度达到平衡,压差达到 648.8Pa,产生的应力将超过高空浮空器蒙皮材料的极限应力,必须采取相应的控制措施使压差不超过一定值,以保证高空浮空器安全飞行。一种可行的方案是在囊体顶部设置放气阀门,由压差、速度与高度等形成状态反馈控制阀门的开合,从而保证高空浮空器安全升空与驻留。

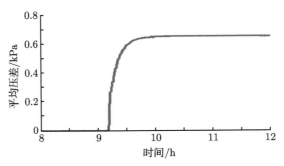

图 3.26　氦气与大气平均压差曲线

　　图 3.27 是上升过程中高度变化曲线, 经过 1.33h 的上升过程达到驻留高度。高空浮空器的轨迹控制方法有螺旋推进器或对浮空器的高度进行控制以选择不同的风速等。推进器控制轨迹的方法需要一个较大的力在空气中拖动浮空器, 而在科研浮空器工作的高空, 空气比较稀薄, 推进器需要设计得很大才能产生足够大的力。同时, 浮空器系统无法得到足够的能源, 这是因为对能源的质量是有限制的。如果能源由太阳能电池产生, 没有很重的电池就无法在夜间工作。如果推进能源由燃料燃烧产生, 那么浮空器在空中停留的时间就会受到其所能运载的燃料质量的限制 [19]。

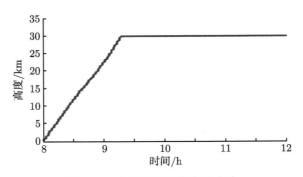

图 3.27　上升过程高度变化曲线

3.4　浮空器流动数值模拟

　　采用 “水滴” 形浮空气球, 气球在充满氦气后的形状如图 3.28(a) 所示, 气球的尺寸如图 3.28(c) 所示。气球在空中受到风的作用后, 形状会发生改变, 其改变后的形状大致类似图 3.28(b) 所示的形状, 其变形量的大小取决于风的大小。

　　本节主要介绍浮空气球在风场中的绕流数值模拟方法, 并采用该数值模拟方法进行浮空气球的绕流数值模拟和所受风场载荷的计算。首先是浮空气球绕流计算所需的网格生成方法, 包括无变形和变形的气球网格生成方法, 其次是浮空气球绕流的 CFD 数值求解方法。

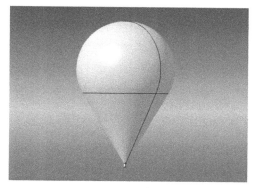
(a) 气球基准外形

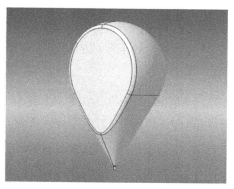
(b) 受风吹后的气球外形示意

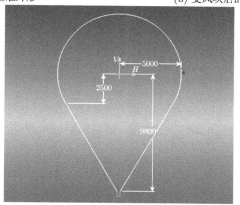
(c) 气球外形尺寸

图 3.28　浮空气球外形及尺寸 (单位: mm)

3.4.1　浮空气球绕流网格生成

1. 无变形气球的绕流网格生成

充满氦气的气球为 "水滴" 形, 是一个较为复杂的三维曲面, 若采用传统的 "自上而下" 的分块方法来生成空间结构化网格, 则需要花费较长的人工时间, 且生成的网格质量 (网格正交性) 难以保证。考虑到该形状是一种典型的旋成体, 若采用旋转方法来生成, 则网格生成效率将大大提高。

首先根据气球的形状, 生成从球顶到球底的脊线, 以该脊线为基准, 生成一个平面内的半圆形二维网格。为保证最终三维空间网格的正交性及均匀性, 这里采用求解椭圆型微分方程的方法来生成, 且在物体壁面附近对法向网格进行加密, 以捕捉边界层内的流场信息, 从而提高计算的精度。二维 "半圆形" 网格如图 3.29(a) 所示, 从图中看出, 该二维网格在所有区域的正交性都十分好。

以上述 "半圆形" 网格的中心轴 (Y 轴) 为旋转轴, 将 "半圆形" 网格绕轴旋转 360° 生成气球的空间网格, 如图 3.29 所示。由于每一条 "经线上" 的网格与前述二维网格一致, 故全流域的网格的正交性良好。全流域网格如图 3.29 所示, 网格单元数约 280 万。

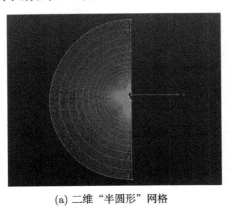

(a) 二维 "半圆形" 网格

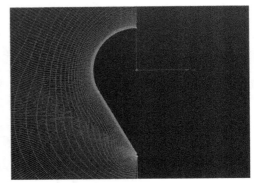

(b) 壁面附近网格

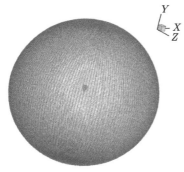

(c) 气球整体网格

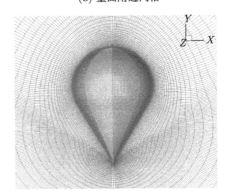

(d) 气球壁面附近网格

图 3.29　浮空气球的网格 (后附彩图)

2. 变形气球的绕流网格生成

气球变形后不再是一个旋成体, 故无法采用上述方法快速生成正交性较好的空间网格, 若直接采用分块的方法来划分, 也需要较多的人工时间, 且网格正交性难以保证较好。为解决这一问题, 本小节发展了变形气球流场网格的高质量快速生成方法。

当前, 针对形状发生改变的网格方法主要有网格重构法、网格变形方法。网格重构法是根据气动外形的改变而重新生成网格。对于简单外形即小变形问题，该方法较容易实现，但对于复杂外形问题或变形较大的问题，该方法难以自动实现，因而严重影响计算效率。网格变形方法则是在不增加或减少网格节点并保持原网格拓扑结构的前提下，按照某种规律驱动网格节点变形以适应外形变形的一类方法。

目前，网格变形方法大致可以分为三类：基于物理模型的方法、数学插值法以及混合方法。基于物理模型的方法将某种物理现象应用于网格变形中，主要有温度体模型方法、弹性体模型方法、弹簧法等；数学插值法主要包括超限插值法 (TFI)、Delaunay 背景网格插值法、径向基函数 (RBF) 插值法；混合方法则是前面两类方法的混合使用。

由于具备诸多优良的特性，基于径向基函数的网格变形方法得到了极大的发展和广泛的应用。该方法的主要思想是利用已知的物面网格变形量，构造一个用于描述空间任意位置变形量的径向基插值函数，再使用径向基插值函数以及初始网格插值得到空间任意点的变形网格。此方法在计算过程中无须利用网格点之间的联系，各节点的变形计算完全独立，因此适合于单块或多快的结构化、非结构化网格，非常便于并行化；此外，该方法还适用于复杂外形的大变形问题，以及刚体变形、弹性变形等，且变形网格质量高、通用性好、鲁棒性强。

3.4.2 径向基函数网格变形基本方法

径向基函数的基本形式如下：

$$\hat{F}(\boldsymbol{r}) = \sum_{i=1}^{N_{\mathrm{sp}}} \omega_i \varphi\left(\|\boldsymbol{r} - \boldsymbol{r}_i\|\right) \tag{3.72}$$

其中，$\hat{F}(\boldsymbol{r})$ 是插值函数，在网格变形问题中代表网格变形量，即网格节点的位移量；N_{sp} 代表建立径向基插值函数模型所用的插值节点数；$\varphi(\cdot)$ 代表基函数，$\boldsymbol{r}_i$ 为径向基函数的中心位置，即插值节点的位置矢量，在网格变形中选取物面上的点；$\|\boldsymbol{r} - \boldsymbol{r}_i\|$ 为空间位置矢量 $\boldsymbol{r}$ 到插值节点位置矢量 $\boldsymbol{r}_i$ 的距离；系数 ω_i 代表第 i 个插值节点所占的权重系数，并保证插值后的函数通过所有插值节点，即

$$\hat{F}(\boldsymbol{r}_i) = F(\boldsymbol{r}_i), \quad i = 1, 2, \cdots, N_{\mathrm{sp}} \tag{3.73}$$

其中，$F(\boldsymbol{r}_i)$ 代表插值节点的真实位移 (精确的位移)。在径向基函数模型中，基函数的选取种类繁多，表 3.5 给出了几种常用的基函数，图 3.30 给出了表 3.5 中基函数的曲线图。经文献比较，Wendland's C2 函数计算效率和网格变形的质量都较好，故此处选用它作为径向基函数模型的基函数，表达式如下：

$$\varphi\left(\xi\right) = \left(1 - \xi\right)^4 \left(4\xi + 1\right) \tag{3.74}$$

其中，ξ 为 $\|\boldsymbol{r} - \boldsymbol{r}_i\|$ 的无量纲值；R 为径向基函数的作用半径；当 $\xi > 1$ 时，强制设定 $\varphi\left(\xi\right) = 0$，即当空间内的点到插值节点距离超过作用半径时，该插值节点对变形不起作用。

表 3.5　常用的基函数

基函数名称	表达式
Gaussian (Gauss)	$\varphi\left(\xi\right) = \mathrm{e}^{-\xi^2/\left(2\sigma^2\right)}$
Power Function (POW)	$\varphi\left(\xi\right) = \xi^\beta, \quad 1 \leqslant \beta \leqslant 3$ （例如，$\boldsymbol{x}_{k+1} = \boldsymbol{x}_k + \alpha_k \boldsymbol{p}_k$）
Thin Plate Spline (TPS)	$\varphi\left(\xi\right) = \xi^2 \ln\left(\xi\right)$
Volume Spline (VS)	$\varphi\left(\xi\right) = \xi$
Hardy's Multi-quadratic (HMQ)	$\varphi\left(\xi\right) = \left(1 + \xi^2\right)^{\frac{1}{2}}$
Hardy's inverse multi-quadratic (HIMQ)	$\varphi\left(\xi\right) = \left(1 + \xi^2\right)^{-\frac{1}{2}}$
Wendland's C0 (C0)	$\varphi\left(\xi\right) = \left(1 - \xi\right)^2$
Wendland's C2 (C2)	$\varphi\left(\xi\right) = \left(1 - \xi\right)^4 \left(4\xi + 1\right)$
Wendland's C4 (C4)	$\varphi\left(\xi\right) = \left(1 - \xi\right)^6 \left(\dfrac{35}{3}\xi^2 + 6\xi + 1\right)$
Wendland's C6 (C6)	$\varphi\left(\xi\right) = \left(1 - \xi\right)^8 \left(32\xi^3 + 25\xi^2 + 8\xi + 1\right)$
Euclid's hat (EH)	$\varphi\left(\xi\right) = \pi\left(\left(\dfrac{1}{12}\xi^3\right) - r^2\xi + \left(\dfrac{4}{3}r^3\right)\right)$

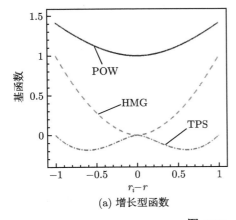

(a) 增长型函数

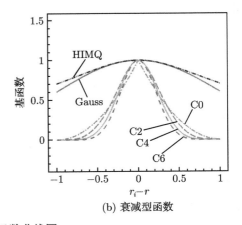

(b) 衰减型函数

图 3.30　基函数曲线图

在给定了物面的插值节点及这些点的位移后，采用式 (3.72) 计算空间内任意网格点的位移时，r 和 r_i 已知，唯一未知的是各插值节点的权重系数 ω_i。ω_i 可以通过物面上插值节点的插值结果必须与其真实位移一致来求得 (也就是说，径向基函数是插值模型而非拟合模型)。对于三个方向的坐标，求解方程分别如下：

$$\Delta \boldsymbol{X}_s = \boldsymbol{\Phi}\boldsymbol{\omega}_x \Rightarrow \boldsymbol{\omega}_x = \boldsymbol{\Phi}^{-1}\Delta \boldsymbol{X}_s \tag{3.75}$$

$$\Delta \boldsymbol{Y}_s = \boldsymbol{\Phi}\boldsymbol{\omega}_y \Rightarrow \boldsymbol{\omega}_y = \boldsymbol{\Phi}^{-1}\Delta \boldsymbol{Y}_s \tag{3.76}$$

$$\Delta \boldsymbol{Z}_s = \boldsymbol{\Phi}\boldsymbol{\omega}_z \Rightarrow \boldsymbol{\omega}_z = \boldsymbol{\Phi}^{-1}\Delta \boldsymbol{Z}_s \tag{3.77}$$

其中，下标 s 表示物面插值节点，且有

$$\Delta \boldsymbol{X}_s = \left[\Delta x_s^{(1)}, \Delta x_s^{(2)}, \cdots, \Delta x_s^{(N_{\mathrm{sp}})}\right]^{\mathrm{T}} \tag{3.78}$$

$$\Delta \boldsymbol{Y}_s = \left[\Delta y_s^{(1)}, \Delta y_s^{(2)}, \cdots, \Delta y_s^{(N_{\mathrm{sp}})}\right]^{\mathrm{T}} \tag{3.79}$$

$$\Delta \boldsymbol{Z}_s = \left[\Delta z_s^{(1)}, \Delta z_s^{(2)}, \cdots, \Delta z_s^{(N_{\mathrm{sp}})}\right]^{\mathrm{T}} \tag{3.80}$$

$$\boldsymbol{\omega}_x = \left[\omega_x^{(1)}, \omega_x^{(2)}, \cdots, \omega_x^{(N_{\mathrm{sp}})}\right]^{\mathrm{T}} \tag{3.81}$$

$$\boldsymbol{\omega}_y = \left[\omega_y^{(1)}, \omega_y^{(2)}, \cdots, \omega_y^{(N_{\mathrm{sp}})}\right]^{\mathrm{T}} \tag{3.82}$$

$$\boldsymbol{\omega}_z = \left[\omega_z^{(1)}, \omega_z^{(2)}, \cdots, \omega_z^{(N_{\mathrm{sp}})}\right]^{\mathrm{T}} \tag{3.83}$$

矩阵中的每一个元素代表插值节点中任意两点之间距离为参数的径向基函数值：

$$\boldsymbol{\Phi} := \left[\varphi\left(\|\boldsymbol{r} - \boldsymbol{r}_i\|\right)\right]_{i,j} \in R^{N_{\mathrm{sp}} \times N_{\mathrm{sp}}} \tag{3.84}$$

求解方程 (3.75)~(3.77) 可得到插值节点的权重系数，再将权重系数代入式 (3.72) 可计算得到空间任意网格点的位移 (变形)。

3.4.3 表面插值节点的选择方法

采用径向基函数进行网格变形时，计算量与 $N_{\mathrm{sp}} \times N_{\mathrm{vp}}$ 成正比，其中，N_{sp} 表示用于建立插值模型的物面节点数，N_{vp} 表示待插值的空间气动网格点数，一般而言，$N_{\mathrm{vp}} < N_{\mathrm{sp}}$。若采用全体物面点作为插值节点，虽然可以保证物面的插值误差为零，但建立径向基函数模型所需的计算量会较大，因此，减少插值节点数 N_{sp} 是减少总的计算量的主要途径。Rendall 等提出了一种贪心算法用以减少插值节点数，该算法根据最大插值误差位置逐步添加插值节点来提高径向基函数模型的效率。该方法的基本过程如下：

　　首先，任意选择 N_0(一般可取 $N_0 = 3$) 个物面节点形成初始节点集合 $P_0 = \{p_1, p_2, \cdots, p_{N_0}\}$，采用此集合建立径向基函数模型，通过求解方程 (3.75)~(3.77) 得到 X, Y, Z 坐标方向的权重系数，然后计算所有物面点的变形量；显然，对于 P_0 中的所有点，插值结果是完全精确的，但对于物面的其他点会产生误差；找出物面插值误差最大的点并将该点加入初始插值节点集 P_0 形成新的插值节点集合 P_1；利用节点集 P_1 重新建立径向基函数模型进行插值；重复将物面插值误差最大的点加入，直至所有物面点处的插值误差小于事先设定的误差限。最后，利用径向基函数模型对空间所有网格点进行插值，得到所有网格点的变形。在选择物面节点的过程中，可以一次选择多个误差较大的物面点加入插值点集，以减少迭代次数；也可以交替加入单个、多个点。

3.4.4　基于径向基函数的气球网格变形算例

　　下面给出的是从一个基本外形的网格，采用径向基函数网格变形方法自动获得变形后空间网格的过程。

　　第一步，基本外形的空间网格生成方法按照上面的方法进行，生成的表面网格和空间网格分别如图 3.31(a) 和 (b) 所示；第二步，根据形状改变后的外形，生成变形后外形的表面网格，如图 3.31(c) 所示；第三步，根据前面三者，用基于径向基函数的网格变形方法生成变形后外形的空间网格，如图 3.31(d) 所示。从图中可以看出，气动生成的网格质量保证了基准外形一致和网格拓扑一致，且网格正交性良好，从而为气球的流动数值模拟提供良好基础。

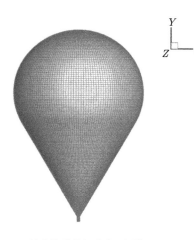

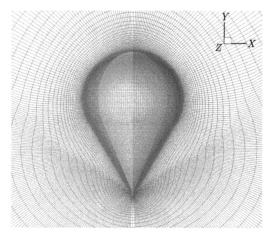

(a) 基准外形的气球表面网格　　　　　　(b) 基准气球外形的空间网格

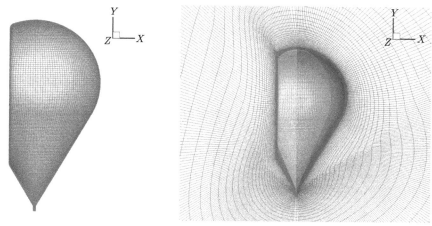

(c) 形状改变后的气球表面网格   (d) 形状改变后的气球空间网格

图 3.31 气球形状改变前后的网格对比 (后附彩图)

图 3.32 给出了为建立较高精度的径向基函数模型, 采用迭代加点的方法来提高模型精度的过程, 从图中看出, 随着插值点的增加, 气球表面的精度逐渐提高, 在表面点增加到 1600 左右时, 误差下降到 10^{-3}m 以下。

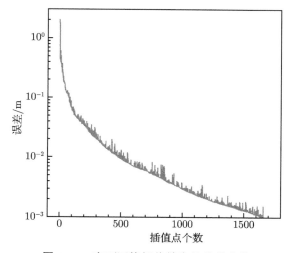

图 3.32 表面网格插值精度的收敛曲线

3.4.5 流动控制方程及其求解

在连续介质假设下, 流体力学控制方程为 Navier-Stokes(N-S) 方程, 包括质量守恒方程、动量守恒方程和能量守恒方程, 在无黏假设下得到 Euler 方程。所涉及的 N-S 方程指时均意义下的雷诺平均 N-S(Reynolds-averaged Navier-Stokes, RANS)

方程，采用涡黏性模型模拟雷诺应力。下面主要介绍格心有限体积法求解 Euler 方程或雷诺平均 N-S 方程的常用数值方法。

1. 流动控制方程

在连续介质假设下，忽略彻体力和热源的三维非定常可压缩雷诺平均 N-S 方程可写成如下守恒形式：

$$\frac{\partial \boldsymbol{Q}}{\partial t} + \frac{\partial \boldsymbol{E}}{\partial x} + \frac{\partial \boldsymbol{F}}{\partial y} + \frac{\partial \boldsymbol{G}}{\partial z} = \frac{\partial \boldsymbol{E}_v}{\partial x} + \frac{\partial \boldsymbol{F}_v}{\partial y} + \frac{\partial \boldsymbol{G}_v}{\partial z} \tag{3.85}$$

式中，

$$\boldsymbol{Q} = \begin{bmatrix} \rho \\ \rho u \\ \rho v \\ \rho w \\ e \end{bmatrix}, \quad \boldsymbol{E} = \begin{bmatrix} \rho u \\ \rho u^2 + p \\ \rho uv \\ \rho uw \\ (e+p)u \end{bmatrix}, \quad \boldsymbol{F} = \begin{bmatrix} \rho v \\ \rho uv \\ \rho v^2 + p \\ \rho vw \\ (e+p)v \end{bmatrix}, \quad \boldsymbol{G} = \begin{bmatrix} \rho w \\ \rho wu \\ \rho wv \\ \rho w^2 + p \\ (e+p)w \end{bmatrix}$$

其中，ρ，(u, v, w)，p，e 分别代表流体的密度、速度在直角坐标系下的三个分量、压强、单位体积总能 (跟总焓的关系为 $H = (e + p)/\rho$)。对于完全气体，压强和温度由如下状态方程给出：

$$\begin{aligned} p &= (\gamma - 1)\left[e - \frac{\rho}{2}(u^2 + v^2 + w^2)\right] \\ T &= p/(R\rho) \end{aligned} \tag{3.86}$$

这里，γ 为比热比，对于空气取 1.4；R 为气体常数。此外，在涡黏假设下，

$$\begin{aligned} \tau_{xx} &= 2(\mu_1 + \mu_{\mathrm{t}})u_x - \frac{2}{3}(\mu_1 + \mu_{\mathrm{t}})(u_x + v_y + w_z) \\ \tau_{yy} &= 2(\mu_1 + \mu_{\mathrm{t}})v_y - \frac{2}{3}(\mu_1 + \mu_{\mathrm{t}})(u_x + v_y + w_z) \\ \tau_{zz} &= 2(\mu_1 + \mu_{\mathrm{t}})w_z - \frac{2}{3}(\mu_1 + \mu_{\mathrm{t}})(u_x + v_y + w_z) \\ \tau_{xy} &= \tau_{yx} = (\mu_1 + \mu_{\mathrm{t}})(u_y + v_x) \\ \tau_{yz} &= \tau_{zy} = (\mu_1 + \mu_{\mathrm{t}})(v_z + w_y) \\ \tau_{xz} &= \tau_{zx} = (\mu_1 + \mu_{\mathrm{t}})(u_z + w_x) \\ \beta_x &= u\tau_{xx} + v\tau_{xy} + w\tau_{xz} + (k_1 + k_{\mathrm{t}})T_x \\ \beta_y &= u\tau_{yx} + v\tau_{yy} + w\tau_{yz} + (k_1 + k_{\mathrm{t}})T_y \\ \beta_z &= u\tau_{zx} + v\tau_{zy} + w\tau_{zz} + (k_1 + k_{\mathrm{t}})T_z \end{aligned} \tag{3.87}$$

其中，μ_1 和 μ_{t} 分别为层流黏性系数和涡黏系数；k_1 和 k_{t} 为相应的热传导系数。

层流黏性系数由 Sutherland 公式给出：

$$\mu_{\mathrm{l}} = (\mu_{\mathrm{l}})_\infty \left(\frac{T}{T_\infty}\right)^{1.5} \frac{T_\infty + c}{T + c} \tag{3.88}$$

其中，下标 ∞ 表示无穷远处自由来流变量；常数 $c = 110.4\mathrm{K}$。涡黏系数由湍流模型给出。热传导系数由如下公式确定：

$$\begin{aligned} k_{\mathrm{l}} &= \frac{\gamma R}{\gamma - 1} \frac{\mu_{\mathrm{l}}}{Pr_{\mathrm{l}}} \\ k_{\mathrm{t}} &= \frac{\gamma R}{\gamma - 1} \frac{\mu_{\mathrm{t}}}{Pr_{\mathrm{t}}} \end{aligned} \tag{3.89}$$

其中，Pr_{l} 和 Pr_{t} 分别代表层流普朗特数 (Prandtl number) 和湍流普朗特数，分别取 0.72 和 0.90。

如果忽略方程组 (3.85) 右端黏性项，便得到直角坐标系下的 Euler 方程组。本书对 Euler 方程和 N-S 方程均采用有限体积法进行离散求解，因此需要将控制方程转换为积分形式。将方程组 (3.85) 两端对流场中任意控制体 Ω(边界为 $\partial\Omega$，单位外法向矢量为 $\boldsymbol{n}$) 积分，并应用高斯定理将对流项体积分转化为面积分，则得到积分形式 N-S 方程，可表述为如下简洁形式：

$$\iiint\limits_{\Omega} \frac{\partial \boldsymbol{Q}}{\partial t} \mathrm{d}V + \iint\limits_{\partial\Omega} \boldsymbol{F} \cdot \boldsymbol{n}\mathrm{d}S - \iint\limits_{\partial\Omega} \boldsymbol{F}_v \cdot \boldsymbol{n}\mathrm{d}S = 0 \tag{3.90}$$

其中，

$$\boldsymbol{F} = \begin{bmatrix} \rho\boldsymbol{V} \\ \rho u\boldsymbol{V} + p\boldsymbol{I}_x \\ \rho v\boldsymbol{V} + p\boldsymbol{I}_y \\ \rho w\boldsymbol{V} + p\boldsymbol{I}_z \\ \rho H\boldsymbol{V} \end{bmatrix}, \quad \boldsymbol{F}_v = \begin{bmatrix} 0 \\ \tau_{xx}\boldsymbol{I}_x + \tau_{xy}\boldsymbol{I}_y + \tau_{xz}\boldsymbol{I}_z \\ \tau_{xy}\boldsymbol{I}_x + \tau_{yy}\boldsymbol{I}_y + \tau_{yz}\boldsymbol{I}_z \\ \tau_{xz}\boldsymbol{I}_x + \tau_{yz}\boldsymbol{I}_y + \tau_{zz}\boldsymbol{I}_z \\ \beta_x\boldsymbol{I}_x + \beta_y\boldsymbol{I}_y + \beta_z\boldsymbol{I}_z \end{bmatrix} \tag{3.91}$$

其中，$\boldsymbol{V} = (u, v, w)^{\mathrm{T}}$ 为流体速度矢量；$\boldsymbol{I}_x, \boldsymbol{I}_y, \boldsymbol{I}_z$ 分别为直角坐标系单位坐标向量。

值得注意的是，其中时间导数项的偏导数符号在积分号内，需要设法将其提到积分号外，以方便进行数值离散。对于静止的控制体单元，时间导数项的偏导数符号可直接写到积分外面，而对于运动的控制体单元则需经过一定的转换。为了统一，下面给出针对运动控制体单元的表达形式。

设 $\boldsymbol{V}_{\mathrm{b}}$ 为控制体边界的运动速度矢量，且有

$$\boldsymbol{V}_{\mathrm{b}} = u_{\mathrm{b}}\boldsymbol{I}_x + v_{\mathrm{b}}\boldsymbol{I}_y + w_{\mathrm{b}}\boldsymbol{I}_z \tag{3.92}$$

经过推导可得

$$\frac{D}{Dt}\iiint\limits_{\Omega} \boldsymbol{Q}\mathrm{d}V = \iiint\limits_{\Omega} \frac{\partial \boldsymbol{Q}}{\partial t}\mathrm{d}V + \iint\limits_{\partial\Omega} \boldsymbol{Q}\boldsymbol{V}_{\mathrm{b}}\cdot\boldsymbol{n}\mathrm{d}S \qquad (3.93)$$

其中，D/Dt 为全导数符号。联立式 (3.90) 与式 (3.93)，可得含全导数的流动控制方程：

$$\frac{D}{Dt}\iiint\limits_{\Omega} \boldsymbol{Q}\mathrm{d}V + \iint\limits_{\partial\Omega} \boldsymbol{F}'\cdot\boldsymbol{n}\mathrm{d}S = \iint\limits_{\partial\Omega} \boldsymbol{F}_{v}\cdot\boldsymbol{n}\mathrm{d}S \qquad (3.94)$$

其中，

$$\boldsymbol{F}' = \boldsymbol{F} - \boldsymbol{Q}\boldsymbol{V}_{\mathrm{b}} = \begin{bmatrix} \rho(\boldsymbol{V}-\boldsymbol{V}_{\mathrm{b}}) \\ \rho u(\boldsymbol{V}-\boldsymbol{V}_{\mathrm{b}}) + p\boldsymbol{I}_x \\ \rho v(\boldsymbol{V}-\boldsymbol{V}_{\mathrm{b}}) + p\boldsymbol{I}_y \\ \rho w(\boldsymbol{V}-\boldsymbol{V}_{\mathrm{b}}) + p\boldsymbol{I}_z \\ \rho H(\boldsymbol{V}-\boldsymbol{V}_{\mathrm{b}}) + p\boldsymbol{V}_{\mathrm{b}} \end{bmatrix} \qquad (3.95)$$

需要说明的是，对于静止的控制单元 ($\boldsymbol{V}_{\mathrm{b}}=0$)，方程组中的全导数便可直接写成偏导数。

以式 (3.94) 作为主控方程，该方程为惯性坐标下针对任意运动控制体的积分方程，适用于运动网格系统的有限体积方法求解，因而对后面将要介绍的螺旋桨非定常绕流数值模拟也是适用的。

2. 方程组的无量纲化

在实际应用中往往求解的是无量纲化方程，这样只要给定马赫数 Ma_∞、迎角 α 和雷诺数 Re_∞ 等参数就可以进行求解，而无须知道飞行高度、来流空气的具体参数 (如密度、压力、温度等)。

方程组的无量纲化是流动数值计算方法的一个重要方面，不同的无量纲体系将得到不同的无量纲方程组，也将导致整个流动求解程序的不同。无量纲化体系的选择关键在于基本量的选择，本书选用来流密度 ρ_∞、来流温度 T_∞、来流声速 a_∞ 和气球直径 $\tilde{L}$ 作为基本量来无量纲化其他量。

为了对流场参数进行无量纲化，本书用到以下参数：

$\tilde{L}$，特征长度 (m)(如弦长)；

L_{ref}，网格长度参数 (无量纲)；

$\tilde{L}_{\mathrm{R}} = \tilde{L}/L_{\mathrm{ref}}$，程序使用的参考长度 (m)；

$\tilde{\rho}_\infty$，自由来流密度 (kg/m^3)；

$\tilde{a}_\infty$，自由来流声速 (m/s)；

$\tilde{V}_\infty$，自由来流速度 (m/s)；

$\tilde{\mu}_\infty$, 自由来流黏度 (m/s);

$\tilde{t}$, 时间 (s);

$\tilde{\omega}$, 旋转角速度 (rad/s)。

其中, 符号上边带 "~" 表示该变量为有量纲的量, 否则表示无量纲的量。

无量纲的参数如下:

来流马赫数:

$$Ma_\infty = \frac{\tilde{V}_\infty}{\tilde{a}_\infty} \tag{3.96}$$

$$\rho = \frac{\tilde{\rho}}{\tilde{\rho}_\infty}, \quad \rho_\infty = 1 \tag{3.97}$$

$$u = \frac{\tilde{u}}{\tilde{a}_\infty}, \quad u_\infty = M_\infty \cos\alpha\cos\beta$$

$$v = \frac{\tilde{v}}{\tilde{a}_\infty}, \quad v_\infty = -M_\infty \sin\beta \tag{3.98}$$

$$w = \frac{\tilde{w}}{\tilde{a}_\infty}, \quad w_\infty = M_\infty \sin\alpha\cos\beta$$

$$p = \frac{\tilde{p}}{\tilde{\rho}_\infty (\tilde{a}_\infty)^2}, \quad p_\infty = \frac{1}{\gamma} \tag{3.99}$$

$$e = \frac{\tilde{e}}{\tilde{\rho}_\infty (\tilde{a}_\infty)^2}, \quad e_\infty = \frac{1}{\gamma(\gamma-1)} + \frac{(M_\infty)^2}{2}$$

$$a = \frac{\tilde{a}}{\tilde{a}_\infty}, \quad a_\infty = 1 \tag{3.100}$$

$$T = \frac{\tilde{T}}{\tilde{T}_\infty} = \frac{\gamma p}{\rho} = a^2, \quad T_\infty = 1$$

$$x = \frac{\tilde{x}}{\tilde{L}_R}, \quad y = \frac{\tilde{y}}{\tilde{L}_R}, \quad z = \frac{\tilde{z}}{\tilde{L}_R}, \quad t = \frac{\tilde{t}\tilde{a}_\infty}{\tilde{L}_R} \tag{3.101}$$

基于特征长度的雷诺数:

$$Re_{\tilde{L}} = \frac{\tilde{\rho}_\infty \tilde{V}_\infty \tilde{L}}{\tilde{\mu}_\infty} \tag{3.102}$$

无量纲黏性系数, 由 Sutherland 公式:

$$\mu_l = \frac{\tilde{\mu}}{\tilde{\mu}_\infty} = \left(\frac{\tilde{T}}{\tilde{T}_\infty}\right)^{\frac{3}{2}} \left[\frac{\tilde{T}_\infty + \tilde{c}}{\tilde{T} + \tilde{c}}\right] = T^{\frac{3}{2}} \left[\frac{1 + \frac{\tilde{c}}{\tilde{T}_\infty}}{T + \frac{\tilde{c}}{\tilde{T}_\infty}}\right] \tag{3.103}$$

其中, $\tilde{c} = 110.4\text{K}$ 是 Sutherland 常数。

无量纲的时间:

$$t = \frac{\tilde{t}\tilde{a}_\infty}{\tilde{L}_{\mathrm{R}}} \tag{3.104}$$

无量纲的时间步长:

$$\Delta t = \frac{\Delta \tilde{t}\tilde{a}_\infty}{\tilde{L}_{\mathrm{R}}} \tag{3.105}$$

无量纲的旋转角速度:

$$\omega_x = \tilde{\omega}_x \tilde{L}/\tilde{a}_\infty, \quad \omega_y = \tilde{\omega}_y \tilde{L}/\tilde{a}_\infty, \quad \omega_z = \tilde{\omega}_z \tilde{L}/\tilde{a}_\infty \tag{3.106}$$

无量纲的旋转角度:

$$\theta_x = 2\pi \frac{\omega_x t}{L_{\mathrm{ref}}}, \quad \theta_y = 2\pi \frac{\omega_y t}{L_{\mathrm{ref}}}, \quad \theta_z = 2\pi \frac{\omega_z t}{L_{\mathrm{ref}}} \tag{3.107}$$

3. 时间推进

方程可以写成以下形式:

$$\frac{\partial \boldsymbol{Q}}{\partial t} = \boldsymbol{R}(\boldsymbol{Q}) \tag{3.108}$$

其中,

$$\boldsymbol{R} = -\left[\frac{\partial(\boldsymbol{E} - \boldsymbol{E}_v)}{\partial x} + \frac{\partial(\boldsymbol{F} - \boldsymbol{F}_v)}{\partial y} + \frac{\partial(\boldsymbol{G} - \boldsymbol{G}_v)}{\partial z}\right] \tag{3.109}$$

时间导数项用向后差分:

$$\frac{(1+\phi)(\boldsymbol{Q}^{n+1} - \boldsymbol{Q}^n) - \phi(\boldsymbol{Q}^n - \boldsymbol{Q}^{n-1})}{\Delta t} = \boldsymbol{R}(\boldsymbol{Q}^{n+1}) \tag{3.110}$$

其中, 上标表示时间步数。当 $\phi = 0$ 时, 时间精度为一阶精度; 当 $\phi = 1/2$ 时, 时间精度为二阶精度。

采用隐式近似因子分解法进行时间推进, 将隐式导数项写成一阶精度的形式, 这样在每个方向扫描计算时需要对块三对角矩阵求逆。对于 FDS(flux difference splitting) 格式, 块三对角矩阵可以采用对角算法进一步简化。

对于定常计算, 为了保证计算效率, 一般采用一阶时间精度。而在非定常计算中, 为了保证计算精度, 通常采用子迭代策略。采用 "双时间法"(dual-time stepping), 对于该方法, 在 N-S 方程中加入了伪时间项:

$$\frac{\partial \boldsymbol{Q}}{\partial \tau} + \frac{(1+\phi)(\boldsymbol{Q}^{n+1} - \boldsymbol{Q}^n) - \phi(\boldsymbol{Q}^n - \boldsymbol{Q}^{n-1})}{\Delta t} = \boldsymbol{R}(\boldsymbol{Q}^{n+1}) \tag{3.111}$$

对该方程进行离散并执行子迭代 (m 为迭代步数):

$$\begin{aligned} &\frac{(1+\phi')(\boldsymbol{Q}^{m+1} - \boldsymbol{Q}^m) - \phi'(\boldsymbol{Q}^m - \boldsymbol{Q}^{m-1})}{\Delta \tau} \\ &+ \frac{(1+\phi)(\boldsymbol{Q}^{m+1} - \boldsymbol{Q}^n) - \phi(\boldsymbol{Q}^n - \boldsymbol{Q}^{n-1})}{\Delta t} = \boldsymbol{R}(\boldsymbol{Q}^{m+1}) \end{aligned} \tag{3.112}$$

前面两式中的 ϕ 和 ϕ' 决定了物理时间和伪时间项的时间精度, 通常伪时间项取一阶精度 ($\phi' = 0$)。当 $m \to \infty$ 时, 若子迭代收敛, 则伪时间项将消失, $\boldsymbol{Q}^{m+1} \to \boldsymbol{Q}^{n+1}$。

若 $\boldsymbol{R}$ 可以用以下线性形式表示:

$$\boldsymbol{R}\left(\boldsymbol{Q}^{m+1}\right) \cong \boldsymbol{R}\left(\boldsymbol{Q}^{m}\right) + \frac{\partial \boldsymbol{R}}{\partial \boldsymbol{Q}} \Delta \boldsymbol{Q}^{m} \tag{3.113}$$

并在式 (3.111) 两端同时增加 $-\left(1+\phi\right)\boldsymbol{Q}^{m}/\Delta t$, 则式 (3.112) 变为以下形式:

$$\left[\left(\frac{1+\phi'}{\Delta \tau} + \frac{1+\phi}{\Delta t}\right)\boldsymbol{I} + \delta_x \boldsymbol{A} + \delta_y \boldsymbol{B} + \delta_z \boldsymbol{C}\right]\Delta \boldsymbol{Q}^{m}$$
$$= \frac{\phi' \Delta \boldsymbol{Q}^{m-1}}{\Delta \tau} + \frac{\phi \Delta \boldsymbol{Q}^{n-1}}{\Delta t} - \frac{\left(1+\phi\right)\left(\boldsymbol{Q}^{m} - \boldsymbol{Q}^{n}\right)}{\Delta t} + \boldsymbol{R}\left(\boldsymbol{Q}^{m}\right) \tag{3.114}$$

其中,

$$\Delta \boldsymbol{Q}^{m} = \boldsymbol{Q}^{m+1} - \boldsymbol{Q}^{m} \tag{3.115}$$

$$\boldsymbol{A} = \frac{\partial\left(\boldsymbol{E} - \boldsymbol{E}_v\right)}{\partial \boldsymbol{Q}}, \quad \boldsymbol{B} = \frac{\partial\left(\boldsymbol{F} - \boldsymbol{F}_v\right)}{\partial \boldsymbol{Q}}, \quad \boldsymbol{C} = \frac{\partial\left(\boldsymbol{G} - \boldsymbol{G}_v\right)}{\partial \boldsymbol{Q}} \tag{3.116}$$

将式 (3.114) 按下列形式分别沿各坐标方向扫描求解:

$$\left[\left(\frac{\left(1+\phi'\right)\boldsymbol{M}}{\Delta \tau} + \frac{\left(1+\phi\right)\boldsymbol{M}}{\Delta t}\right) + \delta_x \boldsymbol{A}^*\right]\Delta \boldsymbol{q}'$$
$$= \frac{\phi' \boldsymbol{M} \Delta \boldsymbol{q}^{m-1}}{\Delta \tau} + \frac{\phi \boldsymbol{M} \Delta \boldsymbol{q}^{n-1}}{\Delta t} - \frac{\left(1+\phi\right)\boldsymbol{M}\left(\boldsymbol{q}^{m} - \boldsymbol{q}^{n}\right)}{\Delta t} + \boldsymbol{R}\left(\boldsymbol{q}^{m}\right) \tag{3.117}$$

$$\left[\left(\frac{\left(1+\phi'\right)\boldsymbol{M}}{\Delta \tau} + \frac{\left(1+\phi\right)\boldsymbol{M}}{\Delta t}\right) + \delta_y \boldsymbol{B}^*\right]\Delta \boldsymbol{q}'' = \left(\frac{\left(1+\phi'\right)\boldsymbol{M}}{\Delta \tau} + \frac{\left(1+\phi\right)\boldsymbol{M}}{\Delta t}\right)\Delta \boldsymbol{q}' \tag{3.118}$$

$$\left[\left(\frac{\left(1+\phi'\right)\boldsymbol{M}}{\Delta \tau} + \frac{\left(1+\phi\right)\boldsymbol{M}}{\Delta t}\right) + \delta_z \boldsymbol{C}^*\right]\Delta \boldsymbol{q}^{m} = \left(\frac{\left(1+\phi'\right)\boldsymbol{M}}{\Delta \tau} + \frac{\left(1+\phi\right)\boldsymbol{M}}{\Delta t}\right)\Delta \boldsymbol{q}'' \tag{3.119}$$

$$\boldsymbol{q}^{m+1} = \boldsymbol{q}^{m} + \Delta \boldsymbol{q}^{m} \tag{3.120}$$

其中,

$$\boldsymbol{q} = \begin{bmatrix} \rho \\ u \\ v \\ w \\ p \end{bmatrix}, \quad \boldsymbol{M} = \frac{\partial \boldsymbol{Q}}{\partial \boldsymbol{q}} \tag{3.121}$$

$$\boldsymbol{A}^* = \frac{\partial\left(\boldsymbol{E} - \boldsymbol{E}_v\right)}{\partial \boldsymbol{q}}, \quad \boldsymbol{B}^* = \frac{\partial\left(\boldsymbol{E} - \boldsymbol{E}_v\right)}{\partial \boldsymbol{q}}, \quad \boldsymbol{C}^* = \frac{\partial\left(\boldsymbol{G} - \boldsymbol{G}_v\right)}{\partial \boldsymbol{q}} \tag{3.122}$$

4. 空间离散

通过采用格心格式的有限体积法，将积分形式的 N-S 方程直接应用到每一个划分好的网格单元上，然后通过插值和差分的方法计算通量项，将积分方程转化为网格单元中心物理量为未知量的代数离散方程组进行求解。

假设 $\boldsymbol{H}_{i,j,k}$ 和 $\boldsymbol{H}_{v\,i,j,k}$ 分别代表无黏和黏性通量，则方程 (3.94) 的离散形式为

$$\frac{D}{Dt}\left(\Omega_{i,j,k}\boldsymbol{Q}_{i,j,k}\right) + \boldsymbol{H}_{i,j,k} = \boldsymbol{H}_{v\,i,j,k} \tag{3.123}$$

注意，为了适应变形网格计算，没有将体积从时间导数项中提取出来。

对无黏通量采用不同的离散方法，可得到不同的空间离散格式 (如各种中心格式和迎风格式)，而对黏性通量的离散一般采用中心格式。本章主要详细介绍两种常用的无黏项离散方法：Roe 格式和 AUSM(advection upstream splitting method) 类格式。

1) AUSM+ 格式

1993 年，Meng-Sing Liou 提出了一种兼有 Roe 格式的间断高分辨率和 van Leer 格式的高计算效率的新格式，即 AUSM 格式。AUSM 格式是一种 FVS (flux vector splitting) 与 FDS 的复合格式，其数值耗散小，无须熵修正。之后，在 AUSM 格式的基础上，得到一系列 AUSM 格式，统称为 AUSM 类格式。例如，1995 年出现的 AUSM+ 格式；1997 年出现的 AUSMDV 格式以及引入低速预处理的 AUSM + (P) 格式；1998 年提出的适用于多相流流动计算的 AUSMPW+ 格式；2006 年提出的全速域的 AUSM+_up 格式等。

AUSM* 格式的基本思想认为对流波 (与特征速度 u 有关，线性) 和声波 (与特征速度 $u+a, u-a$ 有关，非线性) 是两种物理上截然不同的过程，因此将无黏通量分裂为对流项和压力项分别处理。AUSM+ 格式具有以下优点：对于一维接触间断和激波有着精确的分辨率；保持密度和压力永远为正；保持激波的稳定性，无红玉 (carbuncle) 现象；满足熵条件。其在格心有限体积法中的具体实现过程如下。

将方程 (3.123) 中的无黏通量项分解为对流项和压力项 (为方便记，略去下标 i, j, k)：

$$\boldsymbol{H} = \boldsymbol{Q} \cdot (\boldsymbol{V} - \boldsymbol{V}_{\mathrm{b}}) + \boldsymbol{P} \tag{3.124}$$

其中，$\boldsymbol{V}$ 和 $\boldsymbol{V}_{\mathrm{b}}$ 分别表示流体运动速度和网格面运动速度矢量，

$$\boldsymbol{P} = \begin{bmatrix} 0 \\ p\boldsymbol{I}_x \\ p\boldsymbol{I}_y \\ p\boldsymbol{I}_z \\ p\boldsymbol{V}_b \end{bmatrix} \tag{3.125}$$

不同方向网格面的无黏通量计算是类似的, 现以 i 方向上 $\boldsymbol{S}_{1/2}$ 面的通量计算为例进行说明。分别用 L 和 R 表示网格面左右侧物理量, 下标 1/2 表示网格面上的值。则流动速度在网格面外法向上的投影为

$$\begin{cases} V_{n\mathrm{R}} = (\boldsymbol{V} - \boldsymbol{V}_{\mathrm{b}})_{\mathrm{R}} \cdot \boldsymbol{S}_{1/2} / \left| \boldsymbol{S}_{1/2} \right| \\ V_{n\mathrm{L}} = (\boldsymbol{V} - \boldsymbol{V}_{\mathrm{b}})_{\mathrm{L}} \cdot \boldsymbol{S}_{1/2} / \left| \boldsymbol{S}_{1/2} \right| \end{cases} \tag{3.126}$$

其中, $\left| \boldsymbol{S}_{1/2} \right|$ 为面矢量 $\boldsymbol{S}_{1/2}$ 的模。由此可求出网格面声速 $a_{1/2}$:

$$\begin{aligned} a_{1/2} &= \min\left(\tilde{a}_{\mathrm{L}}, \tilde{a}_{\mathrm{R}} \right) \\ \tilde{a} &= (a^*)^2 / \max\left(|V_n|, a^* \right) \\ a^* &= \sqrt{\frac{2(\gamma - 1)}{(\gamma + 1)} H} \end{aligned} \tag{3.127}$$

则网格面两侧的马赫数 Ma_{L}, Ma_{R} 分别为

$$Ma_{\mathrm{L}} = \frac{V_{n\mathrm{L}}}{a_{1/2}}, \quad Ma_{\mathrm{R}} = \frac{V_{n\mathrm{R}}}{a_{1/2}} \tag{3.128}$$

进而求出网格面马赫数 $Ma_{1/2}$:

$$Ma_{1/2} = \mathcal{M}^+ \left(Ma_{\mathrm{L}} \right) + \mathcal{M}^- \left(Ma_{\mathrm{R}} \right) \tag{3.129}$$

其中, 网格面分裂马赫数 $\mathcal{M}^\pm$ 定义为

$$\mathcal{M}^\pm (Ma) = \begin{cases} \dfrac{1}{2} (Ma \pm |Ma|), & |Ma| \geqslant 1 \\ \pm \dfrac{1}{4} (Ma \pm 1)^2 \pm \beta (Ma^2 - 1)^2, & |Ma| < 1 \end{cases} \tag{3.130}$$

其中, $-1/16 \leqslant \beta \leqslant 1/2$, 这里取 $\beta = 1/8$。网格面上压力定义为

$$p_{1/2} = \mathcal{P}^+ \left(Ma_{\mathrm{L}} \right) p_{\mathrm{L}} + \mathcal{P}^- \left(Ma_{\mathrm{R}} \right) p_{\mathrm{R}} \tag{3.131}$$

其中,

$$\mathcal{P}^\pm (Ma) = \begin{cases} \dfrac{1}{2} \left(1 \pm \mathrm{sign}(Ma) \right), & |Ma| \geqslant 1 \\ \dfrac{1}{4} (Ma \pm 1)^2 (2 \mp Ma) \pm \alpha Ma \left(Ma^2 - 1 \right)^2, & |Ma| < 1 \end{cases} \tag{3.132}$$

其中, $-3/4 \leqslant \alpha \leqslant 3/16$, 这里取 $\alpha = 3/16$。

网格面质量通量定义为

$$\dot{m}_{1/2} = a_{1/2} Ma_{1/2} \begin{cases} \rho_{\rm L}, & Ma_{1/2} > 0 \\ \rho_{\rm R}, & Ma_{1/2} \leqslant 0 \end{cases} \tag{3.133}$$

最终的无黏通量可写成

$$\boldsymbol{F}_{1/2} \cdot \boldsymbol{S}_{1/2} = \left\{ \dot{m}_{1/2} \begin{bmatrix} 1 \\ u \\ v \\ w \\ H \end{bmatrix}_{\rm L} + \begin{bmatrix} 0 \\ pn_x \\ pn_y \\ pn_z \\ p\boldsymbol{V}_{\rm b} \cdot \boldsymbol{n} \end{bmatrix}_{1/2} \right\} \boldsymbol{S}_{1/2}, \quad \dot{m}_{1/2} > 0 \tag{3.134}$$

$$\boldsymbol{F}_{1/2} \cdot \boldsymbol{S}_{1/2} = \left(\dot{m}_{1/2} \begin{bmatrix} 1 \\ u \\ v \\ w \\ H \end{bmatrix}_{\rm R} + \begin{bmatrix} 0 \\ pn_x \\ pn_y \\ pn_z \\ p\boldsymbol{V}_{\rm b} \cdot \boldsymbol{n} \end{bmatrix}_{1/2} \right) \boldsymbol{S}_{1/2}, \quad \dot{m}_{1/2} \leqslant 0 \tag{3.135}$$

其中, n_x, n_y, n_z 分别表示网格面单位外法向矢量 $\boldsymbol{n}$ 在 x, y, z 方向的投影。

2) AUSM+_up 格式

AUSM+_up 格式的提出是为了计算低速流动。后来经过进一步改进可以计算包括低、亚、跨、超的全速域流动, 因此称之为全速域格式。AUSM+_up 格式的基本思想是当流动速度趋于零时, 在数值通量中引入附加的耗散项, 耗散项的构造主要基于压力和流动速度。耗散项的引入可以增强低速流动的压力场与密度场的耦合, 从而提高数值稳定性和收敛速度。通过耗散项的调节, AUSM+_up 格式可以模拟可压缩流动, 并可以精确地捕捉激波, 同时引入的振荡和耗散较小。

AUSM+_up 格式的构造使用了数值声速, 加入了调节因子 $f_{\rm a}$, 可根据来流马赫数的大小自动调节耗散项, 使得格式在低马赫数范围内获得更小的数值耗散。AUSM+_up 格式与 AUSM+ 格式的形式相似, 下面只给出不同之处。

AUSM+_up 格式在 AUSM+ 基础上重新定义了网格面马赫数:

$$Ma_{1/2} = \mathcal{M}_{(4)}^{+} \left(Ma_{\rm L} \right) + \mathcal{M}_{(4)}^{-} \left(Ma_{\rm R} \right) - \frac{K_{\rm P}}{f_{\rm a}} \max \left(1 - \sigma \bar{M}a^2, 0 \right) \frac{p_{\rm R} - p_{\rm L}}{\rho_{1/2} a_{1/2}^2} \tag{3.136}$$

$$\rho_{1/2} = (\rho_{\rm L} + \rho_{\rm R})/2$$

其中, $0 \leqslant K_{\rm p} \leqslant 1, \sigma \leqslant 1.0$, 本书取 $K_{\rm p} = 0.25, \sigma = 1.0$。网格面分裂马赫数 $\mathcal{M}^{\pm}$ 定

义为

$$\mathcal{M}_{(4)}^{\pm}(Ma) = \begin{cases} \mathcal{M}_{(1)}^{\pm}, & |Ma| \geqslant 1 \\ \mathcal{M}_{(2)}^{\pm}\left(1 \mp 16\beta\mathcal{M}_{(2)}^{\mp}\right), & |Ma| < 1 \end{cases}$$

$$\mathcal{M}_{(1)}^{\pm} = \frac{1}{2}\left(Ma \pm |Ma|\right) \tag{3.137}$$

$$\mathcal{M}_{(2)}^{\pm} = \pm\frac{1}{4}\left(Ma \pm 1\right)^2$$

$$\beta = \frac{1}{8}$$

其中,

$$\overline{Ma}^2 = \frac{\left(Ma_{\mathrm{L}}^2 + Ma_{\mathrm{R}}^2\right)}{2}$$

$$Ma_o^2 = \min\left(1, \max\left(\overline{Ma}^2, Ma_{\infty}^2\right)\right) \in [0,1] \tag{3.138}$$

调节因子 f_{a} 定义为

$$f_{\mathrm{a}}(Ma_o) = Ma_o\left(2 - Ma_o\right) \in [0,1] \tag{3.139}$$

此外,AUSM+_up 格式在 AUSM+ 基础上重新定义的压力项为

$$p_{1/2} = \mathcal{P}_{(5)}^{+}(Ma_{\mathrm{L}})\,p_{\mathrm{L}} + \mathcal{P}_{(5)}^{-}(M_{\mathrm{R}})\,p_{\mathrm{R}}$$

$$- K_{\mathrm{u}}\mathcal{P}_{(5)}^{+}(Ma_{\mathrm{L}})\,\mathcal{P}_{(5)}^{-}(Ma_{\mathrm{R}})\left(\rho_{\mathrm{L}} + \rho_{\mathrm{R}}\right)\left(f_{\mathrm{a}}a_{1/2}\right)\left(V_{n\mathrm{R}} - V_{n\mathrm{L}}\right) \tag{3.140}$$

其中, $0 \leqslant K_{\mathrm{u}} \leqslant 1$,这里取 $K_{\mathrm{u}} = 0.75$,且有

$$\mathcal{P}_{(5)}^{\pm}(M) = \begin{cases} \dfrac{1}{M}\mathcal{M}_{(1)}^{\pm}, & |Ma| \geqslant 1 \\ \mathcal{M}_{(2)}^{\pm}\left[\left(\pm 2 - Ma\right) \mp 16\alpha Ma\mathcal{M}_{(2)}^{\mp}\right], & |Ma| < 1 \end{cases} \tag{3.141}$$

其中,参数 α 定义为

$$\alpha = \frac{3}{16}\left(-4 + 5f_{\mathrm{a}}^2\right) \in \left[-\frac{3}{4}, \frac{3}{16}\right] \tag{3.142}$$

压力通量项使用了数值声速 $f_{\mathrm{a}}a_{1/2}$,由因子 f_{a} 来调节,与 AUSM+ 的区别在于:压力分裂中加入了速度耗散项 p_{u};为了提高计算低马赫数和多相流动的能力,在马赫数分裂中加入了压力耗散项 Ma_{p}。p_{u} 和 Ma_{p} 分别定义为

$$p_{\mathrm{u}} = -K_{\mathrm{u}}\mathcal{P}_{(5)}^{+}(Ma_{\mathrm{L}})\,\mathcal{P}_{(5)}^{-}(Ma_{\mathrm{R}})\left(\rho_{\mathrm{L}} + \rho_{\mathrm{R}}\right)\left(f_{\mathrm{a}}a_{1/2}\right)\left(V_{n\mathrm{R}} - V_{n\mathrm{L}}\right)$$

$$Ma_{\mathrm{p}} = -\frac{K_{\mathrm{p}}}{f_{\mathrm{a}}}\max\left(1 - \sigma\overline{Ma}^2, 0\right)\frac{p_{\mathrm{R}} - p_{\mathrm{L}}}{\rho_{1/2}a_{1/2}^2} \tag{3.143}$$

式中，$\mathcal{P}^+(Ma_\mathrm{L})\,\mathcal{P}^-(Ma_\mathrm{R})$ 项是超声速时控制 p_u 的开关，使其变成单侧迎风格式。

该格式之所以被称为 AUSM+_up 格式是因为它包含了速度耗散项 p_u 和压力耗散项 Ma_p。

3) MULSC 插值与限制器

迎风类格式中网格面上变量值的获得直接影响计算精度，如果直接采用相邻网格单元中心的流动变量值，则只有一阶精度。为了获得更高阶的空间精度，需要采用高阶插值或重构的方法。本书采用广泛使用的 MUSCL 方法获得网格面上的流动变量值。插值变量一般选用原始变量 $\boldsymbol{q}=(\rho,u,v,w,p)^\mathrm{T}$，然后再转换为守恒变量 $\boldsymbol{Q}$。

这里以网格坐标 ξ 方向（i 方向）为例进行说明。对于格心有限体积法，无黏通量项可写成离散形式：

$$\left(\delta_\xi \hat{\boldsymbol{F}}\right)_{i,j,k} = \hat{\boldsymbol{F}}_{i+\frac{1}{2},j,k} - \hat{\boldsymbol{F}}_{i-\frac{1}{2},j,k} \tag{3.144}$$

其中，下标 i 表示单元中心的变量；$i+\frac{1}{2}, i-\frac{1}{2}$ 表示单元面上的变量。对于矢通量分裂格式（FVS），方程 (3.144) 可分裂成向前和向后两部分：

$$\begin{aligned}\left(\delta_\xi \hat{\boldsymbol{F}}\right)_{i,j,k} &= \left(\delta_\xi^- \hat{\boldsymbol{F}}^+ + \delta_\xi^+ \hat{\boldsymbol{F}}^-\right)_{i,j,k}\\ &= \left[\hat{\boldsymbol{F}}^+(\boldsymbol{q}_\mathrm{L}) + \hat{\boldsymbol{F}}^-(\boldsymbol{q}_\mathrm{R})\right]_{i+\frac{1}{2},j,k} - \left[\hat{\boldsymbol{F}}^+(\boldsymbol{q}_\mathrm{L}) + \hat{\boldsymbol{F}}^-(\boldsymbol{q}_\mathrm{R})\right]_{i-\frac{1}{2},j,k}\end{aligned} \tag{3.145}$$

对于通量差分分裂（FDS），

$$\begin{aligned}\left(\delta_\xi \hat{\boldsymbol{F}}\right)_{i,j,k} &= \frac{1}{2}\left[\hat{\boldsymbol{F}}(\boldsymbol{q}_\mathrm{L}) + \hat{\boldsymbol{F}}(\boldsymbol{q}_\mathrm{R}) - \left|\tilde{\boldsymbol{A}}_{inv}\right|(\boldsymbol{q}_\mathrm{R} - \boldsymbol{q}_\mathrm{L})\right]_{i+\frac{1}{2},j,k}\\ &\quad - \frac{1}{2}\left[\hat{\boldsymbol{F}}(\boldsymbol{q}_\mathrm{L}) + \hat{\boldsymbol{F}}(\boldsymbol{q}_\mathrm{R}) - \left|\tilde{\boldsymbol{A}}_{inv}\right|(\boldsymbol{q}_\mathrm{R} - \boldsymbol{q}_\mathrm{L})\right]_{i-\frac{1}{2},j,k}\end{aligned} \tag{3.146}$$

其中，$\boldsymbol{q}_\mathrm{L}$ 和 $\boldsymbol{q}_\mathrm{R}$ 分别为网格面左、右两侧的流动变量，通过插值得到，不同的插值方法会得到不同的精度。

对于一阶单侧迎风差分，

$$(\boldsymbol{q}_\mathrm{L})_{i+\frac{1}{2},j,k} = \boldsymbol{q}_{i,j,k}, \quad (\boldsymbol{q}_\mathrm{R})_{i+\frac{1}{2},j,k} = \boldsymbol{q}_{i+1,j,k} \tag{3.147}$$

为了获得更高阶的空间精度，需要采用高阶插值或重构的方法。本书采用广泛使用的 MUSCL 方法获得网格面上的流动变量值，其表达式如下：

$$\begin{aligned}(\boldsymbol{q}_\mathrm{L})_{i+\frac{1}{2},j,k} &= \boldsymbol{q}_{i,j,k} + \frac{1}{4}\left[(1-\kappa)\Delta_- + (1+\kappa)\Delta_+\right]_{i,j,k}\\ (\boldsymbol{q}_\mathrm{R})_{i+\frac{1}{2},j,k} &= \boldsymbol{q}_{i+1,j,k} - \frac{1}{4}\left[(1-\kappa)\Delta_+ + (1+\kappa)\Delta_-\right]_{i+1,j,k}\end{aligned} \tag{3.148}$$

其中，Δ_+, Δ_- 分别为向前和向后差分算子：

$$\Delta_+ \equiv \boldsymbol{q}_{i+1,j,k} - \boldsymbol{q}_{i,j,k}, \quad \Delta_- \equiv \boldsymbol{q}_{i,j,k} - \boldsymbol{q}_{i-1,j,k} \tag{3.149}$$

参数 $\kappa \in [-1,1]$，不同的取值代表不同的差分格式。$\kappa = -1$ 对应二阶单侧迎风格式；$\kappa = 0$ 对应二阶迎风偏置 Fromme 格式；$\kappa = 1/3$ 对应三阶迎风偏置格式。需要注意的是，所谓的 "三阶精度" 只能在一维流动中实现，对于二维和三维流动，往往只能达到二阶精度。$\kappa = 1/2$ 对应二阶迎风偏置格式；$\kappa = 1$ 对应二阶中心格式，必须引入人工耗散避免数值波动。

在实际计算中，为了增加较高马赫数流动和流动求解初始阶段的数值稳定性，对密度和压力的梯度作如下处理：

$$\Delta_+^{\mathrm{b}} = \frac{\Delta_+}{\boldsymbol{q}_{i,j,k} + \frac{1}{2}\Delta_+}, \quad \Delta_-^{\mathrm{b}} = \frac{\Delta_-}{\boldsymbol{q}_{i,j,k} - \frac{1}{2}\Delta_-} \tag{3.150}$$

且插值公式变为

$$\begin{aligned} (\boldsymbol{q}_{\mathrm{L}})_{i+\frac{1}{2},j,k} &= \boldsymbol{q}_{i,j,k} + \frac{\boldsymbol{q}_{i,j,k}}{4} \left[(1-\kappa)\, \Delta_-^{\mathrm{b}} + (1+\kappa)\, \Delta_+^{\mathrm{b}} \right]_{i,j,k} \\ (\boldsymbol{q}_{\mathrm{R}})_{i+\frac{1}{2},j,k} &= \boldsymbol{q}_{i+1,j,k} - \frac{\boldsymbol{q}_{i+1,j,k}}{4} \left[(1-\kappa)\, \Delta_+^{\mathrm{b}} + (1+\kappa)\, \Delta_-^{\mathrm{b}} \right]_{i+1,j,k} \end{aligned} \tag{3.151}$$

在构造迎风类数值格式时，限制器的选择是格式达到高分辨率的关键。当存在不连续流动 (如激波) 时，高精度的迎风格式需要使用通量限制器，主要利用限制器随流动变量的空间变化限制高阶项的作用，避免求解过程中出现数值振荡，提高稳定性和收敛性。加入限制器后的插值公式变为

$$\begin{aligned} (\boldsymbol{q}_{\mathrm{L}})_{i+\frac{1}{2},j,k} &= \boldsymbol{q}_{i,j,k} + \frac{\boldsymbol{q}_{i,j,k}}{4} \left[(1-\kappa)\, \bar{\Delta}_- + (1-\kappa)\, \bar{\Delta}_+ \right]_{i,j,k} \\ (\boldsymbol{q}_{\mathrm{R}})_{i+\frac{1}{2},j,k} &= \boldsymbol{q}_{i+1,j,k} - \frac{\boldsymbol{q}_{i+1,j,k}}{4} \left[(1-\kappa)\, \bar{\Delta}_+ + (1+\kappa)\, \bar{\Delta}_- \right]_{i+1,j,k} \end{aligned} \tag{3.152}$$

其中，

$$\begin{aligned} \bar{\Delta}_+ &= \varPhi\left(\Delta_+, \omega_{\mathrm{m}}\Delta_-\right) \\ \bar{\Delta}_- &= \varPhi\left(\Delta_-, \omega_{\mathrm{m}}\Delta_+\right) \end{aligned} \tag{3.153}$$

这里，函数 $\varPhi$ 为限制器；ω_{m} 为满足条件 $1 \leqslant \omega_{\mathrm{m}} \leqslant (3-\kappa)/(1-\kappa)$ 的可调参数，ω_{m} 越大格式耗散越小。限制器的选择对数值计算稳定性和计算精度有重要影响。耗散越低对激波的分辨率越高，但是计算稳定性会有所下降，还可能出现异常的计算结果。

对于 van Albada 限制器，

$$(\boldsymbol{q}_{\mathrm{L}})_{i+\frac{1}{2},j,k} = \boldsymbol{q}_{i,j,k} + \left[\frac{s}{4}\left(1-\kappa s\right)\Delta_- + \left(1+\kappa s\right)\Delta_+\right]_{i,j,k}$$

$$(\boldsymbol{q}_{\mathrm{R}})_{i+\frac{1}{2},j,k} = \boldsymbol{q}_{i+1,j,k} - \left[\frac{s}{4}\left(1-\kappa s\right)\Delta_+ + \left(1+\kappa s\right)\Delta_-\right]_{i+1,j,k} \tag{3.154}$$

其中，

$$s = \frac{2\Delta_+\Delta_- + \varepsilon}{(\Delta_+)^2 + (\Delta_-)^2 + \varepsilon} \tag{3.155}$$

这里，ε 为一个很小的正常数 ($\varepsilon \approx 1 \times 10^6$)，可以避免在流动光滑区域 (梯度接近 0) 内 s 的分母为零。

对于 minmod 限制器，

$$(\boldsymbol{q}_{\mathrm{L}})_{i+\frac{1}{2},j,k} = \boldsymbol{q}_{i,j,k} + \left[\frac{1}{4}\left(1-\kappa\right)\bar{\Delta}_- + \left(1+\kappa\right)\bar{\Delta}_+\right]_{i,j,k}$$

$$(\boldsymbol{q}_{\mathrm{R}})_{i+\frac{1}{2},j,k} = \boldsymbol{q}_{i+1,j,k} - \left[\frac{1}{4}\left(1-\kappa\right)\bar{\Delta}_+ + \left(1+\kappa\right)\bar{\Delta}_-\right]_{i+1,j,k} \tag{3.156}$$

其中，

$$\bar{\Delta}_- = \min\mathrm{mod}\left(\Delta_-, b\Delta_+\right)$$

$$\bar{\Delta}_+ = \min\mathrm{mod}\left(\Delta_+, b\Delta_-\right) \tag{3.157}$$

$$\min\mathrm{mod}\left(x,y\right) = \max\left\{0, \min\left[x\,\mathrm{sign}\left(y\right), by\,\mathrm{sign}\left(x\right)\right]\right\}\mathrm{sign}\left(x\right)$$

这里，参数 $b = (3-\kappa)/(1-\kappa)$。

对于 Smooth 限制器，

$$(\boldsymbol{q}_{\mathrm{L}})_{i+\frac{1}{2}} = \boldsymbol{q}_i + \frac{1}{2}\left(\delta_{\mathrm{L}}\boldsymbol{q}\right)_i$$

$$(\boldsymbol{q}_{\mathrm{R}})_{i+\frac{1}{2}} = \boldsymbol{q}_{i+1} - \frac{1}{2}\left(\delta_{\mathrm{R}}\boldsymbol{q}\right)_{i+1} \tag{3.158}$$

其中，

$$(\delta_{\mathrm{L}}\boldsymbol{q})_i = I\left(\boldsymbol{q}_{i+1} - \boldsymbol{q}_i, \boldsymbol{q}_i - \boldsymbol{q}_{i-1}\right)$$

$$(\delta_{\mathrm{R}}\boldsymbol{q})_i = I\left(\boldsymbol{q}_{i1} - \boldsymbol{q}_{i-1}, \boldsymbol{q}_{i+1} - \boldsymbol{q}_i\right) \tag{3.159}$$

$$I\left(x,y\right) = \frac{x\left(y^2 + 2\varepsilon^2\right) + y\left(2x^2 + \varepsilon^2\right)}{2x^2 - xy + 2y^2 + 3\varepsilon^2} \tag{3.160}$$

这里，参数 I 使状态变量在一维问题中在光滑区域能恢复三阶精度并在不连续区域附近消除振荡；参数 ε^2 是一个 Δx^3 量级的常数，用于提高光滑极值附近的精度，并减弱小梯度区域的非线性。

5. 加速收敛技术

多重网格法 (multigrid method) 是一种非常有效的加速收敛技术。早在 20 世纪 30 年代多重网格法的思想就已被提出来了。1964 年，Fedorenko 首次提出采用多重网格方法加速迭代问题的求解。真正应用于实际问题是从 1979 年 Brandt 的开创性工作才开始的，Brandt 将 Fedorenko 的成果加以发展使之用于求解椭圆型方程。

在单重网格算法中，流动控制方程仅在最细的网格上求解。该算法通常在迭代的最初阶段收敛速度很快，然而随着迭代的进行，由于对低频误差的消除效果差，收敛效果将显著下降。多重网格法就是利用一系列粗细不同的网格来求解同一离散问题，在不同粗细网格上消除不同频率误差，从而可以加速解的收敛。假设定义了一个网格序列 $G_1, G_2, \cdots, G_N$，其中 G_N 代表最细的网格，粗一级的网格由上一级网格通过分别在三个坐标方向上 (二维网格只有两个坐标方向) "隔行取一" 得到，从此类推直到得到最粗的网格 G_1。细网格有利于消除高频误差，而粗网格有利于消除低频误差。先在最密网格上迭代以消除高频误差，之后将流场解传递到粗网格上。细网格上剩下的低频误差相对于粗网格成了高频误差，因而可以进一步消去一部分误差。如此在一系列不同粗细的网格上迭代消除不同频率误差，再将消除了低频误差的值插值到细网格上，使得收敛速度大大提高。本书采用全近似多重网格格式 (FAS 格式)。

考虑一个 17×17 的二维网格，如图 3.33(a) 所示，假设要使用四重网格，也就是包含一层最细的网格和三层较粗的网格。图 3.34 所示的是一个具有四层网格的典型的 W 多重循环格式。多重网格循环首先从最细的网格开始进行 N-S 方程的迭代，然后将细网格上的残值和流动变量限制到下一层网格 (更粗的一层)，并在这层网格上进行 N-S 方程迭代，持续这一过程直到进行到最粗的网格上。最粗的网格上迭代完成后，将流场解反向插值到上一层网格 (三层较粗的网格见图 3.33)。对于 W 循环格式，在几层较粗网格上重复进行迭代、限制、插值步骤，形成一个 W 样式，如图 3.34 所示。另一种常用的循环方式是 V 循环方式，图 3.35 所示的是四层网格的 V 循环格式。一般而言，W 循环格式更有效，由于其需要在粗网格上多次迭代、限制和插值，但这也因问题而异。

图 3.35 中还给出了另外几种多重网格循环格式的示意图。"NS" 代表进行 N-S 方程迭代；"R" 表示限制操作，即将流动变量和残值从细网格上限制到粗网格上；"P" 表示插值操作，即将流动变量从粗网格上插值到细网格上。下面以 V 循环为例，介绍多重网格算法的实现步骤。

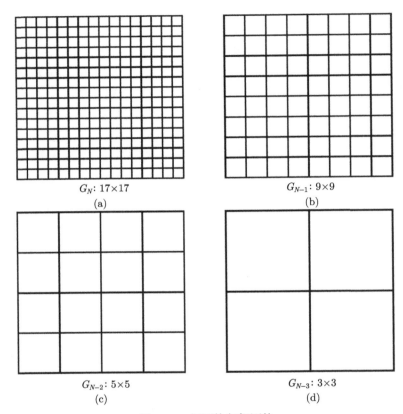

图 3.33　细网格与粗网格

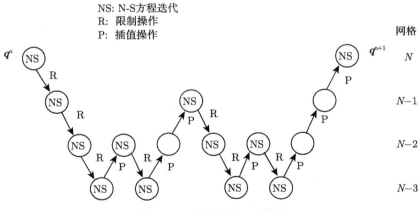

图 3.34　多重网格 W 循环

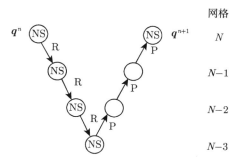

图 3.35 多重网格 V 循环

全近似多重网格格式 (FAS 格式)

设某非线性方程在细网格上差分离散后可表示为如下形式:

$$L_N u^N = f^N \tag{3.161}$$

其中, L 为差分算子; u^N 为离散方程在细网格上的精确解; f^N 为源项; $N, N-1$ 分别代表细网格和粗网格。以 $(u^N)^0$ 为细网格初值。采用合适的迭代格式, 消除高频误差, 得到细网格上的一个近似值 $\bar{u}^N$, 则

$$L_N \bar{u}^N = f^N + r^N \tag{3.162}$$

其中, r^N 为细网格上的残值, 即有残值方程:

$$L_N u^N - L_N \bar{u}^N = f^N - L_N \bar{u}^N = -r^N \tag{3.163}$$

如果残值和 $(u^N - \bar{u}^N)$ 都足够光滑, 则残值方程 (3.163) 可以在粗网格上得到足够的近似。值得指出的是: 细网格上采用的迭代格式方法一般对高频误差的消除能力很强, 因此认为残值和 $(u^N - \bar{u}^N)$ 都足够光滑是合理的。将细网格残值方程在粗网格上近似为

$$L_{N-1} u^{N-1} - L_{N-1} \bar{u}^{N-1} = -r^{N-1} = -I_N^{N-1} r^N = I_N^{N-1} \left(f^N - L_N \bar{u}^N \right) \tag{3.164}$$

其中, I_N^{N-1} 表示从细网格到粗网格的 "限制算子"。令 $\bar{u}^{N-1} = I_N^{N-1} \bar{u}^N$, 即把细网格的近似解限制到粗网格上作为粗网格解的初值, 得

$$L_{N-1} u^{N-1} = L_{N-1} I_N^{N-1} \bar{u}^N + I_N^{N-1} \left(f^N - L_N \bar{u}^N \right) = f^{N-1} \tag{3.165}$$

式 (3.165) 为粗网格上的差分方程, 右端项 f^{N-1} 称为强迫项或强迫函数。细网格上的低频误差在粗网格上表现为高频误差, 而迭代格式一般对高频误差具有较强

的消除能力, 因此粗网格上的迭代格式可以有效地消除细网格上没有消除的低频误差。仿照式 (3.163), 可以得到

$$L_{N-1}\bar{u}^{N-1} = f^{N-1} + r^{N-1} \tag{3.166}$$

定义粗网格上的初值:

$$(\bar{u}^{N-1})^0 = I_N^{N-1}\bar{u}^N \tag{3.167}$$

以 $(\bar{u}^{N-1})^0$ 为初值在粗网格上迭代若干次后, 得到粗网格上的 $(\bar{u}^N)_{\text{new}} = (\bar{u}^N)_{\text{old}} + I_{N-1}^N \Delta u^{N-1}$ 近似值 $\bar{u}^{N-1}$, 进而求得粗网格上的修正量:

$$\Delta u^{N-1} = \bar{u}^{N-1} - (\bar{u}^{N-1})^0 \tag{3.168}$$

于是, 粗网格对细网格的修正为

$$(\bar{u}^N)_{\text{new}} = (\bar{u}^N)_{\text{old}} + I_{N-1}^N \Delta u^{N-1} \tag{3.169}$$

其中, I_{N-1}^N 表示从粗网格到细网格的 "插值算子"。

综上所述, 两层网格上的 FAS 格式可以概括为如下几步。

第一步, 迭代求解细网格差分方程:

$$L_N u^N = f^N \Delta u^{N-1} = \bar{u}^{N-1} - (\bar{u}^{N-1})^0$$

第二步, 细网格上的近似解和残值均限制到粗网格上, 并求解差分方程:

$$L_{N-1}u^{N-1} = L_{N-1}I_N^{N-1}\bar{u}^N + I_N^{N-1}\left(f^N - L_N\bar{u}^N\right) = f^{N-1}$$

第三步, 粗网格修正为

$$(\bar{u}^N)_{\text{new}} = (\bar{u}^N)_{\text{old}} + I_{N-1}^N \Delta u^{N-1}$$

根据上述过程, 可写出针对三层或三层以上网格 "V 循环" 和 "W 循环" 格式。应当注意的是 $f^{N-1} \neq I_N^{N-1}f^N$, 即粗细网格上的差分方程同细网格上不完全一样, 在细网格上 f^N 称为源项, 而粗网格上 f^{N-1} 常称为强迫项, 存在实质性的区别。

6. 湍流模型

直接数值模拟 (DNS)、大涡模拟 (LES) 等方法的计算量巨大, 目前仍然无法广泛应用于工程实际, 因而求解雷诺平均 N-S 方程 (RANS) 是目前最实际也是最有效的计算手段之一, 而雷诺平均 N-S 方程需要湍流模型使得控制方程组封闭。湍流模型根据微分方程个数分为: 代数模型, 半方程模型, 一方程模型, 两方程模型

等。此外, 还有在这些基本湍流模型基础上发展来的改进模型, 如针对旋转流动提出的流线曲率修正公式、可用于转捩判断的 γ-Re_θ 转捩模型。

湍流模型是以雷诺平均运动方程和脉动运动方程为基础, 依靠理论与经验相结合, 引进一系列模型假设而建立起的一组描述湍流平均量的封闭方程组, 其主要任务就是建立有足够精度、工程上一般适用的预测雷诺应力和标量输运项的计算方法。根据湍流流动过程中雷诺应力假设方式的不同, 可将湍流模型分为雷诺应力模型和涡黏性模型。雷诺应力模型直接建立湍流应力和其他二阶相关量的输运方程, 而涡黏性模型是将速度脉动的二阶相关量表示成平均速度梯度与湍流黏性系数的乘积。目前比较成熟的湍流模型都是基于 Boussinesq 涡黏性假设, 认为雷诺应力张量与平均速度梯度成正比, 其表达式为

$$-\rho \overline{u_i' u_j'} = \mu_t \left(\frac{\partial u_i}{\partial x_j} + \frac{\partial u_j}{\partial x_i} \right) - \frac{2}{3} \rho k \delta_{ij} \tag{3.170}$$

其中, μ_t 为涡黏系数; δ_{ij} 为 Kronecker 算子。

这里采用 k-ω SST 两方程湍流模型。

Menter 对 Wilcox 提出的标准两方程 k-ω 湍流模型进行修正, 提出了分区的剪应力输运 (shear stress transport, SST) 模型, 简称 k-ω SST 湍流模型。该模型克服了标准 k-ω 湍流模型对自由流参数变化比较敏感的缺点, 在近壁面附近采用 k-ω 湍流模型, 在远离壁面的流场中采用了目前广为应用的 k-ω 湍流模型。k-ω 湍流模型对逆压梯度流动具有较高模拟精度以及对湍流初始参数不敏感的优点得到了充分利用。

在 k-ω SST 湍流模型中, 涡黏系数定义为

$$\mu_t = \min \left[\frac{\rho k}{\omega}, \frac{a_1 \rho k}{|\boldsymbol{\omega}| F_2} \right] \tag{3.171}$$

式中, ρ 为密度; α_1, F_2 均为常数; $|\boldsymbol{\omega}|$ 为涡量值; k, ω 分别为湍动能和湍流比耗散率。它们满足下面两个输运方程:

$$\frac{\partial k}{\partial t} + u_j \frac{\partial k}{\partial x_j} = \frac{1}{\rho} P_k - \beta' k \omega + \frac{1}{\rho} \frac{\partial}{\partial x_j} \left[\left(\mu + \frac{\mu_t}{\sigma_k} \right) \frac{\partial k}{\partial x_j} \right] \tag{3.172}$$

$$\frac{\partial \omega}{\partial t} + u_j \frac{\partial \omega}{\partial x_j} = \frac{1}{\rho} P_\omega - \beta \omega^2 + \frac{1}{\rho} \frac{\partial}{\partial x_j} \left[\left(\mu + \frac{\mu_t}{\sigma_\omega} \right) \frac{\partial \omega}{\partial x_j} \right]$$
$$+ 2 \left(1 - F_1 \right) \sigma_{\omega 2} \frac{1}{\omega} \frac{\partial k}{\partial x_j} \frac{\partial \omega}{\partial x_j} \tag{3.173}$$

这里, P_k, P_ω 为湍流生成项, 分别定义为

$$P_k = \mu_t |\boldsymbol{\omega}|^2, \quad P_\omega = \gamma \rho |\boldsymbol{\omega}|^2 \tag{3.174}$$

湍流模型中的各常数量由公式 $\phi = \phi_1 + (1 - F_1)\phi_2$ 计算，其中 ϕ 为以下参数：

$$\gamma_1 = \frac{\beta_1}{C_\mu} - \frac{\kappa^2}{\sigma_{\omega 1}\sqrt{C_\mu}}, \quad \gamma_2 = \frac{\beta_2}{C_\mu} - \frac{\kappa^2}{\sigma_{\omega 2}\sqrt{C_\mu}} \tag{3.175}$$

$$\sigma_{k1} = 1/0.85, \quad \sigma_{k2} = 1.0 \tag{3.176}$$

$$\sigma_{\omega 1} = 1/0.5, \quad \sigma_{\omega 2} = 1/0.856 \tag{3.177}$$

$$\beta_1 = 0.075, \quad \beta_2 = 0.0828 \tag{3.178}$$

$$\beta' = C_\mu = 0.09 \tag{3.179}$$

$$F_1 = \tanh\left(\Gamma^4\right) \tag{3.180}$$

$$\Gamma = \min\left[\max\left(\Gamma_1, \Gamma_3\right), \Gamma_2\right] \tag{3.181}$$

$$\Gamma^1 = \frac{500\upsilon}{d^2 \left|\omega\right|}, \quad \Gamma^2 = \frac{4\rho\sigma_2 k}{d^2 \left(CD_{k-\omega}\right)}, \quad \Gamma^3 = \frac{\sqrt{k}}{C_\mu \omega d} \tag{3.182}$$

$$CD_{k-\omega} = \max\left(\rho\frac{2\sigma_2}{\omega}\frac{\partial k}{\partial x_j}\frac{\partial \omega}{\partial x_j}, 1 \times 10^{-20}\right) \tag{3.183}$$

$$F_2 = \tanh\Pi, \quad \Pi = \max\left(2\Gamma_3, \Gamma_1\right) \tag{3.184}$$

$$\kappa = 0.41, \quad a_1 = 0.31 \tag{3.185}$$

利用控制方程无量纲化，对方程 (3.172)、方程 (3.173) 进行无量纲化处理，无量纲化后的方程形式与原方程形式基本一样。

7. 预处理技术

采用时间推进方法求解低马赫数流动时 (特别是当 $Ma < 0.1$ 时)，经常会出现收敛困难、计算精度降低等问题，其原因是流动速度和声速不在同一量级，使得条件数 (最大特征值与最小特征值的比值) 太大，控制方程表现出了很强的 "刚性"。为了采用时间推进方法求解低速流动问题，需要对控制方程特征系统实施人工控制，以达到改善系统刚性而又不改变物理问题的解的目的。

目前主要发展了两类方法：一类是拟压缩性方法，该方法以不可压缩 N-S 方程作为控制方程，通过在连续方程中人工引入压强的时间导数项，从而将方程变为双曲型方程；另一类是预处理方法，该方法通过在可压缩控制方程的时间导数项上乘一个预处理矩阵，从而有效增强连续方程与动量方程和能量方程的耦合性，并可改变方程的特征值。

拟压缩性方法的优点在于，由于假设密度为常数，未知数减少了一个，减小了计算量，但该方法只适用于低速流动的求解；预处理方法是一种广义的拟压缩性方法，其优点是，对于从低速到超声速范围内的流动问题，可采用同一控制方程进行描述，并可采用相同的空间离散和时间推进格式进行求解。

预处理方法的研究始于 20 世纪 80 年代，经过 20 多年的发展，出现了若干适用于 Euler 方程和 N-S 方程的预处理矩阵和相应的预处理求解格式，比较具有代表性的预处理矩阵主要有：Turkel 预处理矩阵、Choi 和 Merkle 预处理矩阵、Weiss 和 Smith 预处理矩阵、van Leer 和 Lee 预处理矩阵等。为了使原控制方程的改动量尽可能小，本书采用 Weiss 和 Smith 发展的预处理矩阵，对原始变量进行计算，采用双时间法引入伪时间 τ 之后，经过预处理后的非定常控制方程在笛卡儿坐标系下有如下微分形式：

$$\boldsymbol{\Gamma}\frac{\partial \boldsymbol{q}}{\partial \tau} + \frac{\partial \boldsymbol{Q}}{\partial t} + \frac{\partial \boldsymbol{E}}{\partial x} + \frac{\partial \boldsymbol{F}}{\partial y} + \frac{\partial \boldsymbol{G}}{\partial z} = \frac{\partial \boldsymbol{E}_v}{\partial x} + \frac{\partial F_v}{\partial y} + \frac{\partial \boldsymbol{G}_v}{\partial z} \qquad (3.186)$$

其中，$\boldsymbol{\Gamma}$ 为预处理矩阵，其表达式为

$$\boldsymbol{\Gamma} = \begin{bmatrix} \theta & 0 & 0 & 0 & \rho_T \\ \theta u & \rho & 0 & 0 & \rho_T u \\ \theta v & 0 & \rho & 0 & \rho_T v \\ \theta w & 0 & 0 & \rho & \rho_T w \\ \theta H - \delta & \rho u & \rho v & \rho w & \rho_T H + \rho C_P \end{bmatrix} \qquad (3.187)$$

其中，ρ_T 是当压强取常数时，密度对温度的导数；$\delta = 0$ 或 1。对于理想气体，$\rho_T = -p/(RT)$，$\delta = 1$，矩阵成为 Turkel 预处理矩阵系列之一。对于不可压缩流体，ρ_T 和 δ 都为 0。θ 的定义如下：

$$\theta = 1/U_r^2 - \rho_T / (\rho C_p) \qquad (3.188)$$

从式 (3.186) 可以看出，经过预处理后的控制方程与原来的 N-S 方程并不相容。但当伪时间导数项趋于零时，预处理矩阵的影响消失，方程 (3.186) 相容于原 N-S 方程。

参考速度 U_r 的选取考虑了两个因素：① 避免矩阵出现奇异或刚性，即矩阵的特征值应该良好，这可通过使 U_r 不低于当地对流速度和扩散速度来实现；② 限制局部压力差，通过阻止压力扰动的放大来增加驻点附近的数值稳定性。于是对 U_r 采用如下的限制：

$$U_r = \max\left(|v|, v/\Delta x, \epsilon\sqrt{\delta p/\rho}\right) \qquad (3.189)$$

其中，Δx 是发生扩散的单元长度尺度；δp 是相邻单元的压力差。对于可压缩流动，需进一步限制 U_r 不超过当地声速。在本书中，缩放参数 ϵ 设定为 10^{-3}。

8. 边界条件

空间离散中的一个关键问题是边界条件处理。边界条件处理方法在很大程度上会影响数值计算稳定性，如果处理不当，会导致数值计算不能收敛，甚至发散。同时边界条件处理也会对流场精度产生影响，很多问题也常常是边界条件最难处理。下面将对本书中涉及的主要边界条件处理方法加以说明。这些处理方法是定常/非定常流动计算边界条件处理总的介绍。

1) 物面边界

外流计算时，物面是引起流场扰动的根源。N-S 方程计算物面条件包括：

A. 物面无滑移条件

$$
\begin{aligned}
u &= u_{\mathrm{b}} \\
v &= v_{\mathrm{b}} \\
w &= w_{\mathrm{b}}
\end{aligned}
\tag{3.190}
$$

其中，$u_{\mathrm{b}}, v_{\mathrm{b}}, w_{\mathrm{b}}$ 表示物面运动速度的三个分量，若物面运动速度为零，则 $u = v = w = 0$。而对于 Euler 方程，由于忽略黏性，流体沿物体表面光滑流过，即在物面上相对速度的法向速度分量为零：

$$
(\boldsymbol{V} - \boldsymbol{V}_{\mathrm{b}}) \cdot \boldsymbol{n} = 0
\tag{3.191}
$$

B. 绝热壁条件

$$
\partial T / \partial n = 0
\tag{3.192}
$$

对于 N-S 方程计算，壁面压力采用零阶外插，而对于 Euler 方程计算，壁面压力则采用了三点外插。

2) 对称边界

求解纵向三维流动时，如果流动左右对称，可仅对一半构型进行计算，这时需要在对称面上设定对称边界条件。设流场关于网格面 $k = 0$ 对称，则有

$$
\begin{aligned}
\rho_{i,j,-1} &= \rho_{i,j,1} \\
\rho u_{i,j,-1} &= \rho u_{i,j,1} \\
\rho v_{i,j,-1} &= \rho v_{i,j,1} \\
\rho w_{i,j,-1} &= -\rho w_{i,j,1} \\
e_{i,j,-1} &= e_{i,j,1}
\end{aligned}
\tag{3.193}
$$

3) 远场边界

非定常 N-S 方程/Euler 方程属于双曲型方程，根据双曲型方程的性质，外行的特征波不被反射回来，外边界处需按照特征波传播方向进行处理。本书采用当地一维 Riemann 不变量来处理远场边界。

当地一维 Riemann 不变量定义为

$$R^- = V_{\mathrm{n}} - \frac{2a}{\gamma - 1}$$
$$R^+ = V_{\mathrm{n}} + \frac{2a}{\gamma - 1} \tag{3.194}$$

其中, V_{n} 为远场边界上速度的法向分量; a 为声速。对于亚声速入流边界和出流边界, R^- 由自由流计算, R^+ 由内场外插值计算:

$$R^- = V_{\mathrm{n}} - \frac{2a}{\gamma - 1} = V_{\mathrm{n}\infty} - \frac{2a_\infty}{\gamma - 1}$$
$$R^+ = V_{\mathrm{n}} + \frac{2a}{\gamma - 1} = V_{\mathrm{ne}} + \frac{2a_{\mathrm{e}}}{\gamma - 1} \tag{3.195}$$

其中, 下标 "∞" 表示自由来流值; "e" 表示由内场外插的值。通过对 Riemann 不变量的相加减, 便可得到远场边界上的法向速度分量 V_{n} 和声速 a, 分别为

$$V_{\mathrm{n}} = \frac{1}{2}(R^+ + R^-)$$
$$a = \frac{\gamma - 1}{4}(R^+ - R^-) \tag{3.196}$$

对入流边界 ($V_{\mathrm{n}} \leqslant 0$), 边界点的切向速度和熵取自由来流值; 对出流边界 ($V_{\mathrm{n}} \geqslant 0$), 切向速度和熵由计算区域内部外插得到。这样便可以确定远场边界上的全部值。

当流动为超声速流入时, 所有物理量应等于自由来流的值, 当流动为超声速流出时, 所有物理量由内场插值得到。

此外, 对于低速流动计算, 可采用一种简单入流/出流边界条件:

$$T = T_\infty, u = u_\infty, v = v_\infty, p = p_{\mathrm{e}}, \quad \boldsymbol{V} \cdot \boldsymbol{S} < 0$$
$$T = T_{\mathrm{e}}, u = u_{\mathrm{e}}, v = v_{\mathrm{e}}, p = p_\infty, \quad \boldsymbol{V} \cdot \boldsymbol{S} > 0 \tag{3.197}$$

实践证明, 在低速流动计算中, 采用简单入流/出流边界条件可获得与 Riemann 不变量处理方法基本一致的结果。

4) 虚拟边界

对于高精度的迎风格式, 本书采用虚拟两层网格的方法处理边界, 分为两步: 第一步, 实施上述边界条件获得网格边界面上的流动变量; 第二步, 由网格边界面上的值和内场网格中心处的值, 采用等梯度插值或零梯度插值的方法获得第一层虚拟网格中心的值, 再采用等梯度插值或零梯度插值获得第二层虚拟边界处的值。这种处理方法易于编程实现, 且计算实践表明, 该方法适用于本书提到的各种高精度迎风格式。

3.4.6 浮空器绕流性能

1. 不考虑变形的浮空气球绕流数值模拟

由于浮空气球在高空驻留控制过程中，气球所在的高度为零风带附近，即高度 20km 左右，且气球存在东西向的运动、向上的运动、向下的运动等，因此，这里分别对水平风作用下的气球流场、垂直向上的风 (对应气球的下降过程)、垂直向下的风 (对应气球的上升过程) 作用下的气球流场分别进行数值模拟。在数值模拟过程中，气球所处的高度取 20km，气球相对大气的风速取 10m/s。对于其他风速、高度下的气球流场，可采用完全相同的方法，这里由于篇幅关系不再赘述。

1) 计算网格

基准的气球外形是一个旋成体，故采用前面所述的旋成体网格生成方法生成气球的外流场网格。为了捕捉边界层信息，在表面附近对网格进行加密，取第一层网格高度为 10^{-4} m。为便于并行计算，将旋成体单块网格等分成 8 块，如图 3.36 所示。从图中看出，网格的正交性良好，过渡均匀，可用于流场的数值模拟。

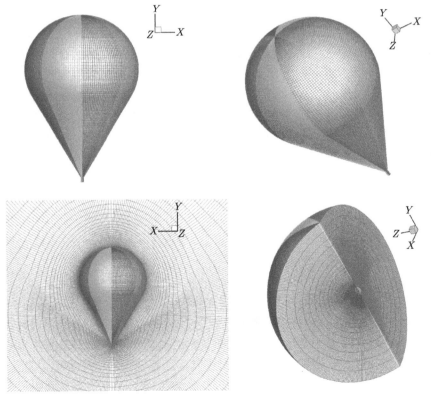

图 3.36　浮空气球流场计算所需的计算网格 (后附彩图)

2) 水平风的情况

考虑存在水平风的情况,且假设气球相对水平风的速度为 10m/s,并且作为初步计算,不考虑气球的变形 (考虑变形的在后面给出)。采用求解非定常 N-S 方程的方法求解气球的绕流。气球表面所受的压力云图如图 3.37(a)~(c) 所示,可以看出,迎风面气球表面压力高,侧面压力最低,到背风面出现压力恢复,压力有较大升高,但总体相对迎风面较高,且背风面存在气流分离现象。图 3.37(d) 给出了气球附近的空间流线,从流线很明显地看出,背风面出现气流分离。图 3.37(e) 给出了对称面上的压力云图及流线图,该图更清晰地显示了背风面的气流分离。

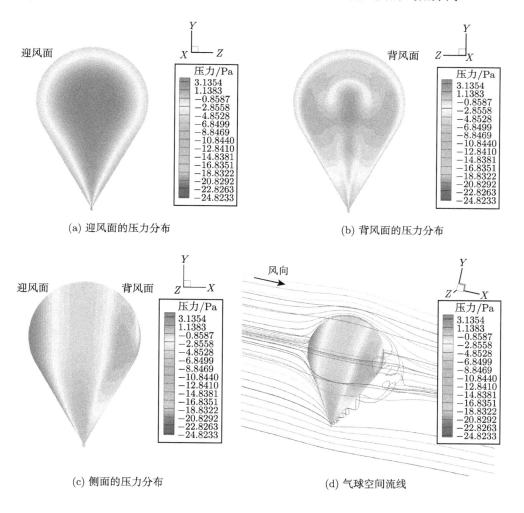

(a) 迎风面的压力分布

(b) 背风面的压力分布

(c) 侧面的压力分布

(d) 气球空间流线

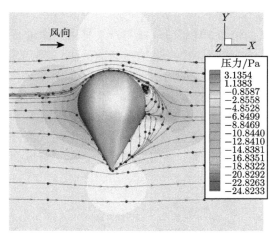

(e) 气球表面及对称面上的压力云图和流线图

图 3.37　水平风作用下气球的流场图 (相对速度 10m/s)(后附彩图)

3) 垂直向下风的情况

考虑存在垂直向下风的情况,这种情况对应气球的上升过程。

假设气球相对垂直风的速度为 10m/s,即气球上升速度为 10m/s。不考虑气球的变形。采用求解非定常 N-S 方程的方法求解气球的绕流,得到的气球流场如图 3.38 所示。图 3.38(a) 给出的是气球表面及对称面上的压力云图和流线图。图 3.38(b) 给出的是气球表面压力云图及附近的空间流线图。可以看出,对于上升过程,气球顶部属于迎风面,压强较高;横截面最大的位置压强最低;再往下,气球表面压力逐渐恢复,由于背风面截面积过渡平缓,故未出现流动分离现象。

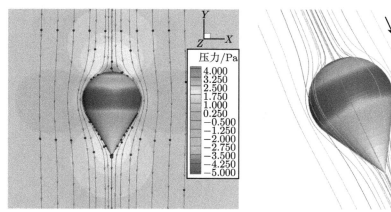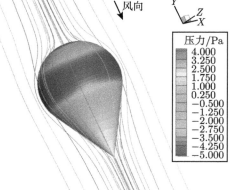

(a) 气球表面及对称面上的压力云图和流线图　　　　(b) 气球表面压力云图及附近的空间流线图

图 3.38　气球垂直上升过程中的流场图 (后附彩图)

4) 垂直向上风的情况

考虑存在垂直向上风的情况, 这种情况对应气球的下降过程。

假设气球相对垂直风的速度为 10m/s, 即气球下降速度为 10m/s。不考虑气球的变形。采用求解非定常 N-S 方程的方法求解气球的绕流, 得到的气球流场如图 3.39 所示。图 3.39 (a) 给出的是气球表面及对称面上的压力云图和流线图。图 3.39 (b) 给出的是气球表面压力云图及附近的空间流线图。可以看出, 对于下降过程, 气球下部属于迎风面, 压强较高; 横截面最大的位置压强最低; 再往上, 气球表面压力逐渐恢复, 由于背风面截面积变化剧烈, 故出现流动分离现象, 图中所示的气球顶部出现大分离涡。

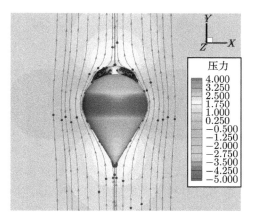 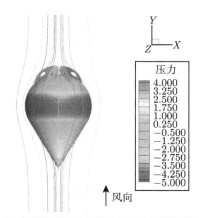

(a) 气球表面及对称面上的压力云图和流线图   (b) 气球表面压力云图及附近的空间流线图

图 3.39   气球垂直下降过程中的流场图 (后附彩图)

2. 考虑变形的浮空气球绕流数值模拟

前面的气球绕流数值模拟过程中, 未考虑气球的变形。实际情况下, 气球在风的作用下, 形状会发生改变, 特别是风速较大的情况下。因此, 为了更真实地反映气球在变形后的流场及受力, 下面分别考虑较小变形、中等变形、较大变形三种情况下的气球流场数值模拟。

1) 水平风作用下较小变形的气球绕流数值模拟

A. 计算网格

气球变形后的空间网格采用前述网格自动变形方法生成。利用基准外形的表面网格空间网格, 以及变形后的表面网格, 自动生成变形后的空间网格。从图 3.40 可以看出, 变形后的空间网格质量良好, 正交性高, 过渡均匀。同样地, 为了便于并行计算, 将空间网格均匀分成了 8 块, 如图 3.40 所示。

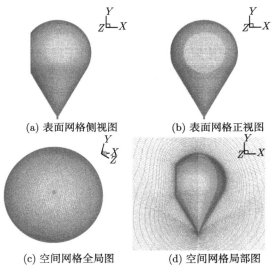

(a) 表面网格侧视图　　　　　　　(b) 表面网格正视图

(c) 空间网格全局图　　　　　　　(d) 空间网格局部图

图 3.40　较小变形气球流场计算网格 (后附彩图)

B. 计算结果

这里假设气球相对于水平风的速度为 10m/s。图 3.41 给出了采用非定常 N-S 方程数值模拟的气球的流场情况。图 3.41(a) 给出的是气球表面的压力分布，可以看出，气球变形后，变形区表面压强高，故所受的气动力较大，在背风区，仍然出现了较大范围的流动分离。与气球未变形情况对比，分离区有所缓和 (图 3.37)。图 3.41(c) 给出了对称面上的速度分布。可以看出，迎风面和背风面速度低。

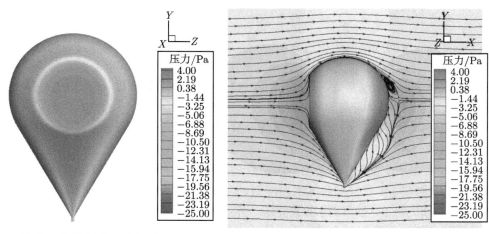

(a) 气球表面压力分布(迎风面)　　　　　(b) 对称面压力分布和流线及表面压力分布

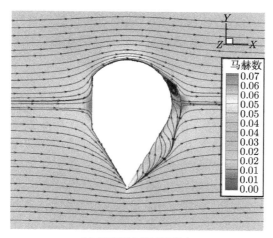

(c) 对称面上的速度分布

图 3.41　水平风作用下较小变形气球附近流场 (后附彩图)

2) 水平风作用下中等变形的气球绕流数值模拟

A. 计算网格

气球变形后的空间网格采用前述网格自动变形方法生成。利用基准外形的表面网格空间网格, 以及变形后的表面网格, 自动生成变形后的空间网格。从图 3.42

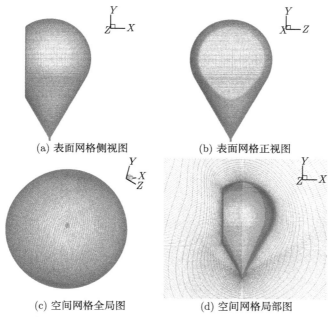

(a) 表面网格侧视图　　　　　(b) 表面网格正视图

(c) 空间网格全局图　　　　　(d) 空间网格局部图

图 3.42　中等变形气球流场计算网格 (后附彩图)

可以看出, 尽管气球变形较大, 变形后自动生成的空间网格质量良好, 正交性高, 过渡均匀。同样地, 为了便于并行计算, 将空间网格均匀分成了 8 块, 如图 3.42(d) 所示。

B. 计算结果

这里仍然假设气球相对于水平风的速度为 10m/s。图 3.43 给出了采用非定常 N-S 方程数值模拟的气球的流场情况。图 3.43 (a) 给出的是气球表面的压力分布, 可以看出, 气球变形后, 变形区表面压强高, 故所受的气动力较大。图 3.43 (b) 给出的是对称面上的压力分布和流线及气球表面的压力分布。从图中看出, 在背风区也出现了较大范围的流动分离, 与气球较小变形情况类似 (见图 3.41)。图 3.43(c) 给出了对称面上的速度分布。可以看出, 迎风面和背风面速度低。

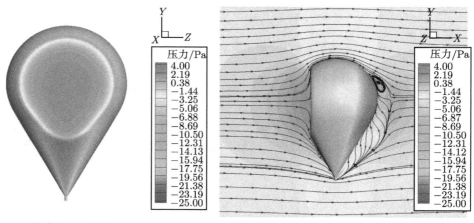

(a) 气球表面压力分布(迎风面)　　　　(b) 对称面压力分布和流线及表面压力分布

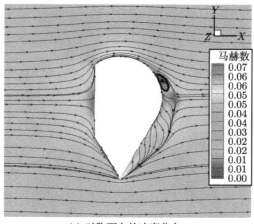

(c) 对称面上的速度分布

图 3.43　水平风作用下中等变形气球附近流场 (后附彩图)

3) 水平风作用下较大变形的气球绕流数值模拟

A. 计算网格

气球变形后的空间网格采用前述网格自动变形方法生成。利用基准外形的表面网格空间网格，以及变形后的表面网格，自动生成变形后的空间网格。从图 3.44 可以看出，尽管气球变形很大，变形后自动生成的空间网格质量良好，正交性高，过渡均匀，说明本书的气球变形网格是自动生成的。同样地，为了便于并行计算，将空间网格均匀分成了 8 块，如图 3.44(d) 所示。

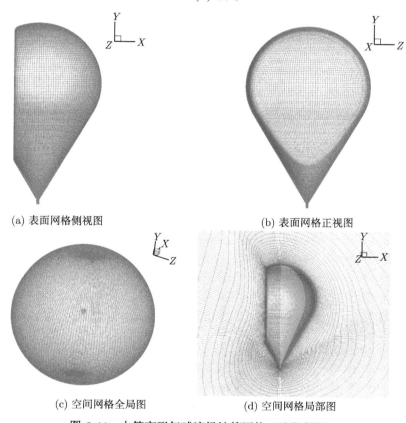

(a) 表面网格侧视图

(b) 表面网格正视图

(c) 空间网格全局图

(d) 空间网格局部图

图 3.44 中等变形气球流场计算网格 (后附彩图)

B. 计算结果

仍然假设气球相对于水平风的速度为 10m/s。图 3.45 给出了采用非定常 N-S 方程数值模拟的气球的流场情况。图 3.45 (a) 给出的是气球表面的压力分布，可以看出，气球变形后，变形区表面压强高，故所受的气动力较大。图 3.45 (b) 给出的是对称面上的压力分布和流线及气球表面的压力分布。从图中看出，在背风区也出现了较大范围的流动分离。与气球较小变形情况类似 (见图 3.41)。图 3.45 (c) 给出了对称面上的速度分布。可以看出，迎风面较大范围内的气压都较高。

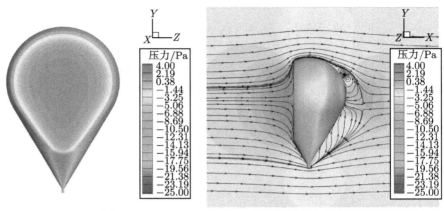

(a) 气球表面压力分布(迎风面)   (b) 对称面压力分布和流线及表面压力分布

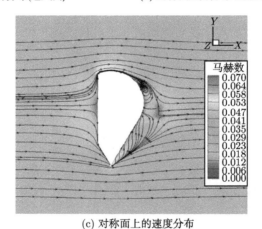

(c) 对称面上的速度分布

图 3.45   水平风作用下较大变形气球附近流场 (后附彩图)

参 考 文 献

[1] 康士峰. 临近空间大气环境特性监测与研究. 装备环境工程, 2008, 01: 20-23.

[2] 孙磊, 廉璞, 常晓飞, 等. 临近空间大气环境建模及其对飞行器影响. 指挥控制与仿真, 2016, 38(05): 107-111.

[3] 肖存英. 临近空间大气动力学特性研究. 北京: 中国科学院研究生院 (空间科学与应用研究中心), 2009.

[4] 李小建. 临近空间浮空热 — 结构耦合数值模拟研究. 南京: 南京航空航天大学, 2013.

[5] 刘建斌. 平流层飞艇轨迹优化设计方法研究. 哈尔滨: 哈尔滨工业大学, 2012.

[6] 刘大海, 阎健, 张健勇, 等. 平流层飞艇的能源技术和平衡分析. 航天返回与遥感, 2006, 27(2): 6-13.

[7] 赵春霞. 我国东南沿海地区太阳辐射及其影响因子分析. 南京: 南京信息工程大学, 2012.

[8] 郭燕, 李长建. 云南近 45 年太阳辐射初步研究. 农业与技术, 2013, 33(02): 154.

[9] 李晓文, 李维亮, 周秀骥. 中国近 30 年太阳辐射状况研究. 应用气象学报, 1998, 01: 25-32.

[10] 戴秋敏. 浮空器热环境与热特性研究. 南京: 南京航空航天大学, 2014.

[11] Roney J A. Statistical wind analysis for near-space applications. Journal of Atmospheric and Solar-Terrestrial Physics, 2007, 69(13): 1485-1501.

[12] 任国玉, 张爱英, 王颖, 等. 我国高空风速的气候学特征. 地理研究, 2009, 28(6): 1583-1592.

[13] 刘强, 武哲, 祝明, 等. 平流层气球热动力学仿真. 北京航空航天大学学报, 2013, (12): 1578-1583.

[14] 姚伟, 李勇, 范春石, 等. 复杂热环境下平流层飞艇高空驻留热动力学特性. 宇航学报, 2013, (10): 1309-1315.

[15] 吕明云, 巫资春. 高空气球热力学模型与上升过程仿真分析. 北京航空航天大学学报, 2011, 37(05): 505-509.

[16] 戴秋敏, 方贤德, 王昊, 等. 大气模型对高空气球运动特性和热特性的影响. 计算机仿真, 201, 30(09): 79-82+139.

[17] 史献林, 余莉, 施红. 系留气球升空过程的动态模拟. 航空学报, 2009, 30(04): 609-613.

[18] 陈利, 成琴, 唐逊. 高空气球升空体积变化模型研究. 合肥工业大学学报 (自然科学版), 2014, 37(11): 1405-1408.

[19] 张晶敏, 陆宇平, 刘家宁. 平流层长航时气球轨迹控制系统研究. 飞机设计, 2007, (02): 21-24.

第4章 灵巧浮空器热力学性能

在浮空器设计之前，需对浮空器的蒙皮和内部浮升气体的热特性进行分析。浮空器在飞行或滞空过程中，一方面是强烈的太阳辐射和长波辐射，另一方面是微弱的蒙皮外表面强迫对流换热。这使得浮空器在日间内部气体温度迅速升高，在夜晚温度迅速降低 [1]。在升空和返回过程中，大气压力和温度等参数随高度大幅度变化，气囊中填充气体的温度、压力和密度会发生显著变化，从而影响浮空器的浮力和质心。对浮空器而言，其浮力来自于气囊内外的密度差，浮升气体温度升高会引起气囊体积的增加，可能导致蒙皮破裂；浮升气体温度下降也导致气囊体积减小。平流层浮空器热特性变化规律及其动力学效应，对浮空器的飞行控制及安全运行非常重要。在飞行过程中，太阳热辐射和环境温度、风速等参数的昼夜变化，影响浮空器蒙皮和气囊中气体的温度，导致浮空器的浮升力发生变化，从而影响浮空器的运动性能。

由于飞行空间区域与飞行特点不同，平流层浮空器外部热环境与对流层飞行器、高超声速飞行器、航天器都有较大差别 [2,3]。对流层飞行器 (如飞机和高超声速飞行器) 速度很快，高速对流换热是决定其热特性的主要因素，外部热辐射作用小。近地轨道航天器的主要热环境因素是太阳辐射、地球对太阳的反射和地球红外辐射，几乎没有外部对流换热。平流层浮空器飞行速度较低，气流密度小，对流和外部辐射都会对浮空器产生显著热影响。因此，平流层浮空器的外部热环境因素包括大气对流热环境和外部热辐射环境 [4]。

4.1 浮空器热环境

热特性变化及环境热效应对平流层浮空器的安全可靠性与控制有很大影响。在升空和返回过程中，平流层浮空器将经历不同的热环境，大气压力和温度等参数随高度大幅度变化，使气囊中填充气体的温度、压力和密度发生变化，影响浮空器的浮力和质心。在定点悬浮和飞行过程中，太阳热辐射和环境温度、风速等参数的昼夜变化，影响浮空器蒙皮和气囊中气体的温度，导致浮空器的浮力、质心变化，从而影响浮空器的定点和飞行控制 [5]。

平流层浮空器速度低、尺寸大，周围气流密度小，且热环境呈昼夜周期性变化，浮空器的外部热影响因素包括外表面的红外辐射、太阳直接辐射、散射辐射、地球反射辐射、地–气红外辐射和对流换热；内部热影响因素包括内表面之间的辐射和表面与浮升气体的自然对流换热,如图 4.1 所示 [6]。

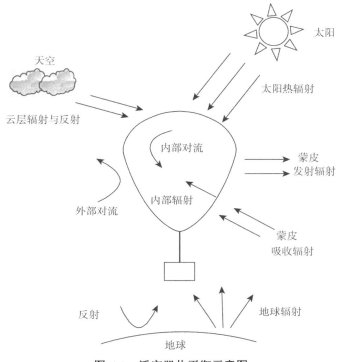

图 4.1 浮空器热平衡示意图

4.1.1 太阳辐射

太阳辐射是地球–大气系统最重要的能量来源,也是产生大气运动的主要动力,它从根本上决定着地球–大气的热状况,我们知道,地球大气上界某一点的太阳辐射中长期变化非常小,而到达地面的太阳辐射量的变化则较大,造成这种差别的原因是大气对太阳辐射的吸收和散射不同,它与大气成分、云量、大气中水汽的含量,以及大气悬浮物含量等的变化密切相关。

太阳辐射量是浮空器设计必须考虑的重要参数之一,太阳辐射的时间和辐射强度直接影响浮空器工作的时间和获得能源的大小。太阳辐射量与太阳高度角和太阳辐射强度都相关。太阳高度角的变化是由时间、纬度决定的,而太阳辐射量在一年内的变化与地日距离的变化有关 [7,8],一般来说,随着纬度的增加,太阳辐射量减小。

太阳辐射在透过大气层到达地面的过程中,一部分方向未经改变,称为太阳直射辐射;另一部分由于被气体分子、液体或固体颗粒反射和折射,到达地球表面时无特定方向,称为散射辐射;太阳射线到地面上以后,其中一部分被地面所反射,重新进入大气,称为反射辐射。各学者对影响浮空器的太阳辐射的处理如表 4.1 所示。

表 4.1　浮空器太阳辐射模型

作者	太阳辐射模型
Kreider 和 Kreith[9]	只考虑太阳直射辐射,忽略了散射和反射辐射;直射辐射与太阳高度角有关,没有考虑海拔对太阳辐射的影响
Carlson 和 Horn[10]	将太阳辐射值取为常数,没有考虑太阳高度角和海拔对太阳辐射的影响
Farley[11], 方贤德等 [12]	忽略了散射和反射的作用,直射辐射与太阳高度角和海拔有关
方贤德等 [13], Dai 和 Fang[14]	辐射模型是地面经验模型,辐射值是太阳高度角和海拔的函数,计算所用大气透明度是一个经验参数
徐向华等 [15]	给出了 20km 处的直射透过率计算公式,忽略了散射辐射
夏新林等 [16] Xia 和 Yang[17]	辐射模型是地面经验模型,忽略了海拔对散射和反射辐射值的影响
徐向华等 [15]	辐射模型是地面经验模型,计算所用大气消光系数是一个经验参数
Wang 和 Yang[18]	辐射模型是地面经验模型,忽略了海拔对辐射值的影响
Guo 等 [19]	辐射模型包括直射、散射和反射,直射辐射受水汽、气溶胶、太阳高度角和海拔的影响
Yao 等 [20]	忽略了散射辐射的影响,以及直射辐射时太阳高度角和海拔的影响

1. 地球运动与太阳的关系

赤纬角:地球中心与太阳中心的连线与地球赤道平面的夹角,用符号 δ 表示。由于地轴的倾角保持不变,因此赤纬随时都在变化 [21]。可采用下面的简化公式计算出逐日的赤纬角大小:

$$\delta = 23.45 \cdot \sin\left(360 \cdot \frac{284 + n}{365}\right) \tag{4.1}$$

式中,n 为计算日在一年中的日期序号。

赤纬角的精确计算式则为

$$\begin{aligned}
\delta = &\, 0.3622122 - 23.24763 \cdot \cos(W + 0.1532310) \\
&- 0.3368908 \cdot \cos(2W + 0.2070988) \\
&- 0.1852646 \cdot \cos(3W + 0.6201293)
\end{aligned} \tag{4.2}$$

其中,$W = 2\pi n/360$。

　　赤纬角的逐日变化影响浮空器接收太阳辐射照射时间长短以及太阳辐射强度。

　　时差：真太阳时与平均太阳时之间的差值。平均太阳时为钟表指示的时间。真太阳时是以当地太阳位于正南向的瞬时为正午，地球自转 $15°$ 为 $1h$。但由于太阳与地球之间的距离和相对位置随时间在变化，以及地球赤道与其绕太阳运行轨道所处平面的不一致，从而出现时差 [22]。

　　真太阳时 H_s 可按下式计算：

$$H_s = h_s \pm \frac{L - L_s}{15} + \frac{e}{60} \tag{4.3}$$

式中，h_s 为该地区标准时间 (h)；L 和 L_s 分别为当地的经度和地区标准时间位置的经度；对于东半球，式中 "$\pm$" 号取正号，西半球取负号；e 为时差 (min)。

　　全年各日的时差可采用下列简化公式：

$$e = 9.87 \sin 2B - 7.53 \cos B - 1.5 \sin B \tag{4.4}$$

$$B = \frac{360\,(n - 81)}{364} \tag{4.5}$$

而时差精确计算公式为

$$\begin{aligned} e = &-0.0002786409 + 0.1227715 \cos(W + 1.498311) \\ &-0.1654575 \cos(2W - 1.261546) - 0.005353830 \cos(3W - 1.157100) \end{aligned} \tag{4.6}$$

　　真太阳时用角度表示为当地太阳时角 ω，计算公式如下：

$$\omega = \left(H_s \pm \frac{L - L_s}{15} + \frac{e}{60} - 12 \right) \times 15 \tag{4.7}$$

2. 太阳在空间的位置

　　对地球上的某点来说，太阳的空间位置可用太阳高度角和太阳方位角确定，如图 4.2 所示 [23]。

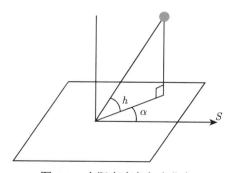

图 4.2　太阳高度角与方位角

太阳高度角：地球表面上某点和太阳的连线与地平面之间的交角，用符号 h 表示。太阳高度角可用下式表示：

$$\sin h = \sin \varphi \cdot \sin \delta + \cos \varphi \cdot \cos \delta \cdot \cos \omega \tag{4.8}$$

式中，φ 为当地纬度；δ 为赤纬角；ω 为太阳时角。从式 (4.8) 可以看出，太阳高度角随纬度、季节和每日时刻的变化而变化。

太阳方位角：太阳至地面上某给定连线在地面上的投影与南向 (当地子午线) 的夹角，用符号 α 表示。太阳方位角的计算公式表示如下：

$$\sin \alpha = \cos \alpha \cdot \sin \omega / \cos h \tag{4.9}$$

式 (4.9) 求解太阳方位角时会出现三个解，为了与太阳的实际运行趋势相一致，太阳运行的方位角必须保持向正向增加或负向减小的变化趋势，同时，太阳方位角连续变化，不存在跳跃。从而太阳方位角求解公式可用下式表示：

$$\alpha = \begin{cases} f, & t < 12, \mathrm{d}f/\mathrm{d}t \geqslant 0 \\ \pi - f, & \mathrm{d}f/\mathrm{d}t < 0 \\ 2\pi + f, & t > 12, \mathrm{d}f/\mathrm{d}t \leqslant 0 \end{cases} \tag{4.10}$$

其中，$f = \arcsin (\cos \delta \cdot \sin \omega / \cos h)$；$t$ 为真太阳时。

当计算出 $\sin \alpha$ 大于 1 或者 $\sin \alpha$ 的绝对值较小时，应改用下式来计算：

$$\cos \alpha = \frac{\sin h \cdot \sin \phi - \sin \delta}{\cos h \cdot \cos \phi} \tag{4.11}$$

3. 太阳辐射

太阳直射辐射强度定义为，在垂直于太阳光射线的表面上，单位时间内投射到单位面积上的太阳直射辐射能量 [24]。把大气层假设为等效大气，太阳光线在经过大气层向下传递的过程，其衰减梯度与本身辐射强度、消光系数和路径成正比，强度呈指数规律衰减。太阳直射辐射能量 Q_{sun} 可表示为

$$Q_{\mathrm{sun}} = \alpha \cdot A_{\mathrm{projected}} \cdot q_{\mathrm{sun}} \cdot [1 + \tau(1 + r_{\mathrm{effective}})] \tag{4.12}$$

太阳直射辐射强度 q_{sun} 可定义为

$$q_{\mathrm{sun}} = \begin{cases} I_{\mathrm{sun},z} \cdot (1 - \mathrm{CF}), & \text{云层以下} \\ I_{\mathrm{sun},z}, & \text{云层以上} \end{cases} \tag{4.13}$$

其中，$I_{\text{sun},z}$ 是某一确定高度的太阳强度；CF 是云的因素；$I_{\text{sun},z} = I_{\text{sun}} \cdot \tau_{\text{atm}}$。这里 I_{sun} 是太阳总强度，$I_{\text{sun}} = \dfrac{1358}{R_{\text{AU}}^2} \cdot \left[\dfrac{1 + e \cdot \cos(\text{TA})}{1 - e^2}\right]^2$，式中，$R_{\text{AU}}$ 轨道半径 $R_{\text{AU}} = 1.0$；e 是地球轨道偏心率，$e = 0.016722$；$\text{TA} \approx \text{MA} + 2 \cdot e \cdot \sin(\text{MA}) + \dfrac{5}{4} \cdot e^2 \cdot \sin(2 \cdot \text{MA})$，TA 是真近点角，MA 是平近点角，$\text{MA} = 2 \cdot \pi \cdot \text{Day}_{\text{number}} / \text{DaysPerYear}$。

τ_{atm} 是大气透射系数，$\tau_{\text{atm}} = 0.5 \cdot \left(e^{-0.65 \cdot \text{airmass}} + e^{-0.95 \cdot \text{airmass}}\right)$，空气质量比 $\text{airmass} = \text{CF}_{\text{airmass}} \cdot (P_{\text{air}}/P_0) \cdot \left[\sqrt{1229 + (614 \cdot \sin(\text{ELV}))^2} - 614 \cdot \sin(\text{ELV})\right]$，$\text{CF}_{\text{airmass}}$ 为大气中烟雾或霾的校正因子，ELV 为地平面上的太阳高度角。

有效反射率 $r_{\text{effective}} = r + r^2 + r^3 + r^4 + r^5 + \cdots$，$r = 1 - \alpha - \tau$，$\alpha$ 是在可见光条件下气球蒙皮的平均吸收率，τ 是在可见光条件下气球蒙皮的平均透射率。

4.1.2 地球反射辐射

太阳光线射到地面上以后，其中一部分被地面反射，由于一般地面上的物体形状各异，可以认为地面是纯粹的散射面。这样，各个方向的反射就构成中短波组成的另一种散射辐射。

与水平成 θ 角的倾斜面获得地面反射辐射强度为 $I_{\text{R}\theta}$：

$$I_{\text{R}\theta} = \rho_g I_{\text{SH}}(1 - \cos\theta)/2 \tag{4.14}$$

其中，I_{SH} 为水平面所接收的太阳总辐射强度；ρ_g 为地面的平均反射率，其影响着地面反射辐射的大小。当接收面水平向上时，不会受到地面反射辐射。图 4.3 显示不同天气条件下地面反射率为纬度的函数。地面反射率对浮空器性能有着很大的影响。不同纬度地区的地面反射率不一样，同时上层大气的云层或气候条件的变化对地面反射率也有影响。

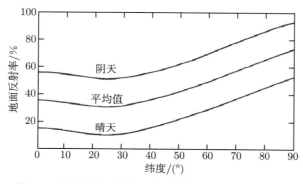

图 4.3 不同天气条件下不同纬度对应的地面反射率

反射辐射包括地面反射和云层反射,地面反射需要考虑不同地貌的反射率,不同天气状况下的云层反射不同。不同表面状况的太阳反射率相差很大,如沙漠为 0.3,雪为 0.8,云为 0.6,其他表面为 0.1[25-27]。

太阳反射辐射:

$$Q_{\text{Albedo}} = \alpha \cdot A_{\text{projected}} \cdot q_{\text{albedo}} \cdot \text{ViewFactor} \cdot [1 + \tau(1 + r_{\text{effective}})] \tag{4.15}$$

其中,ViewFactor 是行星表面漫反射视野因子,ViewFactor=(1–cos (HalfCone$_{\text{angle}}$))/ /2,HalfCone$_{\text{angle}}$ = arcsin $(R_{\text{earth}}/(R_{\text{earth}} + Z))$,$R_{\text{earth}}$ = 6371km。

浮空器放飞或滞空过程中,空中云的数量直接影响到浮空器蒙皮表面接收的太阳辐射能,其中包括太阳直射辐射、大气散射辐射以及地面反射辐射。当浮空器位于云层之上时,云层对地面反射辐射和大气散射辐射有影响;当浮空器位于云层之下时,云层对太阳直射辐射、大气散射辐射和地面反射辐射都有影响。这种影响可以用云遮系数来加以考虑。云遮系数 CF 定义为天空被云层全部遮挡的比例。如果天空云遮系数已知,则可以求得实际辐射情况 [28]。表 4.2 给出了云层对太阳直射辐射和地面反射辐射影响的计算式,云层对大气散射辐射的影响较为复杂,暂无具体表达式。

表 4.2   云层对太阳直射辐射和地面反射辐射影响的计算式

Z 与 Z_C 的关系	太阳辐射强度	公式表达
$Z > Z_C$	太阳直射辐射强度	$I_{\text{DN,real}} = I_{\text{DN}}$
	地面反射辐射强度	$I_R = \left[\text{CF}^2\rho_g + (1 - \text{CF}) \cdot \rho_c\right] I_{\text{SH}}$
$Z < Z_C$	太阳直射辐射强度	$I_{\text{DN,real}} = \text{CF} \cdot I_{\text{DN}}$
	地面反射辐射强度	$I_R = \text{CF} \cdot \rho_c I_{\text{SH}}$

注:Z 为浮空器飞行高度;Z_C 为云层高度,ρ_c 为云层反射率。

天空云遮系数可通过天空云量 (cloud cover,CC) 来计算。在气象上常用天空中出现的云量计算天气晴朗的程度。一些国家气象局将云量分为十一个等级,即 CC=0~10。全天无云,云量记 0;天空完全被云遮蔽,记 10;天空完全为云层所遮蔽,但只要从云隙中可见青天,则记 10–;云占全天 1/10,总云量记 1;云占全天 2/10,总云量记 2,其余以此类推。当云量 CC≤2 时,可以认为是全晴天气,可用上述晴天的太阳辐射计算公式计算。当 2 < CC < 8 时,是一般常见天气,包括晴、多云或阴三种状态。当 CC≥8 时,基本上是多云或阴,不会出现晴的现象。此时,云量直接影响透过大气层的太阳辐射量。

还有一些国家气象局将云量分为九个等级,即 CC=0~8。全天无云,CC=0;天空完全被云层所遮蔽,CC=8;云占全天 1/8,CC=1;云占全天 2/8,CC=2;其余以此类推。

针对云量对太阳辐射的影响，国外很多学者对其进行了研究，并得出计算关系：

$$I_{sun} = \frac{a_0\,(CC) + a_1\,(CC)\sin h + a_2\,(CC)\sin^3 h - L\,(CC)}{a_3\,(CC)} \quad (CC = 0, 1, 2, \cdots, 8)$$
(4.16)

其中，$a_0\,(CC)$, $a_1\,(CC)$, $a_2\,(CC)$, $a_3\,(CC)$ 和 $L\,(CC)$ 经验值如表 4.3 所示。

表 4.3　式 (4.16) 中参数经验值

CC	$a_0\,(CC)$	$a_1\,(CC)$	$a_2\,(CC)$	$a_3\,(CC)$	$L\,(CC)$
0	−112.6	553.2	174.0	0.73	−95.0
1	−112.6	686.5	120.9	0.72	−89.2
2	−107.3	650.2	127.1	0.72	−78.2
3	−97.8	608.3	110.6	0.72	−67.4
4	−85.1	552.0	106.3	0.72	−57.1
5	−77.1	511.5	58.5	0.70	−45.7
6	−71.2	495.4	−37.9	0.70	−33.2
7	−31.8	287.5	94.0	0.69	−16.5
8	−13.7	154.2	64.9	0.69	−4.3

海平面上不同云量等级下太阳总辐射量与高度角的关系见图 4.4。

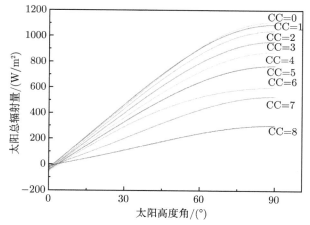

图 4.4　海平面上不同云量等级下太阳总辐射量与高度角的关系

1974 年，有学者提出一个根据天空云量求云遮系数的关系式：

$$CF = P + Q\,(CC) + R\,(CC) \quad (CC = 0, 1, 2, \cdots, 10)$$
(4.17)

式中，P, Q, R 为常数值，与地区和季节有关，参见表 4.4。

表 4.4　P, Q, R 常数值

季节	P	Q	R
春	1.06	0.012	−0.0084
夏	0.96	0.033	−0.0106
秋	0.95	0.030	−0.0108
冬	1.14	0.003	−0.0082

云遮系数的表达式 (太阳高度角 $\leqslant 66°$):

$$\mathrm{CF} = 1 - a\,(\mathrm{CC}/8)^{b}　(\mathrm{CC} = 0, 1, \cdots, 8) \tag{4.18}$$

其中, $a = 0.72$; $b = 3.20$。由图 4.5 可知, 该表达式可以较为精确地模拟真实情况。现实中, 云遮系数既与云量有关, 也与太阳天顶角有关。图 4.6 显示云遮系数与云

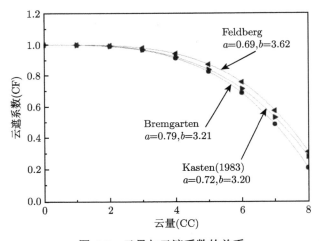

图 4.5　云量与云遮系数的关系

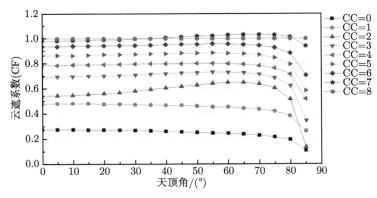

图 4.6　云遮系数与云量和天顶角之间的关系

量和天顶角之间的关系。由图可知，天顶角小于 $80°$，当云量一定时，云遮系数随天顶角变化很小，其中 CC=2 时，云遮系数随天顶角变化幅度稍大。在日出和日落时，云遮系数最小。

大气顶部的反照率通量 q_{albedo} 可以由下式计算：

$$q_{\mathrm{albedo}} = \mathrm{Albedo} \cdot I_{\mathrm{sun}} \cdot \sin(\mathrm{ELV}) \tag{4.19}$$

反照因子

$$\mathrm{Albedo} = \begin{cases} \mathrm{Albedo}_{\mathrm{ground}} \cdot (1 - \mathrm{CF}), & \text{高度在云层之下} \\ \begin{array}{l} \mathrm{Albedo}_{\mathrm{ground}} \cdot (1 - \mathrm{CF})^2 \\ \quad + \mathrm{Albedo}_{\mathrm{cloud}} \cdot \mathrm{CF}, \end{array} & \text{高度在云层之上} \end{cases}$$

ELV 为地平面上的太阳高度角。

太阳辐射模型，只与所在纬度、高度以及太阳高度角 (或天顶角) 有关，当缺乏任何相关气象资料时，可以通过该模型来确定太阳辐射强度，其具有实用价值和存在价值。

4.1.3 地球红外辐射

行星红外漫反射的云层修正因子：

$$q_{\mathrm{IR,planet}} = \begin{cases} \begin{array}{l} q_{\mathrm{IR,ground},z} \\ \quad + \mathrm{CF} \cdot q_{\mathrm{IR,cloud},z}, \end{array} & \text{高度在云层之下} \\ \begin{array}{l} q_{\mathrm{IR,ground},z}\,(1 - \mathrm{CF}) \\ \quad + \mathrm{CF} \cdot q_{\mathrm{IR,cloud},z}, \end{array} & \text{高度在云层之上} \end{cases} \tag{4.20}$$

地面反射红外辐射发射率 $\varepsilon_{\mathrm{ground}}$ 和地面温度 T_{ground}：

$$q_{\mathrm{IR,ground}} = \varepsilon_{\mathrm{ground}} \cdot \sigma \cdot T_{\mathrm{ground}}^4 \tag{4.21}$$

下列是常用的地面辐射发射率：沙漠 $\varepsilon_{\mathrm{ground}} = 0.85$，普通的土地 $\varepsilon_{\mathrm{ground}} = 0.95$，雪地 $\varepsilon_{\mathrm{ground}} = 0.85$。

地面红外发射率：

$$\tau_{\mathrm{atmIR}} = 1.706 - 0.5 \cdot \left(\mathrm{e}^{-0.65 \frac{P_{\mathrm{air}}}{P_0}} + \mathrm{e}^{-0.95 \frac{P_{\mathrm{air}}}{P_0}} \right) \tag{4.22}$$

地面红外辐射：

$$q_{\mathrm{IR,ground},z} = q_{\mathrm{IR,ground}} \cdot \tau_{\mathrm{atmIR}} \tag{4.23}$$

4.1.4　大气对流

浮空器在升空及滞空飞行过程中，蒙皮对流换热是影响其外蒙皮和内部浮升气体温度的一个重要因素 [29]。浮空器对流换热包括外蒙皮强迫对流换热和内蒙皮自然对流换热。外蒙皮强迫对流换热指浮空器蒙皮外表面与周围大气的强迫对流换热；内表面对流换热指浮空器蒙皮内表面与内部气体的自然对流换热。

在传热学的研究领域，外表面强迫对流换热一直是其中的研究重点。对简单几何体 (平板、圆柱和球体) 的实验研究从 20 世纪初期就开始了。对球体外表面强迫对流换热的研究积累也以实验为主，但随着以计算流体力学和计算传热学技术的成熟，以数值分析为基础的研究成果越来越多 [30]。而对于椭球体，由于其外形较为特殊，研究结果相对较少。

对于外部对流，自由对流和强制对流中较大的为 $HC_{external}$。

外部对流产生的热交换：

$$Q_{con,ext} = h_{external} \cdot A_{effctive} \cdot (T_{air} - T_{film}) \tag{4.24}$$

其中，$HC_{external}$ 是外部对流自由交换因子。

内部对流热损失：

$$Q_{con,int} = h_{internal} \cdot A_{effctive} \cdot (T_{film} - T_{gas}) \tag{4.25}$$

为了计算蒙皮热交换，空气的动力学黏度为

$$\mu_{air} = \frac{1.458 \times 10^{-6} \cdot T_{air}^{1.5}}{T_{air} + 110.4} \tag{4.26}$$

氦气的动力学黏度为

$$\mu_{gas} = 1.895 \cdot 10^{-5} \cdot \left(\frac{T_{gas}}{273.15}\right)^{0.647} \tag{4.27}$$

空气的导电率：

$$k_{air} = 0.0241 \cdot \left(\frac{T_{air}}{273.15}\right)^{0.9} \tag{4.28}$$

氦气的导电率：

$$k_{gas} = 0.144 \cdot \left(\frac{T_{gas}}{273.15}\right)^{0.7} \tag{4.29}$$

空气的普朗特数：

$$Pr_{air} = 0.804 - 3.25 \times 10^{-4} \cdot T_{air} \tag{4.30}$$

氦气的普朗特数:

$$Pr_{\text{gas}} = 0.729 - 1.6 \times 10^{-4} \cdot T_{\text{gas}} \tag{4.31}$$

外部自由对流

格拉斯霍夫数:

$$Gr_{\text{air}} = \frac{\rho_{\text{air}}^2 \cdot g \cdot |T_{\text{film}} - T_{\text{air}}| \cdot \text{Diameter}^3}{T_{\text{air}} \cdot \mu_{\text{air}}^2} \tag{4.32}$$

球体自由对流的努赛特数:

$$Nu_{\text{air,free}} = 2 + 0.6 \cdot (Gr_{\text{air}} \cdot Pr_{\text{air}})^{0.25} \tag{4.33}$$

外蒙皮自由对流热交换因子:

$$h_{\text{free}} = \frac{Nu_{\text{air,free}} \cdot K_{\text{air}}}{\text{Diameter}} \tag{4.34}$$

外部强制对流

外蒙皮强制对流热交换因子:

$$h_{\text{forced}} = \frac{Nu_{\text{air,forced}} \cdot k_{\text{air}}}{\text{Diameter}} \tag{4.35}$$

其中,

$$Nu_{\text{air,forced}} = 0.37 \cdot Re^{0.6} \tag{4.36}$$

这里, Re 是雷诺数, $Re = \dfrac{|v_z| \cdot \text{Diameter} \cdot \rho_{\text{air}}}{\mu_{\text{air}}}$; v_z 是气球与周围环境的相对速度。

内部自由对流

内部自由对流热交换因子:

$$\text{HC}_{\text{internal}} = 0.13 \cdot k_{\text{gas}} \cdot \left(\frac{\rho_{\text{gas}}^2 \cdot g \cdot |T_{\text{film}} - T_{\text{gas}}| \cdot Pr_{\text{gas}}}{T_{\text{gas}} \cdot \mu_{\text{air}}^2} \right)^{\frac{1}{3}} \tag{4.37}$$

4.2 浮空器热模型

飞行过程中,平流层浮空器的外部热环境昼夜变化、太阳辐照非均匀,导致蒙皮和内部填充气体温度的非均匀变化[31]。一方面,内部填充气体温度的非均匀性可能导致气囊内部气体质心发生偏移,对浮空器产生力矩,使浮空器姿态发生倾斜和偏转;另一方面,浮空器蒙皮温度与大气温度的差异会驱动周围气体产生自然对流,与来流相互作用,可能会对浮空器浮升力产生影响。对浮空器热模型进行如下假设:

(1) 蒙皮厚度面积比很小,相对于单元表面的换热,单元之间的导热可以忽略;

(2) 蒙皮厚度很小,单元换热可用集总热容法;

(3) 蒙皮各单元表面都不是内凹的;

(4) 蒙皮各单元表面温度均匀;

(5) 蒙皮材质各向同性;

(6) 忽略蒙皮尾翼对传热的影响。

4.2.1 浮空器有限元模型

平流层浮空器滞空时间长,持续工作久,载重能力强,垂直起降不需机场跑道,飞行安全性好,噪声低,耗油量少,系统成本较低,效率高,效费比较高,可长时间定点悬浮,通信能力强,雷达反射截面小,隐蔽性能好,战场生存能力强,作战响应快速,以及信号传递及时等。因此,临近空间浮空器在民用和军事上都拥有极高的经济价值和战略价值。典型的灵巧浮空器系统示意图如图 4.7 所示。灵巧浮空器结构如图 4.8 所示,灵巧浮空器由气囊、连接装置、载荷三部分构成,浮空器气囊填充浮升气体以提供浮力,气囊密封,在正常状态下与外界无质量交换。太阳辐射的昼夜变化直接影响浮空器内气体和壳体的温度变化,浮空器内气体温度变化,直接导致其浮力、质心变化。

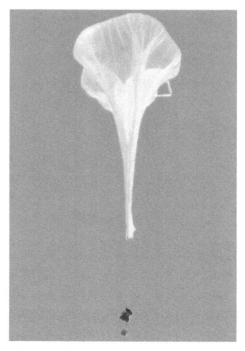

图 4.7 典型的灵巧浮空器系统示意图

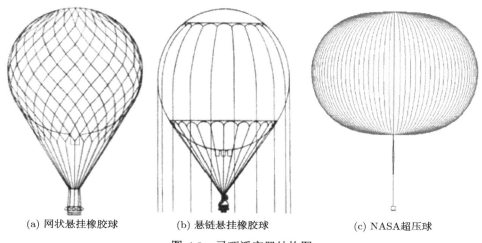

(a) 网状悬挂橡胶球　　　(b) 悬链悬挂橡胶球　　　(c) NASA超压球

图 4.8　灵巧浮空器结构图

灵巧浮空器在升空、飞行和定点飞行过程中，外部受气流对流、太阳辐照、地面红外辐射等多种环境热流因素的影响，内部受蒙皮内表面间的辐射换热、表面自然对流换热等因素影响，内、外热环境通过浮空器蒙皮进行耦合换热，引起浮空器温度场的瞬态非均匀变化。外部环境条件复杂，应针对灵巧浮空器气囊热特性，尽量分析其真实环境，综合考虑各种影响因素。浮空器有限元模型如图 4.9 所示。

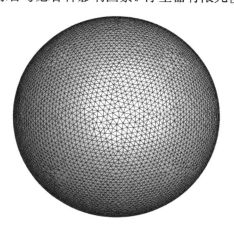

图 4.9　浮空器有限元模型

4.2.2　浮空器热学模型

在浮空器设计领域，一个很重要的问题是在浮空器设计和运行控制中掌握浮空器内气体的温度变化特性，以保证浮空器长期运行的可靠性、稳定性和可控性。

这一问题直接影响到浮空器的结构设计、飞行预测和控制,是浮空器研制中需要攻克的关键技术之一。在对浮空器进行初步总体设计分析时,可粗略地将太阳在水平面上的透射量近似作为在蒙皮表面的透射量。然而浮空器蒙皮表面并非平面,曲面的曲率相对较大,并且太阳辐射对浮空器热设计计算具有重要的影响,所以在计算浮空器所接收的太阳辐射时应采用曲面上的太阳辐射计算方法,将蒙皮表面离散成若干小平面,然后将每个小平面上的太阳辐射量叠加,可近似求出曲面上的太阳辐射量,只要平面划分得足够小,完全可以满足工程计算的要求。

这里分别以蒙皮单元和内部气体为研究对象简化热平衡方程:

蒙皮温度微分方程

$$\frac{\mathrm{d}T_{\mathrm{film}}}{\mathrm{d}t} = \frac{Q_{\mathrm{film}}}{c_{\mathrm{film}} \cdot m_{\mathrm{film}}} \tag{4.38}$$

其中,c_{film},m_{film} 和 Q_{film} 分别为气球膜的比热容、质量和热量。

$$Q_{\mathrm{film}} = Q_{\mathrm{con,ext}} + Q_{\mathrm{IR,int}} + Q_{\mathrm{IR,planet}} + Q_{\mathrm{IR,sky}} + Q_{\mathrm{sun}} + Q_{\mathrm{Albedo}} - Q_{\mathrm{con,int}} - Q_{\mathrm{IR,emit}} \tag{4.39}$$

其中,$Q_{\mathrm{con,ext}}$ 是外部对流的总热量;$Q_{\mathrm{IR,int}}$ 是内部红外辐射的总热量;$Q_{\mathrm{IR,sky}}$ 是来自气球和天空的红外辐射;Q_{sun} 是太阳直射和反射;$Q_{\mathrm{con,int}}$ 是内部对流的总热量;$Q_{\mathrm{IR,emit}}$ 是气球蒙皮向外辐射的能量。

太阳直射辐射能量:

$$Q_{\mathrm{sun}} = \alpha \cdot A_{\mathrm{projected}} \cdot q_{\mathrm{sun}} \cdot [1 + \tau(1 + r_{\mathrm{effective}})] \tag{4.40}$$

反射的能量:

$$Q_{\mathrm{Albedo}} = \alpha \cdot A_{\mathrm{projected}} \cdot q_{\mathrm{albedo}} \cdot \mathrm{ViewFactor} \cdot [1 + \tau(1 + r_{\mathrm{effective}})] \tag{4.41}$$

其中,$\mathrm{ViewFactor}$ 是行星对气球表面积的漫射角度因子,$\mathrm{ViewFactor} = (1 - \cos(\mathrm{HalfCone}_{\mathrm{angle}}))/2$,$\mathrm{HalfCone}_{\mathrm{angle}} = \arcsin(R_{\mathrm{earth}}/(R_{\mathrm{earth}} + Z))$,$R_{\mathrm{earth}} = 637100\mathrm{m}$。

行星的红外辐射能量:

$$Q_{\mathrm{IR,planet}} = \alpha_{\mathrm{IR}} \cdot A_{\mathrm{surf}} \cdot q_{\mathrm{IR,planet}} \cdot \mathrm{ViewFactor} \cdot [1 + \tau_{\mathrm{IR}}(1 + r_{\mathrm{effective}})] \tag{4.42}$$

天空的红外辐射能量:

$$Q_{\mathrm{IR,sky}} = \alpha_{\mathrm{IR}} \cdot A_{\mathrm{surf}} \cdot q_{\mathrm{IR,sky}} \cdot \mathrm{ViewFactor} \cdot [1 + \tau_{\mathrm{IR}}(1 + r_{\mathrm{effective}})] \tag{4.43}$$

囊体内部的红外辐射能量:

$$Q_{\mathrm{IR,film}} = \sigma \cdot \varepsilon \cdot \alpha_{\mathrm{IR}} \cdot A_{\mathrm{surf}} \cdot T_{\mathrm{film}}^4 \cdot (1 + r_{\mathrm{effective}}) \tag{4.44}$$

损失的红外辐射能量:

$$Q_{\text{IR,out}} = \sigma \cdot \varepsilon \cdot 2 \cdot A_{\text{surf}} \cdot T_{\text{film}}^4 \tag{4.45}$$

提升气体温度微分方程

在气球蒙皮内部对流作用下, 气球发生膨胀响应, 在此基础上, 推导出了提升气体的温度变化规律。无论从质量损失或体积变化方面, 零压气球气体温度将根据绝热膨胀作出反应:

$$\frac{\mathrm{d}T_{\text{gas}}}{\mathrm{d}t} = \frac{Q_{\text{con,int}}}{c_v \cdot M_{\text{gas}}} + (\gamma - 1) \cdot \frac{T_{\text{gas}}}{\rho_{\text{gas}}} \cdot \frac{\mathrm{d}\rho_{\text{gas}}}{\mathrm{d}t} \tag{4.46}$$

用质量和体积变化导数表示:

$$\frac{\mathrm{d}T_{\text{gas}}}{\mathrm{d}t} = \frac{Q_{\text{con,int}}}{c_v \cdot M_{\text{gas}}} + (\gamma - 1) \cdot T_{\text{gas}} \cdot \left(\frac{\mathrm{d}M_{\text{gas}}}{\mathrm{d}t} \cdot \frac{1}{M_{\text{gas}}} - \frac{\mathrm{d}\text{Volume}}{\mathrm{d}t} \cdot \frac{1}{\text{Volume}} \right) \tag{4.47}$$

其中, $\gamma = c_p/c_v$, c_p 为升压气体的定压比热容, c_v 为升压气体的定容比热容。

浮空器在定点飞行过程中, 因飞行高度不变, 外部大气环境短时间内不会发生太大的变化, 但是昼夜环境不同, 使得气囊热特性在 24h 内会发生变化。

夏季早上 6 时, 气球最高温度分布在气囊东面, 表面温度逐渐上升, 高温区域从气囊东侧逐渐向气囊顶部移动。如图 4.10 所示。在白天太阳升起到落下的过程中, 气囊因受到太阳辐射的影响, 使得气囊表面向阳处温度较高, 气囊表面最低温度不是在背阴处, 而是处于向阳处与背阴处的中间位置。

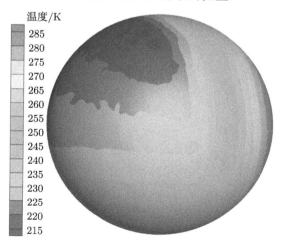

图 4.10　夏季 6 时气囊表面温度分布图 (后附彩图)

　　夏季正午 12 时，太阳光照强度达到最大，气囊蒙皮通过吸收太阳辐射和地球辐射，使得其温度逐渐上升。蒙皮温度改变会影响对流换热的强弱程度。正午 12 时，太阳处于一天内最高位置，此时气囊表面高温区域位于气囊顶部，最高温度达到一天内的最高值，如图 4.11 所示。

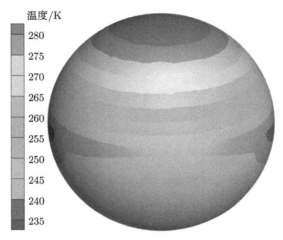

图 4.11　夏季 12 时气囊表面温度分布图 (后附彩图)

　　夏季正午 12 时之后，太阳逐渐落下，气囊表面高温区域逐渐向气囊西侧移动，温度逐渐下降，如图 4.12 所示。气囊背阴部位的温度不是最低，这是因为此部位有地面反射太阳辐射热流。随着太阳的东升西落，气囊表面高温区域随着太阳在不同时刻的位置变化呈规律性变化。

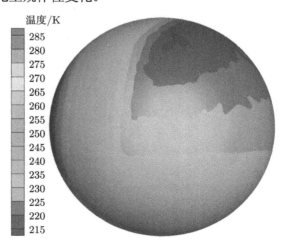

图 4.12　夏季 18 时气囊表面温度分布图 (后附彩图)

夜间没有了太阳辐射外界热流因素,只有对流换热和地球辐射。地球辐射位于浮空器最下方,因此气囊底部温度略高,上部温度略低,呈分层分布,如图 4.13 所示。在外界对流换热与地球辐射的影响下,气囊能量系统维持在稳定状态,表面温度场不再发生变化。气囊在夜间只受到外界对流换热和地球辐射的影响,并且这两种因素维持稳定。

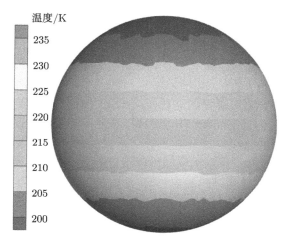

图 4.13 夏季 24 时气囊表面温度分布图 (后附彩图)

图 4.14 为夏季气囊表面平均温度分布昼夜变化曲线。从气囊表面最高温度和最低温度变化曲线可知:随着太阳升起,气囊平均温度逐渐上升;随着太阳落下,气囊平均温度逐渐下;气囊在夜间只受到外界对流换热和地球辐射的影响,并且这两种因素维持稳定,所以平均温度几乎不变。这与实际太阳运行规律是相符的,也在一定程度上证明了各温度指标变化趋势的正确性。

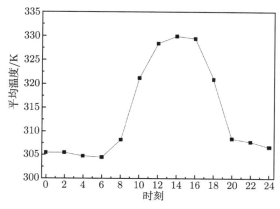

图 4.14 夏季气囊表面平均温度分布昼夜变化曲线

4.3   浮空器热特性

热特性变化及环境热效应对平流层浮空器的安全可靠性与控制有很大影响。在升空和返回过程中，平流层浮空器将经历不同的热环境，大气压力和温度等参数随高度大幅度变化，使气囊中填充气体的温度、压力和密度发生变化，影响浮空器的浮力和质心。在定点悬浮和飞行过程中，太阳热辐射和环境温度、风速等参数的昼夜变化，影响浮空器蒙皮和气囊中气体的温度，导致浮空器的浮力、质心变化，从而影响浮空器的定点和飞行控制 [16]。

另一方面，浮空器蒙皮温度的变化及非均匀性会使材料产生热疲劳和局部热应力，从而缩短材料的使用寿命。为提高材料的使用年限，需对蒙皮进行热控制设计。平流层浮空器一般采用铺设在蒙皮表面或翼面上的薄膜太阳能电池供电。电池的热量很难从背面排出，导致太阳能电池温度升高，光电转换效率下降。载荷舱内电子设备也需要提供温度合适的工作环境才能正常工作。为了实现对浮空器的浮力控制、保证太阳能电池与电子设备的正常工作，必须对平流层浮空器进行热控制设计。因此，研究平流层浮空器的热特性，在此基础上进行有效的热设计与热控制，是平流层浮空器技术中的关键问题之一。

4.3.1   蒙皮材料吸发比影响

浮空器温度不断变化，白天随着温度增高，蒙皮内外压差会逐渐增大，对长航时浮空器而言，克服温度升高引起的压差尤为重要 [27]。浮空器热分析与热控制是长航时浮空器设计过程中的关键环节。蒙皮材料的热辐射特性直接影响热控的效果，决定浮空器飞行持久性和安全性。对整体热性能影响最大的蒙皮材料热参数为太阳光谱吸收率 (吸收比)α 和红外发射率 ε。

令吸收率为 0.3，发射率分别为 0.5, 0.6, 0.7, 0.8，分别模拟在高度为 20km，纬度为 40° 的位置，气囊表面温度随时间的变化情况。

从图 4.15 可以看出，当吸收率固定为 0.3，发射率变化时，气球蒙皮在夏季 6时的温度分布。这些气球气囊最高温度在蒙皮上的方位与日出的方向一致。当蒙皮发射率为 0.5 时，气囊的最高温度为 315K；发射率为 0.6 时，为 303K；发射率为 0.7 时，293K；发射率为 0.8 时，为 285K。随着发射率降低，气囊向外辐射减小，温度峰值增大。

图 4.16 为夏季 12 时吸收率为 0.3 时的温度分布。这些气球的最高温度几乎都分布在气囊的顶部。发射率为 0.5 时，气囊的最高温度为 320K；发射率为 0.6 时，为 306K；发射率为 0.7 时，为 295K；发射率为 0.8 时，为 286K。随着太阳从东方升起，发射率较低的气球的温度上升得更多。

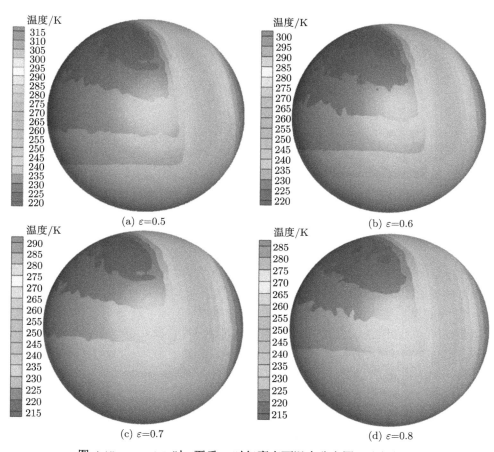

图 4.15 $\alpha = 0.3$ 时，夏季 6 时气囊表面温度分布图 (后附彩图)

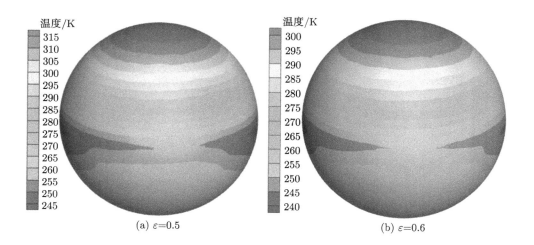

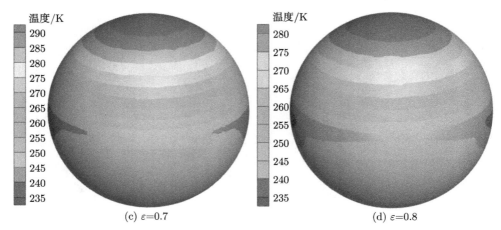

图 4.16　$\alpha = 0.3$ 时，夏季 12 时气囊表面温度分布图 (后附彩图)

图 4.17 为夏季 18 时吸收率为 0.3 时气囊表面温度分布。这些气球的最高温度几乎在外壳的西表面，该方向为太阳落山的方向。发射率为 0.5 时，气囊的最高温度为 316K；发射率为 0.6 时，为 303K；发射率为 0.7 时，为 293K；发射率为 0.8 时，为 285K。当日落时，发射率较低的气球的温度高于发射率较高的气球。

令发射率为 0.8，吸收率分别为 0.1，0.2，0.3，0.4，分别模拟在高度为 20km，纬度为 40° 的位置，气囊表面温度随时间的变化情况。

图 4.18 为当发射率为 0.8 时，吸收率分别为 0.1、0.2、0.3 和 0.4 时，夏季 6 时气囊表面的温度分布。这些气球的最高温度几乎是在东表面。当吸收率分别为 0.1，0.2，0.3 和 0.4 时，这些气球的最高温度分别为 247K，266K，285K 和 303K。吸收率增加，蒙皮吸收更多的辐射，温度升高。

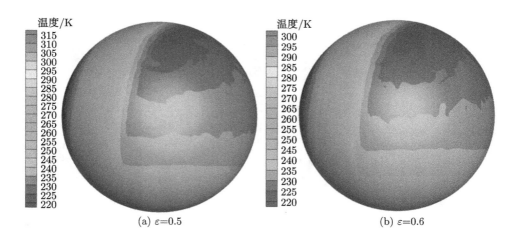

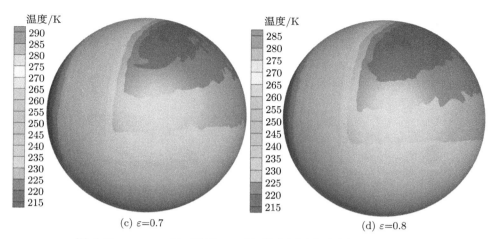

图 4.17　$\alpha = 0.3$ 时，夏季 18 时气囊表面温度分布图 (后附彩图)

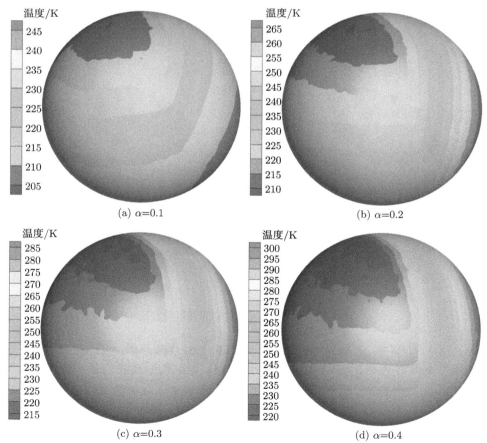

图 4.18　$\varepsilon = 0.8$ 时，夏季 6 时气囊表面温度分布图 (后附彩图)

图 4.19 为夏季 12 时发射率为 0.8 时气囊表面温度分布。这些气球的最高温度几乎在外壳的表面。吸收率为 0.1 时，最高温度为 247K；吸收率为 0.2 时，为 262K；吸收率为 0.3 时，为 286K；发射率为 0.4 时，为 306K。当太阳升起时，吸收率较高的气球的温度上升得更多。

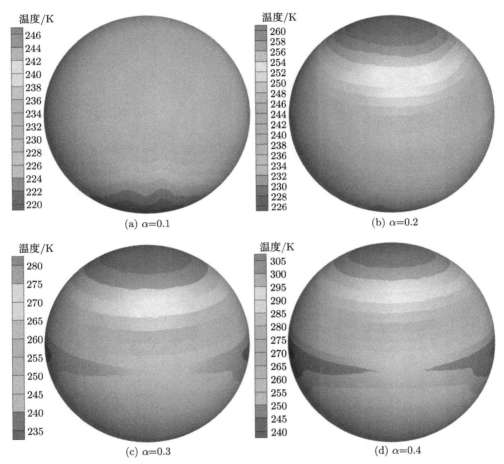

图 4.19　$\varepsilon = 0.8$ 时，夏季 12 时气囊表面温度分布图 (后附彩图)

图 4.20 为夏季 18 时发射率为 0.8 时气囊表面温度分布。气球最高温度几乎在西侧。当吸收率分别为 0.1，0.2，0.3 和 0.4 时，这些气球的最高温度分别为 246K，266K，285K 和 303K。当夕阳西下时，具有较高吸收率的气球可以保存更多的辐射。

北京航空航天大学刘东旭等采用零维模型，以中纬度地区的平流层球形超压浮空器为例，对平流层浮空器蒙皮热辐射特性进行了研究 [32]。

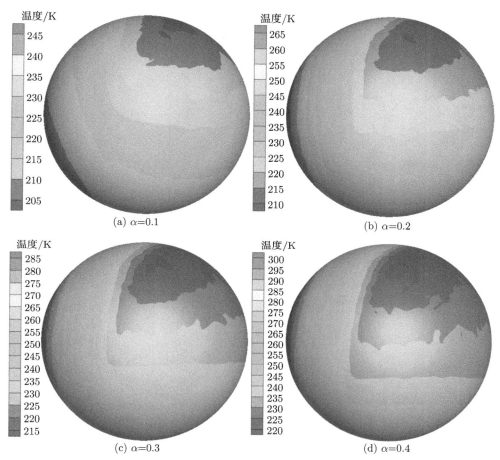

图 4.20 $\varepsilon = 0.8$ 时,夏季 18 时气囊表面温度分布图 (后附彩图)

常用蒙皮材料吸收率、发射率和吸收发射比的参数值如表 4.5 所示。

表 4.5 常用材料的热辐射特性参数

材料	α	ε	α/ε
白色 PVC	0.3~0.35	0.8~0.88	0.35~0.42
白色 PU	0.35	0.8~0.9	0.38~0.43
镀银 Teflon	0.1~0.25	0.5~0.8	0.15~0.43

根据浮空器分析不同吸收率、发射率特性蒙皮材料对氦气平衡温度的影响。材料吸收率分别为 0.1,0.2,0.3,0.4,发射率从 0.1 到 0.9 变化 (以夜晚最低温度为基准),如图 4.21 所示。在同样吸收率情况下,发射率越大,氦气的最大温差越小;氦气最大温差变化与发射率几乎呈线性递减关系。在吸收率确定的情况下,增加材

料的发射率, 可以有效降低浮空器氦气昼夜温差。

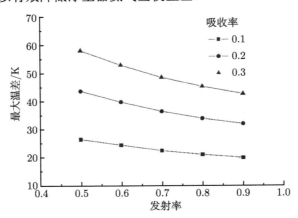

图 4.21   全天最大温差与发射率的关系

如图 4.22 所示, 在同样发射率的情况下, 材料吸收率越小, 氦气温差越小。当发射率为 0.6 时, 吸收率每减小 0.1, 氦气温差降低约 13K。

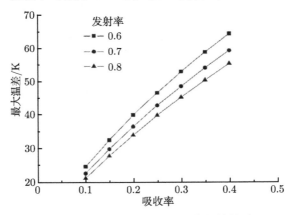

图 4.22   全天最大温差与吸收率的关系

假设材料吸收发射比分别为 1/2, 1/3, 1/4, 吸收率从 0.1 到 0.4 变化, 对比氦气温差变化 (以夜晚最低温度为基准), 如图 4.23、图 4.24 和表 4.6 所示, 可以得出以下规律:

(1) 吸收发射比越小, 材料最大温差越低。对平流层浮空器而言, 白天受到的太阳辐射十分强烈, 减小蒙皮材料的吸收发射比对浮空器安全运行具有重要的意义。

(2) 对于具有相同吸收发射比的材料, 吸收率和发射率越小, 蒙皮的温差变化幅度越低。由于蒙皮材料只能选择柔性薄膜材料, 材料表面功能层可选较少, 通常情况下，发射率高的材料，吸收率可能太低，因此如果对于同样吸收发射比，尽可能选择吸收率和发射率均较小的材料。

(3) 等吸收发射比的材料存在最大温差变化的吸收率临界值，当吸收率小于此值后，最大温差迅速下降。例如，吸收发射比为 1/3 的材料的吸收率临界值约为 0.20，此后吸收率改变对最大温差改善效果一般。

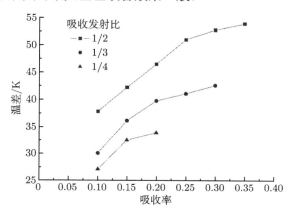

图 4.23　等吸收发射比对氦气温差的影响

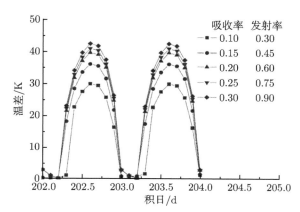

图 4.24　吸收发射比为 1/3 时吸收率对氦气温差的影响

表 4.6　吸收发射比为 1/3 时吸收率对氦气温差的影响

α	ε	α/ε	温差/K
0.10	0.30	1/3	30.0
0.15	0.45	1/3	36.2
0.20	0.60	1/3	39.8
0.25	0.75	1/3	41.1
0.30	0.90	1/3	42.6

4.3.2　飞行高度影响

高空科研气球作为一种无动力浮空器，其上升过程的运动特性受浮力控制。高空气球放飞前的轨迹和温度预测是保障气球安全的重要手段。

在 18~24km 高度处，存在一个风速较小和温度相对稳定、基本无垂直对流的区域，该区域是目前平流层浮空器驻空的理想高度。为了实现临近空间浮空器的定点驻空以及机动飞行，准零风层风场的存在为临近空间浮空器的定点驻空方法研究提供了新的方向，即改变飞行高度利用不同风向的风层实现区域驻留[13]。

球每个时刻的上升速度是由气球在垂直方向上的加速度引起的。对于这种情况，运动学公式可以写成

$$v_{i+1} = v_i + a_i \cdot \Delta t \tag{4.48}$$

其中，v_{i+1} 是在 $i+1$ 时刻的上升速度；v_i 是在 i 时刻的上升速度；a_i 是当前时刻的加速度；Δt 是时间微元.

不同海拔的环境温度和压力变化是上升速度变化的原因。运动的动力学方程表示爬升速率的变化服从两个主要因素：一个是浮力，一个是阻力。下面分析这些因素对爬升速度的影响。对于这种情况，牛顿第二定律可以写成

$$a = F_{\text{total}}/m_{\text{tot}} \tag{4.49}$$

式中，F_{total} 是气球受到的合外力：

$$F_{\text{total}} = B - G - D \tag{4.50}$$

戴秋敏等对大气模型对高空气球的运动特性进行了研究[13]，分析了不同大气模型对高空科学气球升空过程的高度、氦气温度、驻空高度氦气昼夜温度变化、蒙皮温度分布、氦气充气质量以及气球载荷的影响。图 4.25 和图 4.26 对极热大气模型、标准大气模型和极冷大气模型的温度和压强进行了对比。

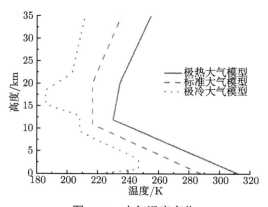

图 4.25　大气温度变化

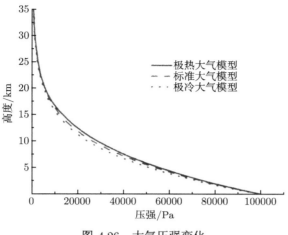

图 4.26 大气压强变化

高空气球上升轨迹如图 4.27 所示。极热大气和标准大气模型下气球的上升轨迹在对流层几乎相等，在平流层两者温度变化率的差别引起了细微的差异。但极冷大气模型下的气球上升轨迹则产生了明显的不同。其原因是极冷大气模型底层升温和等温层的存在，造成在上升过程中大气密度剧烈下降，减少高空气球的浮力，限制了上升的速度。这也使得在极冷大气情况下，气球到达驻留高度的时间多了将近 1h。

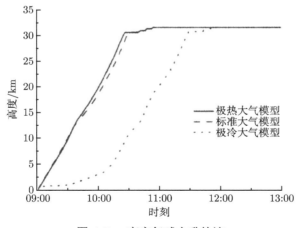

图 4.27 高空气球上升轨迹

王益平等对临近空间浮空器的驻空性能进行了研究[33]，如图 4.28 所示。高空气球在上升过程中会经历大气环境参数的变化，例如，随高度的增加，大气压力、温度等都会降低，而风速增大，太阳辐射增强。这些都对高空气球的换热特性产生很大影响，从而影响到气球所受的浮力，影响气球上升的运动特性。

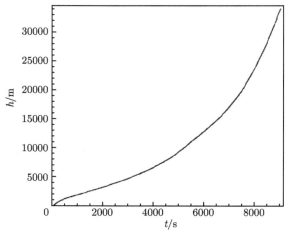

图 4.28   高度变化曲线

　　浮空器主要通过控制主气囊的空气阀门实现浮空器在准零风层区域内震荡。白天，浮空器主气囊吸收太阳辐射和地球红外反射热，导致主气囊内空气温度升高，浮空器因"超热"而上升，达到规定高度，打开空气阀门，降低浮空器有效浮力，浮空器下降至工作高度；夜间，浮空器主气囊吸收地球红外反射热，高度调节规律和方式与白天相似。由于白天超热速度较快，因此，高度调节控制空气阀门开启得较为频繁。浮空器高度调节方式如图 4.29 所示。

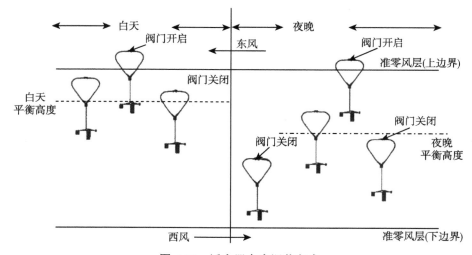

图 4.29   浮空器高度调节方式

4.4 浮升气体渗透

由于平流层空气稀薄，距离地面 20km 高处的空气密度约为地面的 1/14，为了使浮空器尽可能多地携带有效载荷，浮空器本身需要由轻质材料构成并且体积足够大以容纳浮升气体。浮升气体一般选用密度较小的气体，如氢气、氦气等，由于氢气的密度最低，早期的浮空器大多选用氢气作为浮升气体，其缺点是易燃易爆性降低了浮空器的安全性。1937 年"兴登堡号"D-LZ129 飞艇爆炸事件后，氢气就逐渐退出了应用于浮空器的历史舞台，取而代之的是更为安全稳定的氦气，如今平流层浮空器大都采用氦气作为工作气体。

平流层空间环境具有空气稀薄、昼夜温差大、紫外线辐射及臭氧作用强等特点，这些环境因素势必会导致浮空器蒙皮材料物理性能的变化，此外平流层浮空器还需承受浮力、空气动力和惯性力等外力的作用，从而导致蒙皮材料力学性能的改变，甚至出现不同模式的损伤，致使内部储存的氦气加速泄漏，降低浮空器工作的可靠性和使用寿命。因此，研究紫外线、臭氧作用对浮空器蒙皮材料性能的影响，以及各种损伤模式诱导蒙皮材料氦气渗透的力学机制，是蒙皮材料抗泄漏与承载一体化设计的关键基础。

典型浮空器蒙皮材料一般主要由防护层、阻氦层和承力层三层膜结构组成，加上起黏接、保护作用的黏接层和焊接层，各层材料通过黏接形成层压复合材料。防护层主要是用来防止紫外线辐射和臭氧腐蚀，确保蒙皮材料其他功能层性能；阻氦层主要是用来阻隔氦气渗透；承力层体现蒙皮材料的强度，主要用来承担蒙皮材料受力状况。

承力层视为包括聚芳脂纤维 Vectran 基布及 PU 涂层和胶黏剂的复合整体 [34]。Vectran 纤维束是由纤维丝采用不加捻方式构成的，纤维丝之间存在大量的缝隙 (图 4.30)，而 PU 胶黏剂不能均匀填满纤维丝缝隙之间的空间，导致承由于

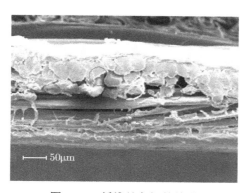

图 4.30 纤维丝之间的缝隙

承力层纤维束内部有大量的微裂纹和微孔洞存在，这些缺陷的尺寸一般在微米量级，远大于氦气在室温下的平均自由程 179.8nm，故氦气原子以 Poiseuille 流的形式通过这些微孔。

力层纤维基本采用平纹编织方式，纤维束之间形成一个边长为 150μm 的方形孔洞，孔洞填充有 PU 聚合物并且含有一定量的缝隙，如图 4.31 所示。

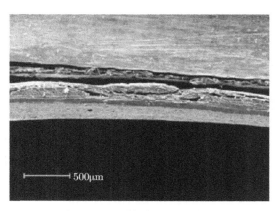

图 4.31　纤维束之间的缝隙

Tedlar 膜具有独特的一些性能，包括卓越的耐风化性能，优异的力学性能，以及对各种化学物品、溶剂、染色剂的耐腐蚀性。一般在 Tedlar 膜内添加吸收颗粒如 TiO_2 颗粒等，能够有效屏蔽波长为 290~350nm 的紫外线，且该膜内不含有增塑剂，因此 Tedlar 膜具有良好的抗老化性能，在不同温度范围内可以保持强度和柔韧性。Tedlar 膜的缺点是低温下其阻氦性不是特别好，使得 Tedlar 膜不能单一满足低温下蒙皮材料的阻氦性，尤其是当平流层温度降低至 −75℃时，需要确保蒙皮材料的氦气渗透率仍然维持在很低的水平。

一般蒙皮材料的防护层聚氟乙烯膜选用杜邦公司生产的产品号为 TWH15BL3 的 Tedlar 薄膜，该产品的标称出厂性能如表 4.7 所示。

表 4.7　防护层 Tedlar 薄膜材料性能

性能	参数
厚度	38μm
拉伸模量	2.1GPa
密度	1.6g/cm^3
断裂伸长率	90%
温度范围	−72~107 ℃
氦气渗透率	150cm^3/(100in^2 · d · atm · mi)
老化时间	⩾3000h

阻氦层结构在蒙皮材料中处于中间位置，所使用的材料为 PET，商品名为 Mylar。Mylar 聚酯薄膜对许多化学试剂、溶剂、浸渍剂和油漆等都有良好的抗腐蚀作用，几乎不渗透液态溶剂分子，并且对气态分子也有着非常好的阻隔作用，因此常用 Mylar 聚酯薄膜作为密封用的薄膜结构。一些气体透过 Mylar 聚酯薄膜的渗透率如表 4.8 所示。

表 4.8 Mylar 聚酯薄膜材料性能

性能	参数
厚度	25μm
拉伸模量	3.8GPa
密度	1.38g/cm^3
断裂伸长率	50%～130%
温度范围	−70～150℃
氦气渗透率	175cm^3/(100in^2 · d · atm · mi)
老化时间	⩾3000h

气体在致密聚合物膜中的传递过程满足溶解扩散模型，此模型认为气体透过膜的过程分以下三步 [35]：

(1) 气体分子在气体与膜的界面处吸附并溶解，是吸着过程；

(2) 吸附在膜表面的气体在浓度梯度的推动下沿着气体浓度低的方向扩散，是扩散过程；

(3) 气体分子从膜的另一个表面解析，是解析过程。

若气体分子的扩散只沿着与表面垂直的方向进行，没有横向及交叉扩散，则可以使用 Fick 定律的一维形式来描述气体的扩散。扩散过程刚开始处于非稳定状态，气体扩散流量 J 以及气体分子在复合材料内的浓度 c 与时间 t 有关，由 Fick 第二定律：

$$\frac{\partial c}{\partial t} = \frac{\partial^2 t}{\partial t^2} \tag{4.51}$$

当扩散过程趋于稳定态时，扩散流量 J 与浓度梯度 $\partial c/\partial x$ 成正比。由 Fick 第一定律：

$$J = -D\frac{\partial c}{\partial x} \tag{4.52}$$

其中，D 为扩散系数；c 为气体分子在复合材料中的浓度；x 为气体浓度降低的方向。

随着渗透物分子在薄膜材料内的扩散达到一个动态平衡过程，在薄膜内各点浓度保持常数，在此条件下引入薄膜的边界条件，则薄膜渗透物分子扩散流量可以表示为

$$J = -D\frac{c_0 - c_1}{h} \tag{4.53}$$

其中，c_0 和 c_1 分别为渗透物分子在薄膜溶解端和解析端的浓度；h 是薄膜的厚度。对于气态渗透物分子，溶解扩散模型认为，气体分子渗透过聚合物膜的驱动力是其在薄膜中的化学势，当分子被吸收并溶解于高分子聚合物时，它们将会从化学势高的一端向低的一端移动。化学势是由分子的化学活性决定的，而化学活性又与分子浓度成正比。

$$J = -P\frac{p_0 - p_1}{h} \tag{4.54}$$

其中，p_0 和 p_1 分别是溶解端和解析端的压强；P 为渗透率系数。

气体分子在聚合物表面进行溶解的快慢程度由溶解度系数 S 表示，根据 Henry 定律，气体溶解于固体表面后的浓度与气体压强 p 之间的关系如下：

$$c = S \cdot p \tag{4.55}$$

可以得到渗透率表达式：

$$P = DS \tag{4.56}$$

这表明渗透率是由材料性质决定的，它是两个更为基本的量即溶解系数 S 和扩散系数 D 的乘积，仅通过渗透率这单一的参数不足以描述薄膜材料的整个溶解扩散过程。

根据 Hagen-Poiseuille 定律，氦气质量流量为

$$Q = \frac{\varepsilon \left(\bar{d}/2\right)^4 (p_1 - p_2)}{8\eta\tau h_{\mathrm{L}}} \tag{4.57}$$

其中，ε 为多孔率；$\bar{d}$ 为孔的平均直径；η 为氦气的黏性系数，常温下为$1.97\times10^{-5}\,\mathrm{Pa\cdot s}$；$\tau$ 为扩散曲折率，即实际孔的长度和膜厚度之比；h_{L} 为膜有效厚度；$p_1 - p_2$ 为膜两端的压力差。

承力层 Vectran 纤维平纹编织的代表体积单元 (图 4.32) 厚度 h_{L} 为 187μm，纤维束长半轴 $L_{\mathrm{F}}/2$ 为 500μm，纤维束的间距 Δ 为 150μm，一束纤维束含有 180 根纤维丝，每根纤维丝的直径约为 20μm。

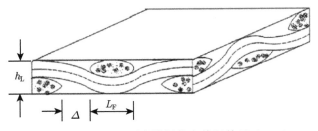

图 4.32   Vectran 平纹编织代表体积单元 (RVE)

若一束纤维束中有 n 个直径为 $10\mu m$ 的微孔,且氦气渗透路径如图 4.33 所示,则氦气渗透所经过的路程约为纤维束厚度的 2 倍,即我们可以认为氦气扩散曲折率 τ 为 2。

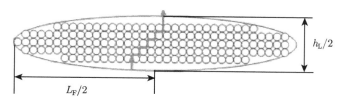

图 4.33　纤维束中氦气渗透路径

承力层基布为图 4.34 的编织结构,在经纬向交叉区域以外部分会形成一个方形孔洞,孔洞的边长 Δ 为 $150\mu m$,方形孔洞大部分空间会被 PU 胶黏剂填充,只在中间留下一些空隙,故认为氦气通过方形孔洞的渗透率即氦气在 PU 聚合物中扩散的渗透率大小为 1.0×10^{-17} m² /(s·Pa)。对于平行排列的两相聚合物,气体渗透过该结构时的等效渗透率为

$$P_{\mathrm{eff}} = \phi_1 P_1 + \phi_2 P_2 \tag{4.58}$$

其中,ϕ_1 和 P_1 分别为纤维束的体积分数和氦气渗透率;ϕ_2 和 P_2 分别为孔洞部分的体积分数和氦气渗透率。从 RVE 上计算可得到纤维的体积分数是孔洞的 100 多倍,孔洞处的氦气渗透率又远小于纤维束的氦气渗透率。

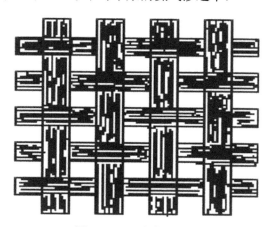

图 4.34　平纹编织结构

氦气从蒙皮材料内部泄漏到外空间的过程中,需要依次通过蒙皮材料结构每一层的渗透路径,因此可以综合各层的模型来预测总体氦气的渗透情况。氦气通过

各层的质量流量表达式为

$$\begin{cases} q_{\mathrm{L}} = P_{\mathrm{L}}^{\mathrm{eff}} \dfrac{p_0 - p_{\mathrm{H}}}{h_{\mathrm{L}}} \\[2mm] q_{\mathrm{H}} = P_{\mathrm{H}} \dfrac{p_{\mathrm{H}} - p_{\mathrm{B}}}{h_{\mathrm{H}}} \\[2mm] q_{\mathrm{B}} = P_{\mathrm{B}} \dfrac{p_{\mathrm{B}}}{h_{\mathrm{B}}} \end{cases} \tag{4.59}$$

其中，q_{L}，q_{H} 和 q_{B} 分别为单位时间透过承力层、阻氦层和防护层的氦气质量流量；h_{L}、h_{H} 和 h_{B} 分别为各层厚度；$P_{\mathrm{L}}^{\mathrm{eff}}$ 为承力层的等效氦气渗透率；P_{H} 和 P_{B} 分别为阻氦层和防护层的氦气渗透率。

当氦气渗透达到稳定状态时，蒙皮材料各层的氦气原子处于动态平衡，此时各层分压 p_{B} 和 p_{H} 为定值。根据连续性定理，氦气依次通过蒙皮材料每一层结构，若不考虑各层之间的层间横向流动，则单位时间、单位面积蒙皮材料的氦气质量流量满足

$$q_{\mathrm{H}} = q_{\mathrm{L}} = q_{\mathrm{B}} \tag{4.60}$$

参 考 文 献

[1] Parsons R. Development and flight experience of a manned thermal airship//Lighter Than Air Technology Conference. American Institute of Aeronautics and Astronautics, 1975.

[2] Nachbar D, Fabel J. Next generation thermal airship//AIAA's 3rd Annual Aviation Technology, Integration, and Operations (ATIO) Forum. Denver, CO, United states: American Institute of Aeronautics and Astronautics Inc, 2003.

[3] Runnels S. Smith M, Fairbrother D. High-altitude balloon thermal trajectory analysis database system. AIAA's 3rd ATIO Forum, Denver, USA, 2003.

[4] Louchev O A. Steady state model for the thermal regimes of shells of airships and hot air balloons. International Journal of Heat and Mass Transfer, 1992, 35(10): 2683-2693.

[5] 王润平. 平流层飞艇的数学建模及增稳控制系统设计. 西安: 西北工业大学, 2006.

[6] Du H, Li J, Zhu W. et al. Thermal performance analysis and comparison of stratospheric airships with rotatable and fixed photovoltaic array. Energy Conversion and Management, 2018, 158: 373-386.

[7] 付乐勇, 张存芳, 由富思. 标准辐射热源. 宇航计测技术, 1982, 4: 48-54.

[8] 荆其一, 李鸿洲, 张琦娟. 发展中的我国高空科学气球. 气象, 1982, 01: 34-35+2+51-52.

[9] Kreider J, Keith F. Numerical prediction of high altitude zero-pressure balloon vertical motion. Journal of Heat Transfer, 1975, 97(1): 155-157.

[10] Carlson L A, Horn W J. New thermal and trajectory model for high-altitude balloons. Journal of Aircraft, 1983, 20: 500-507.

[11] Farley R E. Balloonascent - 3-D simulation tool for the ascent and float of high-altitude balloons. AIAA 5th Aviation, Technology, Integration, and Operations Conference, 2005.

[12] 方贤德, 王伟志, 李小建. 平流层飞艇热仿真初步探讨. 航天返回与遥感, 2007, 02: 5-9.

[13] 戴秋敏, 方贤德, 王昊, 等. 大气模型对高空气球运动特性和热特性的影响. 计算机仿真, 2013, 30(09): 79-82+139.

[14] Dai Q, Fang X, Numerical study of forced convective heat transfer around airships. Advances in Space Research, 2016, 57(3): 776-781.

[15] 徐向华, 程雪涛, 梁新刚. 平流层浮空器的热数值分析. 清华大学学报 (自然科学版), 2009, 11: 1848-1851.

[16] 夏新林, 李德富, 杨小川. 平流层浮空器的热特性与研究现状. 航空学报, 2009, 04: 577-583.

[17] Xia X, Li D, Yang X, Thermal characteristics of stratospheric aerostats and their research. Hangkong Xuebao/Acta Aeronautica et Astronautica Sinica, 2009, 30(4): 577-583.

[18] Wang Y W, Yang C X. A comprehensive numerical model examining the thermal performance of airships. Advances in Space Research, 2011, 48(9): 1515-1522.

[19] Guo X, Zhu M, Zheng Z, et al. Ascent trajectory optimization for stratospheric airships with thermal effects. Journal of Beijing University of Aeronautics and Astronautics, 2012, 38(10): 1346-1351.

[20] Yao W, Li Y, Wang W, et al. Thermodynamic model and numerical simulation of a stratospheric airship take-off process. Journal of Astronautics, 2007, 28(3): 603-607.

[21] Shi H, Song B, Yao Q, et al., Thermal performance of stratospheric airships during ascent and descent. Journal of Thermophysics and Heat Transfer, 2009, 23(4): 816-821.

[22] Wang Q B, Chen J A, Fu G Y, et al. An approach for shape optimization of stratosphere airships based on multidisciplinary design optimization. Journal of Zhejiang University Science A, 2009, 10(11): 1609-1616.

[23] M Lv, Li J, Du H, et al. Solar array layout optimization for stratospheric airships using numerical method. Energy Conversion and Management, 2017, 135: 160-169.

[24] Li J, Lv M, Sun K. Optimum area of solar array for stratospheric solar-powered airship. Proceedings of the Institution of Mechanical Engineers Part G: Journal of Aerospace Engineering, 2017, 231(14): 2654-2665.

[25] 马云鹏, 刘东旭, 武哲. 平流层高空气球升空过程中应力分析. 飞机设计, 2009, 01: 17-20.

[26] 刘东旭, 樊彦斌, 马云鹏, 等. 氦气渗透对高空长航时浮空器驻空能力影响. 宇航学报, 2010, 11: 2477-2482.

[27] 刘东旭, 杨永强, 吕明云, 等. 蒙皮热辐射特性对平流层浮空器氦气温度影响. 北京航空航天大学学报, 2010, 07: 836-840.

[28] 刘东旭. 平流层浮空器热特性研究. 北京: 北京航空航天大学, 2011.

[29]　Kang W, Suh Y, Woo K, et al. Mechanical property characterization of film-fabric laminate for stratospheric airship envelope. Composite Structures, 2006, 75(1-4): 151-155.

[30]　姚伟, 李勇, 王文隽, 等. 平流层飞艇热力学模型和上升过程仿真分析. 宇航学报, 2007, 03: 603-607.

[31]　李德富. 平流层浮空器的热特性及其动力学效应研究. 哈尔滨: 哈尔滨工业大学, 2011.

[32]　刘东旭, 杨永强, 吕明云, 等. 蒙皮热辐射特性对平流层浮空器氦气温度影响. 北京航空航天大学学报, 2010, 36(7): 836-840.

[33]　王益平, 周飞, 徐明. 临近空间浮空器区域驻留控制策略研究. 中国空间科学技术, 2018, 38(1): 63-69.

[34]　吴清. 浮空器蒙皮材料氦气泄漏机制的理论与实验研究. 北京: 清华大学, 2010.

[35]　马寅佶, 吴清, 姚学锋, 等. 柔性蒙皮材料氦气渗透的细观机制. 清华大学学报 (自然科学版), 2011, 51(05): 646-650.

第5章　灵巧浮空器能源系统

对于飞行器的能源，一般针对其飞行周期、飞行环境、充放电情况、使用寿命等使用条件来考虑能源系统的成本、功率、电压、体积、质量、效率等问题。

系留型浮空器供配电是由地面供电设备将市电变频升压后，通过系缆传送到浮空器上，经过降压并变换后输出直流稳定电压，供给机载平台设备及任务载荷使用。浮空器平台上还载有应急电源，目的是当主电源电路发生故障时可以跳转到应急电源继续给负载供电。随着任务需求的增多，各种电子设备不断加入系统中，为了保证系留型浮空器系统能够长期稳定地工作，需要连续不断地为各种机载电子设备提供电力。空中平台的电源一旦发生故障，平台上的设备没了动力，不仅无法完成预定的任务，甚至对系留型浮空器降落都带来影响。供电的可靠性、质量以及安全性都是电源设计中必须认真考虑的问题 [1]。

对于高空浮空器，由于远离地球而不得不面对特殊的太空环境，所有加入高空浮空器的能源供应系统必须高效而且可靠，以满足浮空器的动力和仪器设备的正常工作。高空浮空器需要长时间留在高空工作，其留空时间一般要求在 1 年以上，至少要达到 4 个月。高空浮空器需要尽量通过调节飞行高度等保持在定点位置，而飞行高度大致保持在准零风层高度附近，这个高度对于平台实施其侦察、监视、预警、通信中继任务也是合适的。即使在这个风速比较小的高度长时间工作，能量消耗也相当大。

5.1　系留型浮空器能源系统

系留型浮空器是一种无动力浮空飞行器，其工作原理是依靠浮空器内氢气产生的浮力悬停在空中，并利用系留缆绳与地面锚泊设备连接。由于系留型浮空器在气象环境复杂的高空长期运行，如果没有完善可靠的供电系统，出勤执行任务的时间受到限制，系统出勤率不能得到有效保证；如果供电系统损坏，轻则影响系统性能，严重时甚至可能会给系统造成灾难性后果，危及系统和人员的安全。因此，系留型浮空器供电系统设计是浮空器研制过程中的一项关键技术内容，是系留型浮空器安全、可靠运行的重要保证。

5.1.1 系留型浮空器高压供电技术

1. 供电系统方案比较

系留型浮空器供电系统具有用电功率大、连续工作时间长的特点。一般的中小型系留型浮空器球载设备用电功率根据其搭载载荷的不同从几千瓦到几十千瓦,连续留空工作时间两至三周。针对严酷情况,对系留型浮空器供电系统进行分析设计 [2],设定球上电源容量为 40kW,连续留空时间不小于 20d。根据系留型浮空器供电系统的特点对其供电系统进行分析。

1) 燃油发动机带发电机

考虑采取传统航空器的供电模式,即燃油发动机带发电机的模式。

系留型浮空器主要是依靠球体内氦气产生的浮力悬停在空中,是一种无动力浮空飞行器。若采取燃油发动机带发电机的供电模式,需在球上安装燃油发动机 (航空发动机或柴油机),通过燃油发动机带动发电机发电,给球载用电设备供电。首先,在球上安装燃油发动机和发电机会增加额外的质量;其次,按某型系留型浮空器的要求,其连续留空时间不小于 20d,目前的航空发动机及发电机还没有这种长期连续工作的使用模式,即使是远距离长途运输机,其连续飞行时间一般也不超过 24h;再者,系留型浮空器长期留空连续工作需消耗大量的燃油,如按通常柴油机的耗油率 0.21kg/(kW·h) 计算,某型系留型浮空器留空 20d 所需柴油量高达 4032kg,远超出系留型浮空器所能承载的质量。综上,若采用燃油发动机带发电机的模式,会增加很大质量,超出系留型浮空器可搭载质量,从技术可行性及经济性考虑,均不合适。

2) 直接市电传输

由于系留型浮空器是通过系留缆绳与地面锚泊设备连接,系留在空中,考虑通过系留缆绳将地面市电电能直接输送到球上,在球上通过二次电源将其变换成用电设备所需电能,给球上设备供电。按球上电源容量为 40kW 计算,市电单相进行传输,传输电流为 182A;三相传输时,传输电流约为 61A。而系留型浮空器升空高度为 2000m,从地面到球上进行 2000m 的大电流传输,导致的结果就是:① 传输过程中电压损失大,导致传输到球上的电压较低,不满足球上用电设备的使用需求;② 传输过程中功率损失大,大量电能在传输过程中损失,同时散发大量热量,影响系留缆绳的安全性及可靠性;③ 传输导线质量大,大电流传输要求大截面的传输导线,增加传输线及整个系留缆绳的质量,降低了系留型浮空器的净浮力,降低了整个系统搭载任务设备的能力。综上,直接将市电电能传输到球上的模式不适合作为系留型浮空器的电力传输方式。

3) 高压电力传输

针对直接市电传输的缺点,考虑在地面将市电变换成高压交流 (AC) 电,采用高压电力传输的方式将电能传输到球上, 在球上将高压交流电变换成低压交流电, 再根据用电设备需求, 采用二次电源将低压交流电能转换成用电设备所需电能形式, 满足其使用要求。采用高压传输的好处是: 虽然整个浮空器上电源容量很大, 但采用足够高的电压进行传输时, 其传输电流可以小至几安培, 传输电流小, 传输导线的截面就可以变小, 从而减轻传输电力线及缆绳的质量; 传输电流小, 电能在传输过程中的电压及功率损失就小, 缆绳上发热量也相应地减小, 利于缆绳设计过程中的温度控制, 减小缆绳设计难度。

2. 高压供电系统设计

按照高压电力传输的方式对系留气球的供电系统进行设计。目前航空器上交流用电体制一般为 115V/200V, 400Hz 三相中频交流电[2], 而市电或地面油机所提供的电能体制为 220V/380V, 50Hz 三相工频交流电, 需进行频率变换。为减小球上电源设备的质量和体积, 中频电源设置在锚泊车配电箱输出端, 将三相工频市电变换成三相中频交流电, 中频电源的输出为 115V/200V, 400Hz, 同球上交流用电体制一致。中频电源输出的三相低压中频交流电经升压变压器变换成 2600V/4500V, 400Hz 的高压交流电, 通过 II 型旋转连接器转接后送至高压传输系留缆绳, 经系留缆绳传输至浮空器上, 再由 I 型旋转连接器转接后送至降压变压器, 变换成 115V/200V, 400Hz 的三相低压中频交流电, 供给浮空器上交流用电设备, 球上二次电源将三相中频交流电变换成直流 (DC) 电给浮空器上直流用电设备供电, 高压供电系统原理框图如图 5.1 所示。

5.1.2 浮空器系留缆绳

系留气球浮空器一般由地面锚泊设施、地面控制系统、系留缆绳、浮空器、球载设备五大部分组成, 其中系留缆绳是气球浮空器与地面设施之间的联系纽带, 并对系统的安全运行起到关键性作用。伴随着系留气球浮空器的发展, 系留缆绳在我国经过多年的发展目前已经形成了可与大、中、小型系留气球浮空器配套的系列产品。系留缆绳的首要任务是把气球浮空器牢固拴系在地面锚泊设施上, 根据需要系留缆绳可通过其内部电力导线为球上设备提供电力供应, 通过光纤提供光信号传输, 采用铜线编织层提供雷电泄放通道。

1. 系留缆绳的种类和使用特点

根据功能和结构, 系留缆绳主要分成纯缆绳、系留电缆、系留光缆、系留光电复合缆绳四类。纯缆绳中一般只有抗拉件和护套, 不含光或电单元; 系留电缆中仅含有电力导线, 缆中电力导线用于从地面设施向球上设备提供电力供应; 系留光缆中仅含光 (纤) 单元而不含电力导线, 球上设备依靠自带的发电机组进行电力供应, 缆中光单元负责球上设备与地面设备之间的光信号传输; 系留光电复合缆绳中同

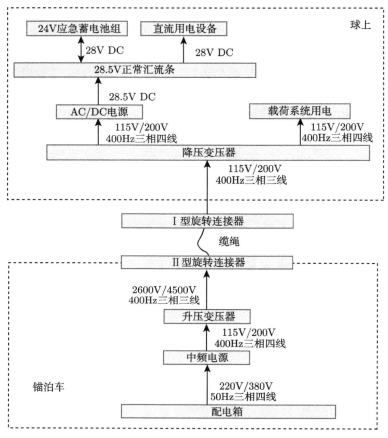

图 5.1　高压供电系统原理框图

时包含光单元和电力导线单元,电力导线为球上设备供电,光单元负责传输球上设备与地面设备之间的光信号。上述不同种类的缆绳在下文中统称为系留缆绳。

系留缆绳与传统的光缆或者电缆有很大不同,系留缆绳设计时必须深入了解系留缆绳的工作特点和使用环境。系留缆绳的设计必须满足其特殊的使用要求,以及用户提出的特殊要求。通常系留缆绳在使用过程中存在以下特点,必须在系留缆绳设计时予以考虑:

(1) 通常普通的光缆或者电缆仅敷设一次即可,而系留缆绳在使用过程中需要反复收放,因此经常在受力状态下处于反复卷绕状态。

(2) 在气球浮空器升降及滞空期间,因受到风向和风力的影响,系留缆绳始终在受力情况下处于反复拉伸状态。

(3) 气球浮空器升空载荷是严格限制的,同样,系留缆绳自身质量和外径也受到严格限制。

(4) 根据气球浮空器系统功能，某些系留缆绳需内含雷电泄放通道，以增强缆绳在遭受雷击时运行的安全性，因此某些系留缆绳需含有电磁辐射屏蔽层。

(5) 根据气球浮空器系统功能，某些系留缆绳内需含光单元，某些系留缆绳需含电力导线，某些则必须同时含有光单元和电力导线单元。

(6) 系留缆绳在工作时始终处于受力状态，包括拉力、侧压力、冲击、扭转、弯曲等，因此系留缆绳应具有优良的机械性能，以确保缆绳内部光、电单元在缆绳受力时可以正常工作。

(7) 系留缆绳是在户外环境下使用的，需考虑缆绳承受低气压、高温、低温、光照和盐雾腐蚀等环境情况的影响。

(8) 系留缆绳含电力导线时，电力导线内通常需传输数千伏的高压电流，在设计时必须充分考虑电力导线的耐压性能、耐大电流性能，以及由电流引起的缆绳自身的温升。

2. 系留缆绳的技术特点

1) 高载重量效率

为了提高系留气球平台系统的载重量效率，和其他所有部件一样，系留缆绳应越轻越好，即在保证性能的前提下，降低单位长度重量是系留缆绳设计必须考虑的重要方面。

2) 高抗张强度

为了保证浮空器安全收放和滞空时的系留安全，高抗张强度是系留缆绳的首要条件。作为系留型浮空器与地面站点设施的唯一连接部件，地面站点对浮空器的各项操作都要通过缆绳进行。尤其是在各种不同的恶劣气候条件下，系留缆绳必须能够安全、可靠地完成各种操作，这就对缆绳的抗张强度提出了极高的要求。当然，系留缆绳的抗张强度也不是越高越好，过高的强度往往伴随着缆绳质量的增加，为了提高浮空器的载重量效率，往往要求尽量减轻缆绳的质量，并同时保证足够的缆绳强度。

3) 优良的电力传输性能

当系留型浮空器平台系统对系留缆绳提出电力传输要求时，应根据所需的电力输送功率对传输导线进行设计。电力输送功率由电流和电压决定，电流在导体内流过会产生热量，过高的热量会导致绝缘变软、性能下降等问题。导体越粗，电阻越小，产生的热量越少，但是同时带来系留缆绳质量的增加；反之，导体越细，电阻和发热量增加，因此必须结合系留缆绳的结构和环境因素，对其散热能力进行计算，使导体发热与缆绳的散热相当，最大限度地发挥导体的通流能力，减小缆绳质量。确定电力线输送电压的能力需要进行绝缘材料的耐电压计算，同时还应考虑长期使用的影响以及一定的安全系数。实际使用中，为了提高系留缆绳的电力传输效率，降低传输损耗，一般采用高压供电，这对传输导线的耐压能力要求较高。目前，电缆行业的高电压技术和绝缘材料技术都发展得比较成熟，只要经过科学的设计和计算，都可以满足系留型浮空器平台系统的使用要求。

4) 优良的光纤传输性能

光纤信号传输具有损耗低、质量高、容量大、抗干扰、保密性强等多种优点，随着系留气球技术的发展，在系留缆绳中使用光纤作为信号传输单元已经成为一种普遍的需求。由于光纤本身较为脆弱，且对环境应力极为敏感，因此在系留缆绳设计时必须注意应通过内部结构的综合调整加强对光纤的保护。

首先，应对系留缆绳中光纤拉伸窗口进行计算，包括光纤自身的余长设计和层绞时结构余长的设计，使之与系留缆绳使用时在工作载荷作用下受到拉伸产生的伸长相互匹配，以保护光纤在使用时不受拉伸应力。

其次，系留缆绳使用时的工作拉力往往较大，会导致其受到较大侧压力。在较大的工作拉力作用下，系留缆绳经过收放绞盘或导轮时，会受到较大的侧压力 P（图 5.2）。

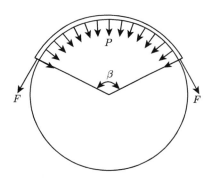

图 5.2　系留缆绳使用时的工作拉力示意图

5) 良好的环境适应性

系留缆绳都是直接应用于室外，缺乏保护，因此良好的环境适应性也是其必须具备的性能特点。特别是系留缆绳的外护套处于最外层，起到保护缆绳内部结构的作用，与外界环境直接接触，受温度、日照、雨水等的影响最为直接，对其环境适应性能的要求也最高。此外，虽然系留缆绳护套不直接承力，但在进行收、放、系留等操作时，设备都是通过缆绳外护套将力传递到抗拉件的，因此其也必须具备一定的机械强度和承受外界应力的能力。

3. 系留缆绳的设计原则

根据长期设计和生产经验，系留缆绳的设计原则包括以下几项。

1) 继承性和先进性原则

系留缆绳设计和生产时，应优先选择成熟的设计方法、工艺及技术，以此来降低设计、生产的难度及风险，并便于设计的验证。如采用新技术、新工艺，则必须经过验证及评审才能实施。

2) 通用化、系列化、组合化 (模块化) 原则

产品设计时应考虑上述 "三化" 原则，设计的产品应根据是否含电力导线单元和光单元、抗拉强度等形成系列化，原材料应优先选择标准件或通用件，使得产品具备较高的标准化、组合化特点。

3) 参数优化原则

根据性能要求设计结构时，需要综合考虑各性能之间的优先级及平衡，例如，在抗拉强度与外径、质量和铜网编织层截面积以及相关材料用量之间取得相对平衡，在不影响系留光缆性能要求的同时争取获得最高性价比。

4) 可靠性原则

系留缆绳是系留气球浮空器的关键部件，关系到整个系统运行的安全性和有效性，因此需进行可靠性设计。可靠性设计时应根据寿命、抗拉强度等要求进行，例如，在抗拉强度性能设计时应进行冗余设计，以保证使用过程中抗拉强度的可靠性。

5) 环境适应性原则

由于系留缆绳用于野外环境，因此应具有耐高温、耐低温、耐湿、耐盐雾、耐霉菌、耐光老化等性能，在设计时应进行环境适应性设计。

6) 原材料、元器件、标准件选用原则

原材料、元器件应优先选用符合国家军用标准、行业军用标准、国家标准、行业标准的标准件。如需采用非标件，应进行严格的试验验证。

7) 经济性原则

在选用原材料时，应依据产品的性能要求选用性价比较高的原材料，在原材料性能指标可以满足要求的情况下宜优选国产原材料。

4. 系留缆绳的设计要点

系留缆绳的典型结构如图 5.3 所示，一般包括电力导线单元、光单元、缆芯、增强单元、铜线编织层、护套等。下面将针对上述各部件详细阐述其设计要点。

1) 电力导线单元

系留缆绳电力导线单元的设计通常需要考虑以下方面：① 电力导线单元的制作成本。系留缆绳中的电力导线单元由导体和绝缘层构成，由于电力导线是根据需要特别制作的，通常是非标准件，且系留缆绳内导线用量较大，不同的材料决定了导线的成本，因此应根据不同的使用条件选择合适的材料，并适当控制导线成本，

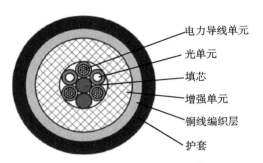

图 5.3　系留缆绳的典型结构

但不宜为追求降低成本,而使导线的性能受到影响,进而降低缆绳的使用寿命,甚至造成重大损失。为使电力导线单元的弯曲性能更优良,导体通常使用细的纯铜线或者镀银铜线,采用绞合形式。绝缘层宜采用绝缘性好且较柔软的材料。② 电力导线单元中导体的耐腐蚀性。系留缆绳的使用寿命一般为数年,工作条件下导体需要承载一定的电流并发热,设计时应考虑导体耐腐蚀性,以避免长时间使用后导体发生腐蚀使缆绳电力传输能力劣化,降低缆绳的运行安全性。通常可采取导体镀层的方式来提高导体的耐腐蚀性。③ 电力导线单元的载流量。根据用户对缆绳的最大传输功率、工作电压、功率损耗、缆绳正常工作温升等要求对系留缆绳中电力导线单元的载流量进行设计。导线的载流量指标对导体截面积的选取以及最终设计的系留缆绳外径尺寸、质量等有较大影响,同时其还与导体内绞合的单线根数、单线截面积和系留缆绳释放的高度等相关。此外,系留缆绳运行时会悬挂于高空,故还需考虑高空环境对载流量的影响。④ 电力导线单元绝缘层的耐压性能。系留气球浮空器种类多样,其浮空高度也有较大差别,相应的系留缆绳长度也有较大差别。部分大长度系留缆绳会采用高压、低电流方式传输,以降低缆绳的功率损耗,而浮空高度较低的系留气球浮空器则无须进行高压传输,这使得系留缆绳内电力导线单元的传输电压从几百伏到几千伏不等,因此在电力导线单元设计时应根据实际耐压要求选择合适的绝缘材料,并合理设计导线绝缘层的壁厚,同时兼顾系留缆绳外径和质量的要求。

　　2) 光单元

　　系留缆绳光单元中的光纤是球上设备和地面设备之间的通信通道,也是系留缆绳中最脆弱的元件。缆绳在工作时会承受较大的侧压力、轴向拉力等机械应力,为达到对光纤的最佳保护,避免缆绳受力时产生光纤断裂或者光损耗增大的情况,满足在缆绳正常工作情况下的传输性能要求,应结合缆绳的整体结构对光单元进行设计,同时光单元的设计还应兼顾系留缆绳质量、外径等指标要求。

　　目前常用的光单元结构主要有紧套光单元、半紧套光单元、松套光单元三种。紧套光单元结构 (即紧包光纤结构) 具有光单元的可分离性好、制作接头时方便、体积小、质量轻等优点，可填充在电力导线单元的缝隙处，减小缆芯的成缆外径，进而降低整缆的质量和外径，这在缆绳受质量和外径等条件严格制约时，具有一定优势。紧套光单元结构的缺点是工作时光纤易受力从而衰减性能变差，且光单元本身无余长，必须结合缆芯绞合工艺的设计设置合适的绞合余长，以避免缆绳受拉伸时光纤损耗增大。半紧套光单元是一种增强型光单元结构，通过在光纤或者紧包光纤外编织一层增强纤维，以增强光单元的抗拉、抗压等机械性能，再通过涂覆或者薄壁挤出的方式在编织层外添加护层，该护层在固定住编织层的同时可为光纤提供缓冲保护。半紧套光单元结构的优点是对光纤采用了增强保护结构，提升了光单元的机械性能；缺点是该结构本身也无光纤余长，需要在后续的缆芯绞合工艺中通过绞合产生绞合余长。松套光单元的结构与民用光缆中的松套管结构类似，其内部填充阻水油膏，光纤在松套管内有一定的自由空间。常用的松套管材料有聚对苯二甲酸丁二醇酯 (PBT)、改性聚丙烯 (PP)、聚碳酸酯 (PC) 等。松套光单元结构的优点是光纤在松套管内呈自由状态，光纤损耗较小，光纤在松套管内有一定的余长，配合后续的缆芯绞合工序时可以产生较大余长，避免系留缆绳受力时光纤产生拉伸；缺点是光单元外径较大，不利于缆绳质量和外径尺寸的控制。

3) 缆芯

系留缆绳的缆芯一般为光、电单元的绞合体。根据光、电单元的数量和尺寸要求，可采用不同的绞合方式，为使绞合后缆芯更圆整，可适当增加一些填芯。光、电单元进行绞合主要是为了产生一定的绞合余长，使得系留缆绳在受到拉力的情况下光纤和电力导线的伸长量在允许的范围之内，确保光纤和导线的正常使用和安全性，其允许应变量应控制在 0.2% 以内。通过控制光、电单元及填芯的绞合节距可获得所需绞合余长，但在设计绞合节距时应与增强纤维的绞合节距设计相呼应，以确保系留缆绳在受到轴向拉力时，光、电单元产生的应变在允许范围内，使缆绳即使处于最大工作拉力状态下也能正常工作。通常光、电单元的绞合节距应小于增强纤维层的绞合节距，以使受力情况下的光、电单元的伸长量小于增强纤维的伸长量。

4) 增强单元

增强单元是系留缆绳的主要承力元件，同时可减缓外力冲击时对内部光电元件的影响，一般由纤维绞制而成。由于增强纤维材料的用量较大，其材料价格直接影响缆绳的制作成本，而其性能也直接关系到缆绳的外径、质量、抗拉强度、耐反复收放性、可靠性、安全性、环境适应性等多项重要指标。单从抗拉强度指标来看可供选择的纤维材料多种多样，包括 PBO 纤维、超高分子量聚乙烯 (UHMW-PE) 纤维、E 玻纤、芳纶纤维等都可以满足要求，表 5.1 给出了这些纤维材料的性能指标。从表中可以看出，PBO 纤维的性能最为优越，但其价格较高，使用此种纤维会极大地提高系留缆绳的制作成本，因此建议在可以满足系留缆绳指标要求的情况下使用性价比更高的材料；UHMW-PE 纤维的耐热温度较低，在产品加工以及使用过程中易出现受热导致强度下降的问题，不宜使用；E 玻纤的密度较大，会使系留缆绳的质量指标较难控制；芳纶纤维 (Kevlar 49) 可以在满足设计要求的同时具备较高的性价比，因此较适合作为系留缆绳的承力元件。

表 5.1　各种纤维材料的性能指标

性能参数	PBO 纤维	UHMW-PE 纤维	E 玻纤	Kevlar 49
抗拉强度/GPa	5.80	3.50	3.45	2.80
拉伸模量/GPa	270	95	72	115
线密度/(g/cm)	1.54	0.97	2.54	1.44
断裂伸长率/%	2.5	3.5	4.8	2.5
耐热温度/℃	650	144	1000	500

增强纤维一般通过绞合的方式，以固定的张力均匀地绞制在缆芯外围。为保证增强纤维在缆绳受拉力时的承力一致性，在绞制时应对每根纤维施加相同的预张紧力，同时绞合节距应大于缆芯的绞合节距，以确保在缆绳正常工作状态下所受拉力主要由增强纤维承担。通常应根据缆绳的最大工作拉力、破断力等指标计算增强纤维的使用量。系留缆绳在工作时会在受力状态下反复卷绕，导致缆绳抗拉强度下降，因此为保证系留缆绳工作的可靠性和安全性，其抗拉强度设计指标应在满足系留缆绳抗拉强度指标的基础上留有一定余量。

5) 铜线编织层

铜线编织的泄雷层是指在增强单元 (中护层) 外编织的一层铜网，其主要作用是，当系统遭受雷击时可作为雷电泄放的通道，避免发生缆绳断裂等重大事故，从而保护系统的安全运行。泄雷层通常由多根细铜线并股后编织而成，可选用纯铜线或者镀锡铜线，其中镀锡铜线的耐腐蚀性更优秀，而纯铜线的导电性更好。铜线编织层设计时最重要的是编织密度、质量以及编织节距三个参数的确定，但这三者间彼此关联，因此参数确定时必须综合考虑。由于铜线编织层的材料密度较高，会对缆绳的整体质量产生较大影响，编织层所用铜线的总量应根据防雷要求和相应的有效截面积计算获得。选用铜线时应注意，铜线过粗会影响其编织密度和缆绳外径控制，而铜线过细则容易导致工作状态下铜线互相磨损而断裂。进行编织时应保证每股铜线放线张力均匀，张力偏差过大会造成系留缆绳扭曲。由于编织机上每锭铜线的长度一般小于系留缆绳的长度，因此在编织过程中会有刺头的存在，应仔细修剪避免铜丝刺头裸露在外，否则在缆绳长时间工作后铜线刺头可能扎破外护套而造成意外情况。

6) 护套

系留缆绳的护套的主要作用是对缆绳内的各单元提供保护。系留缆绳外护套直接暴露于外界环境中，而某些系留缆绳升空高度可达几千米，高空中的环境温度变化较大、光照较强,因此外护套材料应同时具备耐高低温、耐太阳辐射、耐热老化等性能。系留缆绳在收放时通常需进行高速反复卷绕,缆绳与绞车会产生相互摩擦,因此系留缆绳的外护套需具备一定的耐磨性和一定的摩擦系数,以保证缆绳与绞车间不发生相对滑动。

5. 线缆发展趋势

随着系留气球技术的发展和应用范围不断扩大,对系留缆绳的要求也将越来越高,系留缆绳技术将有可能朝着以下几个方向发展:①小型化和轻量化。新型高强度纤维材料的发展,将使缆绳可以使用较少的抗拉件而达到与以前相同的强度,但其质量减小;电子以及其他设备的小型化发展,提高了能量利用效率,降低了对系留气球的体积、载重量、缆绳强度及结构尺寸的要求;光纤技术的发展使其可以替代铜导线进行能量传输,从而使系留缆绳的质量大幅度减小;系留气球如果可以工作于更高的高度,避开云层或雷区,再加上采用纯光纤的缆绳制造技术,将使缆绳不再需要考虑防雷,则可以进一步大幅度减小系留缆绳的质量。② 大长度。为了扩大气球系统的探测范围,系留气球的工作高度将可能变得更高,从而要求缆绳具有更大的长度。③ 高强度及耐疲劳。通过使用新材料和新技术,提高缆绳强度及稳定性,确保缆绳长期使用过程中的安全和可靠。④ 多功能。随着系留气球技术不断发展,将出现满足更多功能要求的复合型系留缆绳。

5.1.3 电力系统

电源对现代浮空器的其他系统来说都是很基本的。在设计阶段,必须分析一下电力载荷,这样可以确定所要求的发电机、辅助电源设备和电池的数量及大小。大型飞艇,比如携带雷达和其他监测设备的飞艇会要求很多的电力供应,而灵巧浮空器的要求就会少很多。

浮空器本身只是一个飞行平台,为了能够完成各种任务,浮空器必须携带适当的机载任务载荷 (例如,用于对地观测的合成孔径雷达 (SAR)、红外成像仪、CCD摄像机、磁力仪等),这些任务载荷、导航系统、任务管理计算机等,组成一个机载航空电子系统[3]。此外,浮空器还需要至少一条空地无线通信链路,将浮空器和地面控制站 (ground control station,GCS) 连接在一起,形成一个人机回路。因此从广义角度来说,由浮空器机载电子系统、空地通信链路和地面控制站组成的系统是有人驾驶飞机航空电子系统的合乎逻辑的扩展,是航空电子系统综合技术针对浮空器这类平台应用的对象。

与有人驾驶飞机航空电子系统相比,浮空器航空电子系统因其大量的功能可以集成在 GCS 中,因而对系统的体积、功耗、质量等要求都较为宽松,对系统综合化程度的追求还不是特别迫切。现有的浮空器航空电子系统基本上还没有形成一种标准的、模块化的构型。但模块化的航空电子系统构型是与需求紧密联系的工程实践的产物。面对各种不同的用户，浮空器需要配置的任务载荷和相应的数据处理任务会有很大的差异，例如，针对地表信息获取的执行 ISR 任务的浮空器系统，与针对地质信息获取的浮空器系统比较，其任务载荷是完全不同的，前者以 SAR、CCD 摄像机等成像型传感器为主，而后者则以高分辨率磁力仪、磁力梯度仪、重力梯度仪等为主。一个开放的、模块化的航空电子系统构型，由于具有强大的系统重构和资源配置管理功能，支持软件重用、硬件的即插即用，应用软件跟具体的硬件实现分离，将为系统实现多功能的综合以及功能的升级提供更为经济的基础架构。

5.2 高空浮空器系统能源系统

对于空间飞行器的能源，一般针对其飞行周期、飞行环境、充放电情况、使用寿命等使用条件来考虑能源系统的成本、功率、电压、体积、质量、效率等问题。

高空飞行器由于远离地球而不得不面对特殊的高空环境。所有进入临近空间飞行器的能源供应系统必须高效而且可靠，以满足飞行器的动力和仪器设备的正常工作。目前已发射的航天器中，电源绝大部分仍采用了太阳能电池阵与蓄电池联合供电的体系，由主电源 (太阳电池阵)、储能电源 (蓄电池组) 和电源控制装置三大部分组成 [4]。由于空间电源的特殊要求，目前可用于空间电源系统的电池主要有太阳能电池、二次电池、燃料电池等。

高空飞行器的能源系统规划要根据临近空间条件下的操作运行状态 (低压、低温) 进行。现实中，对实际应用所需要的电能，由于许多信息的不充分，还不能完全明确。如近空风速的年频率和持续周期的分布，飞行器平台的最终尺寸、形状和气阻，以及所需的有效载荷。

在这些不确定因素下，考虑到采用现有和近期可达到的光电转换和燃料电池的技术水平，所作出的标称功率范围规划为 (燃料电池的输出)50~600kW。总之，从现实情况来看，现有能源技术还不能全面满足高空飞行器的发展需求，它仍然是高空飞行器实用化的关键瓶颈之一。

5.2.1 高空浮空器能源系统研究

从 20 世纪八九十年代起，美国等西方发达国家就越发重视对临近空间浮空器电源系统的研究 [5]。

"HHA" 是美国国防部建造的大型飞艇项目，其主要配有高功能雷达和其他各种传感器，用于雷达警戒。其电源系统在轨运行时的输出功率为 1.5kW，母线电压为 (28±0.4)V，光伏阵列采用硅太阳材质的电池片，储能装置采用 24A·h 锂离子

蓄电池组 [6]。"Berkut" 是俄罗斯国防部建造的浮空器项目，被誉为飞行于喀尔巴阡山脉的 "高空飞鹰"。它是太阳能驱动的飞艇，具有在 20~23km 高空驻留的能力。"Berkut" 能够携带质量达 1200kg 的多种电驱动通信和监视设备，能够覆盖类似于法国或英国大小的国家。其电源系统配置如下：母线电压为 (28±0.4)V，光伏阵列采用硅太阳能电池片，储能装置采用 3 组 16A·h 锂离子蓄电池组 [7]。上述的两个浮空器电源系统结构基本相同，均采用全调节母线拓扑结构并实现了太阳能的最大功率点追踪 (maximum power point tracking, MPPT)。MPPT 是通过光伏阵列功率调节器实现的。每个功率调节器模块对应一个太阳翼，多个太阳能电池电路并联后通过功率调节器输出，每个功率调节器模块含多个功率调节器电路，采取 "X 取 X 备份" 形式运行 [5]。

"SPF" 的供电电源系统采用 S3MPR 拓扑结构。所谓 S3MPR 即利用顺序开关分流调节 (sequential switching shunt regulator，S3R) 和 MPPT 控制器，将光伏阵列控制在最大功率点 (maximum power point, MPP) 工作，之后采用升压 DC-DC 变换器，获得 100V 母线电压。"SPF" 由 4 个 S3MPR 模块组成供电电源系统，其中每个 S3MPR 包含 3 个 MPPT 模块，且均能独立进行 MPPT，太阳能电池的参考工作点由 MPPT 控制器的输出决定，可以在不同的外界环境下调节太阳能系统输出功率。同时，每个 S3MPR 含有 10 级 S3R 和 5 个 DC-DC 变换器，输出功率可达 14kW，MPP 电压可达 57V[8]。

就浮空器而言，电源系统就好像其 "心脏" 一样，各分系统的工作必须以电源系统的稳定工作为前提。因此，研究浮空器电源系统对整个浮空器系统而言就显得尤为重要。浮空器电源系统的任务就是将太阳能转化为电能，同时进行电能变换、存储和管理，同时完成向浮空器各用电负载供电 [9]。浮空器电源系统是整个浮空器系统的根基，其正常、稳定地工作是完成飞行任务的前提和保证。但是考虑到临近空间的气候条件特征，浮空器电源系统设计不同于一般的独立电源系统。后者大多工作在地面的常温环境，而浮空器电源系统需要克服临近空间的低温环境和辐射影响，还要根据具体的任务及实际飞行环境条件制订相应的供电方案。为了保证浮空器正常工作，需要对其温度敏感部件进行温度控制，因此电源系统的负载功率变化较频繁且功率值变化较大。同时，考虑浮空器起飞质量的增加会导致总体发射成本大幅上升，故浮空器电源系统本身应具有较高的太阳能吸收、转化和利用效率。此外，考虑到浮空器的使用特点，其充电系统应该可以根据蓄电池的状态，对充电部分电路进行相应控制，以便延长蓄电池的使用寿命，从而延长整个浮空器系统的使用寿命。

在国内，有关浮空器电源系统的研究才刚刚起步，一般而言，浮空器电源系统的设计方案和传统飞艇电源系统的设计方案相似，即采用集中供、配电方式 [10]。这种供、配电方式实现技术较为简单，便于直流系统的多模块并联工作，在国内研制的浮空器上广泛使用。但随着大型浮空器和全电系统浮空器的研制,电子设备的数量和复杂程度也随之增加,电源功率增大、浮空器体积增加,使得集中供、配电方式的弊端凸显出来 —— 组成电网设备质量过大、可靠性和稳定性低、自动化程度低、线路损耗大,难以实现系统级能源的合理配置。为了解决集中供电的弊端,产生了分布式供、配电方式,即利用多个二次配电模块代替集中供、配电方式中的功率中心。这些二次配电模块安装在浮空器的不同位置,对主电源电能进行隔离变换,浮空器上负载采用就近给电原则,由不同的供、配电模块提供电能。这样可以有效提高浮空器供、配电系统的容错能力,提高系统的安全性能 [11]。

从 "十五" 计划开始,国内一些知名高校和研究所加大了对浮空器电源系统的研究力度,如西北工业大学和南京航空航天大学共同提出的利用飞机上的多路传输系统作为浮空器电源管理方案,主要是利用计算机控制和总线技术,具有以下特点:采用功率开关器件取代传统的金属接触开关,并采用负载自动管理技术,使得整个系统具有较高的电气容错能力。

5.2.2　光伏阵列 (太阳能电池板)

太阳能在重视环境问题的时代是很吸引人的。阳光是可再生、"免费"、无污染、不燃烧的燃料。太阳能浮空器在偏远的阳光充足的地区或者在高海拔地区运行时,不需要补给燃料,因此能够长时间运行。太阳能是空间分布、不集中的能量源。最好条件下,在海平面能够接收到约 $1000kW/m^2$ 的太阳能。

太阳能电池是通过 "光生伏打" 效应,将太阳辐射能转变为电能的功率器件,其主体是一个半导体材质的光电二极管,其发电量受光照、温度和辐射等多种环境及气象因素影响。太阳能电池作为新型的能量转换器件,越来越广泛地应用于各个领域。特别是在航空航天领域,太阳能电池应用更加广泛和更具意义:美国的高空飞艇 HAA、高空无人飞行器 "太阳神",以及各种卫星电源等无不展现太阳能电池广泛的应用前景。

国外研究薄膜太阳能电池的机构很多,研究重点由地面薄膜太阳能电池向空间薄膜太阳能电池转移;由质量大、刚性衬底 (如玻璃) 薄膜太阳能电池向柔性、轻质衬底 (如不锈钢、聚合物) 薄膜太阳能电池转移。

薄膜太阳能电池的种类繁多,目前研究比较深入,而且占据主导地位的薄膜太阳能电池主要有硅基薄膜太阳能电池和铜铟硒 (CIS)、砷化镓 (GaAs) 等化合物半导体薄膜太阳能电池。在低轨卫星能源供应的天空应用背景下,基于非晶硅合金或 $Cu(Ga, In)Se$ 化合物的轻质薄膜光电电池已开发多年。图 5.4 展示了每年全世界最高效的太阳电池研究进展。从图中可以看出,常用于太阳能飞行器的晶体硅太阳电池,其转换效率约为 20%,而转换效率最高的是三节 (three-junction) 太阳电池,其实验室水平最高已经达到了 44%[12]。

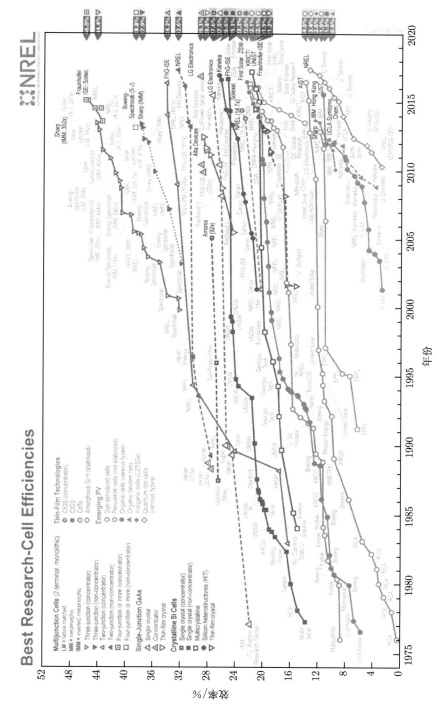

图 5.4　由美国国家可再生能源实验室 (National Renewable Energy Lab, NREL) 绘制的太阳电池效率图 (后附彩图)

1) 非晶硅薄膜太阳能电池

20 世纪 90 年代初，人们研制成功以不锈钢、聚合物为基体的柔性非晶硅太阳能电池，并成功地应用于太阳能飞机、太阳能飞艇、平流层气球平台。据悉，中国为美国发射的 "铱星" 卫星已采用柔性非晶硅太阳能电池方阵。

非晶硅薄膜太阳能电池具有以下几方面的优点：① 最高的质量比功率；② 良好的抗辐射性能；③ 良好的温度特性和高的充电效率；④ 良好的光谱响应和高的可靠性；⑤ 可卷曲，可大面积连续生产，可卷包送入空间 [13]。

目前，从事柔性基体非晶硅太阳能电池研制生产的主要单位是美国的 ECD 公司、联合太阳能公司 (USSC)、Uni-Solar 公司和日本的 Sharp 公司、Sanyo 公司、TDK 公司。美国的技术特点是采用滚动式工艺 (roll to roll)，在不锈钢基体上制成长达 8045m 的柔性基体非晶硅太阳能电池，其效率达 8%(AM0)，质量比功率达 600W/kg，现已成功地应用于太阳能飞机、太阳能飞艇、平流层气球平台。联合太阳能公司目前采用全激光工艺，以 Capton 为基体，生产空间非晶硅太阳能电池，其质量比功率为 2000W/kg。它将作为低成本太阳能电源用于美国通信卫星。由 Uni-Solar 公司开发的非晶硅光伏技术制备的薄膜太阳能电池，稳定的光伏转换效率为 13%(AM1.5)，且实现了卷对卷连续化批量生产。同时，该公司制备的聚酰亚胺 (PI) 衬底的薄膜太阳能电池，质量比功率达 1250W/kg。随着技术发展，该电池的质量比功率有望达到 2000W/kg。在日本，Sharp 公司、Sanyo 公司、TDK 公司都投入了大量人力、物力从事柔性基体非晶硅太阳能电池研制。它们主要是在聚酰亚胺膜上制备非晶硅太阳能电池。目前已能生产面积为 286cm² 的组件，效率达 8.1%，小面积电池的效率已达 11.1%(AM1.5)。

日本在应用方面走在世界前列。1995 年，Sanyo 公司在太阳能飞艇上采用柔性基体非晶硅太阳能电池作为能源：在圆形飞艇的外壳上布满厚度为 0.1mm 的非晶硅太阳能电池，为飞艇的飞行和通信提供电能。更引人注目的是，1992 年，一个由美国人和日本人组成的专家组制造成功 "太阳探索者号" 太阳能飞机，采用 Sanyo 公司生产的柔性非晶硅太阳能电池作为动力，其功率为 300W。该飞机完成了从美国加利福尼亚州圣地亚哥到北卡罗来纳州的横跨美国本土的连续飞行，第一次显示了柔性非晶硅太阳能电池作为飞行器能源的巨大潜力。

值得指出，中国在柔性基体非晶硅太阳能电池的研制上也取得了较大的进展，1994 年，哈尔滨克罗拉太阳能电力公司在国内首先研制成功柔性非晶硅太阳能电池，其效率达 4.63%，采用 PI 作基体，其质量比功率达 231.5W/kg，组件经卷曲实验和高低温循环实验，性能保持不变。目前，有关部门正在为促使此项产品的商业化而努力。

目前，非晶硅太阳能电池的研究取得两大进展：① 三叠层结构非晶硅太阳能电池转换效率达到 13%；② 三叠层太阳能电池年生产能力达 5MW。联合太阳能公司制得的单结太阳能电池最高转换效率为 9.3%。三带隙三叠层电池最高转换效率为 13%。上述最高转换效率在小面积 (0.25cm²) 电池上取得。日本中央研究院制得的非晶硅薄膜太阳能电池转换效率为 13.2%。

由于柔性基体非晶硅太阳能电池的研制成功并形成大规模生产能力，对于促进它在空间技术上的应用十分有利。综合它所具有的其他电池不可相比的性能优势和还存在的问题 (效率较低、稳定性不高)，可以预计，非晶硅太阳能电池将在某些空间领域取代单晶硅太阳能电池。作为低成本大功率能源，在科学家正在研究和探索的空间飞行器能源的竞争中，柔性基体非晶硅太阳能电池必将占有一席之地。

2) 微晶、多晶硅薄膜太阳能电池

非晶硅薄膜太阳能电池虽在成本上具有一定优势，但光疲劳效应严重制约了其发展空间，一些理论问题也有待进一步探索。因此，兼具两者优势的多晶硅薄膜太阳能电池成为主攻方向。多晶硅薄膜电池的厚度随结构不同可以从几微米到几十微米，仅是晶体硅太阳电池厚度的 1/100 到 1/10，且硅材料储量丰富，无毒无污染，技术成熟，便于实现大面积、全自动化连续生产。多晶硅薄膜太阳能电池能在廉价衬底上制备，成本远低于晶体硅太阳能电池，实验室效率已达 18%，远高于非晶硅薄膜太阳能电池的效率。

目前，几乎所有制备单晶硅高效电池的实验室技术均已用在制备多晶硅薄膜太阳能电池的工艺上，甚至还包括一些制备集成电路的方法和工艺。其研发和产业化开发工作主要沿低温生长、层转移技术、廉价耐高温衬底上的薄膜生长等途径。

日本三菱公司在 SiO₂ 衬底上制成效率高达 16.5% 的多晶硅薄膜太阳能电池。United Solar System 公司制备的薄膜硅太阳能电池，转换效率为 16.6%，美国联合太阳能公司的 Si/SiGe/SiGe 薄膜电池，面积为 903cm²，其转换效率为 10.2%，质量比功率为 9.2W/kg[14,15]。微晶 Si(μC-Si) 薄膜生长与非晶 Si 工艺兼容，且有很好的光电性能和稳定性，近年来亦受到广泛重视，也已研制出稳定效率为 7.7% 的电池。

目前国际上正研究用微晶、多晶硅薄膜作为窄带隙材料与非晶硅组成叠层电池结构，可更充分地利用太阳光谱。a-Si/μC-Si 叠层太阳能电池效率已达到 12%，而 a-Si/poly-Si 叠层太阳能电池效率为 11.5%。理论计算表明，这种结构电池转换效率可达 28% 以上 [16]。

我国晶体硅薄膜电池的研究仍处于实验室阶段。中国科学院长春应用化学研究所用化学气相沉积 (CVD) 法制备出晶体硅薄膜电池，并研究了多晶硅薄膜的生长规律及其基本的物理特性。北京市太阳能研究所在重掺单晶硅衬底上用快速热化学气相沉积 (RTCVD) 法外延生长得到 20μm 厚的硅薄膜，之后制作的多晶硅薄膜太阳电池的效率达到 15.12%[17]。在非硅底材上制作多晶硅薄膜太阳能电池的研究方面，北京市太阳能研究所主要研究在 SiO₂ 和 Si₃N₄ 膜底材上生长多晶硅薄膜，其中，在 SiO_2 膜上获得了转换效率为 10.74% 的多晶硅薄膜太阳能电池。该所与中国科学院广州能源研究所合作，利用德国 Fraunhofer 研究所提供的高纯度颗粒硅带衬底制作出的多晶硅薄膜太阳电池的转换效率达到 6.38%。通过工艺调整，较高的生长速率也已实现。该类太阳能电池具有强大的潜在竞争力，如果适当地增加隔离层工艺，转换效率可望达到 10%，其产业化前景将十分明朗。目前，我国晶体硅薄膜太阳能电池研究水平与国际水平相差较大，应加速发展。

3) GaAs 薄膜太阳能电池

GaAs 能隙为 1.4eV，正好为高吸收率太阳光的值，因此是很理想的电池材料。该薄膜电池的制备主要采用金属有机化学气相沉积 (MOCVD) 技术和液相外延 (LPE) 技术 [18]。由于在效率和成本上无法与硅太阳能电池竞争，它的应用和发展受到限制。目前降低成本和提高生产效率已成为该电池的研究重点。

美国 TECSTAR 公司已生产出 7cm×4cm 的单结 GaAs 太阳能电池，其光电转换效率达 27.5%。经过 "七五""八五""九五" 三个五年计划的预先研究，我国 GaAs 太阳能电池研制工作取得了重大突破。利用 LPE 研制的 GaAs/GaAs 太阳能电池 (20cm×20cm)，在 1990 年发射的 FY21B 星上进行了 4W 组件的输出功率试验，实际输出 4.6W 以上，空间发电 2 年零 2 个月无明显衰减。GaAs/Ge 电池效率已达 19%，GaAs 多结太阳能电池的研究已有较大进展。原航天机电集团 (现为中国航天科工集团有限公司) 3401 厂、原电子工业部 1418 所、上海航天技术研究院 811 所、中科院西安光机所及中科院上海冶金所等对 GaAs 太阳能电池进行了长期研究 [19]。

4) CIS、CIGS 薄膜太阳能电池

在众多多元化合物材料中，CIS 具有以下优点：① 是一种直接带隙材料，光吸收率高达 10^3 数量级，最适合太阳能电池薄膜化，电池厚度可做到 2~3μm，降低了昂贵的材料消耗；② CIS 薄膜的禁带宽度在 1.04eV 左右，是目前已知的光吸收性最好的半导体薄膜材料；③ 抗辐射能力强；④ 制造成本低，年产 1.5MW，其成本是晶体硅太阳能电池的 1/3~1/2，能量偿还时间在 1 年之内，远低于晶体硅太阳能电池；⑤ 电池性能稳定，西门子公司制备的 CIS 电池组件在美国国家可再生能源实验室 (NREL) 室外测试设备上，经受 7 年的考验仍然保持原有性能；⑥ 转换效率高，2003 年 NREL 研制的 CIGS 太阳能电池的转换效率为 19.2% $(0.4cm^2)$，是薄膜太阳能电池的世界纪录 [20]。由此可见，CIS 太阳能电池转换效率高、大面积制备简单、性能稳定、成本较低，是一种非常有发展前途的太阳能电池材料。

鉴于 CIS 电池廉价、高效、稳定的突出特点，世界很多国家投入大量资金对其进行开发研究，取得了瞩目成就。日本松下电气工业公司开发了 CIGS 系化合物半导体薄膜新生产工艺，并使用该薄膜开发了光电转换效率为 15.3%(面积 1cm²) 的

CIS 系薄膜太阳能电池。本田公司的太阳能电池主要通过层叠铜、铟、镓、硒等化合物薄膜来制造。NREL 在 2003 年 11 月取得的 CIGS 太阳能电池的最高转换效率为 19.2%，昭和壳牌石油公司的 3459cm² 组件转换效率为 13.4%，二者受到了各方面的关注，标志着 CIGS 化合物薄膜太阳能电池正处在大规模工业化生产和民用普及的前夜，特别是柔性基板 CIGS 太阳能电池在军事上的应用很有前景，从而得到美国军方的广泛关注。

我国 CIS 薄膜太阳能电池的研究远落后于发达国家。南开大学 1989 年起步，1992 年研制成 CIS 电池组成四端叠层太阳能电池，1cm² 的转换效率为 7.44%。1998 年研制的 CIS 太阳电池转换率达到 9%。目前由南开大学承担的 "CIS 薄膜太阳能电池试验平台与中试线" 项目，被国家科学技术部批准为国家高技术研究发展计划 (国家 863 计划) 重大专项课题，该项目完成后，将建成国内唯一具有自主知识产权和 3MW 生产能力的 CIS 太阳能电池工业化试验基地。该基地拥有先进的化合物薄膜太阳能电池的生产与测试技术，可制造 30cm×30cm 的集成型玻璃衬底薄膜电池组件，其技术填补了国内空白。

5) 纳米晶化学太阳能电池

染料敏化 TiO_2 太阳能电池实际上是一种光电化学电池。早期的 TiO_2 光电化学电池存在着严重的稳定性差和效率低等问题，技术上一直没有获得突破性进展。1991 年，瑞士的 Gratze 将染料敏化引入该种电池中，电池效率达到 7.1%。此后该种电池成为太阳能电池前沿研究中的热点之一 [21]。目前这种电池的实验室最高效率达到 12%。我国已将该种电池研究列入国家重点基础研究发展计划 (973 计划) 重大课题研究，小面积电池效率已突破 11%。由于液体电解质的存在，这种电池的稳定性还存在问题。引入固态电解质解决稳定性问题是这种电池研究的重要方向 [22]。

6) 有机/聚合物太阳能电池

有机/聚合物太阳能电池由于制备工艺简单、价格低廉并能制作大面积柔性器件等优点而备受关注。美国加利福尼亚大学和英国剑桥大学分别于 1995 年和 1998 年采用 MEH-PPV(发红光材料和光伏材料) 与 C60 的共混物制备了单层光伏器件，其光电转换效率分别达到 2.9% 和 >7%。有机半导体材料 (共轭聚合物) 与 C60 或 C60 的衍生物体系在有机光伏电池中的应用已得到了迅速的发展。因此，各国科学家对这种以有机半导体为介质的光伏电池给予了极大的关注。美国、日本、欧盟等都给予了大量的投入 [23]。一些欧洲国家联合起来组成了太阳能电池研究所进行研究和开发，在柔性聚酯膜上做出了 10cm×15cm 样品，最佳器件的光电转换效率已达 4%。在这种柔性带有导电层的聚酯塑料膜上，利用共轭聚合物的可溶性，可以用喷墨打印的方法方便地制备太阳能电池，因而是一类新型并适用于塑料芯片等特殊用途的新能源；不仅可以卷曲，而且可以裁剪成任意形状。

国外技术发展情况表明：柔性非晶硅薄膜太阳能电池已成功应用于临近空间飞行器。美国柔性非晶硅不锈钢或聚酯膜衬底薄膜太阳能电池兆瓦级批产性能已达到 9%～10%。同时，多晶硅、化合物等薄膜太阳能电池也正在研制中，其中有些已经产品化。但这几种薄膜太阳能电池主要还是用于地面。我国玻璃衬底薄膜太阳能电池试验室水平为 11%(平方厘米级)、6%～9%(平方分米级)，但距工业化批产差距很大；而非晶硅不锈钢或聚酯膜衬底的柔性薄膜太阳能电池研究才刚刚开始。

5.2.3 能源系统控制装置

1) 电源控制器

电源控制器是将光伏阵列和蓄电池连接成供电电气系统的主要设备 [5]。它的主要功能包括：光伏阵列的分流控制，蓄电池组充放电控制，多独立母线的并行控制。

2) 分流控制器

分流控制器采用顺序部分线性分流调节方式，根据负载的功率要求把一个或者多个主电路对地短路，实现对母线的调节，并将母线电压稳定在 (24±0.5)V 范围。分流控制器分流电路技术的选择主要由以下因素决定：

(1) 光伏阵列的输出功率；

(2) 每级分流电路所容纳的太阳能电池短路电流不能太大，以便于器件的选择；

(3) 有一定的备份分流段。

电源系统的拓扑结构采用直接能量传输 (direct energy transfer，DET) 方式。DET 系统是将光伏阵列的输出功率直接馈送给负载，中间没有损耗环节。在该系统正常工作时，若光伏阵列的输出功率高于负载需求，便可以利用分流器使部分太阳能电池电路移向短路端工作，这样就可以将 97% 以上的多余能量由光伏阵列自身耗散，不进入浮空器内，从而有效地减轻热控系统的负担。

3) 快速充电电路

对浮空器而言，光伏阵列–蓄电池联合电源是唯一的独立电源，其供电可靠性与稳定性决定了浮空器的工作是否稳定。目前使用较多的为一种具有双级 DC-DC 变换电路的太阳能电池–蓄电池联合电源的快速充电单元设计方案，其中第一级 DC-DC 变换电路采用的是常见的 Buck 电路，第二级 DC-DC 变换电路采用的是 Boost 变换电路，这样可以独立控制两个电路的占空比，达到灵活控制输出电压的目的。此外，在两级 DC-DC 电路间使用的是大容量电容，对两级 DC-DC 变换进行电气解耦，方便各级电路的独立控制。

5.2.4 储能电源

1) 燃料电池

按照电解质的不同, 燃料电池分成以下几类: 碱性电解质、固体聚合物电解质和高温水蒸气电解质, 其中固体聚合物电解质类在非连续的运行过程中具有较好的性能, 最有可能应用于可逆燃料电池 [24]。燃料电池的应用范围很广, 但目前仍没有优化的轻质燃料电池的研究, 而商用的、未优化的燃料电池具有很高的能量, 但整系统质量却很大。除了在电动车工业中对燃料电池的优化外, 如果要应用到航空中, 燃料电池需要进一步减轻质量。

应用于移动化电源和固定电站的燃料电池的研究在最近几年有很多。一般而言, 高温型的燃料电池体系可以提供高能量转换效率, 但其质量和运行环境并不适于在航空中应用。质子交换膜 (PEM) 燃料电池相比就有许多优势 [25]: 快速启动和关闭、较好的运行特性和适宜的能量及质量等, 使其成为航空航天中燃料电池首选。

为 NASA 的 Helios 计划工作的美国 AeroVironment 公司日前宣布已通过一种新型 HALE 无人飞行器的测试飞行, 这个长 16.5m 的无人飞行器以液氢为燃料, 采用了 H_2-空气 PEM 燃料电池系统, 据称其有效载荷为 454kg, 可在 21km 高空飞行 1 周。而波音 (Boeing) 公司也正在进行的燃料电池飞机演示项目 (The Fuel Cell Airplane Demonstrator Project), 已完成以 PEMFC 为动力的飞机的首次测试; Intelligent Energy 公司为其提供了 20kW 的 PEM 燃料电池, 据称可完全满足水平飞行的需要, 而起飞和爬升阶段的电力由锂离子电池提供。

我国的研究主要是制备和小批量生产 PEMFC 的 Pt/C、Pt-Ru/C 电催化剂、电极、膜电极三合一组件 (MEAS) 和电池双极板等关键组件; 研制和生产各种规格的电池组; 已掌握了一系列 PEMFC 的关键技术, 申请了 14 项国家发明专利。成功地研制出 100W~5kW 的各种规格的电池组, 电池额定输出功率密度 $\geqslant 0.35\text{W/cm}^2$。目前千瓦级 PEMFC 技术已经成熟, 具备了商业开发的条件, 同时在 PEM 燃料电池氢源开发方面取得了重大进展, 国内研究单位主要有中国科学院大连化学物理研究所、中国科学院长春应用化学研究所、清华大学、复旦大学等。

从技术层面讲, 目前有关 PEMFC 关键材料如电催化剂、电极、PEM、双极板等均取得了长足的进展, 多孔电极、电池、电池组的制备组装技术也日臻完善。其核心技术是电极-膜-电极三合一组件的制备技术。PEM 的技术参数直接影响着三合一组件的性能, 因而关系到整个电池及电池组的运行效率。但如果要应用在临近空间飞行器上, PEMFC 的轻质化仍是一个大问题。

随着 PEMFC 技术的突飞猛进, 空间电源已由单一的氢氧燃料电池发电系统转换为与太阳能电池阵匹配的再生燃料电池 (regenerative fuel cell, RFC) 发电系统。RFC 是一种特殊的燃料电池，结合了水电解和氢氧燃料电池技术，它既可以利用氢和氧来发电，生成水，也可以在外界能源的作用下，电解水而生成氢气和氧气，由此构成一个封闭的系统，从而起到高效贮能的作用。RFC 的比能量可达 400~1000W·h/kg，远高于现有的锂离子电池。

国内在这方面的研究不多，主要是中国科学院大连化学物理研究所和上海交通大学等单位在进行，研究双效催化剂和双效氧电极的制备方法，研制薄层电极并制备膜电极三合一组件，降低电极铂担量。目前电极的铂担量已降至 0.02mg/cm²。同时进行固体电解质的水电解技术开发，已掌握水电解用膜电极的制备技术。目前正在进行百瓦级可逆式 PEM 再生氢氧燃料电池的开发。

尽管 RFC 已在地面系统中得到应用，也有一些将用于航空航天的样机研制成功，但适于临近空间使用、高效、能可靠稳定运行的 RFC 系统尚处于研究阶段。其主要的挑战来自两个方面：一是燃料电池系统的轻质化技术，二是 RFC 的高效率问题。其关键技术主要有：双效催化剂与催化电极的制备技术，提高燃料电池与电解池的效率；电解生成气体的高压贮存技术；气体的膜分离技术 (将氢气、氧气与水分离)；系统热管理技术、配套组件的小型轻质化技术 (包括气体高压贮存罐、水泵和气体压缩装置等) 以及系统在空间的可靠性与安全性等。

2) 二次电池

第二次世界大战后，由于空间技术、移动通信、导弹、航空航天等领域的快速发展以及现代人们对能源危机、环境保护的关心，高储能电池的研究、开发已引起了人们的广泛关注 [26]。随着信息技术的高速发展，许多领域对新型高性能电池的研究开发都十分关注。锂离子电池、镍氢电池、燃料电池、太阳能电池等都是新一代的理想的绿色环保电池，从现有二次电池的能量密度情况来分析，铅酸蓄电池的质量比能量密度为 35W·h/kg、镍镉系列为 45~50W·h/kg，镍氢系列为 70W·h/kg，而锂离子电池的质量比能量密度为 160~200W·h/kg，并呈上升趋势，成为目前二次电池的发展主体。

由于锂 (Li) 在所有金属元素中质量最小、电极电势最低，所以由锂组成的电池具有开路电压高、能量密度大等特点。在 20 世纪 70 年代，人们用锂做成了一次性锂电池，1990 年，SONY 公司首先在市场上推出锂离子二次电池 (通常简称为锂离子电池) [28]。随着移动通信的快速发展以及笔记本电脑的普及，锂离子电池迅速替代了镍镉、镍氢电池成为最受欢迎的高能电池。目前商用锂离子电池的质量能量密度在 180~200W·h/kg，循环寿命可达 500~1000 次及以上。具有超薄、超轻、高能量密度优点的固态聚合物锂离子电池和塑料锂离子电池也已相继开发出来并开始走向市场 [29]。表 5.2 为我国蓄电池技术与国际水平的对比。锂离子电池的主要构造部分有阴极、阳极、能传导锂离子的电解质，以及把阴阳极隔开的隔离膜。在充电时阴极材料中的锂离子开始脱离阴极透过隔膜向阳极方向迁移，在阳极上捕获一个电子被还原为锂，并存储在具有层状结构的石墨中。放电时在阳极中锂会失去一个电子而成为锂离子 (Li^+)，锂离子穿过隔膜向阴极方向迁移并存储在阴极材料中 [30]。由于在充放电时锂离子是在阴阳极之间来回迁移，所以锂离子电池通常又称摇椅电池 (rocking chair battery)。锂离子电池的进一步发展就是聚合物锂电池技术的出现，其中采用聚合物 (高分子材料) 作电极和电解质材料的研究开发尤为引人注目，聚合物锂离子电池是在液态锂离子电池基础上发展起来的新一代锂离子电池，它不仅具有液态锂离子电池的高电压、高能量密度、长循环寿命以及清洁无污染等特点，而且由于采用全固态结构，改善了液态锂离子电池可能存在的不安全以及漏液等问题。另外，由于电池采用软性材料封装，允许弯曲、折叠，外形设计更加灵活、方便。

表 5.2 我国蓄电池技术与国际水平的对比

序号	型号	单体额定容量/(A·h)	蓄电池组质量/kg	输出功率/W	电池组质量比能量密度/(W·h/kg)
1	DFH-2	15	18.56	196	25.2
2	FY-2	17	14.7	178	26.4
3	国际通信卫星	15	21.62	200	20.4
4	DFH-3	45	84.5	1138.5	35.8
5	FY-1	12	73.8	299	26.3
6	ZY-1	30	98	1210	30.9
7	ZY-2	50	156	2050	36.9
8	SZ-1	65	132	3550	40.3

5.2.5 非晶硅太阳能电池作为空间能源的性能特点

临近空间太阳能飞行器对动力系统设计要求高、难度大，为适应超长航时飞行的需要，动力系统必须具有很高的可靠性和效率。临近空间空气稀薄，动力电机散热将是一个十分棘手的问题，解决的办法主要有两种：一是采取多余度技术，即临近空间太阳能飞行器一般采用多台电机分布式配置，以便在部分电机失效的情况下依然能维持飞行器的动力及操纵与平衡的需求；二是最大限度地减少动力系统活动部件，如电机采用低转速/大扭矩稀土永磁无刷直流电机，电机与螺旋桨直接相连，而不用减速器及复杂的变距机构。临近空间太阳能飞行器飞行高度跨度大，在整个飞行过程中要经历多种状态，定距螺旋桨与各种飞行状态的电机输出功率、飞行速度匹配十分困难。解决这一问题的技术途径是，根据飞行速度的大小以及螺旋桨效率与螺旋桨功率匹配要求，调节动力电机转速，动力电机采用多绕组设计以实现各种飞行状态螺旋桨功率与效率的匹配。

目前，临近空间超长航时太阳能飞行器离真正商业化还有一段距离，太阳能电池效率、储能系统效率/能量密度有待进一步提高。从临近空间太阳能飞行器研究现状和新技术发展来看, 临近空间太阳能飞行器将有良好的发展前景。

(1) 太阳能电池效率、储能系统能量密度与效率、新型结构材料高强度/轻质化等性能水平的不断提升, 将促进临近空间太阳能飞行器整体性能水平的持续提高。目前, 信息领域国际大公司高度重视临近空间超长航时太阳能无人机的发展应用前景, 各公司自主大力投入研究, 改变了之前政府主导的发展模式, 极大地推动了临近空间超长航时太阳能飞行器的研究进程。按照目前的发展, 可以预测未来 5~10 年内, 临近空间太阳能飞行器可以在 30000m 高空进行长达数月的昼夜飞行。

(2) 太阳能电池正向高效单晶硅电池、质量轻且易与机翼蒙皮融合的薄膜电池及聚光三结化合物、高效结构化吸能等方向发展。新型太阳能电池实验室状态效率达到了 40% 以上, 是当前工业化成品效率的 2 倍, 这将大大促进临近空间太阳能飞行器的技术进步。一旦成熟并应用于临近空间太阳能飞行器, 不仅可以增加可用能量来源, 而且可以为临近空间太阳能飞行器规模小型化、降低结构设计/气动弹性与飞行控制难度带来可能。

(3) 在临近空间太阳能飞行器需求牵引下, 未来 5~10 年可再生燃料电池质量比能量密度将从 450W·h/kg 提高到 600W·h/kg 的水平, 从而达到临近空间太阳能飞行器商业化的基本要求, 科学家认为远期可达到的水平是 800W·h/kg。石墨烯电池技术的发展, 将为临近空间太阳能飞行器储能系统提供新的选择。

(4) 爬高储能以动能–势能转化方式进行昼夜能量转换, 没有质量代价, 采用混合储能方式 (爬高储能 + 物理储能) 将是解决储能问题的重要发展方向。

在 1974 年, 美国科学家制成了世界上第一只实用的非晶硅太阳能电池, 翻开了人类利用太阳能的新一页。经过 40 多年的发展, 非晶硅太阳电池的理论、工艺和实际应用都获得了重大发展, 推动了人类利用太阳能的进程。

非晶硅半导体材料是一种奇妙的功能材料, 它成功地应用在光伏领域和光电子学领域。人们相继研究成功了非晶硅鼓、非晶硅薄膜场效应器件、非晶硅固体图像传感器、非晶硅电荷耦合器、非晶硅压力传感器和非晶硅发光器件等。非晶硅薄膜良好的半导体光电子学性能和低成本、大面积、大规模生产使得这些器件在与其他半导体器件的竞争中具有突出的优势。

随着非晶硅太阳电池效率以及稳定性的提高, 特别是柔性基体非晶硅太阳能电池的投产, 非晶硅太阳能电池作为空间能源的可能性日益增强。

由于大规模生产的实施和稳定效率的提高, 非晶硅太阳能电池在下列几个方面获得重大发展: ① 非晶硅太阳能电池能源系统; ② 作为消费品电源; ③ 在建筑上应用; ④ 作为太阳能飞机、太阳能汽车动力和平流层气球平台能源。

1. 柔性基体非晶硅太阳能电池作为空间能源技术上的优势、生产及使用

20 世纪 90 年代初，人们研制成功以不锈钢、聚合物为基体的柔性非晶硅太阳能电池，并成功地应用于太阳能飞机、太阳能飞艇、平流层气球平台。据悉，中国为美国发射的"铱星"卫星已采用柔性非晶硅太阳能电池方阵。这些成功使人们进一步探索柔性非晶硅太阳能电池大量使用于空间技术的技术优势。从非晶硅太阳能电池载流子的产生、输运和复合机理上进一步揭示了非晶硅太阳能电池具有独特的性能优势。

作为一种光伏器件，非晶硅太阳能电池载流子的产生机理具有特殊之处，非晶硅半导体具有比晶体硅高一个数量级的光吸收系数，1μm 厚的非晶硅就能将阳光中 90% 的能量吸收，而晶体硅需要 100~300μm，这一特性决定了柔性基体非晶硅太阳能电池具有极大的质量比功率的可能性。非晶硅太阳能电池是一种迁移型电流电池，光生载流子借助于本征层内强大的电场驱动 (>10^4 V/cm) 做迁移运动到达 n 区或者 p 区，形成光电流，有多少载流子能成为光电流，即所谓的内量子效率，主要取决于结内电场强度，这完全不同于晶体硅太阳能电池，在后者，光生载流子是依靠其扩散运动进入空间电荷区，形成光生电流，有多少光生载流子能成为光电流，主要取决于少子的扩散长度，因此，后者又可称作扩散型电流电池。由于产生电流机理的差异，非晶硅太阳电池在空间辐射环境下的使用十分有利，并在实际应用中显示出独特的优势。

1) 最高的质量比功率

一般单结非晶硅太阳能电池的厚度约为 0.5μm，三结电池的厚度也仅为 1μm 左右，其质量是微不足道的，组件的质量比功率大小，除了取决于电池的效率外，关键是基体的质量。如美国的 ECD 公司设计的生产线，采用不锈钢作基体，滚动工艺生产，其不锈钢的厚度为 0.0125~0.0250mm，宽度为 350mm，能连续制造长达 804.5m 的非晶硅太阳能电池组件，效率达 8%(AM1.5)，质量比功率达 600W/kg。美国联合太阳能公司正在为 NASA 研制和生产更先进的柔性基体非晶硅太阳能电池，采用全激光工艺，耐高温柔合物 Capton 作基体，进一步提高了电池的效率，质量比功率已达 2500W/kg。其另一个重要优点是极好的柔软性，可以任意卷曲、裁剪。这一特点对于空间应用十分重要，人们要在宇宙空间建立空间太阳能发电站，需极大数量的太阳能方阵，如采用卷包后送入轨道，这将是十分有利的。这一优势是晶体硅太阳能电池方阵和砷化镓太阳能电池方阵不可比拟的，目前，这一类电池组成的空间太阳能电池方阵的质量比功率为 40~100W/kg。

2) 良好的抗辐射性能

由于晶体硅太阳能电池和砷化镓太阳能电池在受到宇宙射线粒子辐射时，少子寿命严重下降，如在 1MeV 电子辐射通量达 1×10^{16}cm^{-2} 时，其输出功率下降

60%，这对大功率、长寿命空间飞行器或者空间太阳能发电站来说是个严重的问题。而非晶硅太阳能电池则表现出良好的抗辐射能力，这是由于宇宙中各种粒子的辐射并不能减少非晶硅太阳能电池中载流子的迁移运动，却能大大减少晶体硅太阳能电池和砷化镓太阳能电池中少子的扩散长度，使电池的内量子效率下降。学术界对非晶硅太阳能电池的这一特点进行了较系统的研究，发现在同样的粒子辐射通量下，非晶硅太阳能电池的抗辐射能力远强于单晶硅太阳能电池，非晶硅太阳能电池 (效率 10%，AM0 条件) 具有良好的光学稳定性和创纪录的质量比功率，它的抗辐射能力高于单晶硅太阳能电池 50 倍。

3) 良好的温度特性和高的充电效率

单晶硅材料的能带宽度为 1.2eV，砷化镓的能带宽度为 1.4eV，而非晶硅太阳能电池的能带宽度约为 1.63eV(与沉积参数有关)，具有较宽的带隙，所以后者要比单晶硅太阳能电池和砷化镓太阳能电池具有更好的温度特性。在同样的工作温度下，非晶硅太阳能电池的饱和电流远小于单晶硅太阳能电池和砷化镓太阳能电池，而短路电流温度系数却比晶体硅电池高 1 倍。在空间环境中太阳能电池的工作温度可达 100℃ 以上，在这一条件下，非晶高硅太阳能电池显示出其他电池所没有的高效率和稳定性。美国 NREL 对此现象进行了系统的研究，在环境温度 30℃时，同样标称功率的非晶硅太阳能电池和单晶硅太阳能电池，非晶硅太阳能电池输出功率几乎无变化，而单晶硅太阳能电池的输出下降 15%。同样的研究也在美国 PHTOTCOMM 公司完成，采用联合太阳能公司生产的柔性非晶硅太阳能电池和同样输出功率的单晶硅太阳能电池作充电效率的比较研究，其结果说明，前者对蓄电池的充电效率比后者高 30%，这一鲜为人知的实验结果增强了非晶硅太阳能电池作为空间能源的竞争能力，高的充电效率是十分必要的。

4) 良好的光谱响应和高的可靠性

非晶硅太阳能电池具有良好的 AM0 光谱响应，单结非晶硅太阳能电池光谱响应的峰值在 0.5~0.6μm，但单晶硅太阳能电池光谱响应的峰值在 0.8~0.9μm，这一特点使得非晶硅太阳能电池具有较高的空间效率。美国 NASA Lewis Center 对联合太阳能公司生产的柔性基体三结非晶硅太阳能电池组件进行测试，在 AM0,25℃条件下，效率达 12%，这一结果表明，三结非晶硅太阳能电池在空间应用是可行的。另外，为了确证非晶硅太阳能电池在空间环境条件下应用的可靠性，联合太阳能公司的非晶硅太阳能电池组件在 70℃ 的温度下长期工作，没有发现明显的性能变化，实验组件进行了热循环试验；−90~90℃ 温度范围内，循环 300 次以后，没有发现电性能变化。

2. 柔性基体非晶硅太阳能电池生产和应用情况

目前，从事柔性基体非晶硅太阳能电池研制生产的主要单位是美国的 ECD 公司、联合太阳能公司和日本的 Sharp 公司、Sanyo 公司、TDK 公司。美国的技术特点是采用滚动式工艺,在不锈钢基体上制成长达 8045m 的柔性基体非晶硅太阳能电池,效率已达 8%(AM1.5),质量比功率已达 600W/kg,已成功地应用于太阳能飞机、太阳能飞艇、平流层气球平台。联合太阳能公司目前已在采用全激光工艺,以 Capton 为基体,生产空间使用的非晶硅太阳能电池,其质量比功率为 2000W/kg;它将用于美国通信卫星作为低成本太阳能电源。在日本,Sharp 公司、Sanyo 公司、TDK 公司都投入了大量人力、物力从事柔性基体非晶硅太阳能电池的研制,它们主要在 PI 膜上制备非晶硅太阳能电池。目前已能生产面积为 286cm^2 的组件,效率已达 8.1%,小面积电池的效率已达 11.1%(AM1.5)。日本在应用方面走在世界的前列,Sanyo 公司在太阳能飞艇上采用柔性基体非晶硅太阳能电池作能源,也许这是唯一的选择;在圆形飞艇的外壳上布满厚度为 0.1mm 的非晶硅太阳能电池,为飞艇的飞行和通信提供电能。

3. 非晶硅太阳能电池存在的问题

1) 效率较低

单晶硅太阳能电池已被广泛用作空间能源,其单体效率为 14%~17%(AM0),而柔性基体非晶硅太阳能电池组件 (约 1000cm^2) 的效率为 10%~12%,还存在一定差距。目前,人们已在采取一系列技术措施进一步提高 AM0 效率,使其接近单晶硅太阳能电池。

2) 稳定性问题

非晶硅太阳能电池的光致衰减,即所谓的 W-S 效应,是影响其大规模使用的重要因素。目前,三结柔性基体非晶硅太阳能电池稳定效率已超过 10%,已具备作为空间能源的基本条件。综合考虑光致衰减、辐射损失、退火效应,以及其他在空间条件下造成电化性能下降的因素,标称功率的非晶硅太阳能电池的寿命中后期的效率将高于单晶硅太阳能电池。

5.3 高空浮空器能量管理

5.3.1 高空浮空器能量平衡

高空浮空器维持正常工作所需能量主要来源于化石燃料转化的电能、太阳能转化的电能、风能转化的电能及储存的电能。各类浮空器使用不同的多能源系统,各能量所占比例又有所不同,在白天光照强度能够达到转化电能的时间里,浮空器利用高效薄膜太阳能电池和自然风发电以维持浮空器正常运行并储存部分冗余电能。太阳能浮空器的能量流如图 5.5 所示。夜间太阳光照强度减弱,只能利用自然风或化石燃料转化的电能。浮空器的能量平衡是浮空器连续 24h 所需能量总和

必须小于或等于高效薄膜太阳能电池、风力发电机或化石燃料同样时间内产生的
能量。

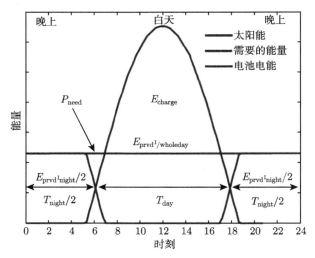

图 5.5   太阳能浮空器的能量流

5.3.2   能量管理系统

1) 能量管理系统组成

高空浮空器的能量管理系统主要由 MPPT 太阳能控制器、电池管理器、电动
机控制器组成 (图 5.6)。

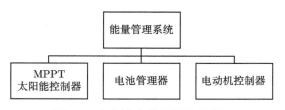

图 5.6   高空浮空器能量管理系统

2) 能量管理系统的功能

高空浮空器的能量管理系统的工作时间是在白天, 夜晚飞行时只需用储能电源
进行供电。其功能主要为: 将太阳能电池板吸收的太阳能转化为电能, 利用 MPPT
太阳能控制器将电能分成两部分, 一部分用于机载设备正常工作, 多出的另一部分
用于给储能电源充电, 以供高空浮空器夜晚飞行使用。

MPPT 太阳能控制器的主要功能是能够实时侦测太阳能电池板的发电电压,
并追踪最高电流电压值, 使能量以最大功率输出, 应用于太阳能光伏系统中, 协调

太阳能电池板、电池、负载的工作,是光伏系统的大脑,控制器需要有自动检测、控制、调节、转换等多种功能[31]。

在光照强度固定的条件下,太阳能电池板输出电压、电流及功率关系如图 5.7 所示。图中黑点叫做最大功率点 (MPP)。MPPT 的工作原理:通过一个 DC/DC 转换器来控制太阳能电池板的电压,通过分析太阳能电池板的工作特性来控制太阳能电池板的电压,使 $\mathrm{d}P/\mathrm{d}V =0$,该状态下太阳能电池板的输出功率最大。

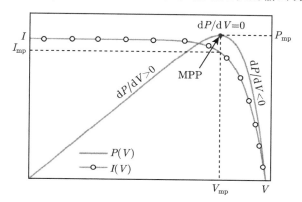

图 5.7 太阳能电池板不同电压下的电流和功率曲线图

电池管理器的主要作用是通过控制充电电流来防止出现过充现象而损坏电池。电动机控制器的主要作用是将太阳能电池输出的直流电转换成无刷电动机使用的交流电,并且控制电动机的转速用于太阳能平飞或爬升。

3) 能量管理系统的要求

高空浮空器的飞行环境变化较大,例如,昼夜温差较大,辐照强度变化大等,因此能量管理系统应具有以下特点[32]:

(1) 所使用的元器件性能可靠、成本低和体积小,而且具有较小的功耗,保证电路质量;

(2) 能够方便安装,尽可能减少系统的空间占用;

(3) 合理控制蓄电池的充、放电模式,使蓄电池不出现过充、过放的情况,尽可能始终运行在规定好的范围内;

(4) 由于光伏发电的不稳定性和随机性较强,尽量避免太阳能电池和蓄电池出现短时间内较大范围的波动,以延长蓄电池的使用寿命。

4) 能量管理策略

高空浮空器能量管理策略是能量管理系统的关键部分,针对所设计的浮空器基本参数以及浮空器对能量的需求和对能量控制的要求,基于浮空器的不同飞行状态,能量管理系统需要在保证浮空器安全、可靠的飞行前提下,合理地分配各系统之间的能量,满足浮空器机载设备、有效载荷的用电需求,同时提高系统对能量的利用率,力求达到最优效果。

能量管理系统的工作过程中,在早晨或者傍晚光照强度不足的情况下,由太阳能电池和蓄电池共同提供能量来完成高空浮空器的驻空飞行;光照强度充足的情况下,由太阳能电池板单独提供能量来完成浮空器的驻空飞行,同时,剩余的能量为储能电源充电;在夜晚,由储能电源单独提供能量来完成浮空器的夜晚驻空飞行。为了实现能量管理系统上述工作过程,我们在选择电池时,需要满足电池容量等于白天太阳能过剩的能量。但是浮空器在实际飞行过程中,可能会遇到短时间光照强度不足的情况,这样会导致电池未能完全充满电,由于电池的体积和质量与容量成正比关系,因此会增加浮空器的质量,不利于高空浮空器的长航时飞行。

5.3.3　能源管理单元

根据近年来的相关研究,对于工作模式不固定的系统,采用单一能源系统及固定的能源管理方式会使能源系统各个单元的工作效率降低,系统的能源需求增加,这些会导致能源系统工作可靠性和寿命降低、体积和质量增加。由于平流层飞艇平台的工作模式随任务及工作环境而变化,因此对能源系统的要求也随之变化。采用混合型能源系统及可调整工作模式的能源管理方式可以有效地提高能源系统的效率和可靠性,使能源系统在满足任务需求的条件下,各项配置及工作性能达到最优。

1) 能源管理单元

能源管理单元应最少包含的部件见表 5.3。

可看出,能源管理单元设计的重点是主控制器的控制方案的设计和选择。首先按照飞艇任务的要求确定飞艇的各种工作模式,得到各种工作模式下飞艇的能源供求情况;然后参照能源系统的各部件工作性能指标和预计的工作状态,确定最佳的能源管理方案。

表 5.3　能源管理部件构成表

名称	功能
分流控制器	对太阳能电池各组单元进行通道切换控制,以保证太阳能电池输出的电流和电压符合要求
再生燃料电池控制单元	对再生燃料电池的各个部件协调管理,保证再生燃料电池的供电和储能正常进行,防止过度放电和充电
锂离子电池充放电控制器	保证锂离子电池组的各组单元的充放电平衡,防止过放电和过充电
主控制器	对于飞艇不同的工作模式,按照程序完成各种电源的切换、单独供电及联合供电控制;提供多种电压母线,并监视电源母线工作状态;通过总线与其他系统进行通信,接收控制指令信号及输出能源系统工作状态

2) 能源管理与分配技术

美国 HALE-D 飞艇上采用能源管理与分配单元 (power control and distribution unit, PCDU) 在技术上继承了空间飞行器的电源设计方案。如图 5.8 所示，PCDU 主要用于负载在电源母线上的接入与切断，同时具有故障保护功能。在 HALE-D 飞艇上，PCDU 通过均衡控制太阳电池子阵串为负载和蓄电池充电来实现对整个太阳能电池阵的控制。此外，PCDU 具有蓄电池监测和命令/遥测接口功能。

图 5.8 平流层浮空器 HALE-D PCDU 示意图

HALE-D 飞艇项目先后应用了 SunSave 和 Solar Conventers Inc 两个公司的 MPPT 模块产品，SunSave 公司研制的 MPPT 模块效率达 95%~97%，可为 12~24V 的蓄电池组充电，质量为 600g；Solar Conventers Inc 公司研制的 MPPT 模块效率为 96%，可为 12~24V 的蓄电池组充电，但质量仅为 150g。

3) 系统总体架构

为了尽量减小传输损耗和降低传输母线电缆重量，能源系统采用高压母线传输，结合蓄电池组的特点，动力母线电压选择 234~330V。为了避免太阳能电池阵输出电压被蓄电池组钳位或太阳能电池阵工作点偏移造成功率损失，能源系统采取了 MPPT 方式，通过调节太阳能电池阵的工作点，在负荷需要的情况下自动跟踪太阳能电池阵的峰值功率点。另外，对飞艇而言，其最大的负载是推进电机，其对母线电压要求不高，动力母线采用不调节母线方式，实现能源的高效利用。MPPT 方式结合不调节母线方式，不仅可以减小太阳能电池阵设计尺寸和质量，还可以减小蓄电池组放电深度，在相同放电深度下可减轻蓄电池组质量，对实现轻质高效的临近空间飞行器具有重要意义。

串联型 MPPT 调节主要分为三大类：降压型 MPPT 调节、升压型 MPPT 调节和升降压型 MPPT 调节。相比降压拓扑，升压拓扑的太阳能电池阵输出电压的大幅降低，就避免了太阳能电池阵高压放电、单体电池一致性要求高等一系列问题；相对升降压拓扑，升压拓扑系统开销较小，控制相对简单。综合以上分析，本

书最终选择了串联型升压 MPPT 调节方式。在系统总体方案中采用分布式 MPPT
供电方式，光照期间太阳能电池阵首先对负载进行供电，多余能量对蓄电池充电；
若太阳能电池阵输出功率不能满足功率负载需求，由太阳能电池阵和蓄电池联合
供电；阴影期由蓄电池进行供电。能源管理系统由 9 个 MPPT 供电单元组成，每
个 MPPT 供电单元功率不小于 2.3kW，额定输出功率 20kW，太阳能电池阵工作
点电压范围为 165~252V，开路电压范围为 200~294V。锂离子电池组工作电压范
围为 234~330V，最大充电电流 70A。

4) MPPT 供电电路设计

MPPT 供电电路 (图 5.9) 具有以下主要功能：

(1) 在光照区，太阳能电池阵通过具有 MPPT 功能的电源控制器优先对母线
负载供电，多余能量对蓄电池组充电；

(2) 当太阳能电池阵能量不满足负载需求时，太阳能电池阵通过电源控制器与
锂离子蓄电池对母线进行联合供电；

(3) MPPT 供电电路输出过压保护；

(4) MPPT 供电电路输入过压保护；

(5) 当蓄电池电压达到设定值时，模块转入蓄电池恒压供电方式；

(6) 当蓄电池电流达到设定值时，模块转入蓄电池恒流供电方式。

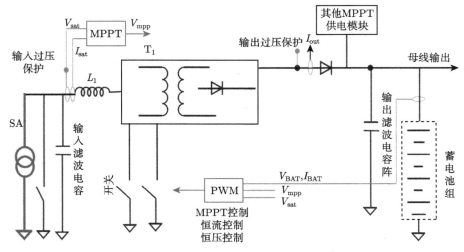

图 5.9   MPPT 供电模块结构框图

5.3.4   能源管理技术

无人飞艇能源管理的目的是要在飞艇有限的能源及电源容量的情况下，把飞
行任务、飞行状态和有飞行阶段等级的负载与飞艇主电源容量尽可能地紧密匹配，

以求得各种可靠负载分配模式,提高飞艇在有限的能源下更长久的工作时间,以保证任务的顺利完成。在主电源故障情况下,飞艇进入应急模式,ELMC 自控卸载部分负载,保证飞艇安全返航。

1) 能源系统拓扑设计

高空浮空器混合能源方案采用薄膜太阳能电池阵发电与高性能锂离子蓄电池和可再生燃料电池相结合的能源产生、存储体制。太阳能电池阵满足白天的能源供应,锂离子电池、可再生燃料电池等满足应急或夜间的能源供应[33]。高空浮空器能源系统拓扑采用双母线配置,平台母线采用稳压调节控制,为浮空器平台设备供电。高压母线电压采用 MPPT 能量传输方式,提高太阳能电池阵输出功率的利用效率为有效载荷。

2) 太阳能电池阵 MPPT 能量传递

MPPT 技术使太阳能电池阵始终工作在最大功率点的状态,当温度或者光照影响最大功率点的位置时能自动调整,使太阳能电池的输出功率达到最大。采用 MPPT 技术可以最大限度地利用太阳能电池转换的电能,以满足浮空器的功率需求,优化设计。

随着航天器研制技术的发展,对电源功率的需求不断增加,对电源品质的要求越来越高,随之产生了一种新的电源控制器调节技术,即将 MPPT 技术与 S3R 和 S4R 技术相结合。利用 S3R 调节器和 MPPT 模块将太阳能电池阵控制在最大功率点工作,然后用升压变换器获得高压母线。这个拓扑结构被称为顺序开关分流最大功率调节器。将传统顺序开关分流调节器或串联型顺序开关分流调节器拓扑结构中的主误差放大信号,由固定的电压参考点改进为实时变化的值,该变化值通过 MPPT 电路给出,这就间接实现了最大功率点追踪。这种拓扑结构与全调节母线 MPPT 拓扑结构相比,减少了功率传输路线上电源变换器损耗,有利于最大限度利用太阳能电池阵输出功率。

3) 能源动态调度管理

能源管理系统根据太阳能电池阵输出功率和系统负载的变化,对浮空器的能源进行分配和管理。能源动态调度管理的基本原则是:加电负载的耗电能力必须与电源的供电能力相匹配。高空浮空器的能源的动态调度管理以运行 24h 为一个调度周期,提出一套供电保护规则,在保证平台安全和主飞行任务的前提下对负载供配电进行管理,及时切除优先级最低的负载,降低用电量,防止蓄电池过放电,动态调度电能资源。

能源调度是一个线性规划问题,通常解决这一类问题的方法是建立相应的优化调度模型,求出最优解。对于浮空器能源调度,通常以最大限度利用能源、确保各阶段飞行任务的完成为目标。

具体描述如下。

目标函数为

$$f(S) = \min \sum_{t=1}^{T} Rs_t \tag{5.1}$$

式中，$Rs_t = F_t/S_t$，$t = 1, 2, \cdots, T$。t 计算时段能量平衡：$X_t = X_{t-1} + S_t - L_t - F_t$。

周期 24h 能源平衡约束：

$$\sum_{t=1}^{T} (X_t - X_{t-1}) = 0, \quad t = 1, 2, \cdots, T \tag{5.2}$$

燃料电池和锂离子蓄电池电量约束：

$$X_{\min} \leqslant X_t \leqslant X_{\max} \tag{5.3}$$

太阳阵供电约束：

$$S_{t\min} \leqslant S_t \leqslant S_{t\max}, \quad \text{光照}$$
$$S_t = 0, \quad \text{地影} \tag{5.4}$$

用电量约束：

$$L_{\min} \leqslant L_t \leqslant L_{\max}, \quad \text{光照}$$
$$L_{\min} \leqslant L_t \leqslant |X_t - X_{t-1}|, \quad \text{地影} \tag{5.5}$$

以上各式中，L_t 为负载在 t 时段的用电量；S_t 为太阳能电池阵在 t 时段的供电能力；$S_{t\min}$、$S_{t\max}$ 分别为太阳翼在 t 时段的最小和最大供电能力；X_{t-1}、X_t 分别为蓄电池在 t 时段初、末的储能；$X_{\min}$、$X_{\max}$ 分别为蓄电池的最小和最大储能 (最大放电量和容量)；F_t 为 t 时段分流掉的电能；Rs_t 为 t 时段电能损失率。

5.4　环境储能策略

考虑到与传统基于内燃机的航空飞行器相比，太阳辐照的功率密度和储能电池的能量密度都相对较低，能量短缺问题贯穿了太阳能飞行器始终。近年来，科学家和工程师们尝试从环境中获取和保存能量。

5.4.1　重力势能

受限于低能量密度的储能电池，高空太阳能浮空器往往需要携带较大质量的储能电池以满足夜间飞行。然而储能电池质量的增加会带来平飞功率的大幅增加，这对长航时飞行是不利的。通过考虑将白天的太阳能储存到环境中而不是储能电池中,进而可以解决上述问题。自然界中重力是一种保守力,因此重力场可以用于储存能量。在白天太阳辐照充足的时候 (如正午) 可以采用向高空爬升的方式将太阳能转换成重力势能,而在夜间能量不足的情况下 (如午夜) 可以采用向低空滑翔的方式将重力势能转换成动能,以维持飞行器飞行。当到达设计的最低高度时,储能电池提供太阳能飞行器平飞的能量,直到第二天太阳升起。通过利用重力场进行储能,太阳能飞行器可以携带更少的储能电池,或者说对储能电池的能量密度所提的要求降低。

人们很早就观察到了鸟类利用重力势能储存能量的现象,但并没有进行深入的研究。鸟类在上升气流中不断增加飞行高度,将动能存储到重力势能当中,然后通过重力滑翔的方式实现无动力飞行。从这一现象出发,通过鸟类的升阻特性将飞行高度与滑翔距离联系起来,进而提出能量高度 (energy height) 的概念,将鸟类飞行过程中所用的所有能量进行统一的分析和描述 [34]。包括高空浮空器在内的太阳能飞行器的功率需要主要由飞行航迹决定,航迹和能量需求之间呈强耦合关系。科学家也意识到太阳能飞行器的飞行航迹与其能量消耗情况存在着密切的联系,并尝试利用轨迹优化的方法实现太阳能飞行器的持久飞行 [35−37]。其研究结果表明,航迹规划对太阳能飞行器的飞行航时具有重要影响,但是他们并没有关注太阳能飞行器如何在夜间进行飞行的问题。德国慕尼黑工业大学航空飞行力学研究所的Sachs 教授是一个研究鸟类飞行运动的科学家和爱好者,他在 2009 年的一篇文章中,首次提出采用重力势能储能的方法实现太阳能飞行器的昼夜巡航 [38]。文中通过采用定升阻比假设,以实现飞行器昼夜巡航的储能电池质量最小化为优化目标,对飞行采用重力势能储能的方法进行了研究。现有太阳能飞行器原型机中,Zephyr太阳能飞行器和 Solar Impulse 太阳能飞行器均利用重力势能储能,以实现长航时的飞行 [39,40]。图 5.10 展示了 Solar Impulse 太阳能飞行器利用重力势能储能的示意图。

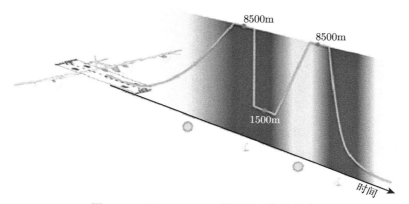

图 5.10 Solar Impulse 利用重力势能储能

总的来看，重力势能储能的方式不会因存储能量而增加飞行器质量，相比储能电池有明显优势。但是在接近临近空间的高空范围内空气密度变化大，飞行器气动参数也随之发生较大变化。在高空，环境大气密度越低，飞行器需要更快的平飞速度以保持升重平衡，平飞能耗就更大，此时虽然将电能存储到了重力势能当中，但滑翔过程中重力势能所维持的飞行器滞空时间相对较短，继续采用重力势能储能的效率十分低下。因此，在太阳能飞行器 HALE 飞行过程中应用重力势能储能需要研究的基础问题是：重力势能储能方式的应用高度范围是多少？该如何确定？由此衍生的问题有：飞行器以何种轨迹滑翔，在下降相同的高度条件下所需时间最长？不同的初始速度和高度对重力势能储能的效率有怎样的影响？如何通过较优的储能电池策略有间隔地改变飞行器的高度和速度，使得重力势能储能的效率最大化？而这些问题的研究在当前还没有充分地展开。

5.4.2　风梯度

通过从环境中汲取能量作为太阳能的补充，有利于太阳能飞行器长航时飞行。近年来研究人员发现，信天翁可以在海面上只少许扇动翅膀，就可以长时间留在空中 [34]。事实上信天翁是利用海面上的梯度风场，逆风爬升，顺风下滑，以获得能量，最终可以在迁徙期间飞行数千千米。信天翁的飞行方式即动态滑翔，在飞行动力学领域已经对动态滑翔进行了深入的研究 [41,42]。考虑到太阳能飞行器的典型飞行区域为 20km 附近的平流层，那里存在大范围的水平梯度风，因而可以考虑利用在梯度风场中动态滑翔以获取能量，实现长时间的飞行 [43,44]。图 5.11 展示了在海面上利用梯度风场实现动态滑翔的示意图。

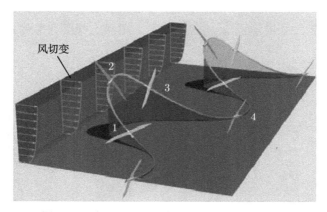

图 5.11　在海面上利用梯度风场实现动态滑翔

另一种环境能量是上升气流。通过捕捉上升气流，太阳能飞行器可以不费太多能量爬升到较高的高度，因而获得了重力势能。SoLong 太阳能飞行器就是由操作人员遥控飞行, 随时捕捉上升气流以爬升高度, 进而实现长时间的飞行。

从 Langelaan 等在 *Science* 杂志上发表的关于增强无人飞行器功能的文章可以看出, 他们提出采用风梯度滑翔的方式, 可以提高无人飞行器的飞行时间并拓展应用功能。他们认为通过风梯度滑翔方式从环境中持续获取能量将引发无人飞行器设计的变革[45]。这段时期的主要特征可以归结为实现无人飞行器风梯度滑翔的自主化。目前, 已展开了很多探索性研究并取得了阶段性成果, 比如 Lawrance 等设计了无人机风梯度滑翔的分段制导与控制策略并进行了数值仿真[46]。Kahveci 等基于线性二次控制器为无人机的自主滑翔设计了一套自适应控制策略[47]。Lawrance 等和 Langelaan 等分别独立地设计了在风梯度滑翔过程中自主感知风梯度场强度的方法[48,49]。通过利用环境中的能量如梯度风和上升气流等, 理论上可以实现长航时飞行, 但该理论应用到实际太阳能飞行器中还有很长的路要走。

无人飞行器只有在沿着能量获取轨迹自主飞行的基础上, 才能从风梯度中获取能量。如果飞行环境中的风梯度参数是已知的, 那么无人飞行器的能量获取过程就可以转化为轨迹优化问题[50], 比如 Deittert 等[42]的工作。然而实际飞行过程中, 这种假设通常是不成立的, 并且到目前为止, 也没有可以安装在小型无人飞行器上对三维风场进行实时测量的传感器[48], 因此对安装机载自驾仪的无人飞行器来说, 能够利用目前安装的传感器 (比如空速管、GPS、惯性导航系统 (INS) 等) 对风场进行实时测量和估计就变得非常重要。因此, 开发能够在机载自驾仪上运行并对风场参数进行实时估计的算法很有必要。

为达到这个目的, 许多学者对在线实时估计风场的算法进行了研究。Lawrance 等[51]采用 Gaussian 回归过程对风场进了估计。Langelaan 等[48]尝试开发利用已知风场结构, 利用线性 Kalman 滤波算法简化参数估计的方法对风场进行估计。总的来说, 对风场强度估计的问题, 就是一个对非线性系统进行参数估计的过程。目前处理该问题的方法有两大类: 第一类是采用拓展 Kalman 滤波方法 (extended Kalman filter, EKF), 该方法采用线性化的方法处理非线性问题, 状态变量和方差也都通过线性化后的动力学系统进行传播。在非线性系统的线性化最小误差意义下, 可以证明 EKF 是最优滤波算法[52]。但是, 近年来的研究显示, 当系统呈严重非线性时, EKF 的估计结果通常偏差很大, 甚至发散[53]。为解决这一问题, 另一类称为粒子滤波 (particle filter, PF) 的非线性估计算法被开发出来。PF 算法的基本思想是通过重建状态变量后验概率密度函数的方式对状态变量进行估计。从理论上讲, 随着粒子数的不断增加, PF 算法可处理非线性系统、服从任意分布随机噪声的问题[54]。目前 PF 算法已广泛应用于金融数学、环境数据处理、物理科学和工程估计等领域[55-57]。按照风梯度滑翔的原理, 如果风梯度强度足够大, 飞行器从风梯度中获取的能量大于或等于飞行过程中阻力消耗的能量, 飞行器就能保持持久飞行。针对不同的风梯度类型, 采用不同的飞行方式, 飞行器可以在无动力条件下从风梯度中获取能量,实现持久滑翔。如图 5.12 和图 5.13 所示,针对线性正风梯度,飞行器可采取两种滑翔方式:一种是弯曲型滑翔方式,沿风梯度垂直方向向前飞;另一种是椭圆形滑翔方式,在风梯度中持久盘旋。它们的共同特征是逆风向上飞行,顺风向下飞行,中间通过转弯过渡飞行方向。临近空间区域存在较为稳定的风梯度,但是对于大展弦比的太阳能飞行器,是否有可行的飞行方式从临近空间稳定的风梯度中获取能量?如果有,这种飞行方式是什么?该怎么实现?效率如何?这些都是太阳能飞行器设计领域急需回答的问题。

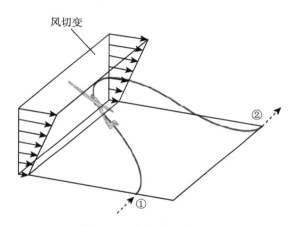

图 5.12　弯曲型滑翔方式

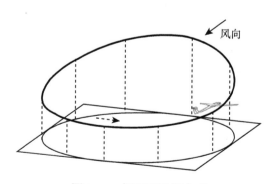

图 5.13　椭圆形滑翔方式

5.4.3　自然能

　　能源动力系统组成相对复杂,技术难度较大,总体转化效率较低,面临突出的质量和可靠性问题。对于长期驻留面临的热问题以及由此产生的超压和浮力控制问题,一般采用“被动”解决思路,通过优化蒙皮涂层,降低囊体内部气体“超热”

程度 (如 2011 年试飞的 HALE-D 平流层飞艇演示验证样机即采用高太阳反射率热控涂层蒙皮),以及通过囊体直接承压 (如 "高空哨兵" 飞艇) 或浮升气体相变调节,实现 "超热" 引起的超压和浮力协调控。采用高反射率热控涂层虽能在一定程度上缓解 "超热",但无法从根本上解决 "超热" 难题;囊体直接承压极大提高了蒙皮材料的强度要求,限制了囊体的体积规模;而浮升气体相变调节的速度和能力,以及由此引入的附属装置质量都需深入研究。同时,上述浮空器都采用传统螺旋桨推进模式实现抗风和机动飞行,持久驻留面临苛刻的能源问题。针对上述问题,有学者提出一种利用自然能的新型临近空间浮空器,引入新型浮空器技术方案构想,充分利用临近空间热能和风能,采用环境协同热力飞行的设计思想,利用自然环境热能产生的 "超热" 和临近空间准零风层风场特点,通过简易可行的技术手段,实现飞行高度和轨迹控制。

新型高空浮空器主要由热气球、设备载荷舱和下挂帆面三部分组成 (图 5.14)。

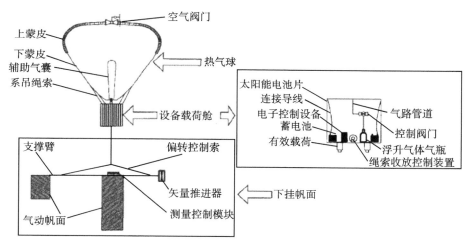

图 5.14 利用自然能的高空浮空器系统构成图

热气球系统主要包括主气囊、副气囊和空气阀门。主气囊采用优化热控涂层方案设计,提高驻留期间环境热能吸收量;副气囊充填辅助浮升气体,保证浮空器系统具有充足的浮升能力;空气阀门满足浮空器系统高度调节要求,通过打开空气阀门,减少有效热空气体积,降低浮空器驻留高度。设备载荷舱主要包括能源装置、有效载荷及其他辅助设备等。下挂帆面包括气动帆面、支撑臂、测量控制模块、偏转控制索和矢量推进器。

自然能热-帆耦合驱动临近空间浮空器主要实现热、力参数的主动控制和自适应变化,其方案具有以下特点:

(1) 利用所在环境能量资源 (包括太阳辐射能、地球红外反射、大气风能等)，通过环境协同的设计理念，极大降低了浮空器的能源需求，提高了浮空器持久驻留能力；

(2) 浮空器系统具有高度主动控制能力，根据所在区域风场环境特点，主动调节浮空器驻留高度，配合下挂帆面，实现浮空器的区域驻留和机动巡航；

(3) 通过优化配置主气囊、副气囊和控制阀门功能，避免驻留期间出现囊体超压，并能有效控制浮空器驻留高度；

(4) 引入气动帆面，通过改变帆面与所在风场的作用夹角，实现浮空器机动轨迹的有效控制。

新型浮空器利用平流层底部特有的反向风场，通过浮空器空气阀门简易方便地实现高度控制，巡弋在零风层上下，主动利用风场特性飞行，减小对能源的消耗，在现有能源、材料、推进技术条件下，实现高空持久驻留。

1) 高度调节方式 (白天夜晚均可实现)

浮空器主要通过控制主气囊的空气阀门实现浮空器在准零风层区域内震荡。白天，浮空器主气囊吸收太阳辐射和地球红外反射热，导致主气囊内空气温度升高，浮空器因 "超热" 而上升，达到规定高度，打开空气阀门，降低浮空器有效浮力，浮空器下降至工作高度；夜间，浮空器主气囊吸收地球红外反射热，高度调节规律和方式与白天相似。由于白天 "超热" 速度较快，因此，高度调节控制空气阀门开启得较为频繁。

2) 纬向 (南北方向) 轨迹调节方式 (白天夜晚均可实现)

新型浮空器主要依靠下挂气动帆面与所在风场环境相互作用实现纬向轨迹调节。根据浮空器与目标位置的纬向坐标关系，控制气动帆面与所在风场的作用夹角，产生一个指向目标位置的速度矢量，由气动帆面携带的矢量推进器对轨迹进行实时修正，达到纬向轨迹的调节要求。配合高度调节方式，可实现白天、夜晚浮空器驻留区域周边的全向轨迹控制能力。

3) 区域驻留调节方法

对于驻留在准零风层内的浮空器，关闭空气阀门。由于浮空器白天同时受太阳辐射和地球红外反射，囊内气体升温，浮空器穿过准零风层到达东风带，此时浮空器随风向西飘移；夜间，打开空气阀门，同时，由于此时浮空器仅受地球红外反射，浮力不足，浮空器降至准零风层以下的西风带，此时浮空器随风向东飘移；第二天日出后，进入白天循环模式，从而实现区域驻留。其调节方法和实现过程如图 5.15所示。

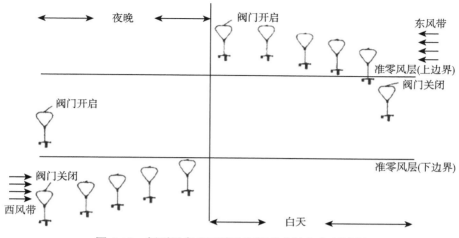

图 5.15 新型浮空器区域驻留调节方法和实现过程

5.5 浮空器新型能源系统

5.5.1 微波能量传输技术

受著名的特斯拉线圈实验启发，美国科学家 W. C. Brown 提出了微波能量传输 (microwave power transmission，MPT) 的概念，并于 1964 年首次用微波提供动力的直升机进行了验证 [58]。广义上讲，MPT 就是将电能以微波能量的方式进行远距离传输，是无线能量传输的一种实现方式，与感应耦合和磁场谐振耦合等无线能量传输方式相比，其传输距离远，与激光能量传输相比，其传输效率较高。实现方法是，在发射端将电能转换成微波向接收端进行发射，接收端的接收天线收集微波能量并转换成电能，这种传输的始、终点可以是地、空、天的任意两两组合。

1) 国内外研究进展

美国是开展 MPT 研究最早的国家，截至 20 世纪 70 年代末已经完成了多次 MPT 实验。1964 年，美国 Raytheon 公司的 W. C. Brown 首次成功验证了微波动力直升机，这是 MPT 的重要里程碑 (图 5.16)。直升机飞行高度达 18m，飞行时间 10h，电机获得的直流功率为 200W。在他的实验中设计了结构简单、高效率的半波偶极子半导体二极管整流天线，验证系统中的微波工作频率为 2.45GHz，通过安装在机身的整流天线把收集到的微波能量转换成直流电驱动飞机。

2006 年，美国 NASA Longley 研究中心针对 MPT 在高空飞行器 (HAA) 中的应用开展了研究 (图 5.17)。高空飞行器采用了燃料电池和太阳能电池阵列相结合的方案。MPT 在高空飞行器中有两种应用模式：一种模式是白天太阳光照充足时可以利用微波能量传输技术从高空飞行器向其下方的小型无人机供电；另一种模式是晚上依靠燃料电池供电时利用 MPT 技术从地面向高空飞行器供电，作为燃料电池的补充以支持各种夜间任务的运行。

图 5.16　Raytheon 公司的微波动力直升机实验

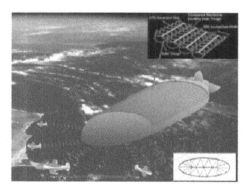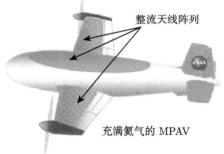

图 5.17　HAA 能量分配及 MPT 工作模式

日本是开展 MPT 研究最为持续、深入的国家，至今已进行了十余次大型实验和验证，包括地对地、地对空、空对地等多种传输模式。1983 年首次进行了 MINIX 火箭实验，使用 2.45 GHz 的磁电管从子航天器向母航天器进行电力传输，主要研究了空间大功率微波波束与电离层的非线性相互作用，是世界上首次在电离层进行的 MPT 实验。1993 年，日美合作进行了 ISY-METS 火箭实验，总体思路与 MINIX 类似。这两次空间实验不仅研究了大功率微波与电离层的非线性作用，同时验证了空间大功率 MPT 的可行性。

1995 年开展了 ETHER (Energy Transmission to a High Altitude Long Endurance Airship) 验证实验，从地面向飞艇传输能量。

1987 年，世界首个利用地面传输的微波作为动力的低燃料飞机在加拿大实现首次飞行, 该系统被称为 SHARP(固定高空中继平台), 其在 21 km 高空缓慢地盘旋飞行数月, 在直径 600 km 范围内对通信信号进行中继 [59]。他们采用一个高功率发射机在 2.45GHz 频率下, 将能量通过波束的方式传输到在空中盘旋的飞机上, 在飞机内面有一个专门定制的二极管天线印刷电路, 利用整流二极管将微波能量转换成直流电, 作为电动机的动力。

国内在 MPT 的基础技术方面具有广泛的研究基础, 国产的微波器件、天线、整流设备等性能指标良好, 具备开展相关技术研究的基础。中国科学院电子研究所、电子科技大学、上海大学、四川大学等单位都开展了无线能量传输关键技术研究并取得了一定的成果。

重庆大学杨士中院士的研究团队为更接近空间太阳能电站实际工作情形, 研制了基于锚定气球的固态相控阵体制 MPT 系统, 验证垂直环境下的 MPT, 取得了很好的实验结果。

2) MPT 技术

MPT 是指将能量以微波的形式, 通过真空或地球大气, 不借助导线或其他任何介质, 实现点对点高效的电能传输。而将 MPT 技术应用于临近空间飞行器有着很大的技术优势:

(1) MPT 系统中, 能量的传输速度为光速, 其传输方式和大小可以迅速改变, 且能量的传输不受地球引力的影响;

(2) 微波在真空中传播没有损耗, 在大气中传输损耗也可以降到很小, 约 3%;

(3) 由于 MPT 系统的发射端置于地面, 因而不受质量和体积的限制, 同时, 安装在飞行器上的能量转换设备可以做得很轻, 在很大程度上降低了飞行器的结构质量。

当前对 MPT 技术研究较多的主要是美国、加拿大、日本等, 研究方向主要集中在地对地和地对空的能量输送方面, 据称, 将 MPT 应用于临近空间飞行器技术尚没有见到相关的文献报道。MPT 系统的关键技术包括微波功率发生器、发射天线、整流天线三部分, 衡量各关键技术的主要性能参数为输出功率和能量转换效率, 下面将逐一讨论 MPT 的各关键技术。

A. 微波功率发生器

能够完成将直流电转换为微波这一功能的器件非常多, 主要包括磁控管、速调管、行波管、半导体器件、混合型器件等, 其中磁控管的能量转换效率最高, 可以达到 80% 以上, 最高可达 86%。在 5.8 GHz 下工作的电子管发射机采用锁相磁控管直接放大器后, 其能量转换效率可达 85.5%。美国能源部的研究表明, 用于微波炉的商用磁控管外加无源电路可作为锁相、高增益放大器 (30 dB) 直接用于相控阵的辐射单元, 这种磁控管不但技术成熟, 而且造价非常低, 每只不超过 15 美元。因此, 对 MPT 系统而言, 磁控管是作为微波功率发生器的一个较好的选择。加拿大 SHARP 计划和 1987 年的实验, 以及日本 1994~1995 年期间由京都大学、神户大学等研究机构所做的 MPT 实验中, 均采用磁控管作为微波功率发生器。

B. 发射天线

微波在自由空间的传输效率不与传输距离直接有关, 而是由 $(A_t \cdot A_r)^{1/2}/(K \cdot D)$ 决定, 其中 D 为微波在自由空间的传输距离, A_t、A_r 分别为发射天线和接收天线的面积, K 代表工作波长, 故距离 D 增大的效应可由 A_t、A_r 的增加或 K 的减少来补偿。在 MPT 系统中, 由于发射天线安置在地面, 没有体积、质量和形状等因素的限制, 利用现有的技术, 或者将现有技术加以改善、集成, 就可以实现极化方向控制与跟踪等功能, 满足临近空间飞行器的需要。

已有的 MPT 实验中, 大都采用抛物面天线, 因为这种发射天线技术最为成熟, 但是使用抛物面天线往往会导致其口径非常大, 在增大加工难度的同时, 也降低了其聚焦能力及机动性, 从而导致了发射效率的降低。日本 MILAX 计划和加拿大 SHARP 计划中曾采用这种天线技术发射微波。对于向临近空间输送能量的 MPT 系统, 由于工作平台会发生飘移或倾斜, 在目前的技术条件下, 除了选用抛物面天线外, 还可选用对波束控制比较好的相控阵天线作为 MPT 系统的发射天线。

C. 整流天线

整流天线是 MPT 系统的核心技术, 它的功能是将接收到的微波能量转换为直流电能。整流天线由接收天线和整流电路两部分组成, 接收天线接收发射天线辐射的微波能量, 整流电路将微波能量转换为直流电能。

通常整流天线都是由整流天线单元通过一定的方式组阵构成, 整流天线单元的不同排列方式以及极化方式均会对整流天线阵列的能量转换效率和输出功率产生不同程度的影响。

同时, 在不同频率下工作的整流天线的能量转换效率也有所不同, 目前见于文献的工作在 2.45 GHz 下整流天线的最高转换效率为 91% 以上, 工作在 5.8 GHz 下的整流天线的最高转换效率为 82%, 单元输出功率 50 mW。另一方面, 随着工作频率的提高, 整流天线的结构可以进一步小型化。这种形式的整流天线可以制作在很轻的有机薄膜上, 极易实现与飞行器表面的共形, 同时也可以大大降低整流天线的结构质量和制作成本, 非常适合于临近空间飞行器。

应用于临近空间飞行器的整流天线的选择应该从需求、极化方式、工作频率、安全性等多方面统筹考虑。整流天线由于安装于飞行器的底部表面, 而飞行器则处于准静止状态, 位置可能发生转动或飘移, 因此, 可以选择对极化方向要求不是很苛刻的圆极化形式。同时, 为了尽可能降低整流天线的结构质量, 在微波频率的选择上应该选用较高的频率。

MPT 技术是一个综合性的课题, 它不仅包括高功率微波的产生、发射和接收等问题, 而且还涉及生态、环境、电磁兼容等许多相关学科。从目前 MPT 系统关键技术的发展来看，将 MPT 技术应用于临近空间飞行器技术在原理上是完全可行的，但仍然需要技术工作者在技术层面上继续研究解决在实用化方面的诸多问题。

3) 应用方案设计

通过对 MPT 关键技术的分析，本书设计了如下将 MPT 技术应用于临近空间飞行器的应用方案。临近空间飞行器飞行高度为 25 km，为临近空间的底部区域，飞行器处于准静态，对微波束的跟踪和定位要求不高。设计目的为求取在现有技术条件下，如何使应用于临近空间飞行器的 MPT 系统获得最大系统能量转换效率。

微波功率发生器采用磁控管，效率为 86%。因为发射天线置于地面，对形状、体积无要求，功能上要求具有高聚焦能力，因此发射天线用口径 70 m 的抛物面天线 (2.45 GHz 频段抛物面天线口径可以做到 70 m，增益 62 dB)，发射天线的效率为 65%，波束宽度为 0.11b ($1b=10^{-28}m^2$)；同时，设微波在自由空间传输的效率为 97.9%。

整流天线系统收发天线均采用圆极化形式。整流天线的材料是一般的介质覆铜板，介电常数 2.78，厚度 0.8 mm。单元边长 35.5cm，增益 6.5dB，天线单元有效面积 53 cm^2。采用当前较易实现的整流天线阵列转换效率为 70%。MPT 系统应用方案示意图如图 5.18 所示。

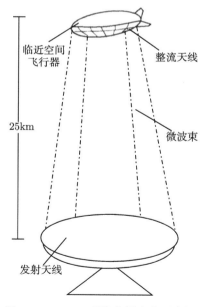

图 5.18 MPT 系统应用方案示意图

接收整流部分为平面结构，因此可以与飞艇表面共形安装，其质量和体积与太阳能电池的质量和体积相当。同样假设接收整流天线口径为 50m。另外，在接收平台处配有导引信号的发射设备,用于保证波束指向精度控制。系统功能框图如图 5.19 所示。根据功能可大致分为以下几个部分:

(1) 大功率微波产生,位于地面,产生供发射的大功率微波,包括频率源、大功率放大器阵列和微波功率发射阵列;

(2) 微波能量发射,位于大功率放大器阵列之后,将产生的大功率通过天线阵列辐射出去;

(3) 能量接收整流,位于飞艇之上,包括接收阵列天线及微波整流电路,将接收到的微波能量转换为供飞艇使用的直流功率,其后与飞艇的电源管理系统对接。

(4) 高精度波束指向控制,由导引信号收发设备和测控设备组成,保证地面发射与空间飞艇间的对准。

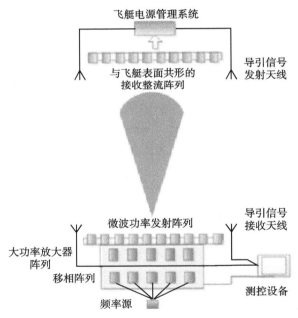

图 5.19　平流层飞艇微波能量传输系统功能框图

系统工作时,地面上频率源产生适合能量传输工作频率的微波信号,然后分配到后面的移相阵列用于对微波功率通道进行相位控制,从而保证波束指向控制精度。经过相位控制好的信号经过微波大功率放大器阵列产生大功率微波波束,最后波束通过反射面天线阵列辐射出去。经过空间传输,飞艇上与飞艇表面共形安装的微波接收整流阵列接收微波能量并整流,然后将整流后的直流功率送至飞艇电源管理系统,为飞艇提供动力以及保障飞艇上载荷工作。

下面分别讨论在 2.45GHz 和 5.8GHz 两个频段 MPT 技术的应用情况。在

2.45GHz 频段，当飞行器处的功率密度达到 50mW/cm^2 时，地面发射功率为 2500kW，飞行器要获得 1kW 的能量，需要整流天线面积为 2.9m^2，系统的能量转换效率为 0.04%。当飞行器处的功率密度为 20mW/cm^2 时，地面发射功率为 1000kW，要获得 1kW 的能量，需要整流天线面积为 7.2m^2，系统的能量转换效率为 0.1%。表 5.4 列出了不同功率密度下整流天线面积与对应的系统能量转换效率。由该表可见，如果接收端功率密度降低，那么所需整流天线阵列面积增加，系统能量转换效率也增加。在这样一个输能系统中，25% 是极限值，这是因为，在收发距离和整流效率一定的情况下，如果要提高系统能量转换效率，可以通过提高发射天线增益和增大接收天线有效面积来实现。接收面积越大，获得的直流电功率和整体转换效率越高，但当接收面积达半功率面积时，再通过增大接收天线面积来提高整体转换效率已经比较困难了，只能通过提高发射天线增益，即提高发射天线的聚焦能力来实现。

表 5.4 2.45 GHz 整流天线面积与对应的系统能量转换效率比较

	功率密度							
	50 mW/cm^2				20 mW/cm^2			
直流电功率/kW	634	50	10	1	253	50	10	1
整流天线面积/m^2	1810	143	29	2.9	810	360	72	7.2
整流天线质量/kg	6263	495	100	10	6263	1246	249	25
系统能量转换效率%	25	2	0.4	0.04	25	5	1	0.1

在 5.8 GHz 频段，发射功率为 500kW 时，在飞行器处可以得到 50mW/cm^2 的功率密度。整流天线面积与得到的直流电功率和对应的系统能量转换效率列于表 5.5。

表 5.5 5.8GHz 整流天线面积与得到的直流电功率和对应的系统能量转换效率比较

	功率密度 50 mW/cm^2			
直流电功率/kW	120	50	10	1
整流天线面积/m^2	345	143	29	2.9
整流天线质量/kg	1194	495	100	10
系统能量转换效率%	24	10	2	0.2

表 5.5 第一列中的整流天线面积为波束的半功率面积，系统能量转换效率为 24%，与 2.45GHz 类似，但整流天线面积减小为 345m^2。比较表 5.4 和表 5.5，可以看出频率为 5.8GHz 时，在接收功率密度相同条件下，得到相同直流电功率的系统能量转换效率提高了 4 倍。而当接收端功率密度为 20mW/m^2 时，得到 1kW 直流功率的系统能量转换效率为 0.1%。

通过上面的设计可以看出，该 MPT 系统的最高系统能量转换效率可达 25%，但 MPT 系统对接收天线的面积需求非常大，这主要是由目前微波发射系统的聚焦能力较低，以及整流天线整流效率低等原因造成的 [60]。值得注意的是，该方案中采用的器件效率的取值偏于保守，如果通过系统优化，在 MPT 系统中的每个环节均采用当前转换效率最高的器件，则系统效率将会超过 40%，完全能够提供充足的能量供临近飞行器上各系统使用，因此，将 MPT 系统作为临近空间飞行器的能源技术是非常有价值和有吸引力的。

4) MPT 在高空浮空器应用发展

MPT 技术作为临近空间飞艇供能的重要补充解决方案具备切实可行的技术途径，能够很好地解决能源瓶颈问题的约束 [61]，为了促进 MPT 技术在平流层飞艇中的快速发展，提出以下几点技术研究建议：

(1) 发射阵列位于地面，对体积和质量限制较为宽松，从简化系统结构、减小复杂度、输出大功率、提高效率方面考虑，微波源可选用回旋行波管、速调管、行波管等大功率电真空器件，发射天线可选用反射面天线组阵。

(2) 为保证微波能量高效传输，必须研究近场空间大功率微波高效率聚焦合成，实现大型阵列高效近场聚焦优化设计，而近场聚焦要求发射出的电磁波应具有特定的口面相位和幅度分布，以使口径上的各辐射点源到聚焦点的电长度相等，因此需要优化的阵列最佳激励，即幅度相位分布，使得波束聚焦在整流天线处。

(3) 为保证在宽角度范围内微波能量可以高效接收，可以采用大动态微波接收整流表面技术。此外，为了降低飞行器的质量，需要考虑微波接收整流与飞艇表面的共形设计。

(4) 可采用软件指向控制技术实现高精度波束指向控制，以高精度来波方向测量和高精度移相控制为途径，高精度测向可用相位干涉测角，之后可利用波束形成算法控制移相器得到高精度的波束控制。

5.5.2　能源/蒙皮复合结构

在目前已研制的飞艇结构中，如图 5.20 所示，气囊材料质量约占飞艇总质量的 50%，电源部分约占 32%，飞艇的有效载荷受到极大限制，有必要考虑采取轻质方案。

能源/蒙皮复合结构设计是在现有的蒙皮及能源两大材料体系设计方案基础上，经功能复合得到的一种轻质设计思路。如图 5.21 所示，现有的蒙皮拟采用三层复合膜结构，以 PVF 薄膜作为外表面防紫外层，以 Vectran 纤维织物作为增强体，以 EVAL 薄膜作为内表面防氢气渗漏层 (双取向)，即组成 PVF 薄膜/Vectran 纤维织物/EVAL 薄膜层合复合膜。能源/蒙皮复合结构是选择固态锂离子薄膜电池为储能电源，将固态薄膜电池直接制备在 EVAL 薄膜内表面，将力学功能与电化学功能结合形成的一个新型多功能体系。它可以有效地降低整体系统的质量，将

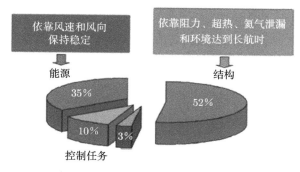

图 5.20 气囊材料质量比例示意图

电池组分制备在蒙皮 EVAL 上，通过将电池分散在系统的结构中，节约航天器/航空飞行器的系统空间，增加其有效载荷。另一方面，对于蒙皮材料，要求力学性能好，且质轻、漏气率低，尤其是要求其有较高的氢气阻隔性。提高气密性，除了改变聚合物的结构，也可对聚合物进行表面处理，引进阻隔成分，提高气体阻隔性。表面处理包括引入金属镀层、利用化学等离子体沉积 (CPD) 技术和等离子体化学气相沉积氧化硅及无定形碳等。而在蒙皮结构中，EVAL 膜内表面进行气相沉积制备薄膜电池，就类似一种多层次的表面处理，对提高蒙皮的氢气阻隔功能是很有利的。

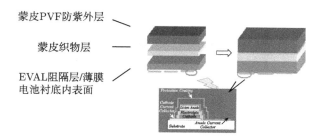

图 5.21 能源/蒙皮复合结构图

5.5.3 多功能结构电池

多功能结构电池的概念首先由 GSFC(Goddord Space Flight Center) 和美国的 Boundless 公司提出 [62]。在 1996 年，该公司申请了镍氢多功能结构电池的专利。一块 20in×20in×2in 的多功能结构电池板，可以提供 0.4kW·h 的能量，质量为 8kg，质量比能量密度为 50W·h/kg。现在正在采用储存寿命长、工作电压高、比能量密度大和抗载荷能力强的锂离子电池作为多功能结构电池蜂窝板的芯材，以极大地提高多功能结构电池的能量密度和功率密度。此外 DAPRA 已进行了将聚合物锂离子电池作为无人飞行器复合机翼的演示研究，性能提高近 20%，可以连续飞行

129min。

　　通过研究使电源系统与结构材料系统合二为一，达到结构承力、能源供给合为一体的目的，不仅可以减轻飞行器质量，扩大有效载荷的装载空间，而且由于分布式能源存贮，可有效提高可靠性，为新型卫星、航天器、无人机的设计提供一种新途径。

　　将浮空器蒙皮结构与电源组件进行功能复合，国内外尚未有文献报道。

<h1 style="text-align:center">参 考 文 献</h1>

[1] 苗颖, 姜鲁华, 徐国宁. 系留气球不间断供电技术研究. 现代电子技术, 2015, 38(17): 144-148.

[2] 王欣. 浮空器载雷达电源自动控制系统设计. 电源技术应用, 2011, 12: 54-57.

[3] 张欣, 龚诚. 浮空器的发展及其对航空电子综合技术的挑战. 航空电子技术, 2011, 42(04): 1-5.

[4] 赵飞. 基于温度控制的空间太阳电池自动封装机器人. 上海: 上海交通大学, 2009.

[5] 贺晙华. 临近空间浮空器电源系统效能优化控制及应用研究. 秦皇岛: 燕山大学, 2013.

[6] 鲁芳, 池小泉. 美国临近空间飞行器的 C~4ISR 能力及其启示. 装甲兵工程学院学报, 2010, 24(03): 17-20+40.

[7] 晓晨, 思宇. 飞艇的新生 —— 世界各国飞艇研制的历史、现状与发展. 航空知识, 1999, 12: 35-38.

[8] 王亚飞, 安永旺, 杨继何. 临近空间飞行器的现状及发展趋势. 国防技术基础, 2010, 01: 33-37.

[9] 巩巍, 李龙飞. 立方体卫星电源系统技术综述. 国际太空, 2016, 1: 75-77.

[10] 傅大丰, 杨善水, 严仰光, 等. 飞机自动配电管理系统电气负载管理技术的研究. 南京航空航天大学学报, 2002, 34(1): 73-78.

[11] 王文楷, 侯文杰, 彭疆. 飞艇电气负载管理中心研究. 2011 年中国浮空器大会, 中国湖北荆门, 2011.

[12] Pathak L, Shah K. Renewable energy resources, policies and gaps in BRICS countries and the global impact. Frontiers in Energy, 2019, -r(2009): 1-16.

[13] 郑君, 王冬松, 胡宏勋. 非晶硅太阳电池作为空间能源的性能特点. 电源技术, 2003, (01): 50-53.

[14] 徐立珍, 李彦, 秦锋. 薄膜太阳电池的研究进展及应用前景. 可再生能源, 2006, (03): 9-12.

[15] 李海华, 王庆康. 非晶硅薄膜太阳电池的研究进展及发展方向. 太阳能学报, 2012, 33(S1): 1-6.

[16] 王红娟. 光热退火制备多晶硅薄膜的研究. 郑州: 郑州大学, 2006.

[17] 王雅欣. ZnO:Al 透明导电膜的性能研究及其在薄膜太阳能电池上的应用. 天津: 河北工业大学, 2004 .

[18] 刘霞, 苟其宁, 黄辉, 等. 太阳电池及材料研究进展. 太阳能学报, 2012, 33(S1): 35-40.

[19] 李国欣. 20 世纪上海航天器电源技术的进展. 上海航天, 2002, 19(3): 42-48.

[20] 李建庄, 夏冬林, 赵修建. 电沉积制备 CIS 薄膜太阳能电池材料. 材料导报, 2004, 18(s1): 227-229.

[21] 李锦. 近距离升华 (CSS) 法制备 CdTe 薄膜及其性能研究. 乌鲁木齐: 新疆大学, 2002.

[22] 冯团辉. 固相晶化法 (SPC) 制备多晶硅薄膜的研究. 郑州: 郑州大学, 2005.

[23] 梁婷. 太阳能电池的研究现状及发展. 电子世界, 2014, 22: 291-291.

[24] 蔡文钊. 燃料电池电动机车经济可行性分析. 成都: 西南交通大学, 2010.

[25] 丁常胜, 苗鸿雁. 新型高效清洁能源 —— 燃料电池. 陕西科技大学学报, 2004, 22(5): 183-186.

[26] 高国栋. 乙醇为燃料的固体氧化物燃料电池性能研究. 大连: 大连理工大学, 2008.

[27] 雷兴领. 石墨烯/碳纳米管改性锂离子电池正极材料的制备及性能研究. 广州: 广东工业大学, 2014.

[28] 郑子山, 张中太, 唐子龙, 等. 锂离子二次电池最新进展及评述. 化学世界, 2004, 05: 270-273+254.

[29] 高俊. 低功耗锂电池充放电保护芯片的设计. 武汉: 华中科技大学, 2006.

[30] 刘金良, 李世友, 赵阳雨, 等. 锂离子电池正极材料 $LiMn_2O_4$ 研究进展. 电源技术, 2015, 39(06): 1319-1322.

[31] 赵庚申, 王庆章. 最大功率跟踪控制在光伏系统中的应用. 光电子·激光, 2003, 14(8): 813-816.

[32] 李丹. 基于 DSP 的太阳能游览船舶能量管理系统研发. 厦门: 集美大学, 2014.

[33] 姜东升, 张沛. 平流层飞艇混合能源系统设计及能源管理研究. 电源技术, 2015, 39(09): 1916-1918+1925.

[34] 高显忠. 基于重力势与风梯度的太阳能飞行器 HALE 问题研究. 长沙: 国防科学技术大学, 2014.

[35] Shiau J K, Ma D M, Chiu C W, et al. Optimal sizing and cruise speed determination for a solar-powered airplane. Journal of Aircraft, 2010, 47(2): 622-629.

[36] Klesh A T, Kabamba P T. Solar-powered aircraft: energy-optimal path planning and perpetual endurance. Journal of Guidance Control & Dynamics, 2009, 32(4): 1320-1329.

[37] Spangelo S C, Gilbert E G. Power optimization of solar-powered aircraft with specified closed ground tracks. Journal of Aircraft, 2013, 50(1): 232-238.

[38] Sachs G, Lenz J, Holzapfel F. Unlimited endurance performance of solar UAVs with minimal or zero electrical energy storage. AIAA Guidance, Navigation, & Control Conference, 2009.

[39] Marsh G. Best endurance under the sun. Renewable Energy Focus, 2010, 11(5): 24-27.

[40] Ross H. Fly Around the World with a Solar Powered Airplane. 2008.

[41] Mears M. Energy harvesting for unmanned air vehicle systems using dynamic soaring. AIAA Aerospace Sciences Meeting Including the New Horizons Forum & Aerospace

Exposition, 2013.

[42] Deittert M, Richards A, Toomer C A, et al. Engineless unmanned aerial vehicle propulsion by dynamic soaring. Journal of Guidance Control & Dynamics, 2009, 32(5): 1446-1457.

[43] Zhong G X, Xi H Z, Zheng G, et al. The influence of wind shear to the performance of high-altitude solar-powered aircraft. Proceedings of the Institution of Mechanical Engineers, Part G: Journal of Aerospace Engineering, 2013, 228(9): 1562-1573.

[44] Sachs G, Traugott J, Holzapfel F. In-flight measurement of dynamic soaring in albatrosses. AIAA Guidance, Navigation, & Control Conference, 2006.

[45] Langelaan J W, Nicholas R. Enabling new missions for robotic aircraft. Science, 2009, 326(5960): 1642-1644.

[46] Lawrance N R J, Sukkarieh S. A guidance and control strategy for dynamic soaring with a gliding UAV. IEEE International Conference on Robotics & Automation, Kobe, Japan, 2009.

[47] Kahveci N E, Ioannou P A, Mirmirani M D. Adaptive LQ control with anti-windup augmentation to optimize UAV performance in autonomous soaring applications. IEEE Transactions on Control Systems Technology, 2008, 16(4): 691-707.

[48] Langelaan J W, Spletzer J, Montella C, et al. Wind field estimation for autonomous dynamic soaring. IEEE International Conference on Robotics & Automation, Karlsruhe, Germany, 2013.

[49] Lawrance N R J, Sukkarieh S. Autonomous exploration of a wind field with a gliding aircraft. Journal of Guidance Control & Dynamics, 2011, 34(3): 719-733.

[50] Langelaan J W, Alley N, Neidhoefer J. Wind field estimation for small unmanned aerial vehicles. Journal of Guidance Control & Dynamics, 2012, 34(4): 1016-1030.

[51] Lawrance N R J, Sukkarieh S. Path planning for autonomous soaring flight in dynamic wind fields. IEEE International Conference on Robotics & Automation, Shanghai, China, 2011.

[52] Mulgund S S, Stengel R F. Optimal nonlinear estimation for aircraft flight control in wind shear. American Control Conference, St.Louis, USA, 2009.

[53] Dutta P, Bhattacharya R. Hypersonic state estimation using the frobenius-perron operator. Journal of Guidance Control & Dynamics, 2015, 34(34): 325-344.

[54] Cheng Y, Crassidis J L. Particle filtering for attitude estimation using a minimal local-error representation. Journal of Guidance Control & Dynamics, 2010, 33(4): 1305-1310.

[55] Andrieu C, Doucet A. Particle filtering for partially observed gaussian state space models. Journal of the Royal Statistical Society, 2010, 64(4): 827-836.

[56] Yang X , Xing K, Shi K, et al. Joint state and parameter estimation in particle filtering and stochastic optimization. Journal of Control Theory & Applications, 2008, 6(2): 215-220.

[57] Spall J C. Developments in stochastic optimization algorithms with gradient approximations based on function measurements. Simulation Conference, Lake Buena Vista, FL, USA, 1994.

[58] 王超, 姚伟, 吴耀, 等. 利用自然能的轨迹可控临近空间浮空器初步设计. 中国空间科学技术, 2015, 01: 43-50.

[59] 马海虹, 石德乐. 模块航天器间微波无线能量传输技术应用前景及发展建议. 空间电子技术, 2012, 9(04): 1-5.

[60] 辛朝军, 金星, 柯发伟. 一种临近空间飞行器能源问题解决方案. 飞航导弹, 2009, 10: 27-30.

[61] 王颖, 董亚洲, 李小军, 等. 微波无线能量传输技术在平流层飞艇中的应用研究. 空间电子技术, 2016, 13(01): 15-19.

[62] 胡芸, 谢凯, 盘毅, 等. 结构电池的研究现况. 电源技术, 2008, 32(12): 889-891.

第6章　高空型灵巧浮空器系统区域驻空控制

高空型灵巧浮空器通常在 18~35km 平流层内飞行,通过携带不同的有效载荷,完成数据通信、地面观测、战场监控等任务,具有滞空时间长、覆盖面积广、生存能力强、观测分辨率高、成本较低等优点。为了实现浮空器在某一区域上空的定点驻留或机动飞行,传统平流层飞艇方案采用螺旋桨为动力,为克服平流层水平风对定点飞行的影响,要求螺旋桨始终工作,能耗问题成为制约其有控飞行的瓶颈因素。然而对灵巧浮空器而言,无法携带足够的能源、复杂的控制系统和动力系统。因此,高空型灵巧浮空器的区域控制是基于平流层底部 "准零风层" 这一特殊风场特性,利用准零风层上下区域纬向风反向的特点改变飞行高度实现东西方向控制,浮空器高度升降控制的关键在于浮力和重力的控制。

6.1　浮空器高度控制

浮空器高度控制的关键在于浮力与重力的控制,通过改变浮力与重力的大小关系就可以改变飞行高度,浮空器在飞行过程中,其浮力受热环境影响,在平流层浮空器的研究中,常考虑利用副气囊方式调节飞行高度,副气囊排气高度上升,副气囊充气高度降低。也可利用抛压舱物的方法减小重力使气球上升,但该方法存在很大局限性,与携带的压舱物质量有关。

6.1.1　高度控制系统模型

高空气球系统在飞行过程中受到的主要作用力为浮力、系统重力、附加惯性力、气动力以及螺旋桨控制力,其受姿态影响比较小,故可以忽略高空气球系统的姿态变化,将整个系统视为质点,建立质点动力学方程。定义东、北、天方向为地面惯性坐标系的 x, y, z 正向,即向东为 x 正向,向北为 y 正向,向上为 z 正向。

高空气球系统竖直方向靠净浮力上升,水平面东西方向随风飘浮运动,南北方向还受到螺旋桨控制力作用:

$$\begin{cases} m_{\text{all}}\ddot{x} = F_{\text{d}x} + F_{\text{add}x} \\ m_{\text{all}}\ddot{y} = F_{\text{d}y} + F_{\text{add}y} + F_{\text{c}y} \\ m_{\text{all}}\ddot{z} = B - m_{\text{all}}g + F_{\text{d}z} + F_{\text{add}z} \end{cases} \tag{6.1}$$

式中, m_{all} 为系统总质量,包含氢气质量与变化的副气囊空气质量; B 为浮力; g

为当地重力加速度；F_{dx}, F_{dy}, F_{dz} 为 3 个方向的气动力；$F_{addx}, F_{addy}, F_{addz}$ 为 3 个方向的附加惯性力；F_{cy} 为南北方向的螺旋桨控制力。

浮力大小与空气密度、气体体积、重力加速度有关：

$$B = \rho_{ref} V_T g \tag{6.2}$$

式中，ρ_{ref} 为空气密度；V_T 为总体积，由热力学模型获得。

阻力大小与空气密度、风速相对速度、阻力系数、相对参考面积有关，临近空间垂直方向风较小，可以忽略，则有

$$\begin{cases} F_{dx} = -\dfrac{1}{2} C_{dx} \rho_{ref} S_x v_{rx} \left| v_{rx} \right| \\[2mm] F_{dy} = -\dfrac{1}{2} C_{dy} \rho_{ref} S_y v_{ry} \left| v_{ry} \right| \\[2mm] F_{dz} = -\dfrac{1}{2} C_{dz} \rho_{ref} S_z v_{rz} \left| v_{rz} \right| \end{cases} \tag{6.3}$$

式中，$v_{rx} = v_x - v_{xwind}$；$v_{ry} = v_y - v_{ywind}$；$v_{rz} = v_z$；v_{xwind} 与 v_{ywind} 分别为水平方向 x, y 方向风速。

高空气球系统可以视为球体，其附加惯性力为

$$\begin{cases} F_{addx} = -\dfrac{1}{2} \rho_{ref} V_T \ddot{x} \\[2mm] F_{addy} = -\dfrac{1}{2} \rho_{ref} V_T \ddot{y} \\[2mm] F_{addz} = -\dfrac{1}{2} \rho_{ref} V_T \ddot{z} \end{cases} \tag{6.4}$$

高空气球系统的运动方程为

$$v_x = \dot{x}, \quad v_y = \dot{y}, \quad v_z = \dot{z} \tag{6.5}$$

6.1.2 模型仿真与试验验证

为了检验上述模型的正确性，进行了大量飞行试验 (图 6.1)，试验大致包括充气、连接、放飞、观察数据 4 个部分。载荷舱放置探空仪，配合探空雷达用于测量气象数据和跟踪舱体位置。

使用上述数学模型在 MATLAB 环境下编程，得到气球上升过程中高度随时间的变化曲线，如图 6.2 和图 6.3 所示，并与试验结果进行对比分析。

在试验中：① 由于阻力系数与大气密度、压强、温度等因素都有关系，是一个动态量，在本书所建立的模型及仿真过程中，阻力系数取一个定值，所以在气球上升过程中高度随时间变化曲线的斜率有所差异，但总体能反映出气球上升过程中的运动特性。②由于本书建模所基于的大气参数公式与飞行试验时的大气参数有

图 6.1　飞行试验

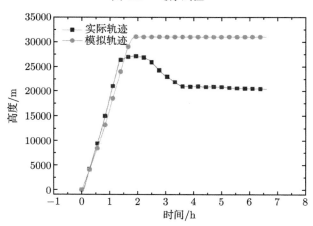

图 6.2　浮空器垂直方向飞行轨迹

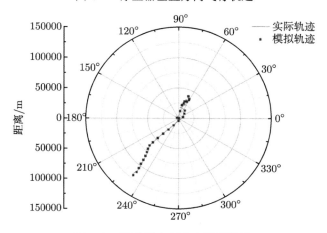

图 6.3　浮空器水平方向飞行轨迹

误差, 因此, 建立的气球动力学模型得到的仿真结果与实际飞行试验的数据存在差异, 但在误差允许的范围内, 具有一定参考价值。

6.1.3 充/放气控制

设 n 为超压空气囊压力调节控制系统的控制指令, $n = 1$ 时, 压气机开始工作, 排气阀门关闭; $n = -1$ 时, 高空压气机停止工作, 排气阀门打开; 当 $n = 0$ 时, 高空压气机停止工作, 排气阀门也处于关闭状态。

则浮空平台的东西机动时的压力调节策略为

$$u(t) = \begin{cases} n = -1, & x > x_{\mathrm{cmd}} \&\& v_x > 0 \&\& v_y < 0 \\ n = 1, & x < x_{\mathrm{cmd}} \&\& v_x < 0 \&\& v_y > 0 \\ n = 0, & \text{其他} \end{cases} \quad (6.6)$$

式中, x 为气球在地面坐标系东西方向的实际位置; x_{cmd} 为指令位置; && 则表示 "且"。

则浮空平台的寻求零风带时的压力调节策略为

$$u(t) = \begin{cases} n = -1, & v_x > 0.1\mathrm{m/s} \&\& v_y > 0 \\ n = 1, & v_x < -0.1\mathrm{m/s} \&\& v_y < 0 \\ n = 0, & \text{其他} \end{cases} \quad (6.7)$$

6.1.4 压差控制

为了保证浮空器气囊膨胀成型并保持刚度和承载力, 浮空器充入各气囊内的气体压强与大地环境大气压强要有一定的超压, 而由于囊体材料的强度关系, 这种超压不能过大 [1]。在飞行的过程中, 由于温度、高度等外界因素在不断地变化, 其内部气囊的气体压强以及外部大气压强也会随着外界条件的变化而剧烈变化。因此, 为了保持囊体外形及飞行器的安全, 必须对浮空器的气囊压力进行有效调节与控制, 使气囊与外界环境的压差始终控制在一定的范围之内。压力调节综合控制系统正是为了解决这一问题而提出的, 其是一个多传感器输入、多执行机构输出的复杂系统。在设计时, 既要考虑系统运行平台、传感器选型、输入输出接口设计等电性能指标, 更重要的是必须考虑安全性设计、可靠性设计等, 同时根据浮空器的特点, 还要兼顾程序远程下载、功能扩展等多方面因素, 其有效可靠运行是浮空器能否正常平稳安全放飞的前提和保障, 是浮空器系统中一个十分重要的组成部分 [2]。

1. 浮空器的压差数学建模

1) 压差分布数学模型

压差即浮空器气囊内外气体的压强之差:

$$DP = P_{\mathrm{in}} - P_{\mathrm{out}} \quad (6.8)$$

其中，P_{in} 为气囊内部压强；P_{out} 为气囊外部压强，在重力场中，气囊内外气体的压强均随高度变化，则压差的分布也随高度的变化而变化。不考虑气囊本身的质量，气体压强沿囊体高度方向的变化为

$$\mathrm{d}P = -\rho g\mathrm{d}h \tag{6.9}$$

式中，ρ 为气密度；g 为重力加速度；h 为气囊囊体壁上、下高度差。根据完全气体状态方程，式 (6.9) 又可以写作

$$\mathrm{d}P = -\frac{P}{RT}g\mathrm{d}h \tag{6.10}$$

式中，R 为气体常数；T 为温度。将式 (6.9) 或式 (6.10) 沿高度方向对气囊内外气体分别积分，再根据式 (6.8) 即可求得气囊内的压差分布。

2) 压差–温度数学建模

假设气囊内外的气体温度沿高度方向呈线性分布：

$$T_{in} = T_{in0} - k_{in}h \tag{6.11}$$

$$T_{out} = T_{out0} - k_{out}h \tag{6.12}$$

其中，T_{in0}, T_{out0} 分别为气囊内外气体的温度；k_{in}, k_{out} 分别为气囊内外气体的温度梯度。根据式 (6.10) 积分可分别求得气囊内外气体的压强分布：

$$P_{in} = (P_0 + DP_0)\left(1 - \frac{k_{in}h}{T_{in0}}\right)^{\frac{g}{R_{in}k_{in}}} \tag{6.13}$$

$$P_{out} = P_0\left(1 - \frac{k_{out}h}{T_{out0}}\right)^{\frac{g}{R_{out}k_{out}}} \tag{6.14}$$

其中，DP_0 为气囊底部气体压差；R_{in}, R_{out} 分别为气囊内、外的气体常数。

将式 (6.13)、式 (6.14) 代入式 (6.8)，得气囊内的压差分布为

$$DP = (P_0 + DP_0)\left(1 - \frac{k_{in}h}{T_{in0}}\right)^{\frac{g}{R_{in}k_{in}}} - P_0\left(1 - \frac{k_{out}h}{T_{out0}}\right)^{\frac{g}{R_{out}k_{out}}} \tag{6.15}$$

3) 压差–升空高度数学建模

对于总体积 V 一定的浮空器，在某一海拔处压差的变化会导致气囊内气体质量的变化。浮空器的总质量包括结构设备质量和气囊内的气体质量两部分。

浮空器在升空过程中，主气囊内浮升气体的物质的量是保持不变的，气体总物质的量的变化完全由副气囊中的空气来承担，根据气体状态方程，气体的质量变化可写作

$$\Delta m_b = \Delta DP \times V/(R_b T) \tag{6.16}$$

其中，m_b 为副气囊空气质量；R_b 为空气气体常数。

当气囊内气体的压差改变时，浮空器的总质量发生变化，进而影响到浮空器的升空高度。

浮空器的重、浮力平衡关系式为

$$\rho_a V = \rho_c V_c + \rho_b (V - V_c) + m_s \tag{6.17}$$

其中，ρ_a, ρ_b, ρ_c 分别为环境大气、副气囊空气和浮升气体密度；V_c 为主气囊浮升气体体积；m_s 为结构设备质量。

引入完全气体状态方程，并设环境空气与副气囊空气的气体常数一致，浮升气体与副气囊空气的压差一致，可以得到环境大气密度与环境大气压强及气囊超压的关系式：

$$\rho_a = \frac{m_s V}{\left(1 - \dfrac{R_a}{R_c}\right) \dfrac{V_c}{V} - \left[1 - \left(1 - \dfrac{R_a}{R_c}\right) \dfrac{V_c}{V}\right] \dfrac{DP}{P_a}} \tag{6.18}$$

其中，R_a 和 R_c 分别为海拔的函数，对于给定体积、结构质量等参数的浮空器，由式 (6.18) 即可求得升空高度与气囊超压的关系。

2. 压力调节控制系统设计

压力调节设计就是根据外界环境的变化导致的气囊压力变化，适时通过控制各气囊风机、阀门的开关，实现气囊的压力控制，使之始终处于一个合理的压差范围内，保持囊体合适的刚度与强度。根据浮空器的实际工作特点，在任何时候都要确保压力调节控制系统的正常有效工作，因此，其设计重点是需要对各个功能环节进行充分合理的余度设计，对热备份工作的各余度单元进行完善的管理与仲裁，从而实现浮空器压力调节的综合控制。如图 6.4 所示，通过嵌入式双冗余热备份计算机进行压差数据的采集、处理、传输及执行机构的工作模式控制。在计算机中装入实时嵌入式操作系统 VxWorks，利用 Tornado 开发工具，根据压力调节控制装置需要进行编程，并可根据需要随时进行远程动态加载和更新。在现场可编程门阵列 (FPGA) 的仲裁下使状态最优的计算机处于工作状态。

压力采集单元将采集好的数据按照 4~20mA 和 RS485 两种数据形式进行输出，4~20mA 经过电流电压转换，再经过高速模数转换芯片转换为数字信号，经输入输出接口单元送到 FPGA 中的数据单元进行滤波存储；经 RS485 接口输出的压力数据通过串口集线器 (Hub)，将串口信号转换为网络信号，直接通过网络，由计算机读取进行软件滤波处理。嵌入式计算机对多通道的压力数据源数据进行对比分析，采用置信度高的源信息作为有效处理数据。计算机将采集到的气囊压力数据值与设定的压力控制值进行比较，当压力数值高于设定的压力值时，打开对应的气囊阀门，当压力数值低于设定的压力值时，打开对应的风机，直至气囊压力回到正常设定范围内，关闭风机或阀门。当浮空器遭遇极端恶劣情况，双机都失效时，还可以通过 FPGA 中的应急自动处理核，采用定制的通信格式，实现对压力数据的采集和下传，接收地面上传指令对执行机构的控制操作。

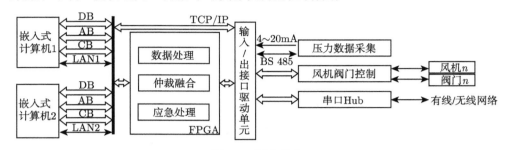

图 6.4　压力采集

1) 仲裁融合应急处理设计

双机冗余热备份的仲裁融合就是通过对两个测控计算机输入的状态进行判断。根据故障状态的优先级进行逐级判定，优先级最高的就是两个计算机的工作状态，其次是主备机读取到的压力数据状态，再次是执行机构驱动控制状态，如果计算机主备机一个出现故障，仲裁单元通过切换装置，选择工作状态正常的计算机，当两计算机都正常工作时，优先选择主计算机；当两计算机都意外出现严重故障时，仲裁与融合单元立即切换到 FPGA 中的应急处理核，通过应急处理核中双口随机存储器 (random access memory，RAM) 中存储好的压力参数，按照预先编定的串行通信格式打包，再通过串口转网络的串口 Hub，以网络数据包快速下传；同时，地面控制指令也以编定好的格式上传到应急处理核中，应急处理核通过解读上传指令，再通过控制模块驱动相应的执行机构继电器，实现对风机、阀门的开关动作，使囊体压力始终处于可控之中，处理流程如图 6.5 所示，OC 为操作控制器。

2) 压力自控设计

根据浮空器的工作特点，浮空器充气组装完成后，压力调节系统就必须处于工作状态，自控功能的稳定性与完善性直接影响到浮空器的使用与安全。调节系统的控制方法不是很复杂，从广义上来说，可以说是 PID (proportion integral derivative) 控制，通过比较气囊压差与设定值的关系来实现在不同区间浮空器压力的控制，具体算法不再赘述。其实现主要通过压力自控系统中的双嵌入式计算机中的自控软件来保证。计算机首先融合浮空器传感器–网络及执行机构状态信息，综合分析判断系统工作状态，当气囊过压或执行机构故障时，判断为何种故障，并直接启动系统报警装置。同时，根据浮空器的地面系留、收放速度、空中停泊不同工作状态，自主适应选择不同压力调节自控程序入口，在进入各工作状态后，根据不同空速，再次自主适应不同压力自控程序入口，实现对囊体压力外形保持及升力浮力调节的准确控制。

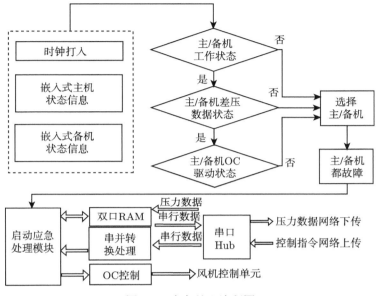

图 6.5 应急处理流程图

6.1.5 定高控制

高空气球系统的区域驻留飞行东西方向控制是根据准零风层上下存在的纬向风转来实现的,调整高度实现东西方向控制,而南北方向控制由螺旋桨产生控制力实现。准零风层高度在 20km 左右,故设置区域驻留飞行控制策略在 18km 之上开始作用。

准零风层高度之下风向为西风,而准零风层高度之上风向为东风,设 h_0 为准零风层高度 (此高度随时间、地点变化),则在地面惯性坐标系中有

$$\begin{cases} v_{x\mathrm{wind}} > 0, & h < h_0 \\ v_{x\mathrm{wind}} < 0, & h > h_0 \end{cases} \tag{6.19}$$

根据当前位置与当前纬向风向决定上升或者下降高度,当前经度大于区域驻留期望经度时,需要向西运动,而如果此时纬向风向仍是西风,需要上升高度至东风层,实现高空气球向西运动,而当当前经度小于区域驻留期望经度时,需要向东运动,而如果此时纬向风向仍是东风,需要下降高度至西风层,实现高空气球向东运动。从控制机构来说,下降高度即启动鼓风机向副气囊充气,记为 $c_{\mathrm{in}} = 1$,上升高度即打开阀门进行副气囊放气,记为 $c_{\mathrm{out}} = 1$。即东西方向控制策略为

$$\begin{cases} c_{\mathrm{in}} = 0, c_{\mathrm{out}} = 1, & L_{\mathrm{on}} > L_{\mathrm{onr}}, v_{x\mathrm{wind}} > 0 \\ c_{\mathrm{in}} = 1, c_{\mathrm{out}} = 0, & L_{\mathrm{on}} < L_{\mathrm{onl}}, v_{x\mathrm{wind}} < 0 \end{cases} \tag{6.20}$$

式中, L_{on} 为当前经度; L_{onr} 为期望驻留区域右边界经度; L_{onl} 为期望驻留区域左边界经度。

囊体由于白天受太阳辐射的影响会出现超压情况, 如果此时向副气囊鼓气下降高度, 会进一步增大囊体内部超压, 考虑囊体安全性, 应该在囊体超压大于限定值 $P_{\max}$ 时, 打开副气囊阀门进行放气, 缓解囊体超压情况, 即

$$c_{\mathrm{in}} = 0, c_{\mathrm{out}} = 1, \quad \Delta P > P_{\max} \tag{6.21}$$

风速统计规律表明, 在准零风层高度附近, 南北方向的风速较小, 南北方向区域驻留采用螺旋桨推进方案, 以与期望纬度 L_{at0} 误差设计 PD (proportion derivative) 控制器, 螺旋桨输出的控制力为

$$F_{\mathrm{cy}} = K_{\mathrm{p}} \left(L_{\mathrm{at0}} - L_{\mathrm{at}} \right) + K_{\mathrm{d}} \left(0 - v_y \right) \tag{6.22}$$

式中, L_{at} 为当前纬度; K_{p} 为比例系数; K_{d} 为微分系数。

高空气球囊体的热力学与辐射特性参数见表 6.1, 高空气球的基本参数见表 6.2 [3]。

表 6.1 高空气球囊体的热力学与辐射特性参数

变量	参数
$c_{\mathrm{f}} / (\mathrm{J}/(\mathrm{kg} \cdot \mathrm{K}))$	2092
α	0.024
τ	0.916
α_{IR}	0.1
τ_{IR}	0.86

表 6.2 高空气球的基本参数

变量	参数
囊体直径/m	40
囊体体积/m^3	33510
系统总干质量/kg	1980
飞行高度/m	21000
氦气质量/kg	329

设置 $L_{\mathrm{onr}} = 87.05, L_{\mathrm{onl}} = 86.95, L_{\mathrm{at0}} = 42, P_{\max} = 1300\mathrm{Pa}$, 副气囊鼓风机体积流量为 $900\mathrm{m}^3/\mathrm{h}$, 放气阀门直径为 0.3m, 取阀门系数为 0.6, 螺旋桨推力比例系数 K_{p} 取 100, 微分系数 K_{d} 取 2, 考虑螺旋桨推力有限, 设置推力值最大值为 100N, 仿真结果如图 6.6 所示。

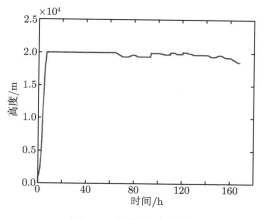

图 6.6　高度变化曲线

　　图 6.6 是放飞之后飞行过程中的飞行高度变化曲线，图 6.7 是经度变化曲线。由图 6.7 可以看出，上升过程中经过对流层风速大的区域，经度变为 91.4° 左右，而后区域驻留控制策略开始作用，缓慢回到经度 87° 左右，之后开始在 87° 左右振荡。可以看出，经度小于 87° 的时间段比大于 87° 时间段长。这是因为经度大于期望值时，控制策略是副气囊排气上升高度；经度小于期望值时，控制策略是副气囊充气下降高度。而放气效率远比充气效率高，即在及时响应性能方面，上升高度比下降高度更为快速。从高度变化曲线也可以看出，上升高度斜率比下降高度斜率更大。

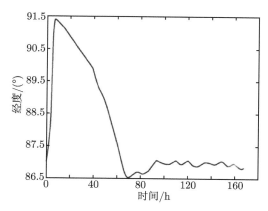

图 6.7　经度变化曲线

6.1.6　吊篮姿态控制

　　高空气球吊篮可以实现垂直起飞和软着陆，不用花费很大财力建设专用场地，也不占用其他飞行器的航道；基于气球载荷实验开发研究的价格仅为同等规模的基于空间设备的实验开发研究的百分之一或更少，空间设备的发射和飞行机会也比气球载荷少得多，故高空气球吊篮以它突出的优点，在军事、通信等方面显示出不可比拟的优越性[4]。

当高空气球吊篮到达预定的高度进入稳定飞行阶段后，就要启动姿态控制系统，以对其方位进行稳定及调整[5]。姿态控制系统要实现的任务可分为姿态稳定和姿态机动两方面。姿态稳定就是使吊篮姿态保持在给定方位上，对地面目标定向；姿态机动则是使吊篮从一种姿态过渡到另一种姿态的再定向过程。气球吊篮姿态控制系统是吊篮在空中保持姿态稳定、进行姿态调整的关键部件，是实现系统跟踪精度、跟踪速度的保证[6]。采用姿态控制精度高、稳定度高的气球吊篮为空中平台，在满足任务技术要求的前提下，可以大大降低工作费用。

1. 吊篮姿态的调整与稳定原理

姿态调整与稳定的目的就是将球载吊篮的方位角 ψ^b 调整至与计算的预期方位角保持一致，并长时间稳定在该方向上，即具备和保持一个预期的姿态。参照航天器的主动姿态及稳定控制原理和角动量 (动量矩) 守恒定律可知，利用某一装置产生的外力矩去改变航天器的角动量，便可以实现航天器姿态的调整。球载吊篮也正是基于这一原理实现了对其方位角的调整和控制，而采用的控制力矩发生装置为力矩电机。

图 6.8 是采用飞轮实现球载吊篮方位调整与稳定的原理示意图。在图 6.8 (a) 中，力矩电机的壳体与吊篮的篮体固联在一起，它通过传动装置驱动一个具有一定角惯量的飞轮旋转运动。当自主姿态控制系统控制力矩电机加速或减速时 (或以一定角加速度正转或反转时)，它将产生一个对应的电磁力矩 T_m。根据角动量守恒定律，由于力矩电机与吊篮固联，该电磁力矩将会作用于吊篮并引起其角动量 L_g 的变化，该过程可表达为

$$T_m = \frac{dL_g}{dt} = J_g \frac{d\omega_g}{dt} \tag{6.23}$$

从式 (6.23) 可知，吊篮角动量 L_g 变化的直接结果便是引起吊篮存在与角动量变化符合右手定则的角速度 ω_g 的变化，从而改变吊篮沿其中轴线旋转的角度。这一过程中，飞轮承受了上述力矩的反作用力矩，它也做加速或减速运动并在角动量上也存在变化，因此，飞轮实际上在其中为一角动量交换装置并起到角动量储存器的作用。也可以说，自主姿态控制系统是通过一定的控制规律使飞轮加速或减速来改变其角动量的，飞轮角动量的变化将使吊篮获得驱动其转动所需的控制力矩，从而达到方位控制的目的，这一运动过程是符合角动量守恒定律的。

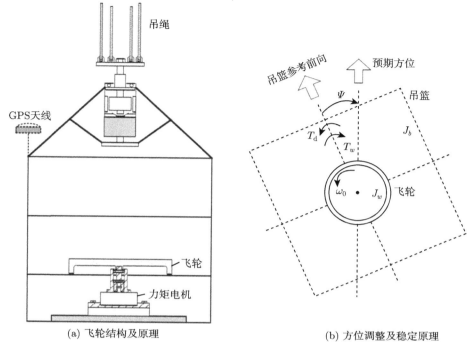

(a) 飞轮结构及原理   (b) 方位调整及稳定原理

图 6.8 采用飞轮实现球载吊篮方位调整与稳定的原理示意图

而图 6.8 (b) 则通过这一角动量交换原理对吊篮方位的调整及稳定过程进行了详细说明。现假定该方位控制子系统为一单轴系统, 即吊篮和飞轮均只作单自由度平面转动, 飞轮和吊篮 (包含飞轮) 的角惯量分别为 J_ω 和 J_g, 飞轮的初始角速度为 ω_0, 同时考虑外干扰力矩 T_d 及其导致吊篮偏离预期方位的转角 ψ_g。如需使飞轮沿图示方向加速以驱动吊篮调整至原预期方位, 消除外干扰力矩 T_d 所造成的方位偏差, 可得飞轮的角动量为

$$L_w = J_w(\omega_0 + \dot{\psi}_g) \tag{6.24}$$

吊篮 (不包含飞轮) 自身的角动量为

$$L_g = (J_g - J_w)\dot{\psi}_g \tag{6.25}$$

根据角动量守恒定律: 球载吊篮平台在其自转轴上的角动量矢量和对时间 t 的导数 (单位时间角动量的变化量) 等于作用在球载吊篮的外力矩矢量之和, 则有

$$\frac{\mathrm{d}}{\mathrm{d}t}(L_w + L_g) = T_d \tag{6.26}$$

将式 (6.24) 和式 (6.25) 代入式 (6.26)，可得

$$J_w\dot{\omega}_0 + J_g\ddot{\psi}_g = T_d \tag{6.27}$$

可将式 (6.27) 改写为

$$J_w(\omega - \omega_0) + J_g\dot{\psi}_g = \int_0^t T_d\mathrm{d}t \tag{6.28}$$

而球载吊篮方位稳定的目标是使 $\dot{\psi}_g = 0$，即吊篮转角不再变化，因此要消除干扰力矩 T_d 的影响，飞轮转速须按照以下关系变化：

$$\omega = \omega_0 + \frac{1}{J_w}\int_0^t T_d\mathrm{d}t \tag{6.29}$$

式 (6.29) 表明，角惯量为 J_w 的飞轮在单位时间内从 ω_0 加速 (或减速，以干扰力矩的方向而定) 到 ω 时，即以某一角加速度运转，它将产生反作用力矩 $T_w = -T_d$ 与干扰力矩 T_d 相平衡，在此段时间内，球载吊篮将不再受到干扰力矩的影响而继续转动，即方位偏差角 ψ 的大小不再变化，方位上将处于稳定状态。同时，该式还表明：以角速度 ω_0 转动的飞轮具有一定的角动量，它可通过转速的提高进一步吸收储存外力矩所引起的角动量改变，同理，它也可通过已储存角动量的释放去抵消外力矩所引起的角动量变化，它是角动量交换系统的核心。但是，干扰力矩 T_d 所引起的方位偏差并没有减小或消除，飞轮还需进一步加速才能提供更大的力矩使吊篮在方位上发生反方向转动，直到方位偏差 $\psi = 0$，这也是方位调整的目的。在实际的方位调整中，方位控制子系统可通过对此方位偏差角的检测，控制飞轮进一步产生额外的力矩使吊篮朝着方位误差减小的方向转动，直到误差为零。由此分析可知：在存在外部干扰力矩的情况下，方位控制子系统将通过控制飞轮具有一定的角加速度，使飞轮输出反作用力矩 $T_w > -T_d$，以实现方位的调整；当方位偏差为零时，飞轮将保持在一个恒定的角加速度，使 $T_w = -T_d$，以保持方位的稳定，这就是方位调整和稳定的原理。

2. 姿态控制及其系统组成

吊篮姿态控制系统由传感器方位检测系统、惯性轮力矩台控制系统 (反作用飞轮和力矩电机伺服系统)、反捻机构控制系统、测量仪器运动控制系统等组成。吊篮姿态控制系统框图如图 6.9 所示。

姿态控制系统由姿态测量分系统 (未在图中显示) 测得吊篮的角度与角速度实际值，由信息处理分系统 (未在图中显示) 对测量值进行处理后，根据控制模式由控制信号发生器根据控制规律算得控制信号，即把当前角度和角速度偏差传到执行机构，由执行机构对吊篮的方位进行稳定、调整。执行部件由惯性轮力矩台控制系统、反捻控制系统和测量仪器运动控制系统组成。惯性轮力矩台控制系统作为

姿态控制的执行机构, 通过与吊篮之间的角动量交换来实现对吊篮姿态高精度的控制。

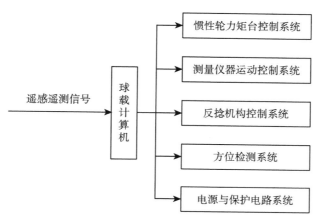

图 6.9 吊篮姿态控制系统框图

吊篮姿态稳定及调整的过程如下: 角动量转换机构 (本书吊篮姿态调整采用反作用飞轮控制方式) 被起动后, 电机转速随系统输出信号调整, 产生的力矩使吊篮转动来实现对吊篮方位的初始定位; 继而开始对方位进行调整, 即起动反捻控制回路和反作用飞轮控制回路, 进行吊篮姿态调整和预期姿态稳定的控制。姿态控制系统的精度取决于执行机构的硬件精度和控制规律所能达到的控制精度。

1) 方位检测系统

方位检测系统用来进行吊篮初始方位角度确定和对吊篮方位的实时检测。系统由磁方位传感器、陀螺仪及变送器等来实现。陀螺仪作为一种重要的惯性敏感器是对相对于惯性空间角运动敏感的装置。它用于检测吊篮的姿态角和角速度。磁方位传感器可在 360° 范围内检测吊篮的方位。在吊篮的方位初始化时, 由磁方位传感器来确定初始方位。方位检测系统启动后, 由磁方位传感器和陀螺仪进行方位确定, 即确定吊篮初始方位角度, 设置吊绳上扭矩传感器的零点。吊篮初始角度确定方法是采用通过磁方位传感器来指定某一方向为姿态确定和机动的初始位置, 待吊篮升空稳定后, 开始进行指向调整, 采用从当前位置的单步移动方法进行初始方位调整。经过初始对准, 知道吊篮的初始信息 (包括位置、速度和方位) 后, 依靠吊篮上平台上的惯性测量单元, 由陀螺仪提供吊篮瞬时角速度和角位移信息, 磁方位传感器提供吊篮方位信息, 这样吊篮在空间的瞬时角运动参量可以通过惯性测量推算出。系统中各个惯性敏感器件敏感的信号要经过信号变换和信号处理才能转换成可接收的有用信号。由于磁方位传感器只能提供大范围的粗测, 故采用陀螺仪进行精密的方位测量。系统把磁方位传感器和陀螺仪配合使用来进行测量, 提高了系统的测量精度,达到了吊篮姿态角测量要求精度。

2) 惯性轮力矩台控制系统

惯性轮力矩台控制系统是实现吊篮方位控制的执行机构。该系统由控制驱动器、飞轮系统 (直流力矩电机和飞轮)、速度传感器等组成。系统采用反作用飞轮控制方式,直流力矩电机作为执行元件,高精度光电码盘进行实时位置检测,一起构成了稳定、简单、可靠的高精度伺服系统。飞轮系统由稀土永磁直流力矩电机和飞轮组成。飞轮连在电机轴上。反作用飞轮是吊篮方位控制系统的主要执行部件,通过电机带动飞轮,再由飞轮带动作为飞轮立足点的吊篮运动。根据动量矩守恒定理,吊篮将沿着与电机相反的方向运动,直到达到新的平衡,即利用飞轮储存的动量及其在加速或制动时产生的反作用力矩实现对吊篮的方位稳定和调整。飞轮控制方式采用零动量反作用飞轮控制。零动量反作用飞轮的控制精度高,可接近于姿态敏感器的测量精度,且质量小、功耗低、机动性好。速度检测可以通过位置检测得到。为简化系统结构,降低成本,位置和速度检测采用光电码盘。姿态控制器把方位检测系统传送的气球吊篮姿态角变化量进行计算,转化成控制信号,惯性轮力矩台控制系统根据给出的速度变化指令调整控制器输出,来调整惯性飞轮的速度。系统由直流力矩电机提供产生影响气球吊篮姿态运动的内力矩,直接驱动惯性轮力矩台,不需加减速器作为力矩放大器,控制简单。飞轮的角动量在整个控制过程中起支配作用,在姿态稳定时用来吸收周期性的扰动力矩,在方位调整时提供可变的动量,即向吊篮传递角动量。

3) 反捻机构控制系统

反捻机构控制系统是一个速度随动系统,是由速度、位置、电流三环控制技术构成的高精度伺服系统。系统由步进电动机本体、角度位置传感器、控制器、星型齿轮减速器四部分组成,另外还带有机械刹车机构。其控制回路可直接接收上位机和速度检测回路的控制指令。反捻机构采用高灵敏度的扭矩传感器来测量气球吊绳上的扭矩。步进电机作为反捻机构的执行元件,通过传动机构对吊绳扭矩进行解捻,以此来消除吊绳扭矩对吊篮姿态的影响,实现吊篮高精度的姿态控制。驱动器选用三相混合式稀土永磁步进电动机专用驱动器,为提高反捻机构控制系统运动的平稳性,防止跳步和失步,正弦电流的阶梯细分数取为 16。采用恒流驱动方式直接驱动步进电机。系统采用控制技术使吊绳摩擦减小到实用允许值。在系统速度和位置闭环控制中,采用光电码盘来获取反捻机构步进电机的位移量。此位移量信息与吊篮位移量信息、力矩电机速度信息经球载计算机处理后转变为机构的转动位移。参照吊篮的速度和步进电机的速度,控制器根据给定值与反馈值之差,按设计好的控制规律来控制整个系统的运行,同时,控制器又可根据检测到的运动部件的实际位置和速度状态来调整脉冲的数量和频率,使步进电机稳定在正常运行状态,保证吊篮的姿态严格按照指令要求变化。通过位置反馈,使系统控制精度不受电机失步影响。整个反捻控制系统由球载计算机实施控制,由计算机软件来实现。系统给定角度位置的变化、系统运行状态的变化、脉冲分配与驱动、位置和速度实时测量处理、闭环控制,反捻控制回路的 PID 控制算法等均由球载计算机完成。

4) 电源与保护电路系统

在控制系统内,需要不同的供电电压,如数字 TTL、CMOS 器件需要 5V 电压,A/D 转换器需要 5V, 15V, −15V 电压供电,而执行电动机及其驱动电路的供电电压、电流要求更是各有不同。考虑到高空环境下的电能携带问题,系统中主供电源为 + 28V 蓄电池。计算机所需 + 5V,电路芯片的 ± 15V 电压和其他电路电压经 DC/DC 转换模块获取。保护电路包括过压、欠压、过流、缺相、过载及电源极性保护等硬件电路。为保证各逆变器功率开关器的正常工作,系统主要保护为过流保护。

3. 系统控制策略

采用反作用飞轮模式控制吊篮方位角时,电机驱动飞轮引起吊篮转动。在整个过程中,电机和吊篮共经历了三个过程:加速运动、匀速运动和减速运动。通过上述三个过程的调整,吊篮方位最后可恢复到受扰动前的初始状态,抵消扰动对吊篮的影响,完成对吊篮的方位控制。在运动控制过程中,转速采用指数型变速曲线,其运动过程首先以指数曲线加速运动,再匀速运动,最后以指数曲线减速运动。此方法可达到升降过程快且平稳,跟踪精度高。

当电机匀速运动时,吊篮则反方向匀速运动。当扰动消失后,控制器给电机发出一个控制信号,使电机减速运动,同时吊篮也减速,直至电机减速到零,使吊篮停下来。整个飞行的过程中,吊篮的姿态控制系统要完成的功能有:到达预定飞行高度时,首先启动磁方位传感器、陀螺仪和飞轮系统,进行吊篮初始姿态的定位;然后启动反捻机构控制系统,结合飞轮控制回路进行吊篮姿态的稳定;依据接收的地面方位指令进行姿态调整,控制吊篮的转动;测量仪器运动控制系统被启动后,对测量仪器进行位置调节,进行任务实现的信号接收、发射;进行系统姿态机动后的稳定控制;系统各项参数的数据存储,测量仪器信号的地面传送;球载计算机中央管理控制指令的接收和姿态参数的回送。

飞行器姿态控制方案的主流基于经典控制理论,并取得了良好的控制效果。因此,从可靠性方面考虑,吊篮的姿态控制采用经典 PID 控制,从而使姿态控制律对系统运行时所面临的各种不确定性因素具有很好的鲁棒性。基于自动控制原理的知识,采用线性系统串联校正的方法设计 PID 控制器,然后再离散化得到数字 PID 控制器。利用三种不同形式的控制作用组合来跟踪被控对象的不同变化速度,使调节系统的动态误差更小。

系统采用球载计算机进行控制,主要控制策略由计算机软件来实现,可实现多种运行方式,具有高精度、高伺服性能和动态性能。采用位置、速度双闭环来实现惯性轮力矩台对气球吊篮的水平方位控制。在反捻步进电机的控制中,系统对步进电机采用相电流线性调节,从而实现电枢磁场磁势均匀旋转,使电机运行平稳,消除低速条件下的抖动,实现平滑调速。

从可靠性方面考虑,反作用飞轮控制系统采用模拟数字混合方案。控制系统的数字部分负责和上位机通信,同时实现转矩、转速等指令的数字运算,模拟部分负责电机驱动控制功能,这样既可使系统实现灵活的控制算法,又可节省费用。

6.2　浮空器飞行轨迹优化

高空型浮空器在上升、降落或者平飞过程中,其所携带的能量以及可利用的太阳能能量有限,并且在执行特定的任务时,需要以尽可能短的时间到达目标点。在这些情况下,需要对浮空器的飞行轨迹进行优化,以使浮空器跟踪特定的最优轨迹飞行。在不同性能指标 (如时间最短、能量最少或者能量综合最优) 情况下所得出来的轨迹可以用于实际高空型浮空器的轨迹跟踪中,具有重要的意义。

6.2.1　恒定风场的二维轨迹优化

无风情况下浮空器的二维运动轨迹如图 6.10 所示,浮空器从起点 A 开始飞行,原点 O 是轨迹的终点。

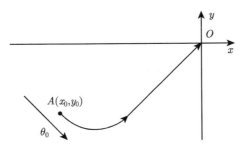

图 6.10　无风情况下浮空器的二维运动轨迹

则浮空器的运动学与动力学模型如下:

$$\begin{cases} \dot{x} = v\cos\theta \\ \dot{y} = v\cos\theta \\ \dot{v} = \dfrac{T-f}{m} \\ \dot{\theta} = \dfrac{L}{mv} \end{cases} \qquad (6.30)$$

其中，(x,y) 表示浮空器的坐标；v 表示浮空器的速度；θ 表示浮空器速度与 Ox 轴正方向的夹角；T 代表推力。阻力 f 和侧向力 L 的表示式如下：

$$\begin{cases} f = \dfrac{1}{2}\rho v^2 S\left(C_{d0} + k\alpha^2\right) \\ L = \dfrac{1}{2}\rho v^2 S C_y^\alpha \alpha \end{cases} \tag{6.31}$$

式中，ρ 是浮空器周围大气的密度；S 是参考面积；k 是升力诱导阻力系数；α 是攻角；C_{d0} 是零阶阻力系数；C_y^α 是升力系数。

系统的初始条件和部分终止条件如下：

$$\begin{array}{ccc} x_{t_0} = x_0, & y_{t_0} = y_0, & v_{t_0} = v_0 \\ & \theta_{t_0} = \theta_0 & \\ x_{t_f} = x_f, & y_{t_f} = y_f, & v_{t_f} = v_f \end{array} \tag{6.32}$$

其中，$t_0 = 0$，t_f 和 θ_{t_0} 自由。

由于发动机、螺旋桨性能有限，且浮空器的攻角必须符合其空气动力学特性，即推力和攻角受如下约束：

$$\begin{cases} T \in (0, T_{\max}) \\ |\alpha| \leqslant \alpha_{\max} \end{cases} \tag{6.33}$$

综上，浮空器在恒定风场的二维轨迹优化问题可以描述为：根据系统模型(6.30)，初始位置 $(x_{t_0}, y_{t_0}) = (x_0, y_0)$ 和一个任意给定的初始速度 $v_{t_0} = v_0$，在恒定风场 v_w 下，找到一个最优的控制 $P(t)$，满足边界条件 (6.32) 和约束条件 (6.33)，使得系统 (6.30) 可以最终以 $v_{t_f} = v_f$ 到达一个指定的 $(x_{t_f}, y_{t_f}) = (x_f, y_f)$ 的同时，系统性能指标

$$J = \int_0^{t_f} \left(\frac{Tv}{m} + k\right) dt \tag{6.34}$$

达到最优。其中，$k > 0$ 是时间的权重系数。

6.2.2 基于渐进法的二维轨迹优化

1) 零阶解

在恒定风场的条件下，考虑到风速的影响，需要改变无风情况下浮空器的运动模型。为了简化计算，将运动过程转化成在无风情况下从初始位置开始追击一个以风速 v_w 在 x 轴上运动的虚拟目标的最优化问题。该情况下，边界条件与无风情况下有所区别：$v_f = -v_w$ 且 θ_f 与 x 轴正方向相同。如图 6.11 建立平面直角坐标系，描述浮空器的飞行轨迹。

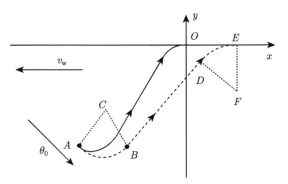

图 6.11 恒定风场下浮空器的二维运动轨迹

A 表示浮空器的初始位置, 实线 AO 表示浮空器实际的飞行轨迹, 而虚线 AE 表示浮空器等效无风情况下的飞行轨迹。C, F 分别是弧 AB 与弧 DE 所对应的圆心, $\Delta\theta_1$ 与 $\Delta\theta_2$ 分别表示弧 AB 与弧 DE 所对应的转角, BD 间的飞行轨迹是一条直线。

在对原问题进行适当的转化后, 可得如下方程:

$$\begin{cases} x_E = 0 + v_{\mathrm{w}}t \\ y_E = 0 \end{cases} \tag{6.35}$$

$$\begin{cases} x_C = x_0 + r\cos\left(\theta_0 + \dfrac{\pi}{2}\right) \\ y_C = y_0 + r\sin\left(\theta_0 + \dfrac{\pi}{2}\right) \\ x_F = x_E - r\cos\left(\theta_F + \dfrac{\pi}{2}\right) \\ y_F = y_E - r\sin\left(\theta_F + \dfrac{\pi}{2}\right) \end{cases} \tag{6.36}$$

$$\begin{cases} x_B = x_C + r\cos\left(\theta_0 - \dfrac{\pi}{2} + \Delta\theta_1\right) \\ y_B = y_C + r\sin\left(\theta_0 - \dfrac{\pi}{2} + \Delta\theta_1\right) \\ x_D = x_F + r\cos\left(\theta_F - \dfrac{3\pi}{2} + \Delta\theta_2\right) \\ y_D = y_F + r\sin\left(\theta_F - \dfrac{3\pi}{2} + \Delta\theta_2\right) \end{cases} \tag{6.37}$$

$$\tan\left(\theta_0 + \Delta\theta_1\right) = \tan\left(\theta_{\mathrm{f}} + \Delta\theta_2\right) = \frac{y_D - y_B}{x_D - x_B} \tag{6.38}$$

$$t = t_{\mathrm{acc}} + \frac{r\Delta\theta_1 - S_{\mathrm{acc}}}{v_{\mathrm{s}}} + t_{\mathrm{dec}} + \frac{r\Delta\theta_2 - S_{\mathrm{dec}}}{v_{\mathrm{s}}} + t_{BD} \tag{6.39}$$

其中, $t_{\text{acc}}, t_{\text{dec}}, t_{BD}$ 分别表示从 v_0 到 v_{s} 的加速阶段、从 v_{s} 到 v_{f} 的减速阶段以及 BD 段的时间; S_{acc} 和 S_{dec} 分别表示从 v_0 到 v_{s} 的加速阶段和从 v_{s} 到 v_{f} 的减速阶段的路程; $\Delta\theta_1$ 和 $\Delta\theta_2$ 分别表示弧 AB 和弧 DE 所对应的转角。

联立式 (6.36)∼ 式 (6.39), 即可解得恒定风速下的最优路径。

2) 准一阶解

一般情况下, 浮空器的飞行轨迹如图 6.12 所示。

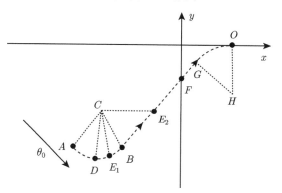

图 6.12 恒定风场下飞行过程的准一阶解

AD 和 E_1E_2 代表浮空器的两个加速阶段, DE_1 与 E_2F 分别表示 $T = T_{\text{s}2}$ 和 $T = T_{\text{s}1}$ 的奇异区间, FO 代表浮空器的减速阶段。在恒定风场下, 飞行轨迹的最后一部分是圆弧。由于浮空器的减速过程缓慢而耗时, F 点通常位于直线路径上, 即浮空器在圆弧路径前开始减速。由于运动模型是确定的, 依旧可以通过 F, O 点的条件计算出减速过程的飞行距离 S_{FO} 和飞行时间 t_{FO}。因此, 运用在无风条件下同样的解法, 找到使性能指标最优的 v_B 值, 即可解出恒定风场下的准一阶解[7]。

6.3 平流层风场数学模型研究与仿真分析

本节建立了两种风场模型: 基于 NCEP 离散数据的NCEP_RBF模型和HWM14 模型, 并对两种模型的正确性和可行性进行了检验, 为平流层浮空气球的驻留提供基础。

6.3.1 基于 NCEP 离散数据的 NCEP_RBF 模型

本模型在 NCEP 离散风场数据的基础上, 采用径向基函数 (RBF) 插值方法建立空间和时间上连续的风场速度模型。

1) NCEP/NCAR 数据来源

NCEP/NCAR 再分析数据集是由美国国家气象环境预报中心 (NCEP) 和美国

国家大气研究中心 (NCAR) 联合制作的全球气象资料数据集, 采用了当今最先进的全球资料同化系统和完善的数据库, 对各种来源 (地面、船舶、无线电探空、测风气球、飞机、卫星等) 的观测资料进行质量控制和同化处理, 获得了一套完整的再分析资料集, 它不仅包含的要素多、范围广, 而且延伸的时段长, 是一个综合的数据集。

美国 NCEP 和 NCAR 在 20 世纪 90 年代相继发起了 "NCEP/NCAR Reanalysis Project" (N/N Reanalysis, 简称 NCEP- I) 和 "NCEP/DOE AMIP- II Reanalysis" (Reanalysis-2, 简称 NCEP- II)。NCEP- I 完成了从 1948 年开始的再分析, 因此已有 60 多年的资料可供使用, 成为现在用于气候分析时间序列最长的再分析资料, 广泛用于气候诊断分析等方面的研究, 并在气候模拟和预测研究中作为区域气候模式的初始场、边界条件资料, 用来检验模拟结果。NCEP- II 采用了改进的预报模式和数据同化系统, 修正了 NCEP- I 中的人为误差, 被认为是一种校正的、较好的全球再分析资料。

NCEP- I 和 NCEP- II 再分析资料以 2000 年以前的资料为主, 其水平分辨率为 2.5°×2.5°; 垂直方向上分为 17 层, 在压强 1000∼10hPa 的高度范围内 (从地面到 32km 左右高度); 在时间上, 提供每天 4 次的数据, 分别为 00:00, 06:00, 12:00, 18:00(世界时)。即它提供全球经纬度 2.5° 倍数的网格点上的气象数据, 而在每个网格点含 17 个高度上的数据。尽管 NCEP- I 和 NCEP- II 是 2000 年左右的数据同化技术, 但其提供的气象数据分别延续到了 2017 年和 2016 年底。

随着资料种类和质量的不断提高, 以及数据同化技术的改进, 目前 NCEP 再分析资料提供了改进的版本 ——NCEP FNL Operational Model Global Tropospheric Analysis, continuing from July 1999(以下简称 NCEP-FNL)。改进的 NCEP 再分析资料水平分辨率达到 1°×1°, 垂直方向为 26 层 (压强 1000∼10hPa), 且从 2016 年 9 月开始, 垂直方向分为 31 层, 高度达到了 48km。

本书分别搜集 (https://rda.ucar.edu/) 并研究了 NCEP- II 和 NCEP-FNL 数据集, 并开发了一套基于 RBF 的数据插值模型程序, 通过建立插值模型, 利用离散的数据集可得到全球任意经纬度及高度位置 (32km 以下) 的纬向风和经向风。为了检验数据集和 RBF 模型的正确性, 将模型数据与我国高空气象站探空气球测量所得的风场数据进行了对比。

2) RBF 插值模型 (模型详情见本书 3.4.2 节)

RBF 的基本形式如下:

$$\hat{F}(\boldsymbol{r}) = \sum_{i=1}^{N_{\mathrm{sp}}} \omega_i \varphi\left(\|\boldsymbol{r} - \boldsymbol{r}_i\|\right) \tag{6.40}$$

其中, $\hat{F}(\boldsymbol{r})$ 是插值函数, 在这里分别代表纬向风 (u) 和经向风 (v); N_{sp} 代表建立

RBF 模型所用的插值节点数，在这里代表 NCEP-II 或 NCEP-FNL 的网格数据点数；$\varphi(\cdot)$ 代表基函数；r_i 为 RBF 的中心位置，即插值节点的位置矢量，包括经度、纬度、高度；$\|r - r_i\|$ 为空间位置矢量 r 到插值节点位置矢量 r_i 的距离；系数 ω_i 代表第 i 个插值节点所占的权重系数，并保证插值后的函数通过所有插值节点，即

$$\hat{F}(\boldsymbol{r}_i) = F(\boldsymbol{r}_i), \quad i = 1, \cdots, N_{\mathrm{sp}} \tag{6.41}$$

其中，$F(\boldsymbol{r}_i)$ 代表插值节点的真实函数值。文献比较，Wendland's C2 函数计算效率和网格变形的质量都较好，故此处选用它作为 RBF 模型的基函数，表达式如下：

$$\varphi(\xi) = (1 - \xi)^4 (4\xi + 1) \tag{6.42}$$

其中，ξ 为 $\|r - r_i\|$ 的无量纲值，$\xi = \|r - r_i\|$；R 为 RBF 的作用半径，当 $\xi > 1$ 时，强制设定 $\varphi(\xi) = 0$，即当空间内的样本点到插值节点距离超过作用半径时，该插值节点对这点的风速不起作用。

在给定了插值节点后，计算空间内任意坐标点的风速时，r 和 r_i 已知，唯一未知的是各插值节点的权重系数 ω_i。ω_i 可以通过建立模型的插值节点的插值结果必须与其真实风速一致来求得 (也就是说，RBF 是插值模型而非拟合模型)。对于两个方向的风速，求解方程分别如下：

$$\boldsymbol{U}_{\mathrm{s}} = \boldsymbol{\Phi}\boldsymbol{\omega}_{\mathrm{u}} \Rightarrow \boldsymbol{\omega}_{\mathrm{u}} = \boldsymbol{\Phi}^{-1}\boldsymbol{U}_{\mathrm{s}} \tag{6.43}$$

$$\boldsymbol{V}_{\mathrm{s}} = \boldsymbol{\Phi}\boldsymbol{\omega}_{\mathrm{v}} \Rightarrow \boldsymbol{\omega}_{\mathrm{v}} = \boldsymbol{\Phi}^{-1}\boldsymbol{V}_{\mathrm{s}} \tag{6.44}$$

其中，下标 s 表示插值节点，且有

$$\boldsymbol{U}_{\mathrm{s}} = \left[u_{\mathrm{s}}^{(1)}, u_{\mathrm{s}}^{(2)}, \cdots, u_{\mathrm{s}}^{(N_{\mathrm{sp}})} \right]^{\mathrm{T}} \tag{6.45}$$

$$\boldsymbol{V}_{\mathrm{s}} = \left[v_{\mathrm{s}}^{(1)}, v_{\mathrm{s}}^{(2)}, \cdots, v_{\mathrm{s}}^{(N_{\mathrm{sp}})} \right]^{\mathrm{T}} \tag{6.46}$$

$$\boldsymbol{\omega}_{\mathrm{u}} = \left[\omega_{\mathrm{u}}^{(1)}, \omega_{\mathrm{u}}^{(2)}, \cdots, \omega_{\mathrm{u}}^{(N_{\mathrm{sp}})} \right]^{\mathrm{T}} \tag{6.47}$$

$$\boldsymbol{\omega}_{\mathrm{v}} = \left[\omega_{\mathrm{v}}^{(1)}, \omega_{\mathrm{v}}^{(2)}, \cdots, \omega_{\mathrm{v}}^{(N_{\mathrm{sp}})} \right]^{\mathrm{T}} \tag{6.48}$$

矩阵中的每一个元素代表插值节点中任意两点之间距离为参数的 RBF 值：

$$\boldsymbol{\Phi} := \left[\varphi(\|r - r_i\|) \right]_{i,j} \in R^{N_{\mathrm{sp}} \times N_{\mathrm{sp}}} \tag{6.49}$$

求解方程 (6.47) 和方程 (6.48) 可得到插值节点的权重系数，可计算得到空间任意坐标点的风速。

值得注意的是，当建立模型的数据量较大时，建立模型所需的时间会较大，且随插值样本的增长而快速增长。为了缓解这一问题，可以在建立模型时选用所关心区域附近的离散数据来插值。

取 NCEP-II 数据集 (经度 85°E～130°E，纬度 10°N～45°N，高度 17 层) 建立 RBF 模型，并取经纬度 (112°E，40°N) 网格点上的 NCEP 数据与 RBF 模型插值结果进行对比，结果如图 6.13 所示。可以看出，RBF 能基于原始数据建立很好的插值模型。同样地，取 NCEP-FNL 数据集中的一部分 (经度 85°E～100°E，纬度 35°N～45°N，高度 26 层) 建立 RBF 模型，并取经纬度 (95°E，N40°N) 网格点上 NCEP-FNL 数据与插值结果进行对比，结果如图 6.13 所示。同样地，RBF 能很好预测离散数据的趋势。说明此处建立的基于 RBF 的插值模型是有效、可靠的。

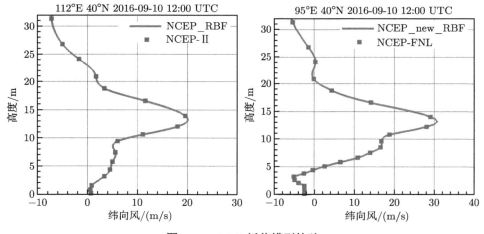

图 6.13　RBF 插值模型检验

3) 基于 NCEP 数据的风场模型检验

分别采用 NCEP_RBF 模型 (原始数据来自 NCEP-II) 和 NCEP_new_RBF 模型 (原始数据来自 NCEP-FNL) 预测的从地面到高空 32km 高度范围内风速与中国气象局气象数据中心 (http://data.cma.cn/) 公布的采用探空气球所得的实测数据进行了对比，以检验该模型的准确性和可靠性。分别选取了具有代表性的地点北京、西沙。对比结果如图 6.14、图 6.15 所示，图中的点 (CDC) 代表气象站的实测值，虚线 (NCEP_RBF) 代表采用 NCEP-II 的离散数据 (2.5°×2.5°) 进行 RBF 插值后的模型的预测值，实线 (NCEP_new_RBF) 代表采用 NCEP-FNL 的离散数据 (1°×1°) 进行 RBF 插值后的模型的预测值。从这些数据图可以看出，不管是纬向风还是经向风，NCEP_RBF 模型和 NCEP_new_RBF 模型在绝大多数情况下都与实测值吻合良好，说明 NCEP 提供的原始风场数据以及采用的三维数据插值方法都具有较高的精度，能够很好地模拟平流层内的大气风场。仔细对比 NCEP_RBF 和 NCEP_new_RBF 发现，NCEP_new_RBF 的精度更高，与实测值吻合度好，这是由于 NCEP_new_RBF 采用的是 NCEP-FNL 数据，而 NCEP-FNL 数据是 NCEP 采用最新的方法得到的数据点更密的数据集。

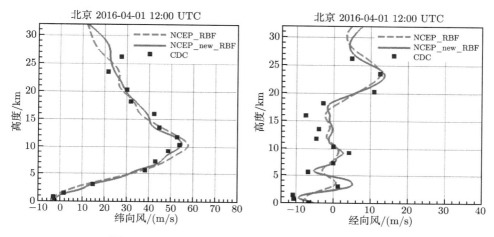

图 6.14 北京 (116.3°E, 39.9°N) 模型与实测值对比

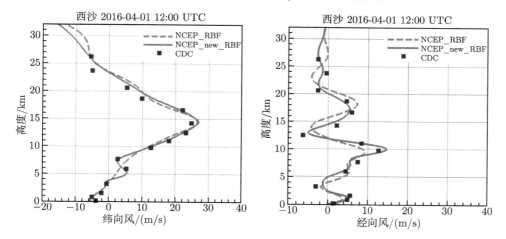

图 6.15 西沙 (112.29°E, 16.83°N) 模型与实测值对比

4) NCEP_RBF 风场模型初步应用

利用 NCEP-FNL 中 2017 年 6 月 7 日在经度 110°E~115°E、纬度 25°N~30°N 范围内 5 次 (00:00, 06:00, 12:00, 18:00, 24:00) 的风场数据，建立了该地理范围内 0~32km 高度内的连续风场模型，由该风场模型可得到该区域范围内任意经纬度、任意高度、任意时刻的纬向风和经向风。

这里取纬度 28.2°N 线上的风场予以展示 (图 6.16∼ 图 6.21)。从图 6.22 还

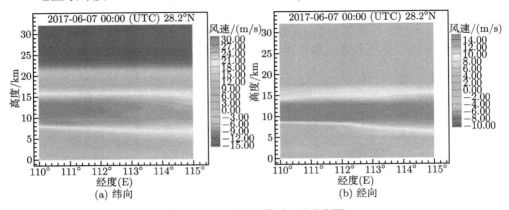

图 6.16　0 时风场模型 (后附彩图)

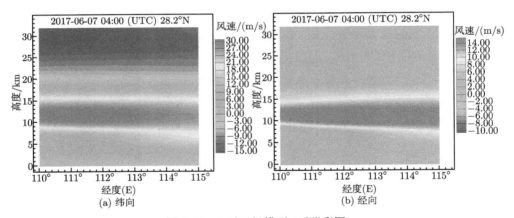

图 6.17　4 时风场模型 (后附彩图)

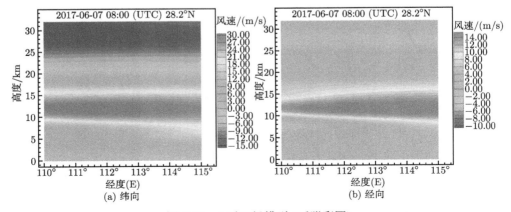

图 6.18　8 时风场模型 (后附彩图)

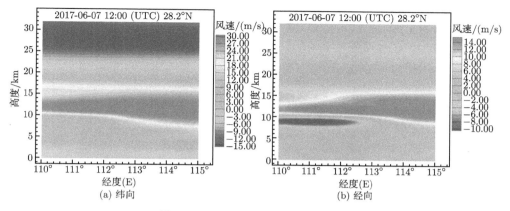

图 6.19 12 时风场模型 (后附彩图)

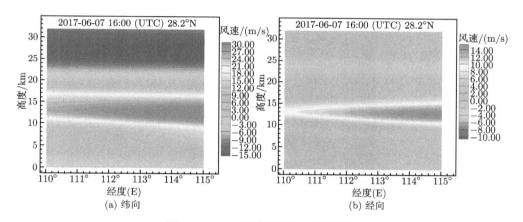

图 6.20 16 时风场模型 (后附彩图)

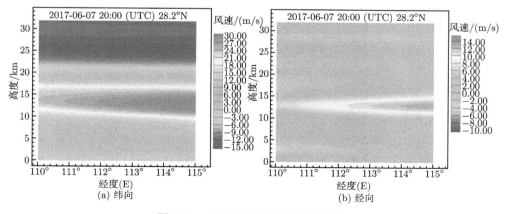

图 6.21 20 时风场模型 (后附彩图)

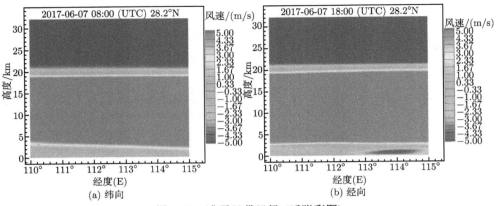

图 6.22　准零风带风场 (后附彩图)

可以清晰地看到, 在 28.2°N, 110°E～115°E 所示的范围内, 20km 高度附近存在准零风带, 在这一高度区域内, 纬向风非常小。采用相同的方法, 得到了 39.9°N, 85°E～130°E 范围的纬向风风场, 见图 6.23。从图中看出, 准零风带的高度大致从 20km 延伸至 25km, 相比前面更宽。

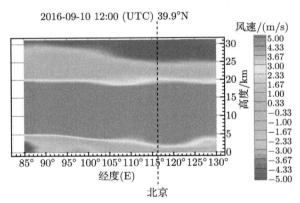

图 6.23　准零风带纬向风风场 (N39.9°)(后附彩图)

6.3.2　HWM14 模型

1)HWM 风场模型简介

HWM(Horizontal Wind Model) 是由美国海军研究实验室 (NRL) 和 NASA 提出的一个预测全球水平风场的经验模型。该模型最初由 NASA 在 20 世纪 80 年代提出, 代号为 HWM87; 后来 NRL 对该模型不断发展和更新, 依次提出了 HWM90, HWM93, HWM07, 以及目前最新的在 2014 年提出的 HWM14。HWM 自提出以来经过 30 多年的发展, 模型的适用范围、预测能力、预测精度等方面得到不断提高和完善。

最新的 HWM 提供了一个全球从地面到散逸层 (0~500km) 高度范围的大气水平风场的统计描述。它利用了过去 50 多年来卫星、火箭以及地面测量数据建立的模型。该风场模型是地理位置 (经度、纬度)、高度、天数 (一年中的第多少天)、当地太阳时以及地磁活动的函数。它考虑了大气区域平均循环、静止行星波、迁移潮汐以及季节模式等因素的影响。几十年来, HWM 在高层大气研究领域得到了广泛的应用。由于 HWM14 是目前 HWM 的最新版本, 也是整体预测精度及适应性最好的版本, 因此对 HWM14 模型进行了研究。

HWM14 是一个全球水平风场的经验模型, 它是利用了大量的实测数据, 并对这些数据库综合处理后建立的一个易于使用的模型。在这个方法中, 从大量实测数据中提炼出重要的数据特征, 并采用适当的数学模型来描述这些特征。未知模型参数 (包括基函数的分辨率, 这是为了避免对数据的欠拟合或过拟合) 通过最优化估算得到。假定该模型在分辨率和在观测到的不确定度范围内是成立的, 那么该模型的不确定性包含两种: 一是由自然界的变化不能或未能被所选择的基模型所描述引起的, 二是在测量过程中观测数据本身的不确定性。该方法遵循了早期的数值天气预报数据同化技术, 即函数拟合。与对流层气象学不同, 观测到的一阶时间精度在自然界中是周期性的, 包括昼夜和年度时间尺度, 这是由于上层的大气环流主要是由外部因素驱动的。

任何可靠的大气特征, 经验的或其他的, 就是一个充分的观测数据库。没有一个观测数据集可以覆盖全球大气的一般循环方式, 因此, 只能通过综合多种多样的数据来对风场进行研究。数据与数据、模型与数据的比较有利于识别隐藏的数据集, 也有利于对新仪器和测量技术的验证。以前的 HWM 数据库包含 50 年来 35 种不同仪器测量得到的超过 60×10^6 个观测值。这些历史数据可从地面技术和空间技术获得: 地面技术包括 630nm FPI 测量和 ISR 测量; 卫星技术包括光学技术和原位质谱仪测量。在 HWM07 的基础上, HWM14 又增加了 13×10^6 个观测数据。此外, 还添加了从 1989 年到 1999 年间在南极地区的 FPI 测量结果。总的来说, HWM14 是 44 种不同仪器测量的超过 60 年的 73×10^6 个数据的综合。

大多数新数据由相关地面设备在海拔 250km、半带宽约 60km 的区域测量得到。通常情况下, 水平风矢量由四个基本视线多普勒速度以及垂直零风速参考量确定。新数据包括多仪器共同测量的水平方向和垂直方向的风矢量的改进结果, 以及区域空间梯度值。此外, Conde 和 Smith 的扫描多普勒干涉仪的 FPI 测量结果提供了高纬度局部热层风场的致密数据。

HWM 升级所用到的第二类数据是来自欧洲航天局的重力场与稳态海洋循环探测 (GOCE) 卫星。GOCE 卫星于 2009 年 3 月至 2013 年 11 月在近圆形的太阳同步轨道上运行, 由于卫星的 96.7° 倾角, GOCE 测量的主要是纬向风。GOCE 提供了当地黎明和黄昏时候的重要数据, 其在过去是很难通过空基和地基的光学技术测量到的。关于 GOCE 交叉风的测量技术细节见相关文献。

其他可用的但没被 HWM 采用的数据有电离层探测仪测量的磁力经向风, 由 CHAllenging 微小载荷卫星 (CHAMP) 测量的高精度加速度数据得到的交叉风, 以及 NASA 的热层/电离层/热力学/动力学任务 (TIMED) 成像多普勒干涉仪 (TIDI) 得到的低热层的空间 FPI 测量值。

2) 模型的数学描述

HWM 模型给出了水平风分量的平均值, 它是天数 τ(一年中的第 τ 天)、当地太阳时 δ、纬度 θ、经度 ϕ, 以及从地面到散逸层的高度 z 等参数的函数。大气层的主要周期性循环气候变化由高度调幅矢量球谐函数表示:

$$U\left(\tau, \delta, \theta, \phi, z\right) = \sum_{j} \beta_j\left(z\right) u_j\left(\tau, \delta, \theta, \phi\right) \tag{6.50}$$

其中, $\beta_j\left(z\right)$ 是垂直方向三次 B 样条核函数的幅值; $u_j\left(\tau, \delta, \phi, z\right)$ 代表第 j 个垂直核函数的周期性水平时空变化。在这里, $U\left(\tau, \delta, \theta, \phi, z\right)$ 代表纬向风, 经向风的表达式将在后面给出。除最后一个高度区间外, 每个高度区间包含 4 个非零核函数 $(j, j+1, j+2, j+3)$。在 117.5km 高度以上每个区间的高度相对 HWM07 有少许调整, 以减少第二个核函数到最后一个核函数之间的振荡。

对于第 j 个垂直内核函数, 水平变化量 $u_j\left(\tau, \delta, \theta, \phi\right)$ 的表达式如下:

$$\begin{aligned} u_j\left(\tau, \delta, \theta, \phi\right) = & \sum_{s=0}^{S} \sum_{n=1}^{N} \Psi_j^1\left(\tau, \theta, s, n\right) + \sum_{s=0}^{S} \sum_{l=1}^{L} \sum_{n=1}^{N} \Psi_j^2\left(\tau, \delta, \theta, s, l, n\right) \\ & + \sum_{s=0}^{S} \sum_{m=1}^{M} \sum_{n=m}^{N} \Psi_j^3\left(\tau, \phi, \theta, s, m, n\right) \end{aligned} \tag{6.51}$$

式 (6.51) 包含年度和半年度谐函数 $\Psi_j^1\left(\tau, \theta, s, n\right)$, 区域平均循环用季节性波数 s 表示, 并取 $S=2$; 向西移动的昼夜、半夜以及二次谐波 $\Psi_j^2\left(\tau, \delta, \theta, s, l, n\right)$ 用潮汐波数 l 表示, 并取 $L=3$; 静止行星波谐函数 $\Psi_j^3\left(\tau, \phi, \theta, s, m, n\right)$ 用纵波数 m 表示, 并取 $M=2$。潮汐和静止的行星波谐波函数也包含年度和半年度幅值调制项 (s 分别为 1,2)。纬向三个阶数的总和为 $N=8$。

在 HWM07 中, 区域平均变化量 Ψ_j^1 用全矢量球谐基函数表示, 而在 HWM14 中对公式进行了修订, 以确保在两极处的经向风和纬向风总和为 0。HWM 中修订的区域基函数 Ψ_j^1 表达式如下:

$$\Psi_j^1\left(\tau, \theta, s, n\right) = -C_{r,j}^{s,n} \cdot \sin\left(n\theta\right) \cdot \cos\left(s\tau\right) + C_{i,j}^{s,n} \cdot \sin\left(n\theta\right) \cdot \sin\left(s\tau\right) \tag{6.52}$$

其中，$\left\{C_{r,j}^{s,n}, C_{i,j}^{s,n}\right\}$ 是从观测值 $\boldsymbol{d}$ 估算出来的未知模型参数 $\boldsymbol{m}_j^{(1)}$。

与 HWM07 相同，向西移动的潮汐部分分量的基函数用傅里叶调幅矢量球谐函数表示：

$$
\begin{aligned}
\varPsi_j^2\left(s, l, n, \tau, \delta, \theta\right) = & -C_{a_r,j}^{s,l,n} \cdot V_n^l\left(\theta\right) \cdot \cos\left(l\delta\right) \cdot \cos\left(s\tau\right) \\
& + C_{a_i,j}^{s,l,n} \cdot V_n^l\left(\theta\right) \cdot \sin\left(l\delta\right) \cdot \cos\left(s\tau\right) \\
& - B_{a_r,j}^{s,l,n} \cdot W_n^l\left(\theta\right) \cdot \cos\left(l\delta\right) \cdot \cos\left(s\tau\right) \\
& - B_{a_i,j}^{s,l,n} \cdot W_n^l\left(\theta\right) \cdot \sin\left(l\delta\right) \cdot \cos\left(s\tau\right) \\
& - C_{b_r,j}^{s,l,n} \cdot V_n^l\left(\theta\right) \cdot \cos\left(l\delta\right) \cdot \sin\left(s\tau\right) \\
& + C_{b_i,j}^{s,l,n} \cdot V_n^l\left(\theta\right) \cdot \sin\left(l\delta\right) \cdot \sin\left(s\tau\right) \\
& - B_{b_r,j}^{s,l,n} \cdot W_n^l\left(\theta\right) \cdot \cos\left(l\delta\right) \cdot \sin\left(s\tau\right) \\
& - B_{b_i,j}^{s,l,n} \cdot W_n^l\left(\theta\right) \cdot \sin\left(l\delta\right) \cdot \sin\left(s\tau\right)
\end{aligned}
\tag{6.53}
$$

其中，$\left\{C_{a_r,j}^{s,l,n}, \cdots, B_{b_i,j}^{s,l,n}\right\}$ 是从观测值 $\boldsymbol{d}$ 估算出来的未知模型系数 $\boldsymbol{m}_j^{(1)}$。类似地，静止行星波谐函数 $\varPsi_j^3\left(\tau, \phi, \theta, s, m, n\right)$ 由式 (6.53) 给出，其中，l 用 m 替代，δ 用 ϕ 替代，未知系数为 $\boldsymbol{m}_j^{(3)}$。

矢量球谐基函数 $V_n^l\left(\theta\right)$ 和 $W_n^l\left(\theta\right)$ 与标量化的标准勒让德多项式 $P_n^l\left(\theta\right)$ 相关：

$$
V_n^l\left(\theta\right) = \frac{1}{\sqrt{n\left(n+1\right)}} \frac{\mathrm{d}}{\mathrm{d}\theta} P_n^l\left(\theta\right)
\tag{6.54}
$$

$$
W_n^l\left(\theta\right) = \frac{1}{\sqrt{n\left(n+1\right)}} \frac{m}{\cos\theta} P_n^l\left(\theta\right)
\tag{6.55}
$$

与前面类似，在 $\varPsi_j^3$ 函数中，用 l 替代 m，δ 替代 θ。在 HWM14 中，这两个函数的求解采用 Emmert 给出的算法。

未知模型系数 C_r, C_i, B_r 和 B_i 分别代表矢量风场的旋度和散度的实部和虚部。与经向风分量相对应的基础集 $v_j\left(\tau, \delta, \theta, \phi\right)$ 由矢量球谐函数奇偶配对关系得出：$u:\{C_r, C_i, B_r, B_i\} \leftrightarrow -v:\{B_r, B_i, -C_r, -C_i\}$。沿着特定的地理方位 φ 的视线风 w_{los} 的线性基可表示为 $w_{\mathrm{los}} = u\sin\varphi + v\cos\varphi$。

3) 模型的参数估计

未知的模型参数 $\boldsymbol{m} = \boldsymbol{m}_j^{(1)}, \cdots, \boldsymbol{m}_{j+n}^{(3)}$ 通过求解一个超定线性方程组 $\boldsymbol{Gm} = \boldsymbol{d}$ 来得到，该方程组的具体表达式如下：

$$\begin{bmatrix} \beta_0\boldsymbol{\Psi}_0 & \beta_1\boldsymbol{\Psi}_1 & \beta_2\boldsymbol{\Psi}_2 & \beta_3\boldsymbol{\Psi}_3 & & & & & & \\ & \beta_1\boldsymbol{\Psi}_1 & \beta_2\boldsymbol{\Psi}_2 & \beta_3\boldsymbol{\Psi}_3 & \beta_4\boldsymbol{\Psi}_4 & & & & & \\ & & \beta_2\boldsymbol{\Psi}_2 & \beta_3\boldsymbol{\Psi}_3 & \beta_4\boldsymbol{\Psi}_4 & \beta_5\boldsymbol{\Psi}_5 & & & & \\ & & & \ddots & & & & & & \\ & & & \beta_{j+1}\boldsymbol{\Psi}_{j+1} & \beta_{j+1}\boldsymbol{\Psi}_{j+1} & \beta_{j+1}\boldsymbol{\Psi}_{j+1} & \beta_{j+1}\boldsymbol{\Psi}_{j+1} & & & \\ & & & & \ddots & & & & & \\ & & & & \ddots & & & & & \\ & & & & \beta_{24}\boldsymbol{\Psi}_{24} & \beta_{25}\boldsymbol{\Psi}_{25} & \beta_{26}\boldsymbol{\Psi}_{26} & \beta_{27}\boldsymbol{\Psi}_{27} & \\ & & & & & \beta_{25}\boldsymbol{\Psi}_{25} & \beta_{26}\boldsymbol{\Psi}_{26} & \beta_{27}\boldsymbol{\Psi}_{27} & \beta_{28}\boldsymbol{\Psi}_{28} & \\ & & & & & & \beta_{26}\boldsymbol{\Psi}_{26} & \beta_{27}\boldsymbol{\Psi}_{27} & \beta_{28}\boldsymbol{\Psi}_{28} & \beta_{29}\boldsymbol{\Psi}_{29} \end{bmatrix}$$

$$\times \begin{bmatrix} \boldsymbol{m}_0 \\ \boldsymbol{m}_1 \\ \boldsymbol{m}_2 \\ \boldsymbol{m}_3 \\ \boldsymbol{m}_4 \\ \vdots \\ \boldsymbol{m}_j \\ \vdots \\ \boldsymbol{m}_{26} \\ \boldsymbol{m}_{27} \\ \boldsymbol{m}_{28} \\ \boldsymbol{m}_{29} \end{bmatrix} = \begin{bmatrix} \boldsymbol{d}_0 \\ \vdots \\ \boldsymbol{d}_{22} \\ \boldsymbol{d}_{23} \\ \boldsymbol{d}_{24} \\ \boldsymbol{d}_{25} \\ \boldsymbol{d}_{26} \end{bmatrix} \tag{6.56}$$

其中，$\boldsymbol{d}$ 是观测值矢量，由纬向、经向、视线风测量值组成；$\boldsymbol{G}$ 是一个稀疏阶梯对角矩阵，见式 (6.56)。矩阵 $\boldsymbol{G}$ 的每一行有 4 个子列为非零项，含 800 个元素，对应于基函数 $\beta_j u_j(\tau,\delta,\theta,\phi)+\cdots+\beta_{j+3}u_{j+3}(\tau,\delta,\theta,\phi)$。在 30 个垂直模型内核 j 中，$\boldsymbol{m}$ 中总共包含 24000 个未知模型系数，与 $\boldsymbol{G}$ 矩阵的列数相同。

对于 HWM07，通过逐步求解含有限高度范围的子矩阵来得到未知参数。而在 HWM14 中，全体模型参数通过全部高度范围的子矩阵逐步求解，这里可使用基本线性代数程序库 (BLAS) 中的稀疏矩阵求解模块求解以及线性最小二乘最优估计求解。未知模型系数估计过程如下：

$$\boldsymbol{m}_{n+1} = \boldsymbol{m}_n + \left[\boldsymbol{G}^{\mathrm{T}}\boldsymbol{S}_\varepsilon^{-1}\boldsymbol{G} + \boldsymbol{S}_n^{-1}\right]^{-1}\boldsymbol{G}^{\mathrm{T}}\boldsymbol{S}_\varepsilon\left[\boldsymbol{d} - \boldsymbol{G}\boldsymbol{m}_n\right] \tag{6.57}$$

$$\boldsymbol{S}_{n+1} = \left[\boldsymbol{G}^{\mathrm{T}}\boldsymbol{S}_\varepsilon^{-1}\boldsymbol{G} + \boldsymbol{S}_n^{-1}\right]^{-1} \tag{6.58}$$

其中，在第 $n+1$ 步迭代中 (注意与模型内核层数 $j+1$ 区别)，$\boldsymbol{m}_n$ 是所有未知参数的前一步估计值，$\boldsymbol{S}_\varepsilon$ 是观测值的协方差矩阵。

经过 10 次迭代，大概经历 2×10^6 个来自 HWM 观测数据库的随机样本数据后，参数达到收敛。随机采样用于在整个模型的空间和时间域上均匀地平衡各种非均匀样本数据，并形成观测值的子集使得每次迭代的正向矩阵 $\boldsymbol{G}$ 可以适应于计算机存储器。虽然每一个单独的测量值都有其测量不确定度 (变化范围为 $10\sim60\mathrm{m/s}$，取决于测量仪器)，观测值的协方差矩阵定义为 $\boldsymbol{S}_\varepsilon = \mathrm{diag}\,\|1/\sigma_i^2\|$，其中，$\sigma_i = 37.5\mathrm{m/s}$，对于所有观测值取常数。该参数的选择反映了不能由经验公式描述的测量不确定度和随机地球物理变化性。在参数估计中，采用了安静条件下的地磁指数 (当地 3h Kp<3)。第一次迭代以 $\boldsymbol{m}_n$ 和 $\boldsymbol{S}_n^{-1}$ 等于零开始，并使用来自 HWM93 和多年 TIEGCM 模型的均匀分布的伪观测值。如 Drob 描述的那样，这些伪数据作为软约束被包含在无数据区域中以将人工误差减小到合理范围内，从而使得在观测值覆盖率良好的大多数区间内模型的精度更高。

4) HWM14 风场模型检验

将 HWM14 模型预测的从地面到高空 30km 高度范围内风速与中国气象局气象数据中心 (http://data.cma.cn/) 公布的采用探空气球所得的实测数据进行了对比，以检验该模型的准确性和可靠性。本书分别选取了具有代表性的地点北京、西沙，随机选取了几个时间点。对比结果如图 6.24 和图 6.25 所示，图中的点 (CDC) 代表气象站的实测值，实线 (HWM) 代表 HWM14 模型的预测值。从这些数据图可以看出，对于纬向风，HWM14 在绝大多数情况下都与实测值吻合良好，对于经向风，HWM14 的预测值始终十分接近 0，这在某些地区某些时间与实测值吻合良好，而在一些地区一些时间存在较大误差。说明 HWM14 风场模型在预测纬向风时具有较好的精度。

根据前面两种风场模型与气象站实测的风场数据对比可以看出，采用 NCEP-FNL 数据建立的风场模型精度较高，与实测风场数据吻合良好，可以作为控制浮空气球区域驻留的大气风场。

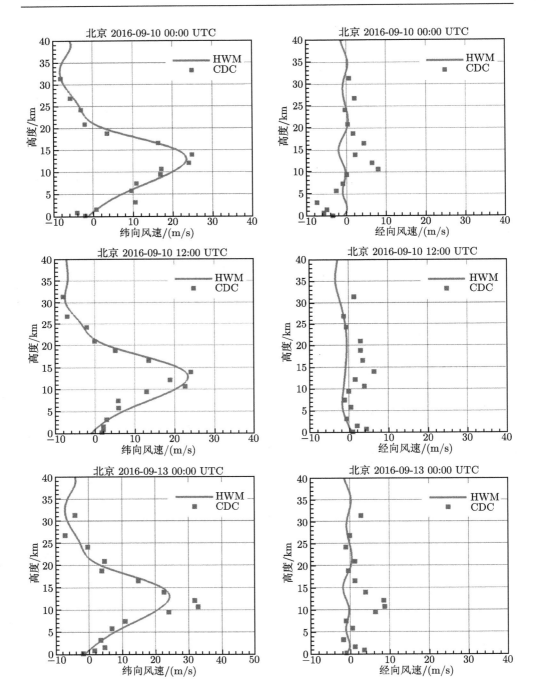

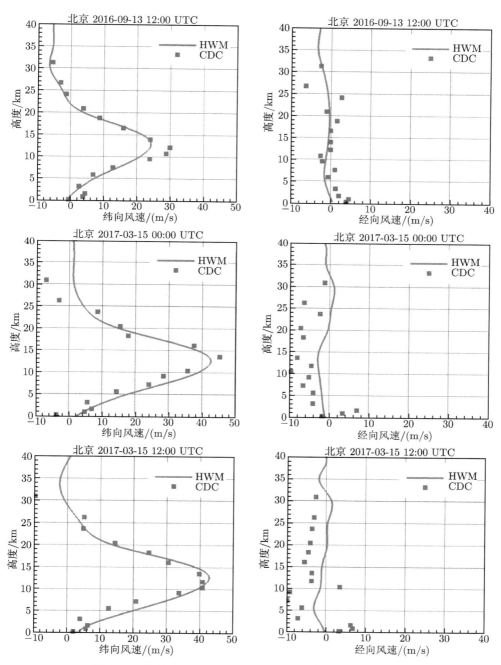

图 6.24 北京 (116.3°E, 39.9°N) HWM 模型与实测值对比

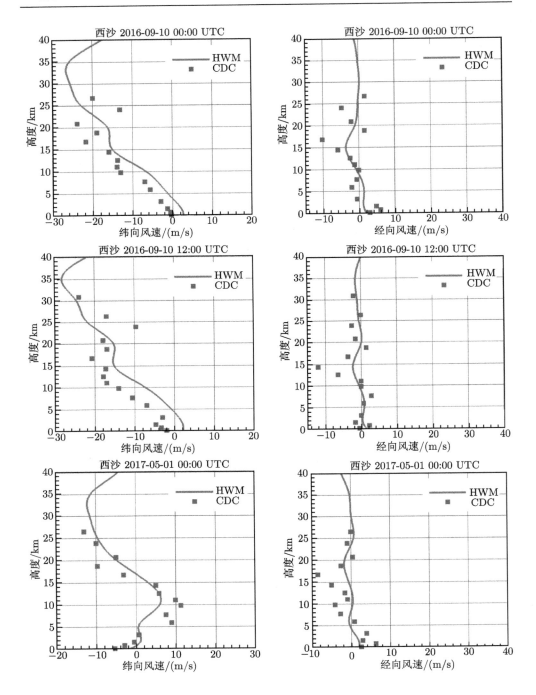

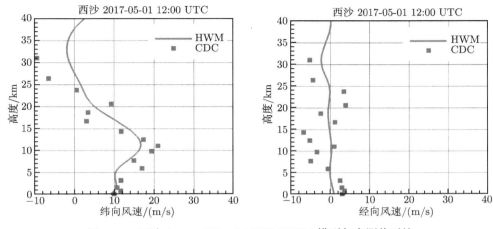

图 6.25 西沙 (112.29°E, 16.83°N) HWM 模型与实测值对比

6.4 浮空器区域驻空性能

6.4.1 浮空器区域驻留原理

在 18~24km 高度处, 存在一个风速较小和温度相对稳定、基本无垂直对流的区域, 该区域是目前平流层飞行器驻空的理想高度。Belmont 提出零风层、弱风层的概念。它是指平流层冬夏转换期间东西风发生反转, 在东风区和西风区之间往往存在空间范围较大, 时间上较稳定的纬向风转。传统方法多选用高空螺旋桨为动力来克服水平风对临近空间浮空器的影响, 不仅增加了临近空间浮空器的系统质量, 而且螺旋桨长时间工作需要消耗大量的能源, 动力与能源成为制约定点实现的重要因素。准零风层风场的存在为临近空间浮空器的定点驻空方法研究提供了新的方向, 即改变飞行高度利用不同风向的风层实现区域驻留。

6.4.2 影响因素

1) 囊体保压指标对浮空器驻空性能的影响

囊体作为平流层浮空器静浮力的主要来源, 其气密性的好坏将直接影响浮空器长期驻空飞行任务的成败。由于任何有机薄膜材料都无法完全隔绝气体, 因此扩散渗透是无法避免的, 同时, 在囊体材料制造和浮空器加工过程中, 可能造成囊体的微孔损伤。为了保证囊体材料加工成型后的气密性满足浮空器长航时、既定高度任务飞行的要求, 在实飞前, 需要开展全尺寸囊体地面保压试验, 通常采用恒温、同压和等驻空时长试验条件下的囊体压力损失百分比来表征气密性的好坏。

平流层浮空器地面保压试验是为了检验囊体成型后的气密性好坏,保证其能满足总体驻空性能的要求。试验条件设置如下:地面恒温条件下,对全尺寸浮力囊体充入空气至驻空任务工作压差 ΔP_1,静止至设定的保压时间,然后测定试验结束时的压差 ΔP_2,计算保压指标 (压力损失) 是否满足总体要求。保压指标计算公式为

$$e = \frac{\Delta P_1 - \Delta P_2}{\Delta P_1} \times 100\% \tag{6.59}$$

为了建立平流层浮空器地面保压指标与驻空性能的耦合关系,为地面保压指标的确立提供总体指导,假设全尺寸囊体在地面保压试验与驻空任务飞行过程中,囊体损伤程度相同,即囊体微孔当量直径相等。这样就可以通过囊体微孔当量直径建立地面保压试验 (非同种试验气体、非等驻空时长) 工况与驻空任务飞行 (动力学、热力学及氦气损失动态耦合) 工况计算的耦合关系,实时准确地描述地面保压指标对驻空性能的影响,反之可以通过对平流层浮空器驻空性能的总体要求确定地面保压指标。

驻空时间与地面保压指标有直接的联系,驻空时间长,要求地面保压指标低,对囊体材料的气密性要求高;驻空时间短,对地面保压指标的要求就可以提高,对囊体材料的气密性要求可大大降低。地面保压指标的提高可以放宽驻空高度浮空范围,但由于浮空器动力、能源等系统的效率受驻空高度的影响较大,为保证平台可靠运行,应严格控制囊体材料性能、加工工艺流程,防止微孔损伤的出现。地面保压指标 (压力损失) 在 24h 内随保压时间基本呈线性增长关系,但随微孔当量直径的增加呈二次曲线增长趋势。驻空高度随微孔当量直径的增加,浮动加剧,浮空器有跌落的可能。

2) 氦气渗透对浮空器驻空性能的影响

氦气损失将带来浮空器升力减小,可操控性能降低,必须补充氦气方可维持操控性能。然而对高空型浮空器而言,补充氦气几乎不可能实现,氦气渗透直接决定高空型浮空器长航时飞行任务的成败。

蒙皮材料渗透包含扩散渗透和微孔损伤渗透。任何有机薄膜材料都无法完全隔绝气体,再加上氦气是小分子气体,蒙皮材料厚度较小,氦气扩散渗透是无法避免的。扩散渗透量与薄膜两侧气体氦气分压和薄膜材料有关。对浮空器而言,蒙皮材料外侧大气中,氦气体积百分比几乎为零,而内侧氦气体积百分比达到 99% 以上,两侧氦气分压差很高,氦气扩散渗透不可避免。目前常用的两种气体防渗透层为 EVOH 共挤薄膜和聚酯薄膜,厚度为 16μm 的两种薄膜,可将氦气扩散渗透率降低到 $0.5L/(m^2 \cdot atm \cdot d)$ 以下。

在蒙皮材料制造和浮空器加工过程中,可能造成蒙皮的微孔损伤。蒙皮材料为层压织物或者涂层织物,在材料加工过程中,织物瑕疵 (接头、张力不匀) 很难

避免，瑕疵位置的织物厚度偏大，氦气阻隔层层压过程中，复合辊局部压力会比较大，可能造成蒙皮材料局部损伤缺陷。浮空器加工一般采用高频焊接工艺或者热压工艺，通过局部加温加压方式将材料拼接在一起，焊接时可能出现局部温度过高、焊刀边沿压力过大等情况，造成热合位置局部损伤；在浮空器上装配部件的缝纫点或者螺栓连接点密封不良也可能造成局部微孔渗透。浮空器远距离转场时，须进行装箱操作，以织物为基底的材料折叠时局部应力可能过大，造成局部微孔损伤。如果蒙皮材料存在局部微孔损伤，造成的氦气渗透损失将远大于有机薄膜扩散渗透，对浮空器驻留性能的影响也更为严重。在蒙皮材料生产和浮空器加工过程中应严格控制工艺流程，降低微孔损伤程度。

氦气扩散渗透率通常采用透氦率检测仪进行测试 (GB/T1038—2000)。测试时将直径 10cm 的蒙皮材料一侧抽真空，测量一定时间内另外一侧的氦气分压，计算氦气渗透率。由于作用在蒙皮材料上的应力偏小，采用这种测试方法测出的氦气渗透率一般偏低，与浮空器在真实受力状态下的氦气渗漏率偏差较大。采用改进压差法测试渗透率时，将蒙皮材料制成直径 30cm 的圆柱，一端固定，一端自由，充至设计压力，观测压差变化情况。由于压差的非线性和蒙皮材料变形，采用这种方法也无法得出准确渗透率，但相对前者更接近真实情况。采用缩比模型来进行氦气扩散渗透和损伤渗透的综合测试，比例在 1:10 以上，方可准确测试出氦气渗透情况。

扩散渗透和损伤渗透都与压差有关，压差越大，渗透量越大。在驻留过程中高空长航时浮空器压差不断波动，白天晚上内外压差至少有几百帕的变化，而扩散渗透率是在固定压差和应力下测试出的，不方便计算氦气长时间的渗透量。本书在分析时将采用微孔损伤模型来反映浮空器整体的氦气渗透情况。将扩散渗透率转换为当量微孔损伤尺寸，通过当量微孔损伤反映扩散渗透和损伤渗透的共同影响。对于直径 40cm 正球形浮空器，压差 500Pa 等应力情况下的氦气扩散渗透率对应的当量微孔损伤直径如表 6.3 所示。

表 6.3　氦气扩散渗透率与当量微孔损伤直径对应关系

氦气扩散渗透率/(L/(m²·d))	当量直径/mm
1	0.51
2	0.72
3	0.88
4	1.02
5	1.14

微孔损伤模型可反映出压差对氦气渗透率的影响，同时计算更为方便，能有效描述整个运动过程氦气渗透量的变化情况，只要确定内外压差值和当量微孔损伤

直径，可很容易得出氦气渗透量。微孔损伤渗透模型采用由伯努利方程推导出的流量与当量直径的等式计算，见式 (6.60)。

$$\mathrm{d}m_{\mathrm{xl\_ss}} = \sqrt{2\rho_{\mathrm{he}}\Delta P}\left(\pi D_{\mathrm{ss}}^2/4\right)\mathrm{d}t \tag{6.60}$$

其中，$\mathrm{d}m_{\mathrm{xl\_ss}}$ 为渗透氦气质量微元；D_{ss} 为当量损伤直径。

浮空器基本设计参数如表 6.4 所示。蒙皮材料参数为：面密度 $\rho_{\mathrm{mian}} = 95\mathrm{g/m^2}$，厚度 $t = 0.13\mathrm{mm}$，弹性模量 $E = 6.9\mathrm{GPa}$；泊松比 $\mu = 0.45$；氦气扩散渗透率为 $5\mathrm{L/(m^2\cdot atm\cdot d)}$，最小当量损伤直径为 $1\mathrm{mm}$；初始运行时间：从零时开始分析；大气参数参照《航空气动力手册》。

表 6.4　浮空器基本设计参数

设计高度	直径	氦气质量	有效载荷
30000m	48m	146.92kg	210kg

由图 6.26 和图 6.27 可以看出，白天太阳辐照引起氦气温度增加，压差随之增大，压差引起半径增加，从而使浮空器的驻留高度增加，浮空器在驻留时高度随昼夜变化而起伏，不过由于环境压强较小，温差引起的压差不大，压差波动幅度约 200Pa，所以变形相对较小，浮空器驻留高度波动较小，波动幅度约 40m。

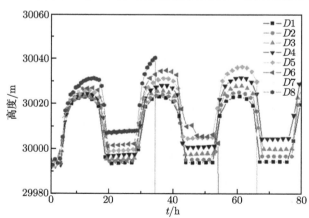

图 6.26　驻留高度和时间与当量损伤直径的关系

由图 6.28 可以看出，当量微孔损伤直径大于 4mm 时，浮空器驻留总时间小于 5d；当量微孔损伤直径小于 2.5mm 时，浮空器可以在 30000m 高度驻留 10d 以上；当量微孔损伤直径为 1mm 时，即浮空器只存在氦气扩散渗透，浮空器可以实现 50d 以上的驻留飘浮。

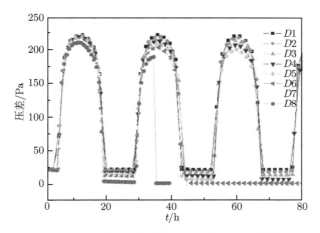

图 6.27　不同当量损伤直径浮空器的内外压差变化

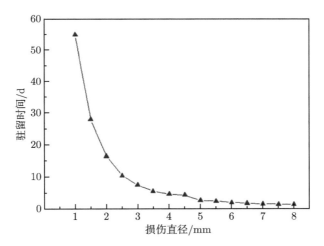

图 6.28　不同当量损伤直径浮空器的驻留时间

浮空器基本设计参数如表 6.5 所示。

表 6.5　浮空器基本设计参数

设计高度	直径	氢气质量	有效载荷
20000m	20.4m	55.13kg	213kg

由图 6.29 和图 6.30 可以看出，设计驻留高度为 20000m 的浮空器，白天内外压差须达到 1000Pa 以上才能抵抗 40K 的温差作用。当量损伤直径为 1mm 时，浮空器驻留时间接近 5d；当量损伤直径为 2mm 时，浮空器在 20000m 以上高度可驻留 2d；当量损伤直径大于 3mm 时，浮空器高度保持不超过 1d。

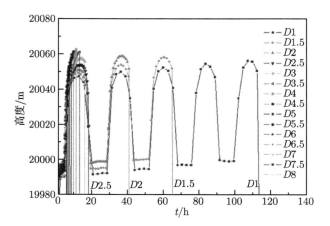

图 6.29   驻留高度和时间与当量损伤直径的关系

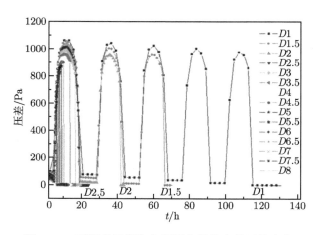

图 6.30   不同当量损伤直径浮空器的内外压差变化

由图 6.31 可以看出，同样损伤直径浮空器在 20000m 驻留的时间要小于 30000m，这主要是因为 20000m 高度大气压强大，温差引起的压差大，氦气渗透更为严重。

氦气渗透对浮空器驻空特性的影响与设计高度、热力学特性等因素有关，设计高度越低，昼夜温差越大，氦气渗透的影响也越大。因此，设计合适的驻留高度、选择具备优良热辐射特性的蒙皮材料等对浮空器驻空特性影响较大。

由于氦气渗透的影响，驻留过程中，平衡高度会逐渐上升，直到氦气浮力无法克服自重；驻留时间受到氦气渗透率的直接影响，为保证长航时飞行要求，氦气渗透率必须控制在很小的范围内。

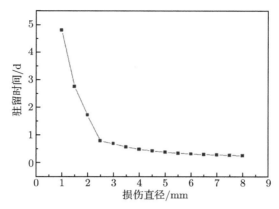

图 6.31   不同当量损伤直径浮空器的驻留时间

降低蒙皮材料扩散渗透率，选择合适的加工工艺，严格控制工艺流程，防止微孔损伤出现，是高空长航时浮空器设计加工过程中的重要环节。

6.5   搭载式浮空器组网方案研究

6.5.1   浮空器高空组网定位

随着浮空器技术的发展，各国开始在浮空器上搭载雷达、中继通信设备等载荷来对低空或超低空目标进行探测。在浮空器雷达系统方面的研究，美国同样走在世界前列，如 2004 年开始的综合传感器即是结构计划，该计划可以实现对 600km 的区域进行探测，它同时还对地面和空中目标具有双重追踪能力。虽然浮空器已经搭载雷达和中继设备进行工作，但由于浮空器技术本身的成熟度不够，目前，公开文献中鲜有浮空器定位技术的研究，基于其他平台的定位技术应用较多。就目前而言，时差定位系统具有隐蔽性好、精确度高及实用性强等优点。特别是多平台间的信息同步技术和测量方式的发展，使得对时差定位技术的研究更加重要。时差定位技术主要集中在定位求解、定位定能和最优布站等方面的研究。目前，比较成熟的时差定位算法主要包括泰勒级数展开法、Chan 算法、BiasSub 和 BiasRed 算法以及近似最大似然估计 (AML) 等。其中以泰勒级数展开法和 Chan 算法的应用较为广泛，泰勒级数展开法是一种递归的算法，在求解过程中需要进行迭代运算，计算量较大，并且需要估计初始值，Chan 算法则是利用加权最小二乘法来实现定位求解的，计算量小且定位精度较高。AML 算法的定位性能较优但计算复杂度较高。

利用测量雷达信号对目标进行无源时差定位是学术界一直以来的热点研究方向和目标。一直以来，大多是利用地面固定的接收站对目标进行测量，然后对所得的数据进行分析，从而确定目标的位置。但有时候会存在一些测量盲区，如我国沿海的大片区域，使得我们无法完全对某些区域实行探测。特别是近年来不断出现的海域争端，诸如南海问题等。基于面临的这些问题和研究的发展趋势，本书提出了基于临近空间浮空器组网的定位技术研究，主要分析了时差定位的原理，其定位原理是记录主站和各副站接收到辐射源信号的时刻，然后计算主站与各副站之间的时间差，通过算出其时间差实现对目标的时差定位；将得到的时间差再与电磁波的速度相乘，可以得到近似的距离差，即将之前测量到的时间差转化为距离差。由于时差定位的原理是利用双曲线的方法，因此，主站可以与副站形成一条双曲线，所以多个副站可以分别与主站之间形成多条双曲线。通过两条双曲线方程可以确定信号发射源在二维平面坐标系中的位置，目标的位置即为两条双曲线的交点。在三维空间内，利用三条双曲线即可确定信号发射源的位置坐标，即其位置为三条双曲线的交点。因此，在二维平面内对目标进行时差定位时至少需要三个接收站，即一个主站和两个副站，在三维空间对目标进行时差定位至少需要四个接收站，即一个主站和三个副站。因此，本书中对三维平面进行时差定位时采用的是四个接收站组网的时差定位方法。如图 6.32 所示。

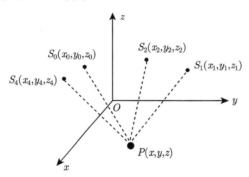

图 6.32　四个浮空器组网时差定位原理图

　　与地面站相比，浮空器组网的时差定位方案有一定的机动性，可以对目标的跟踪定位起到很好的作用。浮空器通常都部署在临近空间，因此属于高空对海面舰载雷达和低空机载雷达等机动目标的定位问题，浮空器设计时应该将接收天线阵布置于浮空器的侧面或底端。对天线布阵来说，二维平面内的定位天线系统可采用四组由定向天线组成的均匀线阵构成的阵列。对于三维空间定位阵列可以通过采用 L 形阵列方式来更好地接收监测区域的辐射源信号。图 6.33 给出三维定位阵列的布置情况。

　　浮空器组网示意图如图 6.33 所示，各个浮空器装载多通道信号接收机，在接收目标信号的同时也进行浮空器之间的控制、协同等信息的交互，以及信号的传输，保证在对目标进行跟踪定位时整个定位系统可以协同工作。

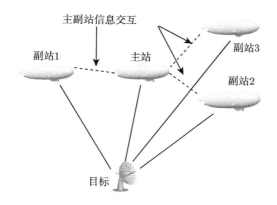

图 6.33 浮空器组网示意图

浮空器组网对目标的定位中,单个浮空器载荷系统由接收天线、多通道接收机与信号处理模块组成。同时,主站还需要对收到的信号进行处理,它既包括辐射源的信号,还包括从副站转发的信号。整个浮空器组网定位流程图如图 6.34 所示。

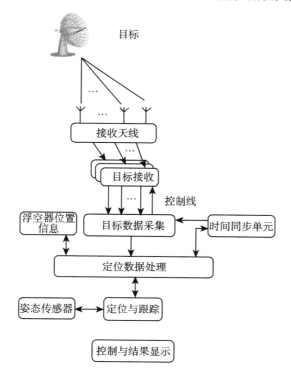

图 6.34 浮空器组网定位流程图

6.5.2　空中气球基站——SkySite

2001 年，一家名为 Space Data 公司的创始人 Jerry Knoblach 突发奇想，尝试在气象气球上安装"基站"，为偏远山区提供空中通信网络，这一项目被称为 SkySite。SkySite 采用 Motorola 双向无线数据链路协议，使用 910~940MHz 上的 1.7MHz 带宽，无线收发设备就挂在气球下面，气球总质量 1.5kg，充气后宽约 7.6m，可覆盖直径 670km 范围，如图 6.35 所示。

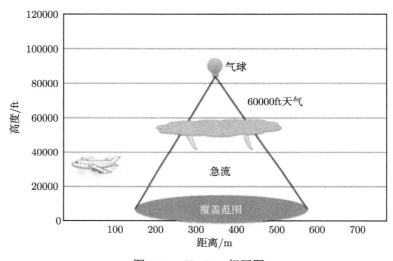

图 6.35　SkySite 组网图

6.5.3　空中 Mesh 组网

2009 年，日本 Iwate Prefectural 大学的一个研究小组做了进一步设想，将空中气球组成 Mesh 网状网络来为地震灾害后提供临时应急网络。

如图 6.36 所示，这一设想的组网结构是由空中载有无线设备的气球组成网状的自主网络。这些气球通过检测电磁场的功率密度来实现自我配置，它们总是选择附近功率密度最强的气球来建立连接。一旦某个气球被大风吹走或损坏，便重新与新的相邻气球自动建立连接，这确保了 Mesh 网络的稳定性。

这一组网结构实际上分为水平面的 Mesh 组网和垂直网络两部分，Mesh 网络采用 IEEE 802.11j 协议，垂直网络采用 IEEE 802.11b,g 协议。具体参数如图 6.37 所示。

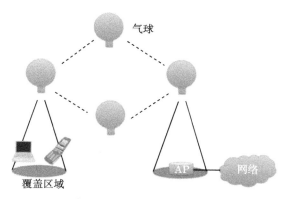

图 6.36 空中 Mesh 组网

	Mesh 组网	垂直网络
标准	IEEE 802.11j	IEEE 802.11b,g
频率	2.4 GHz	4.9 GHz
信号能量	250 mW	10 mW
传输速度	54 Mbit/s	54 Mbit/s
最大距离	600 m	100 m
天线类型	八角	共线

图 6.37 Mesh 组网和垂直网络参数

6.5.4 Google 气球

Google 公司的 Project Loon 实际上可以理解为 SkySite 和空中 Mesh 组网的融合。Google 气球正是采用了空中 Mesh 组网,分为两部分:气球和气球间组成 Mesh 网络,气球与地面站组成用户网络。Project Loon 采用的频段为 ISM 非授权频段,相当于一个露天大 WiFi。不过,即使 Google 公司采用了 2.4GHz 和 5.8GHz 非授权频段,也并不意味着你的手机可以直接连接到 Google 气球,它并不直接支持 WiFi,你需要在你家屋顶安装一根专用天线来接收并解密信号后才能上网,类似于卫星通信。

如图 6.38 所示,若位于偏远山区的某村民需要上网,他家屋顶的专用 Google 天线就会向最近的 Google 气球发送信号,该气球通过由多个气球组成的 Mesh 网络将信号转发并连接到陆地上的本地互联网,反之亦然。当然,这个由气球组成的 Mesh 网络会随着气球的移动而不断调整,且任何一个气球都可作为与地面的连接点。

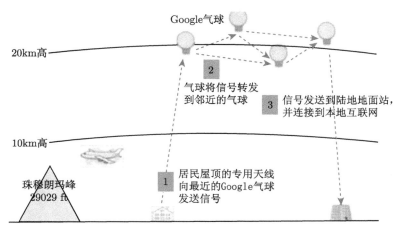

图 6.38　Google 气球通信原理

Google 公司一直保持神秘，并未公布其空中 Mesh 组网算法。但是，空中 Mesh 组网同样不是一个新鲜的想法。先说说无线网格网 (wireless mesh network，WMN)。早在 2004 年，IEEE 802.11 工作群组为了提供无线区域网络的网格网络标准，就提出了称为 IEEE 802.11s 延展服务集网格网络。

　　传统的无线接入技术中，主要采用点到点或者点到多点的拓扑结构。这种拓扑结构一般都存在一个中心节点，例如移动通信系统中的基站。在无线 Mesh 网络 (图 6.39) 中，采用网状 Mesh 拓扑结构，也可以说是一种多点到多点的网络拓扑结构。在这种 Mesh 网络结构中，各网络节点通过相邻的其他网络节点以无线多跳方式相连。

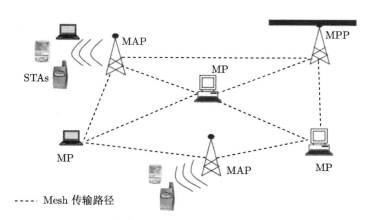

图 6.39　无线 Mesh 网络

Mesh 网络定义了三种节点：MPP(mesh portal point)、MP(mesh point) 和 MAP(mesh access point)。MPP 连接外部互联网；MP 连接邻居 MP，支持自动拓扑、路由的自动发现、数据包的转发等功能；MAP 就相当于传统 WiFi 网络的 AP。

Google 公司发布的 Google WiFi 就是一款支持 802.11s Mesh 网络标准的无线路由器。无线 Mesh 网络是一个很好的想法，但依然有人觉得这太费事了，主要是在一些偏远山区组网和维护不方便。瑞士伯尔尼大学的 Simon Morgenthaler 等提出了一个更超前的概念 —— 利用空中无人机组建 Mesh 网络 (图 6.40)，他们称之为 UAVNet，其原理就是无人机之间采用 IEEE 802.11s 标准组成空中 Mesh 网络。

UAVNet 概念的主要贡献是，他们提出了一种空中 Mesh 网络的组网算法。大概原理是，一架无人机首先从某地面节点出发升空，并检测离自己最近的另一个地面节点，然后，这架无人机飞到这两个地面节点的中间点，以出发点的地面节点为参考点，向其方向缓缓移动，直到收到来自出发点的地面节点的信号强度达到某一预定义的阈值。接着，另一架无人机开始升空，其移动原理类似，只不过将前一架无人机作为新的参考点。

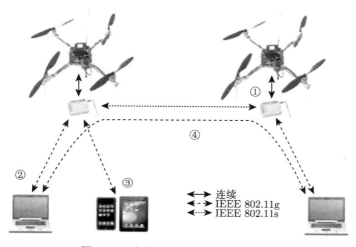

图 6.40　空中无人机组建 Mesh 网络

参 考 文 献

[1] 吴有恒, 谭百贺. 一种浮空器压力调节综合控制系统设计. 西安航空学院学报, 2015. 33, 01: 12-15.

[2] 段晓超, 谭剑波. 系留气球压力调节系统的建模和设计. 现代电子技术, 2009, 32(11): 110-112.

[3]　王益平, 周飞, 徐明. 临近空间浮空器区域驻留控制策略研究. 中国空间科学技术, 2018, 38(01): 63-69.

[4]　王鸿辉, 袁朝辉, 何长安. 平流层气球吊篮及姿态控制系统设计. 计算机工程与应用, 2005, (26): 224-226+229.

[5]　何琳琳, 窦满锋. 高空气球吊篮姿态控制系统的一种实现. 微电机 (伺服技术), 2006, (06): 77-80.

[6]　王鸿辉. 球载吊篮平台设计技术及自主姿态控制方法研究. 西安: 西北工业大学, 2014.

[7]　陶梦初. 北半球平流层中下层风场特征统计和一类特殊 SSW 事件的动力学诊断分析. 南京: 南京信息工程大学, 2011.

第7章　系留型灵巧浮空器系统飞行稳定控制

为了弥补无人机等航空器在低空侦察方面的不足,以系留气球为核心而构建的空中平台应运而生。系留气球是一种利用气囊内所充轻质气体产生浮力并克服自身重力的浮空器,它依靠系留缆绳实现在空中定点停泊执行预定的任务。根据平台搭载的有效载荷的不同,可执行广播、通信、电子侦察、电子干扰等任务。因其留空时间长、覆盖面积大、使用费用低、维护简单,在国外获得了广泛的应用。在美国,中小型系留气球大量应用于反毒品走私、广播通信、气象研究、战场通信、战地侦察等军民领域,而用于边境监视、空中预警的大型系留气球已构成其国家战略防御体系的重要组成部分。图 7.1 为美国 TCOM 公司生产的一种系留气球及其地面收放系统。系留气球平台通常由系留气球、系留缆绳、地面系留系统及相关保障系统等组成。

图 7.1　系留气球平台

7.1　浮空器系留设计

系留系统主要用于系留气球的升空和回收,并在系留气球空中定点时通过缆绳对其进行系泊[1];此外,还用于系留气球的地面系留,并作为系留气球的地面维护、检查用的工作平台。系留气球平台的系留系统是在常规浮空器 (如飞艇、气球等) 地面系留系统的基础上逐步完善的。同时系留气球平台也有其自身的特点,如留空时间长、球体内压大等。因此,系留系统的设计除了遵循常规浮空器地面系留系统的基本设计原则外,还应充分考虑下列几个原则。

1) 三点系留

气球通过头部及中部左、右共三点进行系留。地面系留系统对应球上三个系留点设置三台系留 (辅助) 绞车。气球升空初期和回收后期, 由三台系留 (辅助) 绞车对气球的精确移动、定位进行控制; 气球地面系留时通过三台系留 (辅助) 绞车、系留塔上的头锥机械锁具及其他辅助系留点对其予以固定。采用三点系留的概念, 可以克服常规浮空器在起飞和降落时需要大量地面人员的弊病, 有效降低因系留气球平台留空时间长而必须保留的地面人员的费用。通常对小型系留气球平台, 只需三人就可进行放飞或回收。

2) 顺风向布置

系统可绕其自身的支撑轴在水平面内做 $\pm360°$ 转动, 保证气球在空中产生飘移时, 系留缆绳与旋转平台系统的纵向保持方向一致, 即作顺风向布置; 气球在地面系留状态时, 亦保持顺风向系留。这样可显著降低作用于系留气球平台球体的气动载荷, 相应地也降低了作用于系留系统的载荷, 提高系留系统的安全性。另一方面, 平台空中系泊时, 顺风向布置可减少缆绳的导向装置对缆绳的磨损。

3) 快速布置

系留气球平台的特殊用途, 要求其具备快速布置能力, 因此, 对中小型系留气球的系留系统一般采用机动式车载方案, 可快速机动, 并适合道路运输; 对大型系留气球的系留系统则采用模块化设计, 便于运输并提高系统的现场组装能力 [2]。

7.1.1　绞车系统

系留气球的绞车系统主要用于升空系留气球至预定高度、回收系留气球, 并在飞行过程中对气球高度进行必要的调整。绞车通常分为手动绞车和动力绞车。结构简单、费用低廉的手动绞车可用于小型、低空系留气球; 而动力驱动的绞车则可适用于各种不同用途、不同高度的系留气球。系留气球的绞车系统通常根据系留气球的特定用途及相关特殊要求专门设计, 其主要组成部分通常包括动力装置、传动结构、储缆筒、排缆机构、导向装置、安全制动装置和绞盘等。

1) 动力装置

绞车动力装置一般根据绞车的使用环境条件来确定其类型, 基本上都采用电动或液压马达。其所需功率容量 P 主要由缆绳张力及速度确定:

$$P = \frac{Fv}{\eta} \tag{7.1}$$

式中, P 为功率; F 为缆绳张力; v 为缆绳线速度; η 为系统总效率。

2) 储缆筒

储缆筒用于卷绕并储放缆绳, 其结构示意图见图 7.2。当缆绳均匀整齐卷绕于

储缆筒上时, 其容缆量 (缆绳长度) 可由下式确定:

$$L_0 = \pi \left(Nd + N^2 d_0\right) L/h \tag{7.2}$$

式中, L_0 为容缆量; N 为缆绳卷绕层数; d 为储缆筒内径; d_0 为缆绳直径; L 为储缆筒长度; h 为排缆节距。

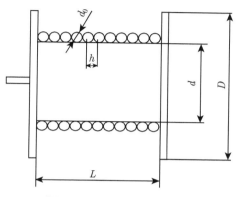

图 7.2 储缆筒结构示意图

3) 排缆机构

排缆机构即缆绳排列机构, 用于将缆绳均匀、整齐地排列于储缆筒上。最常见的排缆机构为双螺旋、双导杆结构。排缆机构由储缆筒驱动, 其运动速度与储缆速度保持一定的比例 [3]。

4) 导向装置

导向装置用于系留气球和绞车之间缆绳的导向, 一般采用滑轮结构, 导向滑轮与绞车垂直布置时, 导向滑轮与绞车之间应有足够的距离, 保证缆绳偏角不超过 $\pm 1.5°$, 如图 7.3 所示, 以避免滑轮槽对缆绳的磨损。

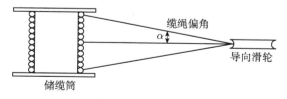

图 7.3 缆绳偏角

系留气球系泊于空中时, 受风向变化的影响, 其位置会随之发生前后、左右的变化。采用图 7.4 所示的可偏转导向装置时可适应该变化。当系留气球在空中位置变化时, 缆绳会左右偏摆, 此时导向滑轮会跟随缆绳左右偏摆, 保证缆绳与导向滑轮处于同一角度上, 避免滑轮槽对缆绳的磨损。而滑轮偏摆的轴线与缆绳传动的轴线一致, 使导向后的缆绳位置保持不变。

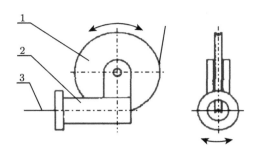

图 7.4　导向装置示意图

1-导向滑轮; 2-安装座; 3-缆绳

5) 绞盘

当缆绳张力过大时, 如缆绳张力未经释放而直接作用于储缆筒时, 对储缆筒和缆绳都会造成损坏。此时, 应在导向装置和绞车处增加绞盘或张力释放装置, 对缆绳张力进行释放。绞盘一般采用单筒、双筒或三筒结构形式。缆绳张力通过绞盘后的降低量可由式 (7.3) 或式 (7.4) 来确定。

当不考虑缆绳质量时

$$F_1 - F_2 = F_1 \left(\frac{\mathrm{e}^{\theta f} - 1}{\mathrm{e}^{\theta f}} \right) \tag{7.3}$$

当考虑缆绳质量时

$$F_1 - F_2 = \left(F_1 - \frac{1}{4} \pi d_0^2 \omega v^2 \right) \left(\frac{\mathrm{e}^{\theta f} - 1}{\mathrm{e}^{\theta f}} \right) \tag{7.4}$$

式中, F_1 为初始缆绳张力; F_2 为绞盘输出缆绳张力; θ 为缆绳和绞盘的包角; f 为缆绳摩擦因数; ω 为缆绳密度; v 为缆绳速度; d_0 为缆绳直径。

通常绞盘卷筒采用环形槽结构, 为避免缆绳的磨损, 一般两环形槽卷筒之间要保持足够的距离; 也有的采用一个环形槽卷筒和一个光卷筒的结构形式, 这样可减小结构的尺寸, 但缆绳在光筒上传动时, 会在卷筒上滑移, 同样会增加缆绳的磨损, 同时还容易造成缆绳内部结构的脱层。为避免上述现象发生, 同时减小绞盘的结构尺寸, 绞盘卷筒可都采用带环形槽的结构, 并按上下结构形式进行布置, 下卷筒 (安装在支架下部的卷筒) 与支架安装面垂直, 但上卷筒 (安装在支架上部的卷筒) 则倾斜 (偏转) 一定角度, 使卷筒上的半圆环槽彼此相对错开一个槽距, 以避免缆绳在环槽中受磨损及破坏。

系留气球的绞车系统通常包括主绞车系统和辅助绞车系统。

主绞车系统用于系留缆绳的收放，一般由储缆绞车、绞盘、导向装置等组成。主绞车系统的布局可采用图 7.5 所示的两种布局形式，其中，图 7.5(a) 为常规绞车的正常布局形式，储缆绞车与缆绳方向垂直。采用该布局方案，为保证正常的缆绳偏角 (±1.5°)，即保证在排缆机构左右移动过程中，缆绳不在绞盘环槽上产生磨损，就必须保证绞盘与储缆绞车卷筒之间有足够的距离。图 7.5(b) 所示布局形式可以有效降低系统设备或部件间的距离，减少系统占有空间，适用于储缆绞车尺寸较大、安装空间有限的绞车系统，特别适用于机动式系留系统。该布局可将绞盘和储缆绞车集中布置于设备舱内，可有效改善设备的工作环境条件，并有利于系统设备的检查、维护。但该布局带来的问题是，在收、放缆绳过程中，为保持绞盘速度的稳定，储缆绞车速度应能周期变化以保持绞盘与储缆绞车的同步。

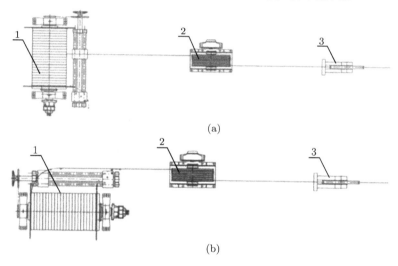

(a)

(b)

图 7.5　主绞车系统布置图
1-储缆绞车；2-绞盘；3-导向装置

辅助绞车系统通常由三台辅助绞车构成，其主要作用是在系留气球升空初期和回收后期，由三台辅助绞车对气球的精确移动、定位进行控制，辅助系留气球的放飞、回收，以及气球的地面系留。三台辅助绞车分别安装于系留塔、系留系统的左右两侧，用以牵引头锥系留绳和左右系留绳。此外在辅助绞车安装点附近，一般应设置有应急导轮，在辅助绞车失效时，可利用地面车辆牵引，将系留气球回收。

7.1.2　系留塔

系留塔用于系留气球头锥的系留，并承受气球系留时的相关载荷。系留塔顶安装有头锥锁，它用于固定系留气球头锥上的系留管，与头锥上的系留绳一起将系留气球牢固固定于系留塔上。系留塔设有登高工作梯，上部设有工作平台和安全护栏，便于地面人员到达塔顶，对头锥索具、头锥等进行操作，以及进行维护等相关工作。

7.2   系留浮空器动力学模型

如图 7.6 所示，基于有限元方法，将柔性大变形的系留绳离散成一系列首尾相连的绳段，假设各绳段的质量集中在端点，质点之间以阻尼弹簧相连。系留气球系统转化为一个多质点阻尼弹簧系统，气球的运动由重力、浮力、气动力和张力确定，已拉出质点的运动由对应绳段的重力、气动力和张力决定，未拉出的质点随地面的绞盘一同运动。

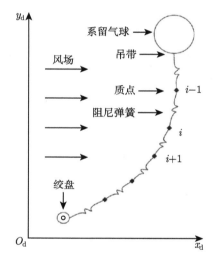

图 7.6   系留气球的多质点阻尼弹簧模型

1) 气球动力学模型

系留气球的受力分析见图 7.7。

气球在地面坐标系下的动力学方程为

$$m \begin{bmatrix} \dot{v}_x \\ \dot{v}_y \end{bmatrix} = \begin{bmatrix} 0 \\ -mg \end{bmatrix} + \begin{bmatrix} 0 \\ B \end{bmatrix} + \begin{bmatrix} D_\mathrm{n} \\ D_\mathrm{t} \end{bmatrix} + \begin{bmatrix} \cos\theta & -\sin\theta \\ \sin\theta & \cos\theta \end{bmatrix} \begin{bmatrix} 0 \\ -T \end{bmatrix} \tag{7.5}$$

式中，T 为系留气球吊带的张力；m 为气球质量；g 为重力加速度；D_n 为气球受到的法向阻力；D_t 为气球受到的切向阻力；$\dot{v}$ 为气球加速度。

受到的重力为

$$mg = (m_\mathrm{balloon} + m_\mathrm{he} + m_\mathrm{payload})g \tag{7.6}$$

式中, $m_{\mathrm{balloon}}, m_{\mathrm{he}}, m_{\mathrm{payload}}$ 分别为系留气球材料质量、内含氦气质量和载荷质量。

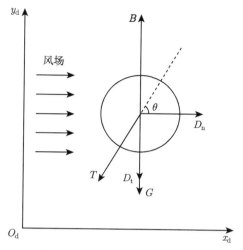

图 7.7　系留气球的受力分析

浮力为

$$B = \rho_{\mathrm{air}} V_{\mathrm{balloon}} g \tag{7.7}$$

式中, ρ_{air} 和 V_{alloon} 分别为大气环境密度、系留气球的体积[4]。

阻力为

$$\left[\begin{array}{c} D_{\mathrm{n}} \\ D_{\mathrm{t}} \end{array}\right] = \frac{1}{2} \rho_{\mathrm{air}} v_{\mathrm{balloon}}^2 \left[\begin{array}{c} C_{D_{\mathrm{n}}} \\ C_{D_{\mathrm{t}}} \end{array}\right] S_{\mathrm{balloon}} \tag{7.8}$$

式中, $C_{D_{\mathrm{n}}}, C_{D_{\mathrm{t}}}, S_{\mathrm{balloon}}$ 分别为系留气球的法向气动阻力系数、切向气动阻力系数和特征面积。

2) 已拉出质点的动力学模型

质点 i (绳段 i) 的体坐标系 $O_i x_i y_i$ 见图 7.8(a), 其中 x_i 与地面坐标系中 x_{d} 轴的夹角为俯仰角, 且 x_i 轴指向上为正。受力分析见图 7.8(b), 则质点 i 在地面坐标系下的动力学方程为

$$\begin{aligned} m_i \left[\begin{array}{c} \dot{v}_{x,i} \\ \dot{v}_{y,i} \end{array}\right] = &\left[\begin{array}{c} 0 \\ -m_i g \end{array}\right] + \left[\begin{array}{cc} \cos\theta_{i-1} & -\sin\theta_{i-1} \\ \sin\theta_{i-1} & \cos\theta_{i-1} \end{array}\right] \left[\begin{array}{c} 0 \\ -T_{i-1} \end{array}\right] \\ &+ \left[\begin{array}{cc} \cos\theta_i & -\sin\theta_i \\ \sin\theta_i & \cos\theta_i \end{array}\right] \left[\left[\begin{array}{c} F_{\mathrm{n}i} \\ F_{\mathrm{t}i} \end{array}\right] + \left[\begin{array}{c} 0 \\ T_i \end{array}\right]\right] \end{aligned} \tag{7.9}$$

式中, θ_i 为绳段 i 的俯仰角, 根据绳段 i 坐标定义:

$$\theta_i = -a\tan\left[(x_{i-1} - x_i)/(y_{y-1} - y_i)\right] \tag{7.10}$$

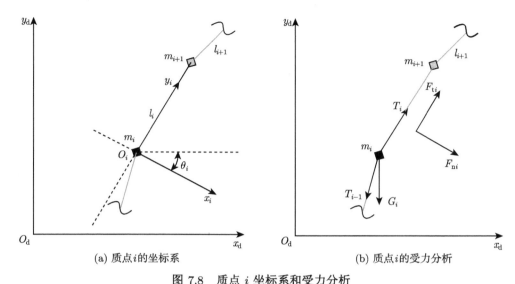

(a) 质点 i 的坐标系　　　　　　　　　　　(b) 质点 i 的受力分析

图 7.8　质点 i 坐标系和受力分析

由于系留绳的动态应力–应变曲线很难得到，假设绳段为线弹性，并考虑张力波传播的速度阻尼求解张力：

$$T_i = \begin{cases} 0, & \varepsilon_i \leqslant 0 \\ E_i \varepsilon_i + B_i \varepsilon_i, & \varepsilon_i > 0 \end{cases} \tag{7.11}$$

式中，E_i 为绳段 i 的弹性模量；B_i 为绳段 i 张力波传播的速度阻尼系数；ε_i 为绳段 i 的弹性应变，表达式为

$$\varepsilon_i = (l_i - l_{0i})/l_{0i} \tag{7.12}$$

式中，l_{0i} 为绳段 i 的原始长度；l_i 为绳段 i 伸长后的长度，表达式为

$$l_i = \sqrt{(x_{i+1} - x_i)^2 + (y_{i+1} - y_i)^2} \tag{7.13}$$

对式 (7.12) 求导得

$$\dot{\varepsilon}_i = \dot{l}_i/l_{0i} \tag{7.14}$$

对式 (7.13) 求导得

$$\dot{l}_i = \frac{|(x_{i+1} - x_i)(\dot{x}_{i+1} - \dot{x}_i) + (y_{i+1} - y_y)(\dot{y}_{i+1} - \dot{y}_i)|}{l_i} \tag{7.15}$$

借鉴绳索动力学中柔性绳索的气动力计算方法，求解绳段 i 气动力：

$$\begin{cases} F_{\text{n}i} = -0.5\rho_{\text{air}} |u_{\text{n}i}| u_{\text{n}i} C_{\text{n}i} d_i l_i \\ F_{\text{t}i} = -0.5\rho_{\text{air}} |u_{\text{t}i}| u_{\text{t}i} C_{\text{t}i} d_i l_i \end{cases} \tag{7.16}$$

式中，u_{ni}, u_{ti} 分别为绳段 i 法向、切向速度；C_{ni}, C_{ti} 分别为绳段 i 法向、切向气动阻力系数，表达式为

$$C_{ni} = \begin{cases} 1.445 + 8.55 Re_{ni}, & 1 < Re_{ni} < 30 \\ 1.0 + 4\left(Re_{ni}\right)^{-1/2}, & 30 \leqslant Re_{ni} < 100 \\ 2.55 - 0.475\lg\left(Re_{ni}\right), & 100 \leqslant Re_{ni} < 1000 \\ 0.9, & 1000 \leqslant Re_{ni} < 4000 \\ 1.05 + 0.054\lg\left(Re_{ni}\right), & 4000 \leqslant Re_{ni} < 15000 \\ 1.21, & 15000 \leqslant Re_{ni} < 150000 \\ 0.3, & 150000 \leqslant Re_{ni} \end{cases} \quad (7.17)$$

$$C_{ti} = \begin{cases} 1.88/\left(Re_{ti}\right)^{0.74}, & 0.1 < Re_{ti} \leqslant 100.5 \\ 0.062, & Re_{ti} > 100.5 \end{cases} \quad (7.18)$$

式中，Re_{ni}, Re_{ti} 分别为法向、切向雷诺数，表达式为

$$\begin{cases} Re_{ni} = \dfrac{\rho_\infty d_0 \left|u_{ni}\right|}{\mu} \\ Re_{ti} = \dfrac{\rho_\infty d_0 \left|u_{ti}\right|}{\mu} \end{cases} \quad (7.19)$$

式中，d_0 为绳段 i 的直径；μ 为大气环境的动力黏度。

7.3 系留浮空器升降性能

1) 单球方案

单个系留气球升空过程的某个瞬态示意图如图 7.9 所示。

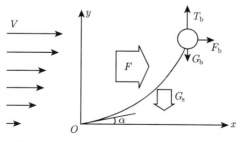

图 7.9 单个系留气球升空瞬态示意图

取绳长为 l 的小段进行分析，如图 7.10 所示，为简化系留绳绳长和受力的计算，假设系留绳的截面形状为圆形，在温度变化和受拉力情况下绳的截面保持不变

且绳长不发生改变，即系留绳的弹性模量 $E = +\infty$，系留绳所受弹力总在其许用范围之内。

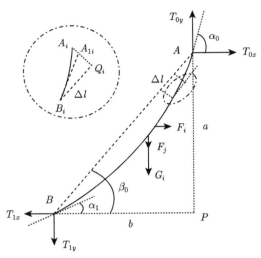

图 7.10　绳长 l 的受力分析

T_{0x}, T_{0y} 和 T_{1x}, T_{1y} 分别为系留绳在 A，B 两点的张力沿 x，y 轴的分量；α_0，α_1 分别为 AB 在 A，B 两点切线的斜率与 x 轴的夹角；$|PA| = a$，$|PB| = b$；G_i 为绳的重力。水平风速 V 分为垂直于绳向的分量 $V \sin \beta_0$ 和沿绳向的分量 $V \cos \beta_0$，分别产生垂直于绳向力 F_p、沿绳向力 F_a，可由式 (7.18)、式 (7.19) 计算：

$$F_\mathrm{p} = C_\mathrm{D} \times \frac{1}{2}\rho V^2 \times dl \times \sin^2 \beta_0 \tag{7.20}$$

$$F_\mathrm{a} = C_\mathrm{af} \times \frac{1}{2}\rho V^2 \times \pi dl \times \cos^2 \beta_0 \tag{7.21}$$

式中，C_D，C_af 分别为垂直于绳向和沿绳向的风阻系数；C_D 取圆柱阻力系数；C_af 取平板摩擦阻力系数；ρ 为该处大气密度；d 为绳的截面直径。

由于 C_af 的数值很小，所以忽略 F_a 的影响。将 F_p 分解为水平力 F_i 和垂向力 F_j，可由式 (7.22)、式 (7.23) 计算：

$$F_i = C_\mathrm{D} \times \frac{1}{2}\rho V^2 \times dl \times \sin^2 \beta_0 \times \sin \beta_0 \tag{7.22}$$

$$F_j = C_\mathrm{D} \times \frac{1}{2}\rho V^2 \times dl \times \sin^2 \beta_0 \times \cos \beta_0 \tag{7.23}$$

当 A 点位于气球的系留点时，$T_{0x} = F_\mathrm{b}$，$T_{0y} = T$，$\tan \alpha_0 = T_{0y}/T_{0x}$。由 x，y 方向力平衡可求出 T_{1x}, T_{1y}，并有 $\tan \alpha_1 = T_{1y}/T_{1x}$，假设 F_i, G_i 对 B 点的力臂分别为 $a/2, b/2$，对 B 点由力矩平衡得

$$\frac{a}{b} = \frac{T_{0y} - 0.5(G_i + F_j)}{T_{0x} + 0.5F_i} \tag{7.24}$$

又由 $\tan\beta_0 = a/b$ 可求得 β_0。

假设从 B 点到 A 点，$\overset{\frown}{AB}$ 的切线的斜率连续且均匀变化，取一个较大的整数 m，并设 $\Delta l = l/m$，那么 Δl 是一个较小量，并有 $|AB| \leqslant m\Delta l$。在 AB 上任取长度为 Δl 的线段，作两条垂直于 AB 的直线与 AB 相交，并将该线段平移与 $\overset{\frown}{AB}$ 相交形成图 7.10 中虚线椭圆内所示图形，将该图形放大即为图中虚线圆内所示，其中，$A_{li}B_i$ 为 A_iB_i 在 B 点的切线。用直线 $A_{li}B_i$ 的长度来代替 $\overset{\frown}{A_iB_i}$ 的长度，由于 $\angle A_{1i}B_iQ_i$ 可以利用 $\overset{\frown}{AB}$ 的切线的斜率连续且均匀变化这一条件估算得出，$|B_iQ_i| = \Delta l$，可得到 $|A_{1i}B_i| = \Delta l/\cos\angle A_{1i}B_iQ_i$。这样从 B 点沿着直线 AB 以步长 Δl 开始计算，直到第 $n(n \leqslant m)$ 步时 $\sum\limits_{i=1}^{n}|A_{1i}B_i| \geqslant 1$，此时认为 $|AB| = n\Delta l$，且有 $a = |AB|\sin\beta_0, b = |AB|\cos\beta_0$。

以上介绍了在气球系留点绳段 AB 中各个参数的计算方法，从系留点沿系留绳将其分段成长为 l 的多个绳段，那么其余各绳段运用以上方法通过迭代计算即可得出各段的参数。整理每段的参数就可以得到图中气球高度、水平偏移量、系留绳与地面的夹角 α 和在 O 点的张力等。如果 l 取值越小，m 取值越大，那么计算出的系留绳的形状和受力就越接近实际情况。

SSTBA 通过对气球升空时多个瞬态的描述，从而达到对气球系统升空的动态模拟，具体实现流程见图 7.11。风场图如图 7.12 所示，图 7.13 为处于某风速下单个气球上升过程的瞬态图。

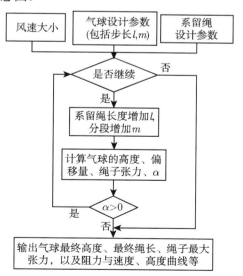

图 7.11　模拟气球升空的流程图

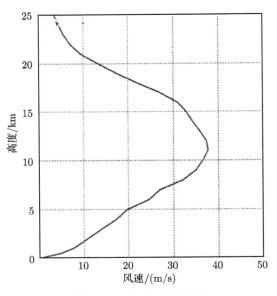

图 7.12　风速-高度曲线

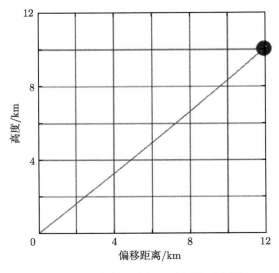

图 7.13　单个气球上升过程的瞬态图

2) 串球方案

单个气球方案中, 要升到理想高度所需要的气球体积庞大, 系留绳所受张力也非一般材料所能承受, 导致整个系留气球系统制作难度大, 制造成本高, 不易实现。在此, SSTBA 中采用串式气球方案即同时系留多个体积稍小的气球, 消除了单个气球方案中的缺点。串球方案与单个气球方案分析方法相同，只是在系留点系留绳的切线斜率不再连续，且此时系留绳段的张力计算也有差别。串球方案允许在气球上升的任意时刻加入新气球，但新气球必须在地面 O 点加载，这也与实际系留气球施放的操作一致。图 7.14 是处于相同风速下的一个串球方案的升空瞬态图。

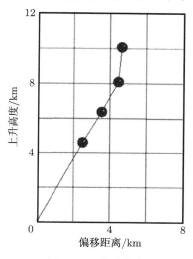

图 7.14　串球方案

3) 混合方案

由于高空风速较高，气球受到的风阻力较大，单个气球方案中体积较小的气球往往会被风 "吹" 下来，串球方案中也不得不通过增加气球数量来改善气球的升空性能。这些也说明了在气球上升过程中必须要很好地解决两个问题：时刻保持足够的净升力和尽量减小风阻力。在飞行器设计中主要采用合理的气动外形来减小气动阻力，受此启发提出飞翼式气球，即把气球做成飞翼形状 (图 7.15(a))，表面还是用高性能的聚氨酯材料，内部充入高纯度的氦气并设计一定的结构来维持飞翼外形，使其在较大风速下不易变形。为使飞翼保持一定的迎角，在系留绳上对飞翼采用上下分别固定的方法 (图 7.15(b))。

飞翼式气球在侧风产生风阻力的同时还会产生气动升力，如果翼型设计合理，升阻比会比一般的飞行器要高出很多，图 7.15(a) 中设计的飞翼外形的升阻比可达10 以上。当风速较大时，飞翼气球气动升力远大于氦气提供的升力，但当风速较小或者某个时段无风时，由于飞翼式气球的翼展较大，体积较小，气球内氦气产生的升力尚不足以克服自身的重力。所以在串球方案中加入一些飞翼式气球，形成混合式方案，当风速较大时飞翼式气球可以发挥它的作用，当风速较小时主要由常规外形气球提供升力。

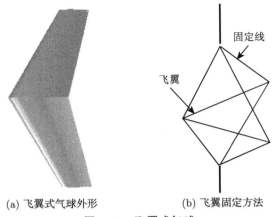

(a) 飞翼式气球外形　　　　　　(b) 飞翼固定方法

图 7.15　飞翼式气球

　　混合式方案和串球方案的分析方法相同, 只是在计算气球升力和阻力时有所差别。SSTBA 允许在方案升空的任意时刻加入飞翼式气球, 自动计算该气球的升阻特性, 并最终输出飞翼升阻力和风速关系、飞翼升阻力与高度关系等曲线。

7.4　系留浮空器稳定性分析

系留气球上作用力系及其作用点如图 7.16 所示 [5]。

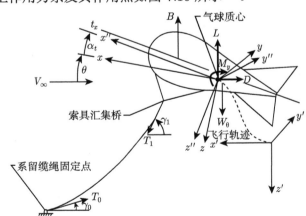

图 7.16　系留气球的受力分析

建立气球的运动稳定性方程

$$\ddot{x} + \frac{\rho V_\infty S}{2m_x}\left(2C_D + C_{DU}\right)\dot{x} + \frac{k_{xx}}{m_x}x + \frac{\rho V_\infty S}{2m_x}\left(2C_{D\alpha} - C_L\right)\dot{z}$$

$$+ \frac{k_{xz}}{m_x}z + \left(\frac{k_{x\theta}}{m_x} + \frac{\rho V_\infty^2 S C_{D\alpha}}{2m_x}\right)\theta = 0 \tag{7.25}$$

$$\frac{\rho V_\infty S}{2m_z}\left(2C_L+C_{Lu}\right)\dot{x}+\frac{k_{zx}}{m_z}x+\ddot{z}+\frac{\rho V_\infty S}{2m_z}\left(C_{L\alpha}+C_D\right)\dot{z}+\frac{k_{zz}}{m_z}z$$
$$+\frac{\rho V_\infty S\bar{c}}{4m_z}\left(C_{L\dot{\alpha}}+C_{Lq}\right)\dot{\theta}+\left(\frac{k_{z\theta}}{m_z}+\frac{\rho V_\infty^2 SC_{L\alpha}}{2m_z}\right)\theta=0 \tag{7.26}$$

$$-\frac{\rho V_\infty S\bar{c}}{2I_y}\left(2C_m+C_{mu}\right)\dot{x}+\frac{k_{\theta x}}{I_y}x-\frac{\rho S\bar{c}^2}{4I_y}C_{m\dot{\alpha}}\ddot{z}-\frac{\rho V_\infty S\bar{c}}{2I_y}C_{m\alpha}\dot{z}+\frac{k_{\theta z}}{I_y}z+\ddot{\theta}$$
$$-\frac{\rho V_\infty S\bar{c}^2}{4I_y}\left(C_{m\dot{\alpha}}+C_{mq}\right)\dot{\theta}+\left(\frac{M_{s1}}{I_y}-\frac{\rho V_\infty^2 S\bar{c}}{2I_y}C_{m\alpha}+\frac{k_{\theta\theta}}{Iy}\right)\theta=0 \tag{7.27}$$

上述方程的初始参数由气球静平衡方程的解确定:

$$\frac{\rho V_\infty^2 S}{2}C_D-T\cos\gamma_1=0 \tag{7.28}$$

$$\frac{\rho V_\infty^2 S}{2}C_L+B-W_s-T\sin\gamma_1=0 \tag{7.29}$$

$$-\frac{\rho V_\infty^2 S\bar{c}}{2}C_m+h_{k_1}T\sin\gamma_1-h_{k_2}T\cos\gamma_1-M_{s_2}=0 \tag{7.30}$$

而系留缆绳汇集桥处的静态张力可以通过系留缆绳的运动方程确定,同时还可确定出缆绳的形状。利用缆绳的运动方程,将缆绳分为 n 个微元段,由地面系留点处,逐段积分计算到汇集桥处,即可确定其静态张力和缆绳形状。

$$\theta_{n+1}=\arctan\left[\frac{T_n\sin\theta_n+D_p\sin\theta_n+D_n\cos\theta_n}{T_n\cos\theta_n-m'dsg+D_p\cos\theta_n+D_n\sin\theta_n}\right] \tag{7.31}$$

$$T_{n+1}=\frac{T_n\sin\theta_n+D_p\sin\theta_n+D_n\cos\theta_n}{\sin\theta_{n+1}} \tag{7.32}$$

$$x=x_{\text{ballon}}-\int_0^s\sin\theta\mathrm{d}s \tag{7.33}$$

$$z=z_{\text{ballon}}-\int_0^s\cos\theta\mathrm{d}s \tag{7.34}$$

利用方程 (7.31)~(7.34) 求出的初始状态值,联立求解方程即可解得系留气球的特征根,还可以根据不同风场条件下的阵风输入,仿真分析系留气球的动态响应特性 [5]。

这里利用 MATLAB 仿真系统,针对 8.4 m 的汇集桥位置配置,在 20m/s 风场条件下,分别按 5m/s 和 10m/s 的水平阵风与垂直阵风,仿真计算了系留气球的水平位置、高度位置及姿态角的动态响应特性,仿真结果如图 7.17 所示。

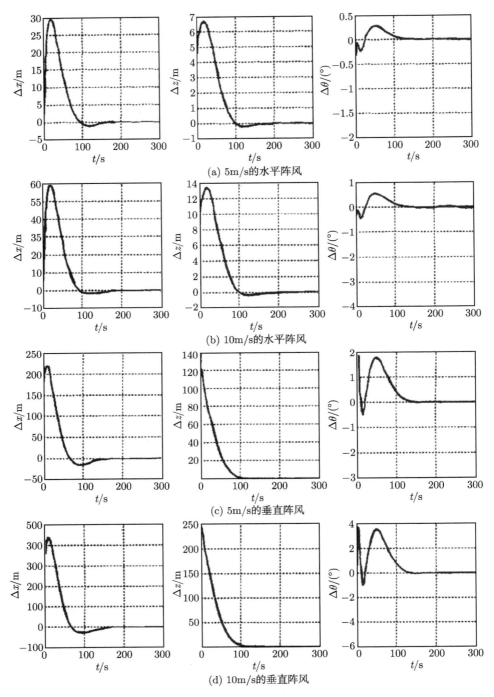

图 7.17　系留气球动态响应仿真

根据系留气球纵向运动方程分析，系留气球的纵向运动方程具有 6 个特征根。通过对系留气球运动模态特性及动态响应仿真计算分析，可以得出如下结论：① 在小风速时，系留气球一般处于振荡运动模态 (风速小于 20m/s 左右)，随风速增加，逐步发展成非周期运动模态，风速进一步增加，常常发展成不稳定的振荡运动模态 (风速大于 35m/s 左右)，除非增加其静安定度或增大自由净浮力。② 系留缆绳的线径和线密度对系留气球的稳定性具有不良影响，其中的直接影响是系留气球的水平漂移和高度损失，而对气球姿态的动态响应影响是以汇集桥处的缆绳张力体现的。③ 系留气球上力系作用点 (质量力、浮力、气动力、缆绳张力) 的不重合性对其稳定性的影响，需要准确配置汇集桥的位置，包括汇集桥的水线位置和垂向位置。④ 确定系留气球稳定性方程的初始值而分段求解系留缆绳的参数时，分段数的多少对稳定性方程的求解影响很大，大量的实例计算表明，将系留缆绳分为 3 段进行求解，就能获得满意的稳定性计算结果。

7.5 系留浮空器缆绳力学特性

系留绳是系留气球系统的重要组成部分，本节从理论上分析了系留绳的张力，并给出了一批计算公式。为了研究方便，在气球升到高空，处于相对稳定的一段时间内，可以把系留绳看成是平面曲线。由于绳本身具有质量，加上风力的作用，系留绳呈现弯曲状态。

现取一平面坐标系，坐标面取为绳子所在平面，气球所在的位置取为坐标原点，重力向下的方向取为 x 轴正向，风对气球在水平作用力的相反方向取为 y 轴正向，如图 7.18 所示。

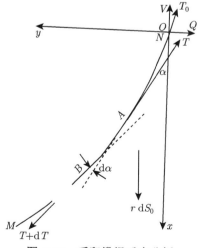

图 7.18 系留缆绳受力分析

假定绳子质量分布是均匀的，其单位长度的质量为 γ，单位体积的质量为 ρ，单位伸长为 ε，材料的弹性模量为 E。在绳 NM 之间任取一段微小弧 AB，其长度为 $\mathrm{d}S_0$，受张力 T 的作用变形后弧长为 $\mathrm{d}S$；且假定由张力 T 作用于断面积 f 上的张应力为 σ，利用胡克定律可以推得

$$\mathrm{d}S = \mathrm{d}S_0 \left(1 + \frac{T}{Ef} \right) \tag{7.35}$$

作用在 $\mathrm{d}S$ 两端 A 与 B 处的张力大小分别为 T 与 $T + \mathrm{d}T$，且分别沿着弧在 A 与 B 点的切线方向，受到的重力为 $\rho f \mathrm{d}S_0$；还受风力作用，因绳子受到的风力远比其重力小，可忽略不计。有平衡方程：

$$\sum F_{ix} = \rho f \mathrm{d}S_0 - T\cos\alpha + (T + \mathrm{d}T)\cos(\alpha + \mathrm{d}\alpha) = 0 \tag{7.36}$$

$$\sum F_{iy} = -T\sin\alpha + (T + \mathrm{d}T)\sin(\alpha + \mathrm{d}\alpha) = 0 \tag{7.37}$$

略去高阶微量后得

$$\rho f \mathrm{d}S_0 + \mathrm{d}(T\cos\alpha) = 0 \tag{7.38}$$

$$\mathrm{d}(T\sin\alpha) = 0 \tag{7.39}$$

注意到在坐标原点处合力为 $T_0 = \sqrt{V^2 + Q^2}$，其中，V 是气球总升力，Q 是风对气球在水平方向的总压力。令 T_0 与 x 轴负方向夹角为 α_0，在坐标原点处有 $\tan\alpha_0 = Q/V$，$\sin\alpha_0 = Q/T_0$。再对式 (7.39) 积分，经整理得

$$T = \frac{Q}{\sin\alpha} \tag{7.40}$$

视 Q 为常数，将式 (7.40) 代入式 (7.38) 得 $\mathrm{d}S_0 = \left[Q/ \left(\rho f \sin^2\alpha \right) \right] \mathrm{d}\alpha$，并将式 (7.40) 同时代入式 (7.35)，经整理得

$$\mathrm{d}S = \left(\frac{Q}{\rho f \sin^2\alpha} + \frac{Q^2}{\rho E f^2 \sin^3\alpha} \right) \mathrm{d}\alpha \tag{7.41}$$

由于 $\mathrm{d}x = \mathrm{d}S\cos\alpha$，代入式 (7.41) 后积分，并注意到 $\alpha = \alpha_0$ 时，有 $x = 0$ 与 $\sin\alpha_0 = Q/T_0$，于是可得

$$x = \frac{T_0}{\rho f} \left(1 + \frac{T_0}{2Ef} \right) - \frac{Q}{\rho f} \left(\frac{1}{\sin\alpha} + \frac{Q}{2Ef\sin^2\alpha} \right) \tag{7.42}$$

又由于 $\mathrm{d}y = \mathrm{d}S\sin\alpha$，代入式 (7.41) 后积分，并注意到 $\alpha = \alpha_0$ 时，有 $\gamma = 0$ 与 $\ln\tan(\alpha_0/2) = \ln\left[Q/(T_0 + V) \right]$，$\cot\alpha_0 = V/Q$，于是可得

$$\gamma = \frac{Q}{\rho f} \left(\frac{V}{Ef} - \ln\frac{Q}{T_0 + V} \right) + \frac{Q}{\rho f} \left(\ln\tan\frac{\alpha}{2} - \frac{Q}{Ef}\cot\alpha \right) \tag{7.43}$$

根据式 (7.40)，将 $\sin\alpha = Q/T$ 代入式 (7.42) 与式 (7.43)，经整理得

$$x = \frac{T_0 + T + 2Ef}{2E\rho f^2}\left(T_0 - T\right) \tag{7.44}$$

$$y = \frac{Q}{\rho f}\ln\left(\frac{T_0 + V}{T + \sqrt{T^2 - Q^2}}\mathrm{e}^{\frac{V - \sqrt{T^2 - Q^2}}{Ef}}\right) \tag{7.45}$$

式 (7.44) 与式 (7.45) 是以张力 T 为参数的绳子曲线的函数关系式，其中 $Q \leqslant T \leqslant T_0$。

从式 (7.44) 中解出 T，整理后得

$$T = -Ef + \sqrt{(T_0 + Ef)^2 - 2\rho Ef^2 x} \tag{7.46}$$

对式 (7.41) 积分，并注意到 $\alpha = \alpha_0$ 时，有 $S = 0$，经整理得

$$\begin{aligned}
S = &\frac{1}{2\rho Ef^2}\left[(T_0 + 2Ef)\,V - Q^2\ln\frac{Q}{T_0 + V}\right]\\
&+ \frac{Q}{\rho Ef^2}\left[\frac{Q}{2}\ln\tan\frac{\alpha}{2} - \left(Ef + \frac{Q}{2}\csc\alpha\right)\cot\alpha\right]
\end{aligned} \tag{7.47}$$

再利用式 (7.40) 可得

$$S = \frac{1}{2\rho Ef^2}\left[Q^2\ln\frac{T_0 + V}{T + \sqrt{T^2 - Q^2}} + T_0 V + 2EfV - (2Ef + E)\sqrt{T^2 - Q^2}\right] \tag{7.48}$$

从式 (7.42) 出发，利用微分学极值理论，当 $\alpha = \pi/2$ 时，x 将达到最大值 $x_{\max}$，如令 $h = x_{\max}$，可以验证

$$h = \frac{(T_0 - Q)\,(2Ef + T_0 + Q)}{2\rho Ef^2} \tag{7.49}$$

而气球升至最大高度所需要的绳长为

$$S_{\max} = \frac{V}{\rho f} + \frac{1}{2\rho Ef^2}\left(Q^2\ln\frac{T_0 + V}{Q} + T_0 V\right) \tag{7.50}$$

对于不可伸长系留绳，应该作为可弹性伸长系留绳当弹性模量趋于无穷时的极限状态来处理 [6]，可以得出如下相应计算公式：

$$T = T_0 - \gamma x \tag{7.51}$$

$$T = \sqrt{(V - \gamma s)^2 + Q^2} \tag{7.52}$$

系留绳的函数表达式为

$$
\begin{cases}
x = \dfrac{T_0}{\gamma} - \dfrac{Q}{\gamma}\mathrm{ch}\left(\ln\dfrac{T_0+V}{Q} - \dfrac{\gamma}{Q}y\right) \\[4mm]
y = \dfrac{Q}{\gamma}\ln\dfrac{T_0+V}{T_0-\gamma x + \sqrt{(T_0-\gamma x)^2 - Q^2}}
\end{cases}
\tag{7.53}
$$

气球升至最大高度的计算公式为

$$
h = \frac{T_0 - Q}{\gamma}
\tag{7.54}
$$

所需绳长为 $S_{\max} = V/\gamma$。

假定绳子于地面 M 处的张力为 T_M，气球离地面的高度为 H，放出绳长为 S，则有公式：

$$
V = \frac{1}{2S}\left[\gamma\left(H^2+S^2\right) + 2HT_M\right]
\tag{7.55}
$$

$$
Q = \sqrt{T_M^2 - (V-\gamma S)^2}
\tag{7.56}
$$

式 (7.55) 与式 (7.56) 分别为求气球总升力 V 和求风对气球在水平方向总压力 Q 的简单计算公式。由于 $T_0 = \sqrt{V^2+Q^2}$，从而气球所在之处的张力 T_0 可求。

7.6　系留浮空器抗风性能分析

设计完成的系留气球工作状况如图 7.19 所示，系留缆绳将球体连到地面装置上，气球在空中迎风停留。这里对这些相对位置、力的作用和约束关系进行适当简化，建立动力学模型。

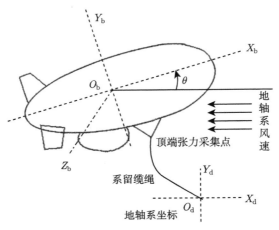

图 7.19　系留气球空中飞行简示图

假设球体外表为刚性, 球体关于 $X_b O_b Y_b$ 平面对称, 忽略非惯性力和力矩。在球体坐标系中, 气球动量 $\boldsymbol{Q}$ 和动量矩 $\boldsymbol{K}$ 表示为

$$\boldsymbol{Q} = m \left(\boldsymbol{U} + \boldsymbol{\omega} \times \boldsymbol{r}_{\mathrm{c}} \right) \tag{7.57}$$

$$\boldsymbol{K} = \boldsymbol{I}_0 \boldsymbol{\omega} + m \boldsymbol{r}_{\mathrm{c}} \times \boldsymbol{U} \tag{7.58}$$

式中, $\boldsymbol{U} = [U_x \ U_y \ U_z]^{\mathrm{T}}$ 为球体形心运动速度; $\boldsymbol{\omega} = [\omega_x \ \omega_y \ \omega_z]^{\mathrm{T}}$ 为气球转动角速度; $\boldsymbol{r}_{\mathrm{c}} = [x_c \ y_c \ z_c]$ 为气球质心在球体坐标系中的向径; $\boldsymbol{I}_0$ 为气球在球体坐标系中关于原点的转动惯量矩阵。

$$r_{\mathrm{c}} = [x_{\mathrm{c}} \ y_{\mathrm{c}} \ 0]^{\mathrm{T}} \tag{7.59}$$

$$\boldsymbol{I}_0 = \begin{bmatrix} I_x & -I_{xy} & 0 \\ -I_{xy} & I_y & 0 \\ 0 & 0 & I_z \end{bmatrix} \tag{7.60}$$

根据动量和动量矩定理, 得

$$\frac{\mathrm{d}\boldsymbol{Q}}{\mathrm{d}t} + \boldsymbol{\omega} \times \boldsymbol{Q} = \boldsymbol{G} + \boldsymbol{B} + \boldsymbol{R}_A + \boldsymbol{T} \tag{7.61}$$

$$\frac{\mathrm{d}\boldsymbol{K}}{\mathrm{d}t} + \boldsymbol{\omega} \times \boldsymbol{K} + \boldsymbol{U} \times \boldsymbol{Q} = \boldsymbol{M}_G + \boldsymbol{M}_B + \boldsymbol{M}_A + \boldsymbol{M}_T \tag{7.62}$$

式中, $\boldsymbol{G}, \boldsymbol{M}_G$ 分别为作用在气球上的重力主向量和主矩; $\boldsymbol{B}, \boldsymbol{M}_B$ 分别为作用在气球上的氦气浮力主向量和主矩; $\boldsymbol{R}_A, \boldsymbol{M}_A$ 分别为作用在气球上的空气动力主向量和主矩; $\boldsymbol{T}, \boldsymbol{M}_T$ 分别为系留缆绳反作用力主向量和主矩。

气球的空间运动方程包括球体坐标系相对于地面坐标系的移动和旋转方程, 表现为球体坐标系坐标原点线速度和角速度在地面坐标系中的位置关系。气球的运动学方程如下:

$$\frac{\mathrm{d}}{\mathrm{d}t} \begin{bmatrix} x_{\mathrm{d}} \\ y_{\mathrm{d}} \\ z_{\mathrm{d}} \end{bmatrix} = C_{\mathrm{td}}^{\mathrm{T}} \begin{bmatrix} U_x \\ U_y \\ U_z \end{bmatrix} \tag{7.63}$$

$$\frac{\mathrm{d}}{\mathrm{d}t} \begin{bmatrix} \gamma \\ \varphi \\ \theta \end{bmatrix} = \begin{bmatrix} \omega_x - \tan\left(\omega_y \cos\gamma - \omega_z \sin\gamma \right) \\ \dfrac{1}{\cos\theta} \left(\omega_y \cos\gamma - \omega_z \sin\gamma \right) \\ \omega_y \sin\gamma + \omega_z \cos\gamma \end{bmatrix} \tag{7.64}$$

系留缆绳与球体的接点是球体在空中随气流运动的唯一约束点。因此, 取单元

长缆绳如图 7.20 所示，在局部坐标系下的动力平衡方程为

$$\mathrm{d}\boldsymbol{T} + \boldsymbol{W} + \boldsymbol{B}_T = m\frac{\mathrm{d}^2}{\mathrm{d}t^2}\boldsymbol{r} \tag{7.65}$$

式中，$\boldsymbol{T}$ 为缆绳内部张力；$\boldsymbol{W}$ 为缆绳重力；$\boldsymbol{B}_T$ 为空气动力；$\boldsymbol{r}$ 为缆绳矢量。

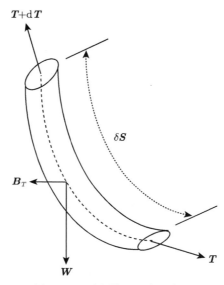

图 7.20　系留缆绳受力示意图

　　系留缆绳的破断拉力由直径、线密度、材料的弹性模量确定，可以从型谱中选择，即使重新研制，这些参量也能够准确估算出来。缆绳的空中法向阻力系数取 1.3，切向阻力系数取 0.02。空中风分稳定风和突风两部分，是球体姿态改变的主要因素，突风作为扰动量，假设为确定性变化，选用全波长 cos 离散突风模型，模型的数学表达式为

$$v = \frac{v_n}{2}\left[1 - \cos\left(\frac{\pi}{H}S\right)\right] \tag{7.66}$$

式中，v_n 为仿真的突风速度；S 为进入风区的距离；H 为突风梯度，$L/4 \leqslant H \leqslant 243.84\mathrm{m}$；$L$ 为气球长度。

　　输入球体设计参数和空中抗风指标，得到图 7.21~图 7.23 的计算结果。球体在两个高度层上运动平稳，扰动基本与高度层无关。最大突风作用下状态恢复时间在 25s 以内 [7]。滚转角受突风扰动影响较大，左右滚转均超过 5°，但不引起振荡，极短时间内得到恢复。俯仰角在突风扰动下小幅振荡，恢复时间相对较长。这些姿态变化远小于设计的 ±10° 要求，在自适应稳定平台的响应速率内。

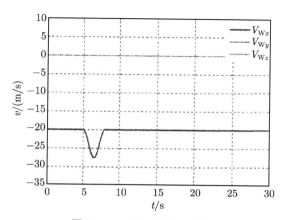

图 7.21 风速–时间曲线图

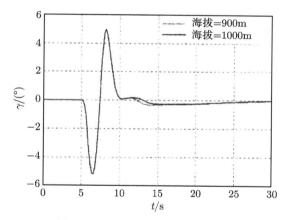

图 7.22 球体滚转角–时间曲线图

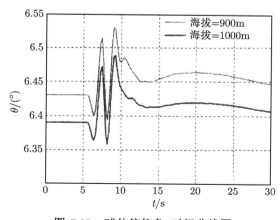

图 7.23 球体俯仰角–时间曲线图

参 考 文 献

[1] 张春苗. 系留塔与回转平台设计. 机电工程技术, 2017, 46(03): 41-42+107.

[2] 张红卫, 冯大毛. 系留气球系留系统设计与使用. 2011 年中国浮空器大会, 中国湖北荆门, 2011.

[3] 何强. 基于浮空平台的应急通信系统. 移动信息, 2015, 7: 87-88.

[4] 史献林, 余莉, 施红. 系留气球升空过程的动态模拟. 航空学报, 2009, 30(04): 609-613.

[5] 贾重任. 系留气球纵向稳定性分析. 飞机设计, 2006, 03: 20-24.

[6] 张盛开, 赵玉鹏. 高空气球弹性系留绳的张力分析. 力学与实践, 1979, 03: 40-42.

[7] 李红泉, 王雷. 某系留气球抗风性能仿真分析. 宇航计测技术, 2014, 34(06): 29-32.

第8章 搭载式灵巧浮空器系统释放与驻留

各国提出了各种不同方案用以解决目前浮空平台部署方案中所面临的风险和不足。气球的小型化，促使气球的发放不再受地面的限制。Space Data 公司的 Knoblach 等设计一个地面发放的小型气球平台："战斗天星" (Combat SkySat)。

图 8.1、图 8.2 则是气球平台发射覆盖区域及 20km 高度时，利用 840mm、35 倍变焦的照相机拍摄效果图。I. S. Smith 等 [1] 提出了把气球平台集装到一个空外用燃油箱 (OBJS (绝缘系统)) 内，利用飞机把 OBJS 带到 10km 高度释放，在降落伞减速过程中利用携带的高压氦气瓶对气球进行快速充气，充气完成后抛掉降落伞和空外用燃油箱，气球携带有效载荷经过 6h 上浮到 20km 的准零风带的机载气球系统 (airborne balloon launch system，ABLS) 部署方案。图 8.3 是 ABLS 部署序列，图 8.4 为 OBJS 机载到 10km 高度后的部署序列。

图 8.1　气球平台发射覆盖区域展示图

图 8.2　照相机在 20km 高度的拍摄效果图

图 8.3　ABLS 部署序列

图 8.4　OBJS 机载到 10km 高度后的部署序列

　　Aerostar 公司提出的 "高空哨兵" (Hisentinel) 计划, 在发射时无须占用很大的面积, 易于行动和部署 [2]。I. S. Smith 等的飞机载释放气球平台和王厚莲等 [3] 提出的利用炮射悬浮弹发射气球方案都解决了地形受限这一缺点。1975 年, Belmont 等 [4] 发现存在空间范围较大、时间上比较稳定的相对风速很小, 甚至出现无风状态的纬向风转换层; 2002 年, 吕达仁等 [5] 提出了准零风层 (quasi-zero wind layer, QZWL) 的概念; 肖存英等 [6] 和陶梦初 [7] 等分析了我国上空纬向风转换层变化特征; Morris 等 [8] 研究了南纬地区准零风层的分布情况 [9]。零风带理论的发展, 使得基于零风带定点的想法能够出现, K. T. Nock 等 [10] 和常晓飞等 [11] 提出了平流层浮空器的定点部署方案,寻求到了高空区域定点的理论支撑。

陈华兵等[12]提出利用降落伞实现浮空、探空火箭携带发射,携带不同有效载荷的浮空系统虽然可实现快速部署,但是空中飘飞时间短限制了其用途。Garten等[13]提出了把降落伞应用于飞机载气球系统方案,利用降落伞安全地将飞机载气球平台拉出,然后在降落伞的减速作用下,对气球进行不饱和充气,使气球上浮到目标高度。

然而目前这些研究方案未能完全满足平流层浮空器的全天候、全地域、安全可靠、快速地完成部署和定点工作的任务需求。基于零风带的风场特性,借鉴 ABLS,本书作者提出了箭载浮空平台这一方案,其将球体设计为外超压氦气囊和内超压空气囊型[14],并将气球浮空平台装填于箭头限定容积内应急发射到目标空域,通过分离释放、开伞减速、充气抛伞等操作,快速完成平台部署以及利用临近空间底部纬向风转换层这一特殊的风场特性实现定区域控制。箭载浮空平台综合了浮空平台所具有的各项优点,可以规避以往浮空平台部署过程中的缺陷,对浮空平台主要部件进行了初步设计,对部署过程中关键过程的动力学进行深入研究,这对论证箭载浮空平台的有效性、部署过程的安全及可靠性有着重要的意义。

传统的浮空平台部署具有很大的局限性,未能完全满足平流层浮空平台的全天候、全地域、安全可靠、快速部署和定点工作的任务需求。而本书作者提出采用探空火箭快速机动发射、浮空平台空中展开并完成充气、高空定点系留与机动、搭载不同载体完成相应任务的浮空平台方案,全面解决了以往浮空平台的局限性。该平台将未充气的浮空平台折叠后装填在探空火箭箭头容积舱中,利用探空火箭将浮空平台快速运送到目标区域,并将带浮空平台的舱体抛离,然后利用减速伞将浮空器从舱体中拉出开始高空减速充气,通过对其进行压气机压气和排气阀排放气达到对浮空气球平台的高度调节,从而完成气球高空区域驻留与机动,进而在任务点上空进行观测、通信等工作。单独使用该新型浮空平台或与侦察卫星、电子侦察飞机等相互配合构建局部区域持久信息获取体系,将显著提高特定区域的信息获取能力。

8.1 搭载式浮空系统

8.1.1 搭载式浮空平台特点

搭载式浮空平台主要有如下优点。

1) 滞空时间长

由于浮空器的有效载荷靠浮空器囊体内充入的氦气产生的浮力平衡,浮空器的机动靠调节高度由外界风牵引移动,其不需要巡航动力能源,囊体的材料氦气泄漏率低,可以在高空中停留很长时间。

2) 效费比高

相比高技术密集的无人机和飞艇,搭载浮空平台在技术上更易实施,其研制周期短,搭载浮空平台可应急发射,通过携带不同的载荷可完成卫星和侦察机所能完成的任务。

3) 生存能力强

浮空器的工作高度位于临近空间底部的零风带,这个高度有效地规避了战斗机和常规的机载导弹、舰载导弹、地面火炮的威胁,由于囊体内外压差较小,泄漏氦气速度足够缓慢,即使不幸受到了攻击,一般也不会立刻导致毁灭性的结果,而且浮空平台质量轻、结构疏松,有较强的隐蔽性 [15]。

4) 部署可靠

利用探空火箭助推发射,可以减小地面天气和场地对浮空器释放的限制与影响,降低浮空器通过对流层时的风险,极大地减少浮空平台部署所需的时间。

8.1.2　平台关键技术及解决途径

高空浮空平台部署需经过地面的应急发射、空中完成充气,能够实现定点控制和机动调整。如下提供了本平台关键技术的具体实施方案。

1) 高空分离技术

在应急发射至目标空域后,利用弹簧进行冷分离,在分离初始段,预压弹簧力起主要作用,在浮空平台出舱、弹簧力消失后,主要利用气动阻力差作为分离力,加速头体分离。之后箭头将伞拉出,降落伞开伞并逐渐张满、物伞系统稳降后,舱段分离,利用两舱段分离将气球拉出。

2) 高空减速充气技术

在降落伞减速作用下降过程中,利用高压气瓶携带的氦气,采用等截面软管充气的方式,通过充气装置减压、稳压后对气球充气,减速充气结构示意图见图 8.5。浮空器囊体充气展开导流结构的设计,在保证充气流量的基础上,还要降低气流膨胀对气球的冲击。

3) 高空定区域控制技术

利用平流层底部零风带东西向转换层这一特性,通过改变系统的总质量进行高度调节,进而实现定区域控制。

4) 有效载荷应急回收技术

在故障模式或紧急情况下,需对气球进行自毁,并对有效载荷进行应急回收。在气球吊舱的吊带处设置切割器,在吊舱内设置小型降落伞。在回收指令发出时,起爆切割器,切断吊带,利用气球和吊舱分离的拉力将载荷向上拉出,利用信标机进行位置跟踪。

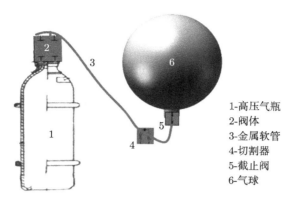

1-高压气瓶
2-阀体
3-金属软管
4-切割器
5-截止阀
6-气球

图 8.5　减速充气结构示意图

其中阀体包括电爆阀、缓冲阀、减压阀、稳压阀

8.1.3　搭载式浮空平台系统组成

搭载式浮空平台由发射分离系统、减速充气系统、浮空器系统、信息载荷系统、地面控制系统、支持保障系统六大系统组成，见图 8.6。发射分离系统由助推器、箭头、分离装置组成。发射分离系统的作用是在箭头装填了浮空平台的情况下，利用探空火箭发射运载浮空平台到预定目的高度，并实现运载器和箭头分离；减速充气系统包括降落伞、高压气瓶、充气装置三部分。在降落伞减速作用下降过程中，利用高压气瓶携带的氢气，通过各类阀体组成的充气设备对气球充气。减速充气系统的作用是对系统进行减速，使得减速伞开伞稳定后至浮空气球平台下降到目标高度前有充足的充气时间，实现浮力体的拉直，保证充气过程中系统的姿态稳定，以及在有限的时间里将携带的高压气瓶里的氢气安全地充入气球里。浮空器系统包括浮空器、高度调节装置、位置测量、控制器、电源、载荷回收装

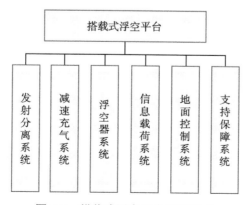

图 8.6　搭载式浮空平台系统组成

置、信标、安全保温装置等，实现浮空定点驻留和机动调整。信息载荷系统包括任务光学设备、状态检测设备、数传设备、信息存储设备等。地面控制系统需要完成遥测遥控、任务装订、信息处理等任务。支持保障系统则包括气体加注装置、助推器测发控装置、仪器舱测试装置、气象保障装置等。

8.2　搭载式浮空平台设计

8.2.1　浮空平台工作方式与装填布局

浮空平台为了寻找零风带，以确定合适的驻留位置，需要在平流层中进行高度调节，因此设置超压空气囊，通过携带的轻小型压气机，根据所需要的运行高度，通过排气阀排气或压气机充气来改变超压空气囊内的空气质量，从而来控制浮空器的上浮和下降，此调节方式节约了氦气。一般而言，球体在相同体积下具有最小表面积的特性，浮空器采用球形构型在提供静浮力方面具有优势，超压空气囊可设置在主气囊之内，形式如图 8.7 所示，系统装填布局空间示意图如图 8.8 所示。

搭载式浮空平台发射部署序列图如图 8.9 所示：地面发控系统控制点火，开始主动段飞行，此后发动机燃料耗尽关机；发动机关机后按时序头体分离，箭头开始爬升段飞行直至弹道最高点，开始下降段的飞行；然后根据所选的开伞点，记此时刻为 $T_0 = 0\text{s}$，在控制器控制下弹开保护盖，拉出减速装置，降落伞开伞，之后降落伞充气张满、物伞系统稳降后，$T = 15\text{s}$ 时，舱段分离；利用两舱段分离将气球拉出，气球完全展开后，利用携带的高压氦气瓶通过相应充气装置对气球进行充气；充气完成后，浮空器与降落伞系统通过切割器实现分离。

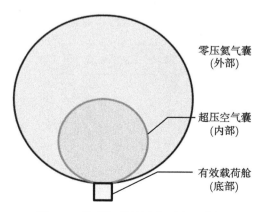

零压氦气囊
（外部）

超压空气囊
（内部）

有效载荷舱
（底部）

图 8.7　带副气囊的浮空平台示意图

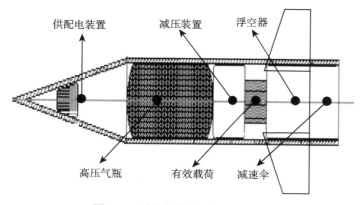

图 8.8 系统装填布局空间示意图

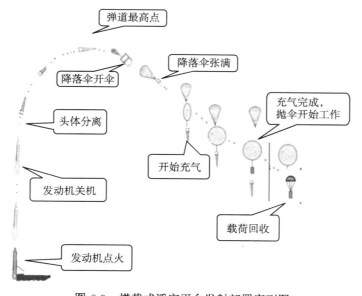

图 8.9 搭载式浮空平台发射部署序列图

然后利用中低纬度地区临近空间底部 20~30km 高度范围存在上部和下部风向相反这一特殊的风场特性,通过压气机和排气阀进行高度调节,从而实现对浮空平台的定点与机动控制。达到浮空平台驻留在目标区域上空的目的后,通过携带相应的载荷 (信息中继系统、GPS 干扰设备、侦察系统等) 实施对目标区域的地形测绘、快速侦察、通信中继、GPS 干扰、打击效果评估、灾情探视等任务。

8.2.2 平台设计及装填布局计算

根据任务需求确定有效载荷质量,由以往气象统计的零风带大致位置确定浮空器设计悬浮高度，根据有效载荷质量和浮空器悬浮高度，设计浮空器的尺寸，计算所需氦气质量，进而设计高压气瓶；充气时需要将高压气瓶的高压氦气在有限的时间里，安全地充入浮空器中，这需要考虑减压和流量的问题，进而指导充气装置的设计；确定充气出口压力和充气速度后，计算浮空器充满气所需时间，针对充气时间限制要求，设计系统的减速伞；为了实现平台的定点和机动控制，设计高度调节装置，其他相应装置根据技术间协调和需求选取。

8.2.3　浮空器设计分析

采用火箭发射运载零风带浮空平台，存在箭载速度快、过载大的特点，传统的浮空器的囊体材料多选择轻薄材质，该材质对冲击承受能力不大。若采用耐冲击材质，必然造成浮空器质量增加，球体直径出现爆炸性增长，给箭头装填带来很大的困难，使得系统规模过大。为了适应箭载释放条件，通过对浮空器进行局部加强、配置保护绳带等多种手段控制浮空器释放的速度，实现浮空平台的可靠释放。

为了简化问题，初步设计时只考虑气球高度方向的受力，当气球达到平衡时，只有重力和空气浮力，且二者平衡。为了调节气球飞行高度，设计一个半径只有氦气囊一半大小的超压空气囊。小型气球任务需求通常为：所携带的有效载荷小于 20kg，飞行高度一般在 16~24.5km。下面对浮空器的总体参数进行初步估算。

由重力和浮力静力平衡关系方程：

$$F_{\mathrm{B}} - m_{\mathrm{He}} - m_{\mathrm{air}} - m_{\mathrm{b}} - m_{\mathrm{L}} = 0 \tag{8.1}$$

式中，F_{B} 为气球所受到的浮力；m_{He}，m_{air}，m_{b}，m_{L} 分别为气球氦气囊内氦气质量、空气囊空气的质量、气球本体质量、气球携带载荷舱质量。其中，

$$\begin{aligned}
F_{\mathrm{B}} &= \rho_{\mathrm{air1}} \cdot V_1 \\
m_{\mathrm{He}} &= \rho_{\mathrm{g}} \cdot (V_1 - V_2) \\
m_{\mathrm{air}} &= \rho_{\mathrm{air2}} \cdot V_2 \\
m_{\mathrm{b}} &= \rho_{\mathrm{e}} \cdot (S_1 + S_2)
\end{aligned} \tag{8.2}$$

式中，ρ_{air1} 为环境空气密度；ρ_{air2} 为超压空气囊内气体密度；ρ_{g} 为零压氦气囊的内氦气密度；ρ_{e} 为囊体材料面的密度；V_1 为氦气囊的体积；V_2 为空气囊的体积；S_1 为氦气囊的表面积；S_2 为空气囊的表面积。

$$\rho_{\mathrm{air2}} = \frac{(P_{\min} + \Delta p) \cdot M_{\mathrm{air}}}{R \cdot T} \tag{8.3}$$

浮空器的折叠尺寸为

$$V_{\mathrm{b}} = \frac{m_{\mathrm{b}}}{\rho_{\mathrm{b}}} \tag{8.4}$$

式中, ρ_b 为气球包装密度。由上可求得不同高度下、携带不同有效质量的气球包络体积。

系统通过调节超压空气囊内的空气质量来控制气球系统运行高度。那么, 在给定有效载荷质量前提下, 确定高度运行区间及其对应的超压空气囊超压量即可求解得氦气囊和空气囊的半径。超压空气囊内超压量越大, 其携带有效载荷越大。

由图 8.10 中计算数据可知, 每增加 5kg 载荷, 在相同浮空高度下, 气球直径增加量较小, 约为 1m。但是由大气状态方程可知, 高度越大, 大气密度越小, 当气球内压强不低于大气压时, 大气密度与球体内氦气密度的差值越小, 单位载荷所需要的气球体积就越大。当在相同的有效载荷质量的情况下, 浮空高度 25km 相对于 21km 时气球的直径增加较大, 达到 4.5m, 这是因为高度 25km 处大气密度仅为 0.0395kg/m^3, 而高度 21km 处的大气密度为 0.0749kg/m^3, 是高度 23km 处的 1.9 倍, 由于气球尺寸大幅增大, 气球质量和氦气质量随之大幅增大。所以在选择气球工作高度时, 应该在满足任务需求情况下, 尽量使气球的工作高度小一点, 这样可以多装载有效载荷, 以提升气球的工作时间。

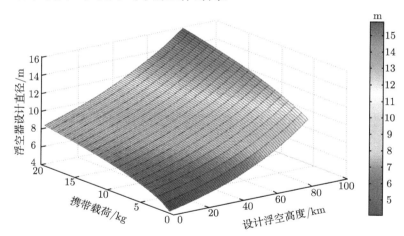

图 8.10　载荷及高度对浮空器尺寸的影响 (后附彩图)

8.2.4　平台的参数描述

浮空平台主要组件包括: 降落伞、浮空气球、箭头舱段, 如图 8.11 所示, 其中降落伞用于浮空系统充气过程中的减速, 提供足够的充气时间, 具有轻质量结构、高效率阻力的特点。浮空气球用于实现携带载荷完成定点驻留, 提供必要的静浮力, 其中浮空气球中设计了一条中心吊带, 用以承受气球在拉直过程中受到的巨大冲击过载。

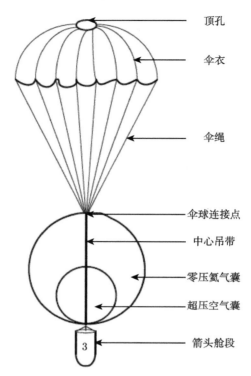

顶孔

伞衣

伞绳

伞球连接点

中心吊带

零压氦气囊

超压空气囊

箭头舱段

图 8.11　减速充气浮空系统主要部件示意图

　　为研究浮空平台的部署过程,有必要确定浮空平台的相关参数,其中,伞相关几何参数描述为:伞形;名义面积 S_0,定义为包括顶孔面积的整个伞衣展开后的表面积;伞绳长度 L_s;阻力面积 $C_J S$,定义为伞衣的投影面积 S_p 与其阻力系数的乘积。浮空气球的相关参数描述为:氦气囊的直径 R_{He}、空气囊的直径 R_a、囊体面密度 ρ_e。

8.3　浮空平台减速充气过程

8.3.1　浮空平台减速充气过程工作原理

　　建立浮空平台高空减速充气过程各个阶段的动力学数学模型是为了预测浮空平台的部署轨迹,以及分析各初始变量对飞行参数的影响。本章建立了由降落伞和舱段组合体组成的两体模型,分以下 4 个阶段展开研究:① 降落伞充气阶段;② 降落伞稳降阶段;③ 浮空器拉直阶段;④ 浮空器充气阶段。

　　浮空平台分离充气过程的工作程序:从降落伞开伞至降落伞与浮空气球分离阶段按如图 8.12 所示的工作程序顺序进行。

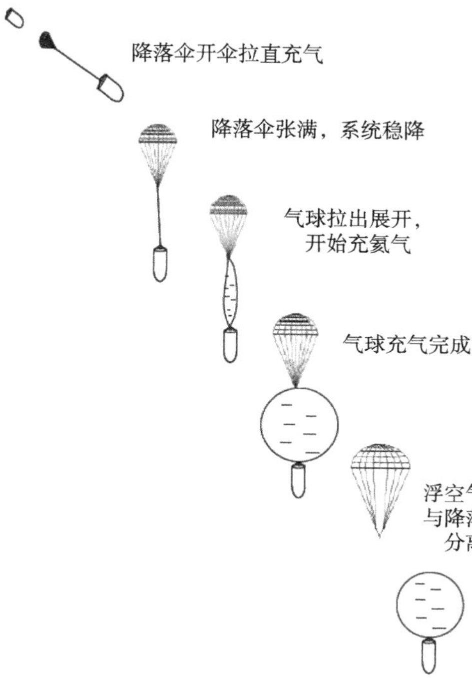

浮空系统装于箭头空间内

降落伞开伞拉直充气

降落伞张满, 系统稳降

气球拉出展开,
开始充氦气

气球充气完成

浮空气球
与降落伞
分离

图 8.12 浮空系统高空减速充气程序图

利用降落伞的气动力将浮空气球从箭头内拉出 5s 后 $(T_0 + 20s)$, 开始启动充气装置, 利用高压气瓶携带的氦气给浮空气球充气; 充气结束 $(T_0 + 20s + $ 充气时间), 起爆切割器, 将浮空气球与降落伞分离; 2s 后 $(T_0 + 22s + $ 充气时间) 将气球有效载荷吊舱与舱段的分离螺母解锁, 解除吊舱的约束, 浮空气球和舱段分离, 同时拉出有效载荷吊舱, 减速充气过程完成。

8.3.2 降落伞的开伞充气过程

减速伞系统不同, 其所用开伞方式也就不同, 尽管开伞方法各异, 但从降落伞各部件的拉出次序来看, 大致可分为先拉降落伞伞衣法 (顺拉法) 和先拉降落伞伞绳法 (倒拉法)[16,17]。用于箭载浮空平台减速充气的降落伞为一次收口环帆形降落伞, 采用先拉伞绳的方法, 其拉直过程见图 8.13, t_1 时刻开始从降落伞袋中按序扯出降落伞绳和降落伞衣; t_2 时刻降落伞绳被完全扯直并且进一步拉扯降落伞衣; t_3 时刻伞衣速度相对舱段速度差最大。在拉动降落伞衣过程中, 整个降落伞系统先跟着弹盖器运动, 随着舱段不断地拉出降落伞绳和伞衣, 降落伞的速度逐渐由弹盖器速度加速到舱段的速度, 完全拉直的时刻, 当伞衣底边被拖动时, 伞绳拉直力表现跳跃，即此瞬间的张力为最大值。

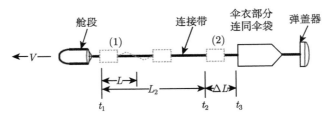

图 8.13　降落伞拉直原理图

　　伞展开后，其充气过程如图 8.14 所示。在刚拉紧收口绳时，降落伞的绳和底边相切且斜角相等，经过预先设置的收口时间后，伞衣开始膨胀，斜角关系变为伞绳小于伞衣的。当伞衣处于收口保持过程中时，大部分伞衣的结构充气形状维持不变，然而环帆形降落伞则持续缓慢地充气。在解除收口瞬间，伞衣底边快速拉开，进气口迅速增大直到充满为止。

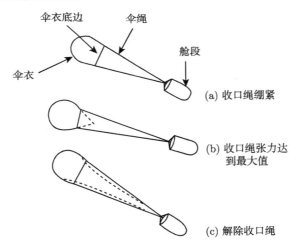

图 8.14　底边一次收口伞充气过程

　　为了预测浮空平台开伞充气阶段中的飞行轨迹，建立相应阶段的数学模型就显得尤为必要。由于此过程受到诸如环境、流-固耦合等因素的影响，期间难以得到准确的飞行轨迹。对于常规降落伞的充气阶段，截至目前，出现了有载荷系数法、充气距离法及有限元弹性模型等方法 [18]，以及工程计算中的半理论半经验的方法，也有诸如试验、流体与结构耦合的有限元方法 [19]。

8.3.3　浮空器的拉直充气过程

　　类似于降落伞拉直过程，浮空器的拉直方法各异，但从浮空器出舱开始后浮空器各组件的拉出次序来看, 大致可分为先拉浮空器囊体顶端法 (顺拉法) 和先拉浮空器囊体底端法 (倒拉法)。浮空器采用顺拉法, 拉直过程示意图如图 8.15 所示, 当中心吊带全部拉直时 ($L = L_{dd}$), 舱段和降落伞的速度分别为 V_C 及 V_P, 两者的速度差 $\Delta V = V_C - V_P$。由于舱段和降落伞之间存在相对速度, 所以中心吊带将继续拉伸直到相对速度为零, 此时中心吊带达到最大值 L_{max}。

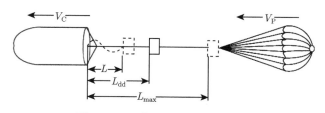

图 8.15 浮空器拉直过程示意图

降落伞充气展开并稳定下降后, 启动火工品解锁螺栓, 进行箭体解锁, 箭体分为两个舱段, 利用降落伞的气动力将浮空气球以一定速度从舱段拉出; 此拉出阶段浮空气球系统并不转动, 在出舱阶段浮空器的气动力相对较小, 不考虑其气动力对系统的影响。同降落伞拉直过程类似, 在浮空器中心吊带完全拉直后, 继续拉长 ΔL, 此时中心吊带出现最大的拉力。

8.3.4 浮空平台减速充气过程数学模型

在浮空平台减速稳降到一定的高度和速度后, 浮空气球从舱段内拉出, 通过携带的高压氦气瓶和由各阀体、充气管路组成的充气设备开始对浮空器充气, 此时, 整个浮空平台可视为一个由降落伞、由于充气而不断膨胀的浮空气球, 以及舱段组成的多刚体系统。由于浮空气球中心吊带在加载后的应变较小, 所以在充气过程中, 可以把本书浮空平台的浮空气球和舱段简化成固定连接的变体积浮空气球和舱段的组合体, 组合体质量不变, 由于充氦气量在整个组合体之间所占比例不大, 组合体的质心可以看作是不变的。目前多刚体模型的建模方法包括牛顿–欧拉 (Newton-Euler) 法、拉格朗日方程法、R-W 法、凯恩 (Kane) 法及高斯 (Gauss) 法等。

1. 降落伞充气阶段

在研究浮空器减速充气过程时, 还需要预测浮空平台的空间轨迹。降落伞拉出、充气、展开, 减小系统的飞行速度, 保证浮空系统在限定的高度区间内有足够的充气时间。当舱段到达预定空域时, 利用弹盖器的作用力拉断降落伞的包封包绳, 顺利拉出并拉直降落伞, 进而完成降落伞的充气开伞。此阶段浮空器还未被拉出, 充气浮空系统简化为降落伞系统和舱段两刚体系统, 降落伞和浮空器顶端铰接，设铰接点为 D，在浮空器拉出之前，即为降落伞与舱段铰接。

对降落伞和舱段组成的二刚体模型，详细推导此过程的系统动力学方程如下：

1) 舱段质心的速度、加速度及角加速度

对降落伞和舱段组成的二刚体模型，两者在 D 点铰接，降落伞相对于 D 点有 3 个自由度，则以上二刚体模型包括 9 个自由度。舱段速度 v_C 和角速度 ω_C 分别表示为

$$v_C = \begin{bmatrix} u_1 & u_2 & u_3 \end{bmatrix} e_{Cb} \tag{8.5}$$

$$\omega_C = \begin{bmatrix} u_4 & u_5 & u_6 \end{bmatrix} e_{Cb} \tag{8.6}$$

降落伞相对于两刚体铰接点 D 的角速度 ω_{PD} 为

$$\omega_{PD} = \begin{bmatrix} u_7 & u_8 & u_9 \end{bmatrix} e_{Cb} \tag{8.7}$$

将以上舱段体坐标系内的 9 个分量 $u_1 \sim u_9$ 作为广义速率。

舱段的质心加速度 a_C 和角加速度 ϖ_C 分别表示为

$$a_C = \frac{\mathrm{d}v_C}{\mathrm{d}t} = \begin{bmatrix} \dot{u}_1 & \dot{u}_2 & \dot{u}_3 \end{bmatrix} e_{Cb} + \begin{bmatrix} a_{Ce1} & a_{Ce2} & a_{Ce3} \end{bmatrix} e_{Cb} \tag{8.8}$$

式中，

$$a_{Ce} = \begin{bmatrix} a_{Ce1} & a_{Ce2} & a_{Ce3} \end{bmatrix} e_{Cb} = \omega_C \times v_C \tag{8.9}$$

$$\varpi_C = \frac{\mathrm{d}\omega_C}{\mathrm{d}t} = \begin{bmatrix} \dot{u}_4 & \dot{u}_5 & \dot{u}_6 \end{bmatrix} e_{Cb} \tag{8.10}$$

2) 降落伞质心的速度、加速度及角加速度

舱段的质心 3 到铰接点 D 的距离为 L_{3D}，铰接点 D 到降落伞系统质心 1 的距离为 L_{D1}，则矢量 L_{3D} 和矢量 L_{D1} 表示为

$$L_{3D} = \begin{bmatrix} 0 & -L_{3D} & 0 \end{bmatrix} e_{Cb} \tag{8.11}$$

$$L_{D1} = \begin{bmatrix} 0 & -L_{D1} & 0 \end{bmatrix} e_{Pb} \tag{8.12}$$

将矢量 L_{D1} 转换到舱段体坐标中有

$$(L_{D1})_{Cb} = e_{Cb}^{\mathrm{T}} B_P^C \begin{bmatrix} 0 & -L_{D1} & 0 \end{bmatrix}^{\mathrm{T}} = (B_P^C \begin{bmatrix} 0 & -L_{D1} & 0 \end{bmatrix}^{\mathrm{T}})^{\mathrm{T}} e_{Cb} \tag{8.13}$$

令矩阵 B_{ij} $(i=1,2,3; j=1,2,3)$ 表示矩阵第 i 行第 j 列的元素，则式 (8.13) 化简为

$$(L_{D1})_{Cb} = -L_{D1} \begin{bmatrix} B_{P12}^C & B_{P22}^C & B_{P32}^C \end{bmatrix} e_{Cb} \tag{8.14}$$

在舱段体坐标系内的降落伞质心位矢为

$$\boldsymbol{L} = \boldsymbol{L}_{3D} + (\boldsymbol{L}_{D1})_{\mathrm{Cb}} \tag{8.15}$$

降落伞在舱段内的质心速度 $\boldsymbol{v}_{\mathrm{PC}}$ 为

$$
\begin{aligned}
\boldsymbol{v}_{\mathrm{PC}} &= \boldsymbol{v}_{\mathrm{C}} + \boldsymbol{\omega}_{\mathrm{C}} \times \boldsymbol{L} + \boldsymbol{\omega}_{PD} \times (\boldsymbol{L}_{D1})_{\mathrm{Cb}} \\
&= \boldsymbol{e}_{\mathrm{Cb}}^{\mathrm{T}} \left\{ \begin{bmatrix} u_1 \\ u_2 \\ u_3 \end{bmatrix} + \begin{bmatrix} u_6 \\ 0 \\ -u_4 \end{bmatrix} L_{3D} + \begin{bmatrix} (u_6 + u_9)B_{\mathrm{P}22}^{\mathrm{C}} - (u_5 + u_8)B_{\mathrm{P}32}^{\mathrm{C}} \\ (u_4 + u_7)B_{\mathrm{P}32}^{\mathrm{C}} - (u_6 + u_9)B_{\mathrm{P}12}^{\mathrm{C}} \\ (u_5 + u_8)B_{\mathrm{P}12}^{\mathrm{C}} - (u_4 + u_7)B_{\mathrm{P}22}^{\mathrm{C}} \end{bmatrix} L_{D1} \right\}
\end{aligned}
\tag{8.16}
$$

降落伞的质心加速度 $\boldsymbol{a}_{\mathrm{PC}}$ 为

$$
\begin{aligned}
\boldsymbol{a}_{\mathrm{PC}} &= \boldsymbol{a}_{\mathrm{C}} + \frac{d_r \boldsymbol{\omega}_{\mathrm{C}}}{\mathrm{d}t} \times \boldsymbol{L} + \boldsymbol{\omega}_{\mathrm{C}} \times (\boldsymbol{\omega}_{\mathrm{C}} \times \boldsymbol{L}) + \frac{d_r^2 \boldsymbol{L}}{\mathrm{d}t^2} + 2\boldsymbol{\omega}_{\mathrm{C}} \times \frac{d_r \boldsymbol{L}}{\mathrm{d}t} \\
&= \dot{\boldsymbol{v}}_{\mathrm{PC}} + (2\boldsymbol{\omega}_{\mathrm{C}} + \boldsymbol{\omega}_{PD}) \times [\boldsymbol{\omega}_{PD} \times (\boldsymbol{L}_{D1})_{\mathrm{Cb}}] + \boldsymbol{\omega}_{\mathrm{C}} \times \boldsymbol{v}_{\mathrm{PC}} \\
&= \boldsymbol{e}_{\mathrm{Cb}}^{\mathrm{T}} \left\{ \begin{bmatrix} \dot{u}_1 \\ \dot{u}_2 \\ u_3 \end{bmatrix} + \begin{bmatrix} \dot{u}_6 \\ 0 \\ -\dot{u}_4 \end{bmatrix} L_{3D} + \begin{bmatrix} (\dot{u}_6 + \dot{u}_9)B_{\mathrm{P}22}^{\mathrm{C}} - (\dot{u}_5 + \dot{u}_8)B_{\mathrm{P}32}^{\mathrm{C}} \\ (\dot{u}_4 + \dot{u}_7)B_{\mathrm{P}32}^{\mathrm{C}} - (\dot{u}_6 + \dot{u}_9)B_{\mathrm{P}12}^{\mathrm{C}} \\ (\dot{u}_5 + \dot{u}_8)B_{\mathrm{P}12}^{\mathrm{C}} - (\dot{u}_4 + \dot{u}_7)B_{\mathrm{P}22}^{\mathrm{C}} \end{bmatrix} L_{D1} \right\} \\
&\quad + (2\boldsymbol{\omega}_{\mathrm{C}} + \boldsymbol{\omega}_{PD}) \times [\boldsymbol{\omega}_{PD} \times (\boldsymbol{L}_{D1})_{\mathrm{Cb}}] + \boldsymbol{\omega}_{\mathrm{C}} \times \boldsymbol{v}_{\mathrm{PC}}
\end{aligned}
\tag{8.17}
$$

降落伞在舱段体坐标系中的角速度 $\boldsymbol{\omega}_{\mathrm{PC}}$ 为

$$\boldsymbol{\omega}_{\mathrm{PC}} = \boldsymbol{\omega}_{\mathrm{C}} + \boldsymbol{\omega}_{PD} = [\, u_4 + u_7 \quad u_5 + u_8 \quad u_6 + u_9 \,]\boldsymbol{e}_{\mathrm{Cb}} \tag{8.18}$$

角落伞的角加速度 $\boldsymbol{\varpi}_{\mathrm{PC}}$ 为

$$\boldsymbol{\varpi}_{PC} = \frac{\mathrm{d}\boldsymbol{\omega}_{\mathrm{PC}}}{\mathrm{d}t} = [\, \dot{u}_4 + \dot{u}_7 \quad \dot{u}_5 + \dot{u}_8 \quad \dot{u}_6 + \dot{u}_9 \,]\boldsymbol{e}_{\mathrm{Cb}} + \boldsymbol{\omega}_{\mathrm{C}} \times \boldsymbol{\omega}_{\mathrm{PC}} \tag{8.19}$$

3) 偏速度和偏角速度

在某一参考基中, 速度和角速度对于广义速率 u_r 的偏导数为

$$\boldsymbol{v}^{(r)} = \frac{\partial \boldsymbol{v}}{\partial u_r}, \quad \boldsymbol{\omega}^{(r)} = \frac{\partial \boldsymbol{\omega}}{\partial u_r} \quad (r = 1, 2, \cdots, n) \tag{8.20}$$

这里, 称 $\boldsymbol{v}^{(r)}$ 为刚体相对于该基的第 r 偏速度, $\boldsymbol{\omega}^{(r)}$ 为刚体相对于该基的第 r 偏角速度, 则舱段和降落伞质心偏速度和偏角速度如表 8.1 所示。

表 8.1 偏速度和偏角速度

r	1	2	3	4	5	6	7	8	9
$\boldsymbol{v}_{\mathrm{C}}^{(r)}$	$\boldsymbol{e}_{\mathrm{Cb}1}$	$\boldsymbol{e}_{\mathrm{Cb}2}$	$\boldsymbol{e}_{\mathrm{Cb}3}$	0	0	0	0	0	0
$\boldsymbol{\omega}_{\mathrm{C}}^{(r)}$	0	0	0	$\boldsymbol{e}_{\mathrm{Cb}1}$	$\boldsymbol{e}_{\mathrm{Cb}2}$	$\boldsymbol{e}_{\mathrm{Cb}3}$	0	0	0
$\boldsymbol{v}_{\mathrm{PC}}^{(r)}$	$\boldsymbol{e}_{\mathrm{Cb}1}$	$\boldsymbol{e}_{\mathrm{Cb}2}$	$\boldsymbol{e}_{\mathrm{Cb}3}$	$\boldsymbol{v}_{\mathrm{PC}}^{(4)}$	$\boldsymbol{v}_{\mathrm{PC}}^{(5)}$	$\boldsymbol{v}_{\mathrm{PC}}^{(6)}$	$\boldsymbol{v}_{\mathrm{PC}}^{(7)}$	$\boldsymbol{v}_{\mathrm{PC}}^{(8)}$	$\boldsymbol{v}_{\mathrm{PC}}^{(9)}$
$\boldsymbol{\omega}_{\mathrm{PC}}^{(r)}$	0	0	0	$\boldsymbol{e}_{\mathrm{Cb}1}$	$\boldsymbol{e}_{\mathrm{Cb}2}$	$\boldsymbol{e}_{\mathrm{Cb}3}$	$\boldsymbol{e}_{\mathrm{Cb}1}$	$\boldsymbol{e}_{\mathrm{Cb}2}$	$\boldsymbol{e}_{\mathrm{Cb}3}$

表 8.1 中,

$$
\begin{cases}
\boldsymbol{v}_{\mathrm{PC}}^{(4)} = L_{D1}B_{\mathrm{P32}}^{C}\boldsymbol{e}_{\mathrm{Cb2}} - (L_{3D} + L_{D1}B_{\mathrm{P22}}^{C})\boldsymbol{e}_{\mathrm{Cb3}} \\
\boldsymbol{v}_{\mathrm{PC}}^{(5)} = -L_{D1}B_{\mathrm{P32}}^{C}\boldsymbol{e}_{\mathrm{Cb1}} + L_{D1}B_{\mathrm{P12}}^{C}\boldsymbol{e}_{\mathrm{Cb3}} \\
\boldsymbol{v}_{\mathrm{PC}}^{(6)} = -L_{D1}B_{\mathrm{P12}}^{C}\boldsymbol{e}_{\mathrm{Cb2}} + (L_{3D} + L_{D1}B_{\mathrm{P22}}^{C})\boldsymbol{e}_{\mathrm{Cb1}} \\
\boldsymbol{v}_{\mathrm{PC}}^{(7)} = L_{D1}(B_{\mathrm{P32}}^{C}\boldsymbol{e}_{\mathrm{Cb2}} - B_{\mathrm{P22}}^{C}\boldsymbol{e}_{\mathrm{Cb3}}) \\
\boldsymbol{v}_{\mathrm{PC}}^{(8)} = L_{D1}(-B_{\mathrm{P32}}^{C}\boldsymbol{e}_{\mathrm{Cb1}} + B_{\mathrm{P12}}^{C}\boldsymbol{e}_{\mathrm{Cb3}}) \\
\boldsymbol{v}_{\mathrm{PC}}^{(9)} = L_{D1}(B_{\mathrm{P22}}^{C}\boldsymbol{e}_{\mathrm{Cb1}} - B_{\mathrm{P12}}^{C}\boldsymbol{e}_{\mathrm{Cb2}})
\end{cases} \tag{8.21}
$$

4) 广义主动力和广义惯性力

舱段和降落伞在舱段体坐标系中所受的外力和外力矩为

$$
\begin{cases}
\boldsymbol{F}_{\mathrm{C}} = [\ F_{\mathrm{C}x1} \quad F_{\mathrm{C}y2} \quad F_{\mathrm{C}z1}\ ]\boldsymbol{e}_{\mathrm{Cb}} \\
\boldsymbol{M}_{\mathrm{C}} = [\ M_{\mathrm{C}x1} \quad M_{\mathrm{C}y1} \quad M_{\mathrm{C}z1}\ ]\boldsymbol{e}_{\mathrm{Cb}} \\
\boldsymbol{F}_{\mathrm{PC}} = [\ F_{\mathrm{PC}x1} \quad F_{\mathrm{PC}y2} \quad F_{\mathrm{PC}z1}\ ]\boldsymbol{e}_{\mathrm{Cb}} \\
\boldsymbol{M}_{\mathrm{PC}} = [\ M_{\mathrm{PC}x1} \quad M_{\mathrm{PC}y1} \quad M_{\mathrm{PC}z1}\ ]\boldsymbol{e}_{\mathrm{Cb}}
\end{cases} \tag{8.22}
$$

在此降落伞充气阶段, 降落伞和舱段受到气动力、重力、附加开伞力、气动力矩的作用:

$$
\begin{cases}
\boldsymbol{F}_{\mathrm{C}} = \boldsymbol{e}_{\mathrm{Cb}}^{\mathrm{T}}B_{\mathrm{P}}^{C}[\ 0\ \ F_{j}\ \ 0\ ]^{\mathrm{T}} + \boldsymbol{e}_{\mathrm{Cb}}^{\mathrm{T}}B_{\mathrm{Q}}^{C}[\ Q_{\mathrm{C}x}\ \ Q_{\mathrm{C}y}\ \ Q_{\mathrm{C}z}\ ]^{\mathrm{T}} + \boldsymbol{e}_{\mathrm{Cb}}^{\mathrm{T}}B_{\mathrm{G}}^{C}[\ 0\ \ m_{\mathrm{C}}g\ \ 0\ ]^{\mathrm{T}} \\
\boldsymbol{M}_{\mathrm{C}} = \boldsymbol{e}_{\mathrm{Cb}}^{\mathrm{T}}B_{\mathrm{S}}^{C}[\ M_{\mathrm{C}x}\ \ M_{\mathrm{C}y}\ \ M_{\mathrm{C}z}\ ]^{\mathrm{T}} \\
\boldsymbol{F}_{\mathrm{PC}} = \boldsymbol{e}_{\mathrm{Cb}}^{\mathrm{T}}B_{\mathrm{P}}^{C}[\ F_{\mathrm{PC}x}\ \ F_{\mathrm{PC}y} - F_{j}\ \ F_{\mathrm{PC}z}\ ]^{\mathrm{T}} + \boldsymbol{e}_{\mathrm{Cb}}^{\mathrm{T}}B_{\mathrm{G}}^{C}[\ 0\ \ m_{\mathrm{P}}g\ \ 0\ ]^{\mathrm{T}} \\
\boldsymbol{M}_{\mathrm{PC}} = \boldsymbol{e}_{\mathrm{Cb}}^{\mathrm{T}}B_{\mathrm{Q}}^{C}[\ M_{\mathrm{PC}x}\ \ M_{\mathrm{PC}y}\ \ M_{\mathrm{PC}z}\ ]^{\mathrm{T}}
\end{cases} \tag{8.23}
$$

其中, 诸力表达式如下: 舱段在空中运动时会受到空气压力的作用, 主要表现为气动力和气动力矩; 降落伞在空中运动, 气动力合力在气流坐标中可分解为空气阻力、升力、侧力, 在降落伞体坐标系中分解为 $F_{\mathrm{PC}x}, F_{\mathrm{PC}y}, F_{\mathrm{PC}z}$; 在气流坐标系还受气动力矩 $M_{\mathrm{PC}x}, M_{\mathrm{PC}y}, M_{\mathrm{PC}z}$ 的作用。

$$
\begin{cases}
F_{\mathrm{PC}x} = q_{\mathrm{PC}}S_{0}C_{\mathrm{PF}}\dfrac{v_{\mathrm{PC}x}}{\sqrt{v_{\mathrm{PC}x}^{2} + v_{\mathrm{PC}z}^{2}}} \\
F_{\mathrm{PC}y} = q_{\mathrm{PC}}S_{0}C_{\mathrm{PT}} \\
F_{\mathrm{PC}z} = q_{\mathrm{PC}}S_{0}C_{\mathrm{PF}}\dfrac{v_{\mathrm{PC}z}}{\sqrt{v_{\mathrm{PC}x}^{2} + v_{\mathrm{PC}z}^{2}}} \\
M_{\mathrm{PC}x} = q_{\mathrm{PC}}S_{0}C_{\mathrm{PR}}D_{0} \\
M_{\mathrm{PC}y} = q_{\mathrm{PC}}S_{0}C_{\mathrm{PN}}L_{\mathrm{P}} \\
M_{\mathrm{PC}z} = q_{\mathrm{PC}}S_{0}C_{\mathrm{PM}}D_{0}
\end{cases} \tag{8.24}
$$

开伞动载为

$$
F_{j} = q(C_{\mathrm{J}}S) + v\dot{m}_{\mathrm{a}} + (m_{\mathrm{a}} + m_{\mathrm{J}})\dot{v} + m_{\mathrm{J}}g\sin\theta\cos\xi \tag{8.25}
$$

降落伞附加质量为

$$m_{\mathrm{a}} = K_{\mathrm{a}}\rho(C_{\mathrm{J}}S)^{\frac{3}{2}} \tag{8.26}$$

降落伞附加质量变化率为

$$\dot{m}_{\mathrm{a}} = \frac{3}{2}K_{\mathrm{a}}\rho(C_{\mathrm{J}}S)^{\frac{1}{2}}(\dot{C}_{\mathrm{J}}S) \tag{8.27}$$

对于环帆伞的伞衣, 充满时间分为三段: 开始充气到一级收口段、保持收口段、解除收口到完全充满段。其对应的时间为

$$\begin{cases} t_{\mathrm{m}1} = \dfrac{k_1 D_0}{v_l} \\ t_{\mathrm{m}2} = \mathrm{const} \quad (\text{预先设置值}) \\ t_{\mathrm{m}3} = \dfrac{k_1 D_0}{v_l} \end{cases} \tag{8.28}$$

其中, k_1 为伞衣充满参数; v_l 为系统刚开始充气时刻的速度; D_0 为伞名义直径。

伞衣充气过程的三段对应的伞衣阻力面积为

$$\begin{cases} (C_{\mathrm{J}}S) = \dfrac{(C_{\mathrm{J}}S)_{\mathrm{s}1}}{t_{\mathrm{m}1}}t, & t_1 \leqslant t \leqslant t_1 + t_{\mathrm{m}1} \\ (C_{\mathrm{J}}S) = (C_{\mathrm{J}}S)_{\mathrm{s}1}, & t_1 + t_{\mathrm{m}1} < t < t_1 + t_{\mathrm{m}1} + t_{\mathrm{m}2} \\ (C_{\mathrm{J}}S) = (C_{\mathrm{J}}S)_{\mathrm{s}1} + [(C_{\mathrm{J}}S)_2 - (C_{\mathrm{J}}S)_{\mathrm{s}1}]\left(\dfrac{t-t_1}{t_2-t_1}\right)^n, & t_1 + t_{\mathrm{m}1} + t_{\mathrm{m}2} \leqslant t \leqslant t_2 \end{cases} \tag{8.29}$$

伞衣充气过程的三段对应的伞衣阻力面积变化率为

$$\begin{cases} (\dot{C}_{\mathrm{J}}S) = \dfrac{(C_{\mathrm{J}}S)_{\mathrm{s}1}}{t_{\mathrm{m}1}}, & t_1 \leqslant t \leqslant t_1 + t_{\mathrm{m}1} \\ (\dot{C}_{\mathrm{J}}S) = 0, & t_1 + t_{\mathrm{m}1} < t < t_1 + t_{\mathrm{m}1} + t_{\mathrm{m}2} \\ (\dot{C}_{\mathrm{J}}S) = n\left[\dfrac{(C_{\mathrm{J}}S)_2 - (C_{\mathrm{J}}S)_{\mathrm{s}1}}{t_2 - t_1}\right]\left(\dfrac{t-t_1}{t_2-t_1}\right)^{n-1}, & t_1 + t_{\mathrm{m}1} + t_{\mathrm{m}2} \leqslant t \leqslant t_2 \end{cases} \tag{8.30}$$

式 (8.25)~式 (8.30) 中, q 为动压; t_1, t_2 为降落伞充气阶段的起始、结束时刻; $(C_{\mathrm{J}}S)_{\mathrm{s}1}$, $(C_{\mathrm{J}}S)_2$ 分别为充气过程第一段结束和第二段解除收口时的伞衣阻力面积; K_{a} 为附加质量系数。

广义主动力为

$$\boldsymbol{F}_{\mathrm{C}}^{(r)} = \boldsymbol{F}_{\mathrm{C}} \cdot \boldsymbol{v}_{\mathrm{C}}^{(r)} + \boldsymbol{M}_{\mathrm{C}} \cdot \boldsymbol{\omega}_{\mathrm{C}}^{(r)} + \boldsymbol{F}_{\mathrm{PC}} \cdot \boldsymbol{v}_{\mathrm{PC}}^{(r)} + \boldsymbol{M}_{\mathrm{PC}} \cdot \boldsymbol{\omega}_{\mathrm{PC}}^{(r)} \tag{8.31}$$

将各偏速度和偏角速度以及式 (8.22) 代入式 (8.31) 得广义主动力列阵 (9×1 维):

$$\boldsymbol{F}_{\mathrm{C}} = [\boldsymbol{F}_{\mathrm{C}}^{(r)}] = \boldsymbol{D}\boldsymbol{P}_{\mathrm{C}} \tag{8.32}$$

式中，$\boldsymbol{P}_C$ 为 12×1 维列阵：

$$\boldsymbol{P}_C = [F_{Cx1} \quad F_{Cy1} \quad F_{Cz1} \quad M_{Cx1} \quad M_{Cy1} \quad M_{Cz1}$$
$$F_{PCx1} \quad F_{PCy2} \quad F_{PCz1} \quad M_{PCx1} \quad M_{PCy1} \quad M_{PCz1}]^T \tag{8.33}$$

$\boldsymbol{D}$ 为 9×12 维矩阵：

$$\boldsymbol{D} = \begin{bmatrix} \underset{6\times6}{E} & \underset{3\times3}{E} & \underset{3\times3}{0} \\ & (D_{3D} - L_{D1}\tilde{B}) & \underset{3\times3}{E} \\ \underset{3\times6}{0} & -L_{D1}\tilde{B} & \underset{3\times3}{E} \end{bmatrix} \tag{8.34}$$

式中，若 $\boldsymbol{d} = d_1 \boldsymbol{e}_1 + d_2 \boldsymbol{e}_2 + d_3 \boldsymbol{e}_3$；$\boldsymbol{d}$ 在 $\boldsymbol{e}$ 上的坐标方阵用带波浪号的矩阵符号 $\tilde{\boldsymbol{d}}$ 表示，表示为 $\boldsymbol{d}$ 的叉乘矩阵，有

$$\tilde{\boldsymbol{d}} = \begin{bmatrix} 0 & -d_3 & d_2 \\ d_3 & 0 & -d_1 \\ -d_2 & d_1 & 0 \end{bmatrix} \tag{8.35}$$

其中，

$$\boldsymbol{B} = [\ B_{P32}^C \quad B_{P32}^C \quad B_{P32}^C \ ]^T \tag{8.36}$$

坐标方阵 $\tilde{\boldsymbol{B}}$ 按上式构造：

$$\boldsymbol{D}_{3D} = \begin{bmatrix} 0 & 0 & -L_{3D} \\ 0 & 0 & 0 \\ L_{3D} & 0 & 0 \end{bmatrix} \tag{8.37}$$

惯性力和惯性力矩为

$$\begin{cases} \boldsymbol{F}_C^* = -m_C \boldsymbol{a}_C \\ \boldsymbol{M}_C^* = -\boldsymbol{e}_{Cb}^T J_C \begin{bmatrix} \dot{u}_4 & \dot{u}_5 & \dot{u}_6 \end{bmatrix}^T - \boldsymbol{\omega}_C \times (\boldsymbol{J}_C \cdot \boldsymbol{\omega}_C) \\ \boldsymbol{F}_{PC}^* = -m_{PC} \boldsymbol{a}_{PC} \\ \boldsymbol{M}_{PC}^* = -\boldsymbol{e}_{Cb}^T J_{PC}^b \begin{bmatrix} \dot{u}_4 + \dot{u}_7 & \dot{u}_5 + \dot{u}_8 & \dot{u}_6 + \dot{u}_9 \end{bmatrix}^T - \boldsymbol{\omega}_{PC} \times (\boldsymbol{J}_{PC}^b \cdot \boldsymbol{\omega}_{PC}) \end{cases} \tag{8.38}$$

式中，

$$\boldsymbol{J}_C = \begin{bmatrix} C_C & 0 & 0 \\ 0 & A_C & 0 \\ 0 & 0 & A_C \end{bmatrix} \tag{8.39}$$

$$J_{\mathrm{PC}}^{b} = B_{\mathrm{P}}^{C} \begin{bmatrix} C_{\mathrm{PC}} & 0 & 0 \\ 0 & A_{\mathrm{PC}} & 0 \\ 0 & 0 & A_{\mathrm{PC}} \end{bmatrix} (B_{\mathrm{P}}^{C})^{\mathrm{T}} \tag{8.40}$$

式中，A, C 分别为物体赤道转动惯量和极转动惯量；J 为惯量张量。

广义惯性力为

$$\boldsymbol{F}_{\mathrm{C}}^{*(r)} = \boldsymbol{F}_{\mathrm{C}}^{*} \cdot \boldsymbol{v}_{\mathrm{C}}^{(r)} + \boldsymbol{M}_{\mathrm{C}}^{*} \cdot \boldsymbol{\omega}_{\mathrm{C}}^{(r)} + \boldsymbol{F}_{\mathrm{PC}}^{*} \cdot \boldsymbol{v}_{\mathrm{PC}}^{(r)} + \boldsymbol{M}_{\mathrm{PC}}^{*} \cdot \boldsymbol{\omega}_{\mathrm{PC}}^{(r)} \tag{8.41}$$

把相关公式代入式 (8.41)，并以 $\boldsymbol{P}_{\mathrm{C}}^{*}$ 表示惯性力和惯性力矩各分量组成的 12×1 维列阵，则得广义惯性力列阵 (9×1 维) 为

$$\boldsymbol{F}_{\mathrm{C}}^{*} = [\boldsymbol{F}_{\mathrm{C}}^{*(r)}] = \boldsymbol{D}\boldsymbol{P}_{\mathrm{C}}^{*} = -\boldsymbol{D}(\boldsymbol{F}\dot{u} + \boldsymbol{P}_{u}^{*}) \tag{8.42}$$

式中，

$$\boldsymbol{F} = \begin{bmatrix} \underset{3\times3}{m_{\mathrm{C}} E} & \underset{3\times3}{0} & \underset{3\times3}{0} \\ \underset{3\times3}{0} & J_{\mathrm{C}} & \underset{3\times3}{0} \\ \underset{3\times3}{m_{\mathrm{PC}} E} & m_{\mathrm{PC}}(L_{D1}\tilde{B} - D_{3D}) & m_{\mathrm{PC}}L_{D1}\tilde{B} \\ \underset{3\times3}{0} & J_{\mathrm{PC}}^{b} & J_{\mathrm{PC}}^{b} \end{bmatrix} \tag{8.43}$$

$$\dot{\boldsymbol{u}} = \begin{bmatrix} \dot{u}_1 & \dot{u}_2 & \cdots & \dot{u}_9 \end{bmatrix}^{\mathrm{T}} \tag{8.44}$$

$$\boldsymbol{P}_{\mathrm{u}}^{*} = \begin{bmatrix} m_{\mathrm{C}}\tilde{\omega}_{\mathrm{C}}v \\ \tilde{\omega}_{\mathrm{C}}J_{\mathrm{C}}\omega_{\mathrm{C}} \\ m_{\mathrm{PC}}[-(\tilde{\omega}_{\mathrm{C}} + \tilde{\omega}_{\mathrm{PD}})\tilde{\omega}_{\mathrm{PD}}L_{D1}\tilde{B} + \tilde{\omega}_{\mathrm{C}}v_{\mathrm{PC}}] \\ J_{\mathrm{PC}}^{b}\tilde{\omega}_{\mathrm{C}}\omega_{\mathrm{PC}} + \tilde{\omega}_{\mathrm{PC}}\tilde{\omega}_{\mathrm{C}}\omega_{\mathrm{PC}} \end{bmatrix} \tag{8.45}$$

系统凯恩动力学方程为

$$\boldsymbol{F}_{\mathrm{C}} + \boldsymbol{F}_{\mathrm{C}}^{*} = 0 \tag{8.46}$$

把式 (8.32) 和式 (8.42) 代入式 (8.46)，整理得

$$\dot{\boldsymbol{u}} = (\boldsymbol{D}\boldsymbol{F})^{-1}\boldsymbol{D}(\boldsymbol{P}_{\mathrm{C}} - \boldsymbol{P}_{\mathrm{u}}^{*}) \tag{8.47}$$

这是一种标准形式的一阶微分方程：适合用于龙格–库塔法直接求解。

对于舱段体坐标系内的 9 个广义速率，需要与其欧拉角建立转换关系，并建立运动学方程。舱段的质心速度可表示为

$$\boldsymbol{v}_{\mathrm{C}} = |\boldsymbol{v}_{\mathrm{C}}|\boldsymbol{e}_{\mathrm{S}} = \sqrt{u_1^2 + u_2^2 + u_3^2}\boldsymbol{e}_{\mathrm{S}} = v_{\mathrm{C}}\boldsymbol{e}_{\mathrm{S}} \tag{8.48}$$

$$\boldsymbol{v}_{\mathrm{C}} = \begin{bmatrix} v_{\mathrm{C}x} & v_{\mathrm{C}y} & v_{\mathrm{C}z} \end{bmatrix} \boldsymbol{e}_{\mathrm{G}} = \boldsymbol{e}_{\mathrm{G}}^{\mathrm{T}} B_{\mathrm{S}}^{\mathrm{G}} \begin{bmatrix} v_{\mathrm{C}} & 0 & 0 \end{bmatrix}^{\mathrm{T}} \tag{8.49}$$

$$\begin{cases} \dfrac{\mathrm{d}x_{\mathrm{c}}}{\mathrm{d}t} = v_{\mathrm{C}x} \\[2mm] \dfrac{\mathrm{d}y_{\mathrm{c}}}{\mathrm{d}t} = v_{\mathrm{C}y} \\[2mm] \dfrac{\mathrm{d}z_{\mathrm{c}}}{\mathrm{d}t} = v_{\mathrm{C}z} \end{cases} \tag{8.50}$$

舱段的转动角速度表示为

$$\boldsymbol{\omega}_{\mathrm{C}} = \boldsymbol{e}_{\mathrm{G}}^{\mathrm{T}} B_{\mathrm{C}}^{\mathrm{G}} \begin{bmatrix} u4 & u5 & u6 \end{bmatrix}^{\mathrm{T}} = \begin{bmatrix} \omega_{\mathrm{C}x} & \omega_{\mathrm{C}y} & \omega_{\mathrm{C}z} \end{bmatrix} \boldsymbol{e}_{\mathrm{G}} \tag{8.51}$$

降落伞的转动角速度表示为

$$\boldsymbol{\omega}_{\mathrm{PC}} = \boldsymbol{e}_{\mathrm{G}}^{\mathrm{T}} B_{\mathrm{C}}^{\mathrm{G}} \begin{bmatrix} u4+u7 & u5+u8 & u6+u9 \end{bmatrix}^{\mathrm{T}} = \begin{bmatrix} \omega_{\mathrm{P}x} & \omega_{\mathrm{P}y} & \omega_{\mathrm{P}z} \end{bmatrix} \boldsymbol{e}_{\mathrm{G}} \tag{8.52}$$

在特殊情况俯仰角 $\theta = 90°$ 时，偏航角本身不存在。则在舱段的飞行过程中，本书用四元素法表征舱段的姿态，四元素随时间而不断地变化，四元素和旋转角速度之间的关系用以下方程表示：

$$\begin{cases} \dot{q}_1 = \dfrac{1}{2}(q_2\omega_{\mathrm{C}x} + q_3\omega_{\mathrm{C}y} + q_4\omega_{\mathrm{C}z}) \\[2mm] \dot{q}_2 = \dfrac{1}{2}(-q_1\omega_{\mathrm{C}x} - q_4\omega_{\mathrm{C}y} + q_3\omega_{\mathrm{C}z}) \\[2mm] \dot{q}_3 = \dfrac{1}{2}(q_4\omega_{\mathrm{C}x} - q_1\omega_{\mathrm{C}y} - q_2\omega_{\mathrm{C}z}) \\[2mm] \dot{q}_4 = \dfrac{1}{2}(-q_3\omega_{\mathrm{C}x} + q_3\omega_{\mathrm{C}y} - q_1\omega_{\mathrm{C}z}) \end{cases} \tag{8.53}$$

舱段的姿态角由式 (8.53) 推得：

$$\begin{cases} \tan\gamma_{\mathrm{c}} = \dfrac{-2(q_3q_4 + q_1q_2)}{q_1^2 - q_2^2 + q_3^2 - q_4^2} \\[3mm] \sin\theta_{\mathrm{c}} = 2(q_2q_3 - q_1q_4) \\[3mm] \tan\psi_{\mathrm{c}} = \dfrac{-2(q_2q_4 + q_1q_3)}{q_1^2 + q_2^2 - q_3^2 - q_4^2} \end{cases} \tag{8.54}$$

同理，用降落伞的旋转角速度 $\omega_{\mathrm{P}x}, \omega_{\mathrm{P}y}, \omega_{\mathrm{P}z}$ 代替舱段的旋转角速度 $\omega_{\mathrm{C}x}, \omega_{\mathrm{C}y}, \omega_{\mathrm{C}z}$ 即可求得降落伞的姿态角 $\gamma_1, \theta_1, \psi_1$。

航迹偏航角 ψ_{s}、航迹俯仰角 θ_{s} 由下式表示：

$$\begin{cases} \theta_{\mathrm{s}} = \arctan(-v_{\mathrm{C}z}/v_{\mathrm{C}x}) \\[2mm] \psi_{\mathrm{s}} = \arcsin(v_{\mathrm{C}y}/v_{\mathrm{C}}) \end{cases} \tag{8.55}$$

由气流坐标系在体坐标系中的分量可求出气流速度, 以及对应攻角和侧滑角:

$$\begin{cases} v_{\mathrm{a}} = \sqrt{v_{\mathrm{Q}.x}^2 + v_{\mathrm{Q}.y}^2 + v_{\mathrm{Q}.z}^2} \\ \sin\beta = v_{\mathrm{Q}.y}/v_a \\ \tan\alpha = v_{\mathrm{Q}.z}/v_{\mathrm{Q}.x} \end{cases} \tag{8.56}$$

本阶段从开伞计算到降落伞充气满状态为止。

2. 降落伞稳降阶段

在伞衣充满后, 气动阻力使系统继续减速直到系统达到稳速下降, 此过程称为稳定阶段, 合并稳速下降过程, 统称稳降阶段。

1) 基本假设

(1) 降落伞伞衣完全充满后其形状固定;

(2) 降落伞和舱段看成铰接连接, 伞的质心位置相对于铰接点距离不变;

(3) 降落伞和舱段都作为轴对称的刚体处理;

(4) 降落伞、舱段的压心分别与其形心重合;

(5) 忽略舱段尾流对伞衣充气过程的影响;

(6) 大地作平坦无旋转大地假设。

2) 系统运动方程

本阶段的计算与充气阶段基本相同, 区别在于此过程求解降落伞气动力时, 降落伞伞衣阻力面积不再变化, 其表现为: $\dot{m}_{\mathrm{a}} = 0$, $(C_{\mathrm{J}}S) = (C_{\mathrm{J}}S)_{\mathrm{s}}$, $(C_{\mathrm{J}}S)_{\mathrm{s}}$ 为完全充满伞衣的阻力面积。其初始参数是降落伞充气满时的模拟仿真数据, 本阶段计算工作一直进行到开伞程序指令启动后 15s, 即预定的舱段分离, 拉出气球的时刻为止。

3. 浮空器拉直阶段

在浮空气球拉出之前, 降落伞、舱段已达到稳降。运动速度和姿态趋于稳定, 在拉出气球之前, 浮空系统有一定时间的匀速下降过程, 其初始参数是开伞程序指令启动后 15s 的飞行结果。

1) 基本假设

(1) 浮空器拉直过程无能量损失, 中心吊带在弹性范围内;

(2) 浮空器和舱段作为一个整体轴对称的刚体处理;

(3) 降落伞、浮空器与舱段组合体的压心分别与其形心重合;

(4) 忽略舱段尾流对浮空器的影响, 忽略浮空器尾流对降落伞的影响;

(5) 大地作平坦无旋转大地假设。

2) 系统运动方程

浮空器拉直阶段把浮空器和舱段还是看成一个整体舱段，利用凯恩方法对降落伞和舱段组成的多刚体动力学进行数学模型的建立。类似于降落伞的充气阶段的计算，由于浮空器和舱段的固定约束分离，表现为区别于充气阶段，主动力中不再有附加开伞力，代之的是中心吊带的附加拉直力 F_{dd}，此阶段的主动力表达式如下：

$$
\begin{cases}
\boldsymbol{F}_{C} = \boldsymbol{e}_{Cb}^{T} B_{P}^{C} [\ 0\ \ F_{dd}\ \ 0\ ]^{T} + \boldsymbol{e}_{Cb}^{T} B_{Q}^{C} [\ Q_{Cx}\ \ Q_{Cy}\ \ Q_{Cz}\ ]^{T} + \boldsymbol{e}_{Cb}^{T} B_{G}^{C} [\ 0\ \ m_{C}g\ \ 0\ ]^{T} \\
\boldsymbol{M}_{C} = \boldsymbol{e}_{Cb}^{T} B_{S}^{C} [\ M_{Cx}\ \ \ \ M_{Cy}\ \ \ \ M_{Cz}\ ]^{T} \\
\boldsymbol{F}_{PC} = \boldsymbol{e}_{Cb}^{T} B_{P}^{C} [\ F_{PCx}\ \ \ \ F_{PCy} - F_{dd}\ \ \ \ F_{PCz}\ ]^{T} + \boldsymbol{e}_{Cb}^{T} B_{G}^{C} [\ 0\ \ \ \ m_{P}g\ \ \ \ 0\ ]^{T} \\
\boldsymbol{M}_{PC} = \boldsymbol{e}_{Cb}^{T} B_{Q}^{C} [\ M_{PCx}\ \ \ \ M_{PCy}\ \ \ \ M_{PCz}\ ]^{T}
\end{cases}
\tag{8.57}
$$

其中，中心吊带附加拉直力为

$$
F_{dd} = \begin{cases}
0 & (L \leqslant L_{dd}) \\
\xi \dfrac{L - L_{dd}}{L_{dd}} & (L_{dd} \leqslant L \leqslant L_{max})
\end{cases}
\tag{8.58}
$$

影响主动力的降落伞伞衣阻力面积与降落伞稳降阶段一致。本阶段计算工作一直进行到中心吊带拉直到最大，以及降落伞和舱段重新达到相同速度时为止。

在浮空器拉直阶段，浮空器和舱段看成一个整体，其质心相对于舱段体坐标系位置不变。质心 3 到铰接 D 点的距离为 L_{3D}'（为降落伞充气阶段舱段质心到铰接点 3 的距离 L_{3D} 加上浮空器拉出的长度 L），其距离随着浮空器拉出长度增长而增长。在浮空器开始拉出之前，由于舱段和降落伞处在稳降阶段，姑且把降落伞和舱段的速度看成一致，以求解得到拉出的浮空器长度。降落伞和舱段中铰接点 D 到降落伞系统质心 1 的距离为 L_{D1}，则矢量 $\boldsymbol{L}_{3D}$ 和 $\boldsymbol{L}_{D1}$ 表示为

$$
\frac{\mathrm{d}L}{\mathrm{d}t} = v_{C} - v_{PC}
\tag{8.59}
$$

则矢量 $\boldsymbol{L}_{3D}$ 和 $\boldsymbol{L}_{D1}$ 表示为

$$
\boldsymbol{L}_{3D}' = \begin{bmatrix} 0 & -L_{3D}' & 0 \end{bmatrix} \boldsymbol{e}_{Cb} = \begin{bmatrix} 0 & -L_{3D} - L & 0 \end{bmatrix} \boldsymbol{e}_{Cb}
\tag{8.60}
$$

则在舱段体坐标系内的降落伞质心位矢为

$$
\boldsymbol{L} = \boldsymbol{L}_{3D}' + (\boldsymbol{L}_{D1})_{Cb}
\tag{8.61}
$$

其他各式同降落伞拉直阶段。此阶段计算到浮空器中心吊带拉到最大值为止。

8.3.5 搭载式浮空器充气研究

当浮空器拉直阶段结束, 在开伞程序指令启动历经 20s 时, 开始对浮空器充气。此时, 整个浮空平台可视为一个由降落伞、由于充气而不断膨胀的浮空气球, 以及舱段组成的多刚体系统。

1) 基本假设

(1) 浮空器在充气膨胀的过程中, 其高度不变, 长度、宽度按圆规律变化;

(2) 浮空器充气过程中, 忽略氦气泄漏量, 平台总质量不变;

(3) 由于充入的氦气相对于舱段质量为小量, 假设浮空器和舱段组合体质心依然为降落伞充气阶段舱段的质心;

(4) 忽略连接装置的尺寸, 降落伞和浮空器铰接, 浮空器和舱段固连;

(5) 忽略浮空器尾流对伞系统, 舱段尾流对浮空器的影响;

(6) 大地作平坦无旋转大地假设。

2) 系统运动方程

此阶段依然把浮空器和舱段看成一个整体, 相比浮空器拉直阶段, 主动力增加了浮空器的浮力、气动阻力、附加惯性力。为了计算浮空器的气动力和浮力大小, 需要先计算浮空器的气动参考面积和体积。浮空器的外形尺寸与充入的氦气质量及其所处高度有关。假设充气过程中, 充气装置氦气流动视为定常运动, 则可得到理论充入的氦气质量速率 [20]:

$$\frac{\mathrm{d}m_{\mathrm{He}}}{\mathrm{d}t} = A_{\mathrm{e}}\sqrt{\frac{2(P_{\mathrm{t}} - P_{\mathrm{b}})}{\rho_{\mathrm{bHe}}}} \tag{8.62}$$

式中, m_{He} 为浮空器氦气囊内的氦气; A_{e} 为充气管路出口的有效面积; P_{t} 为出口气压, 其大小为 2MPa, P_{b} 为浮空器氦气囊内的气压; ρ_{bHe} 为浮空器氦气囊内氦气的密度; t 为充气时间。在充入氦气后, 浮空器开始膨胀, 根据充入的气体质量及其所处环境高度, 就可以求得浮空器的相关参数。

$$V_{\mathrm{B}} = \frac{m_{\mathrm{He}}}{\rho_{\mathrm{BHe}}} = \frac{m_{\mathrm{He}}RT}{PM_{\mathrm{He}}} \tag{8.63}$$

式中, P, T 分别为氦气压强和温度, 其温度与环境温度相等。由于浮空器高度不变 (为浮空器中心吊带最大值 $L_{\max}$), 其长度、宽度均匀变化 (长、宽都为 r_{B})。则浮空器在充气体积膨胀的过程中, 可看成长、宽为圆形变化的椭球体。

$$V_{\mathrm{B}} = \frac{4}{3}\pi L_{\max}r_{\mathrm{B}}^2 \tag{8.64}$$

浮空器的浮力计算:

$$F_{\mathrm{B}} = \rho_{\mathrm{air}}V_{\mathrm{B}}g \tag{8.65}$$

浮空器的气动力与气动力矩、浮空器的附加质量可由前述公式求得。浮空器中心吊带的附加拉直力为浮空器拉直阶段中心吊带达到最大 $L_{\max}$ 时中心吊带所受的拉直力,其他公式同降落伞充气阶段的运动学模型的推导。

8.3.6　高空环境下浮空器快速充气

高空低温柔性体快速充气技术拟采用箭载高压氦气瓶,采用等截面软管充气的方式,实现气球快速充气。对于大流量减压阀体设计问题,等截面软管充气时,入口压力过大,会造成软管内气体阻塞并产生管内激波,使得软管受到冲击;同时,出口压力过大,扩散段压力使球囊受到气流冲击,造成气球破坏,因此需要进行大减压比、大流量减压阀设计,满足快速充气和降低对球体冲击的要求。在此基础上,开展充气管路设计和布置研究,合理设计各个管路通径和管路的布置位置,降低气体流动过程中对管路的冲击。最后,开展浮空器囊体材料加强和导流结构的设计,在保证充气流量基础上,降低气流膨胀对气球的冲击,减少充气时间。

浮空平台充气到悬浮的技术实现过程是:任务系统通过箭载到达指定地域上空后开舱,通过减速伞的作用,减速到设定条件。在充气系统抛出时,压力阀在控制电路的作用下打开,高压气体对气球进行快速充气,几秒后气球充满,抛掉压力罐,充气完成。任务设备在气球浮力的作用下达到平衡,稳定悬挂于空中。系统工作原理如图 8.16 所示。

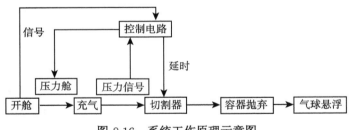

图 8.16　系统工作原理示意图

1) 快速充气结构

浮空平台在空中进行充气,所以气球悬浮的关键是充气结构,它包括:气球,压力容器及控制器件 (压力阀、关闭阀、控制电路、切割器),如图 8.17 所示。

2) 气瓶设计

克拉珀龙方程式通常用下式表示:$PV = nRT$,又 $n = m/M$,所以克拉珀龙方程式也可写成以下形式:$PV = (m/M)RT$。考虑到高压气瓶里氦气不是理想气体,而且充气有一定的压力残余,一般的计算经验公式有效充气量按理想气体的 75% 计算。以常温 20℃,气瓶工作压强分别为 30MPa、35MPa、40MPa,设计计算高压气瓶的容积。计算得到的气瓶容积参数见表 8.2。

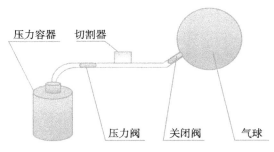

图 8.17　浮空平台

表 8.2　气瓶容积设计参数

容积/L 载荷, 高度	气压瓶压强/MPa	30	35	40
6kg	20 km	50.0181	42.8726	37.5136
	21 km	53.8846	46.1868	40.4134
	22 km	59.2130	50.7540	44.4098
	23 km	65.4972	56.140	49.1229
8kg	20 km	62.5676	53.6293	46.9257
	21 km	66.8492	57.2993	50.1369
	22 km	72.7815	62.3841	54.5861
	23 km	79.6837	68.3003	59.7628
10kg	20 km	74.7718	64.0901	56.0789
	21 km	79.4233	68.0771	59.5675
	22 km	85.9111	73.6381	64.4333
	23 km	93.3736	80.0345	70.0302

　　则可通过增加高压气瓶的工作压强来限制气瓶的容积, 控制气瓶的尺寸, 便于弹头内的布局; 同理, 在容积充足的条件下, 可适当增大气瓶的容积, 降低高压气瓶的工作压强, 来提高气瓶的安全性、可靠性。

　　中国航天科技集团有限公司第六研究院 801 所研制生产的 30MPa, 50L 的高压气瓶 (其试验条件都具备, 初步报价 100 万元/个, 其工作流程是先装弹, 后充气) 可以满足需求, 其指标见表 8.3。

表 8.3　气瓶指标

外形	工作压力	爆破压强	容积	质量	总质量	长度	内径	外径	材料
柱形	30MPa	60MPa	50L	1kg	4kg	(781.5±2)mm	331.4mm	(344±2)mm	钛内衬/碳纤维缠绕
技术	地面充气压强		气瓶循环次数		充满变形后直径		地面充气加压温度		
要求	35±MPa		不小于 50		不大于 350mm		(20±5)°C		

气瓶系统包括了储气装置 (瓶体)、充气装置 (两个减压阀、一个电爆阀)。减压阀由电爆阀、一级减压阀、二级减压阀及硬式连通管路组成。电爆阀响应时间为不大于 100ms；一级减压阀的最大进口压强不小于 36MPa，出口压强 2.1MPa；二级减压阀的最大进口压强不小于 2.5MPa，出口压强 0.6MPa；一/二级减压阀出口压强控制精度为 ±10%；最低进口巩固周压强不大于 3.0MPa。装载氢气时质量流量为 (10±1)g/s；电爆阀为一次性使用阀体，二级减压阀工作寿命不小于 20 次 (电磁阀：地面实验需配一个)。其中，阀质量约 3kg。安装布局：两个减压阀固定在一平板上，电爆阀再安装在减压阀之上，电爆阀、一级减压阀、二级减压阀及硬式连通管路模装后包络尺寸不大于 $\phi330\text{mm} \times 290\text{mm}$。预计气瓶加减压阀系统安装长度为 1200mm。充气后，气瓶直径变长 6mm。充气工作温度 $-20°\text{C}$。采用二级减压预定出口压强 0.6MPa，其充气速度在 30~3MPa 恒定，故大致估计充气效率为 95%，残留 5%。

气瓶系统相关参数见表 8.4。

表 8.4　气瓶系统相关参数

工作压强	容积	总质量	安装长度	内径	外径	充氢速度	充氢效率
35MPa	50L	16kg	1200mm	331.4mm	342~346mm	(10±1)g/s	95%

以 30MPa 高压气瓶计算，高压气瓶的容积为

$$V_{\text{f}} = V_1 = \frac{P_2 V_2}{T_2} \cdot \frac{T_1}{P_1} \tag{8.66}$$

式中，下标 1 表示地面高压气瓶中的氢气；下标 2 表示气球工作高度气球内的氢气。这里的计算结果假设气瓶中的氢气全部充入气球中，实际情况下，气瓶装的氢气要有冗余，气瓶中的氢气质量要比本计算结果大一些。

考虑到弹舱尺寸限制，以气瓶直径为 330mm 计算，高压气瓶的长度为

$$l_{\text{f}} = \frac{V_{\text{f}}}{\pi R_{\text{f}}^2}$$

以文献《船用复合材料与钢质高压气瓶比较设计》[21] 中的复合材料气瓶为例进行计算，用例中的气瓶直径也是 400mm，长度为 2.5m，质量为 26.5kg，所以可以按照气瓶质量为长度的 11 倍近似计算，由此可得气瓶的质量为

$$m_{\text{f}} = 11 \times l_{\text{f}}$$

根据上述计算公式，分别计算了 20km，25km 两个高度，10kg，15kg 两种载荷下的气球和气瓶参数，见表 8.5~表 8.7。由表中计算数据可知，载荷质量加大对气球尺寸有影响，载荷越大，需要的气球尺寸越大，但是高度上升带来的影响更大，同样 15kg 载荷，25km 高度时需要气球半径是 20km 时的 1.6 倍，由于气球尺寸大

幅增大, 囊体质量、氢气质量等紧跟着大幅增大。所以在选择气球工作高度时, 应该在满足任务需求情况下, 尽量使气球的工作高度小一点, 这样可以多装载有效载荷如电池、压舱物等, 以提升气球的工作时间。

表 8.5 气球和气瓶参数表 (一)

序号	名称	20km 高度		25km 高度	
		载荷 10kg	载荷 15kg	载荷 10kg	载荷 15kg
1	气球半径/m	4.176	4.601	6.806	7.278
2	气球表面积/m^2	219.13	266.02	582.07	665.64
3	气球充气体积/m^3	305.03	407.98	1320.5	1614.8
4	囊体体积/m^3	0.053	0.064	0.14	0.16
5	囊体质量/kg	13.148	15.961	34.924	39.938
6	氢气质量/kg	3.705	4.955	7.19	8.793
7	气球系统总重量/kg	26.853	35.916	52.114	63.731
8	气瓶容积/m^3	0.056	0.074	0.108	0.132
9	气瓶长度/m	0.442	0.59	0.857	1.049
10	气瓶质量/kg	4.86	6.5	9.43	11.534

注: 气球面密度 40g/m^2, 载荷 20kg, 气瓶 30MPa。

表 8.6 气球和气瓶参数表 (二)

序号	名称	20km 高度		25km 高度	
		载荷 10kg	载荷 20kg	载荷 10kg	载荷 20kg
11	气球半径/m	4.176	8.3135	6.806	5.8561
12	气球表面积/m^2	219.13	868.52	582.07	430.9474
13	气球充气体积/m^3	305.03	2406.8	1320.5	841.2211
14	囊体体积/m^3	0.053	0.20845	0.14	0.1034
15	囊体质量/kg	13.148	17.37	34.924	8.6189
16	氢气质量/kg	3.705	5.9812	7.19	4.5805
17	气球系统总重量/kg	26.853	43.352	52.114	33.1995
18	气瓶容积/m^3	0.056	0.08963	0.108	0.0686
19	气瓶长度/m	0.442		0.857	
20	气瓶质量/kg	4.86		9.43	

表 8.7 气球和气瓶参数表 (三)

序号	名称	20km 高度		25km 高度	
		载荷 10kg	载荷 15kg	载荷 10kg	载荷 5kg
21	气球半径/m	4.176	4.601	6.806	5.3886
22	气球表面积/m^2	219.13	266.02	582.07	364.89
23	气球充气体积/m^3	305.03	407.98	1320.5	655.42
24	囊体体积/m^3	0.053	0.064	0.14	0.087574
25	囊体质量/kg	13.148	15.961	34.924	7.2978
26	氢气质量/kg	3.705	4.955	7.19	3.5688
27	气球系统总重量/kg	26.853	35.916	52.114	25.867
28	气瓶容积/m^3	0.056	0.074	0.108	0.053479
29	气瓶长度/m	0.442	0.59	0.857	0.42557
30	气瓶质量/kg	4.86	6.5	9.43	4.6813

3) 快速充气控制技术

由于抛射后气球充气的瞬间存速较大，为了保证任务设备能在预定高度、空域范围内较快开始履行作战任务，快速充气控制十分重要。

具体的快速充气过程如下：任务系统及充气系统被抛出弹体的瞬间，压力阀在控制电路的作用下打开阀门，高压气体迅速对气球进行快速充气，同时充气管内壁的压力传感器发出信号，控制电路开始工作，几秒后气球充满，单向阀关闭，同时充气管内壁的压力传感器停止发出信号，触发控制电路，切割器通电，切断充气管，抛掉压力罐，充气完成。任务设备在充满气体的气球浮力作用下稳定，悬挂于空中。充气过程如图 8.18 所示。

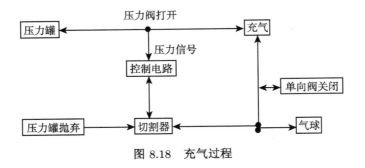

图 8.18　充气过程

控制组件包括压力阀、气球的单向关闭阀、抛弃容器的切割器、充气管及控制电路。

阀门：压力阀和关闭阀。关闭阀的作用是在充气过程完成后，及时关闭气球，以防泄漏。

控制电路：在抛射后瞬间开启压力阀进行充气，同时接收充气管压力信号，当充气完成充气管压力信号消失后，迅速启动切割器进行充气系统和任务系统的分离。

切割器：作用是将充气管切断。

管道或容器中氦气的压强为 p，其值大于外界大气压强 p_∞，氦气自壁面小孔流出。设圆管或容器内的氦气不断得到补充，p 保持不变。取图 8.19 中 1-1 和 2-2 截面，应用伯努利方程可得

$$\frac{p}{\rho} + \frac{u_1^2}{2} = \frac{p_\infty}{\rho} + \frac{u_2^2}{2} \tag{8.67}$$

由于 $u_1^2 \ll u_2^2$，略去 $u_1^2/2$ 后，用小孔平均流速 u 代替 u_2，并引入校正系数

C_0，得 $u_2 = \sqrt{\dfrac{2(p - p_\infty)}{\rho}}$，

$$u = C_0 \sqrt{\dfrac{2(p - p_\infty)}{\rho}} \qquad (8.68)$$

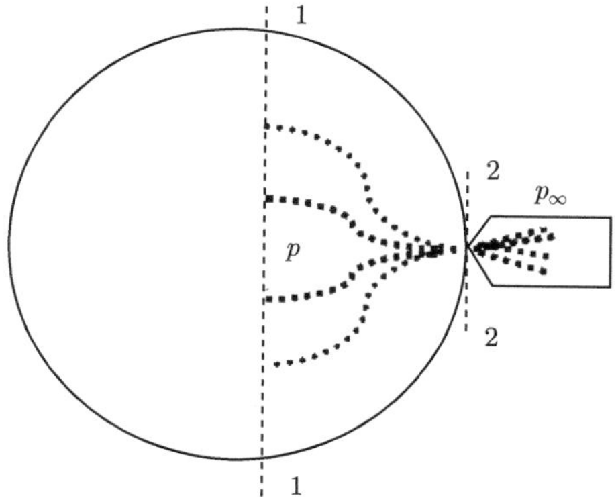

图 8.19 压力射流示意图

　　由于压强能与动能的相互转换加大了气体的流速，通过相关参数计算得到氢气从容器流进气球平衡的时间，能够保证系统加速充气的实现，为整个抛射、充气、悬浮的实现提供保证。

8.4 高空高速伞–球多体柔性动力学技术

　　为了保证浮空侦察平台减速的稳定性，拟采用伞球串联的方式，实现浮空侦察平台高空高速情况下的减速释放。在浮空平台充气降落的过程中，减速伞和浮空平台之间通过连接机构连接，由于两者体积较大，并且均为柔性物体。针对伞–球多柔体特点，通过研究气球充气过程，研究气囊外形与气动流程耦合特性，考虑在气动外力和囊体内氢气的作用下，对气囊外形理论建模和仿真，通过理论和数值仿真研究，给出在不同的时刻，减速伞的工作状态，作为控制时序设计的依据。开展分离切割后伞–球两体状态下伞–球的相互运动关系研究。根据预定时序，通过切合器实现减速伞分离，此时，减速伞处于自由状态，气球已经产生克服重力的浮力，载荷平台与气球处于减速状态，通过研究自由状态的伞与浮空气球之间的相互运动关系，确保浮空侦察平台的顺利展开、平稳工作。

8.4.1 气球方案设计

　　球体采用自然形外形，也可称作倒水滴形 (图 8.20)。其工作原理是根据阿基

米德浮力定律和牛顿第二定律构建的，气球充入密度小于空气的浮升气体，如氢气或氦气，使气球能产生平衡气球系统重力的浮力。充气量取决于整个气球系统的质量和所要求的气球悬浮高度。

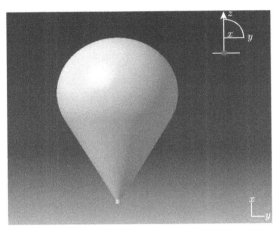

图 8.20　气球外形示意图

　　按照系统任务需求，气球工作高度在 20~25km，有效载荷为 10~15kg。首先，根据这一需求，按照圆球体计算球体体积。气球囊体拟由中国航天科技集团公司第五研究院 508 所提供生产与调试蒙皮材料，面密度为 40g/m²，该材料拉伸强度为 221N/cm，撕裂强度为 284N/cm，漏氦率为 0.23L/(m²·d·atm)，非常适合制造气囊。

　　另外，气球平台应满足最终定点驻留在目标区域的要求，即应该悬浮于准零风带，由于气球具有一定超压时，排气阀排气不能达到控制气球下降的目的，气球设计为在最高调节高度时恰好为饱满状态的零压气球，以可控高度为 20~23km 为例进行设计。由重力和浮力平衡关系方程，给定有效载荷质量，可求得不同高度下的气球尺寸以及所需氢气量，如表 8.8 所示。

　　任务不同，需要携带的有效载荷质量也不同，表 8.8 分别以 6kg，8kg，10kg 的有效载荷进行计算。根据前期的调研，目前气球蒙皮面密度最小可达 20g/m²，考虑到气球平台的可靠性，取蒙皮材料密度 40g/m²，气球包装密度为 0.3kg/L。

　　考虑到氦气充气过程中，氦气从气瓶中出来进入气球中，体积膨胀对外做功，可能会使充入气球中的氦气温度下降，若持续快速充气可能会损坏囊体材料，所以充气速度不能太快。初步选择充气速度及气球充满气所需时间为

$$t = \frac{m_{\mathrm{He}}}{V} \tag{8.69}$$

其中，V 为充氦气速度，通过试验和气瓶设计可以调整；m_{He} 为氦气质量。如气球

充气时间比较长,需要降落伞减速,避免气球系统在自身重力作用下加速下降,同时避免气球充满气时的高度过低。

表 8.8 气球参数设计结果(蒙皮密度:40g/m²)

有效载荷/kg	浮空高度/km	气球直径/m	氦气质量/kg	气球质量/kg	包装体积/L
6	20	6.6153	1.8399	5.4993	18.3311
	21	7.1695	1.9935	6.4594	21.5314
	22	7.8002	2.1833	7.6458	25.4860
	23	8.5085	2.4156	9.0974	30.3247
8	20	7.1278	2.3015	6.3844	21.2815
	21	7.7039	2.4733	7.4582	24.8607
	22	8.3557	2.6838	8.7735	29.2449
	23	9.0832	2.9389	10.3678	34.5595
10	20	7.5639	2.7503	7.1896	23.9653
	21	8.1596	2.9386	8.3666	27.8885
	22	8.8306	3.1679	9.7991	32.6637
	23	9.5762	3.4438	11.5238	38.4126

初步选择充气速度及气球充满气需要时间,如表 8.9 所示。

表 8.9 气球充满气需要时间 (单位:s)

充气速度	气瓶容积				
	50L	60L	70L	80L	90L
10g/s	250.6261	300.7513	350.8765	401.0010	451.1269
12g/s	208.8551	250.6261	292.3971	334.1681	375.9391
14g/s	179.0186	214.8224	250.6261	286.4298	322.2335

充满气需要时间为 179~452s,充气时间比较长,需要降落伞减速,避免气球系统在自身重力作用下加速下降,同时避免气球充满气时的高度过低。

气球的阻力系数一般在 0.1~0.5,取最大值 0.5,风速取为不同数据,分别计算 20km 和 25km 高度气球气动阻力。由于大气密度的下降,可知在同等风速条件下,20km 高度时的阻力为 25km 高度的 2 倍多,但 25km 高度的风速较大。

8.4.2 降落伞方案设计

考虑到气球平台的总质量不大,需要采用一级伞方案,高空伞的释放、消旋等技术可继承,研制周期为 2 个月。初步选择充气速度为 10g/s,不同任务需求的气球充满气需要时间为 179~452s。充气时间比较长,需要减速伞减速,避免气球系统在自身重力作用下加速下降,同时避免气球充满气时的高度过低。本书借鉴微重力试验回收舱研制的降落伞方案,在其基础上进行改造,优化设计。形状设计成 54° 环帆形伞,其具有结构质量轻、伞衣阻力效率较高、稳定性好、抗破坏能力强、可靠性高的特点。降落伞材料密度取为 80g/m^2，按照 10m 半径计算，质量大约为 40kg。

在空气中降落伞系统垂直下降的运动方程为

$$M_{xt} - \frac{1}{2}\rho v^2 c_{\text{w}} A_{\text{w}} + c_{\text{s}} A_{\text{s}} = M_{xt}\frac{\mathrm{d}v}{\mathrm{d}t}$$

令

$$K = c_{\text{w}} A_{\text{w}} + c_{\text{s}} A_{\text{s}}$$

其中，c_{w} 为未充气的气球系统的投影面积，c_{s} 为伞的投影面积。

对运动微分方程一次积分，得到速度和时间及 K/M 的关系：$v = f(t, K/M)$。

再对时间积分，得高度 h 关于时间及 K/M 的关系：$h = F(t, K/M)$。

当充气时间限定时，高度 h 与 K/M 一一对应，而 K/M 是关于伞面积的表达式，那么可求得给定高度时的伞面积。降落伞的参数如表 8.10 所示。

表 8.10　降落伞参数表

高度	伞半径/m	伞质量/kg	伞压缩长/mm	伞面积/m²
20km	4.4889	10.1286	111.6358	126.6079
22km	5.4393	14.8713	163.9086	185.8912
24km	7.0300	24.8414	273.7976	310.5180

注：以伞材料厚度 0.1mm 进行计算。

8.4.3　降落伞系统多体动力学特性研究方案

在浮空平台减速稳降到一定的高度和速度后，浮空气球从舱段内拉出，通过携带的高压氦气瓶和由各阀体、充气管路组成的充气设备开始对浮空器充气，此时，整个浮空平台可视为一个由降落伞、由于充气而不断膨胀的浮空气球，以及舱段组成的多刚体系统。由于浮空气球中心吊带在加载后的应变较小，所以在充气过程中，可以把本书浮空平台的浮空气球和舱段简化成固定连接的变体积浮空气球和舱段的组合体，组合体质量不变，由于充氦气量在整个组合体所占的比例不大，组合体的质心可以看作是不变的。

浮空平台充气过程各阶段仿真的设计参数如表 8.11 所示。

1) 开伞弹道的影响

浮空平台在充气过程中，其开伞点弹道参数对平台飞行轨迹有一定的影响，为了研究开伞弹道对平台飞行轨迹的影响，选择不同开伞点初速度、场高、初始速度倾角进行了仿真计算，并对其飞行轨迹进行对比。开伞点初速度的影响仿真结果如图 8.21～图 8.24 所示，其中 v_0 为开伞点初速度，由于降落伞的作用，舱段速度倾角都在较短的时间内达到垂直状态的 90°，对于东西方向 (横向)，速度乘以其速度倾角的余弦值为其横向速度，故而其横向速度、横向位移都与初速度成正比。

表 8.11 浮空平台设计参数

开伞弹道	高度	35176.3m	速度	183.8m/s	攻角	0.3639°
	俯仰角	−67.313°	偏航角	0	滚转角	0
降落伞设计参数	质量	5kg	阻力面积	40m²	名义直径	8m
	伞形	54° 环帆伞	特征长度	7.85m	伞衣高度	4.26m
浮空器设计参数	质量	16.723kg	阻力系数	0.5	充气时间	500s
	空气囊直径	5.16m	氦气囊直径	10.32m	囊体密度	0.04kg/m²
舱段设计参数	质量	140kg	长度	1.069m	直径	0.4m
	升力系数	0.01	阻力系数	0.237	侧力系数	0

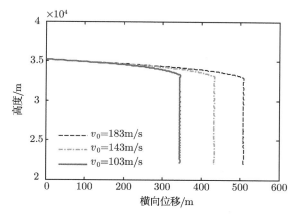

图 8.21 开伞点初速度对部署轨迹的影响

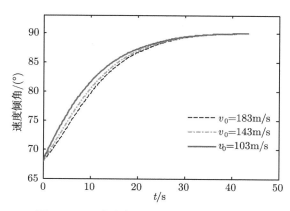

图 8.22 开伞点初速度对速度倾角的影响

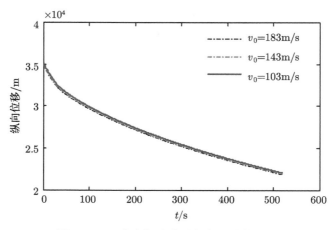

图 8.23　开伞点初速度对纵向位移的影响

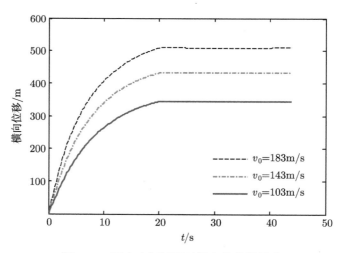

图 8.24　开伞点初速度对横向位移的影响

开伞点位置高度 (场高) 对飞行参数的影响仿真结果如图 8.25~图 8.28 所示，其中 h_0 为开伞点场高，由图 8.25~图 8.28 可知，开始位置高度高，即速度倾角变化快，即越快地达到垂直阶段，则横向位移就越小。开伞点初始速度倾角 θ 的影响仿真结果如图 8.29~图 8.32 所示，其中初始速度倾角都在较短的时间内达到 90°，由于速度倾角大，则其余弦值大，横向位移大。

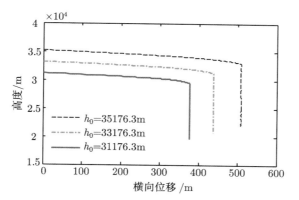

图 8.25 开伞点场高对部署轨迹的影响

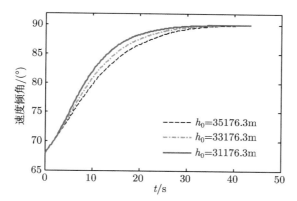

图 8.26 开伞点场高对速度倾角的影响

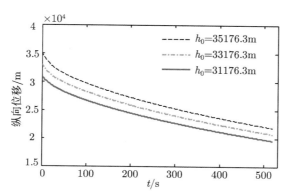

图 8.27 开伞点场高对纵向位移的影响

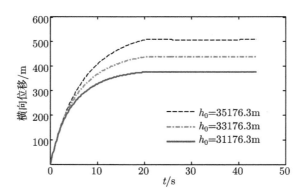

图 8.28　开伞点场高对横向位移的影响

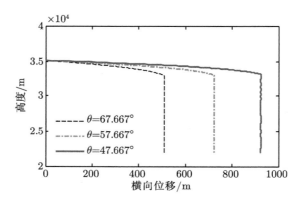

图 8.29　开伞点初始速度倾角对部署轨迹的影响

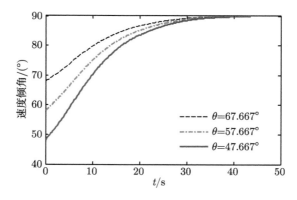

图 8.30　开伞点初始速度倾角随时间的变化关系

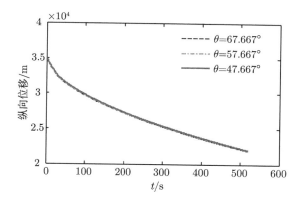

图 8.31 开伞点初始速度倾角对纵向位移的影响

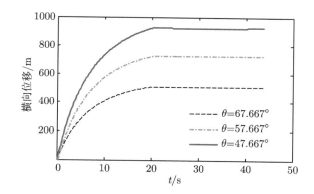

图 8.32 开伞点初始速度倾角对横向位移的影响

综上所述，由于降落伞充气达到稳降过程时间短，其稳降速度主要受降落伞、浮空器设计参数影响，开伞点的初速度、场高、初始速度倾角对纵向位移的变化规律影响都不大。在速度倾角未达到 90° 之前，其横向位移决定了整个飞行过程的横向位移，则在速度倾角未达到 90° 之前，其初速度越大，高度越高，速度倾角越小，则其横向位移越大。分析开伞点对部署精度有着积极的作用。

2) 伞收口保持时间的影响

降落伞的自身因素对浮空平台的充气过程飞行轨迹的影响主要是其充气时间，对于收口伞衣，其保持收口时间 t_{m2} 通常在减速飞行时序中是预先设定好的，其收口保持时间对减速飞行的影响仿真结果如图 8.33 和图 8.34 所示，由图可知，降落伞收口保持时间越长其横向位移越大，纵向位移也越大。因此，设计部署精度时应该考虑伞收口保持时间，伞衣充满时间对轨迹的影响。

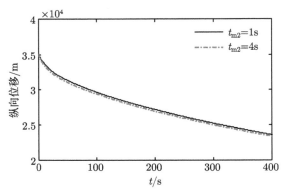

图 8.33　降落伞充气时间对纵向位移的影响

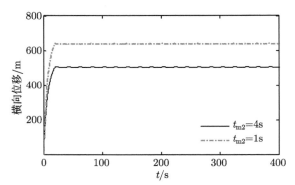

图 8.34　降落伞充气时间对横向位移的影响

3) 有无风场的影响

浮空平台在高空减速充气过程中, 其周围环境通常是不平静的, 即存在风场的影响, 为了分析风对部署位置的影响, 对有无风场进行了仿真分析, 其风场模型采用的是福州地区 1 月纬向风风场模型。仿真结果如图 8.35～图 8.38 所示。

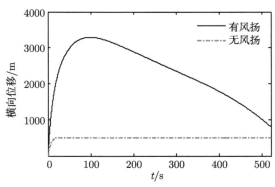

图 8.35　风场对横向位移的影响

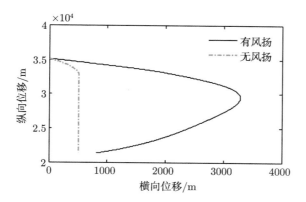

图 8.36 风场对纵向位移的影响

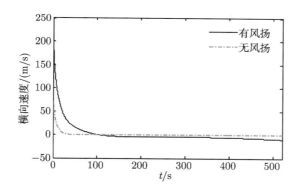

图 8.37 风场对横向速度的影响

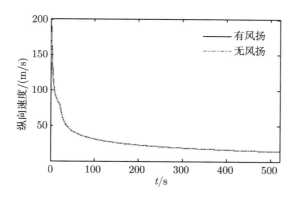

图 8.38 风场对纵向速度的影响

从图可知, 风场对浮空平台充气过程横向位移有很大的影响, 所以在平台部署过程中需要对运行环境作详细的分析, 建立精准的风场模型。

4) 气球外形与气动力耦合特性研究方案

气球的阻力系数一般在 0.1~0.5，取最大值 0.5，风速取为不同数据，分别计算 20km 和 25km 高度气球气动阻力，计算结果见表 8.12。由于大气密度的下降，可知在同等风速条件下，20km 高度时的阻力为 25km 高度的 2 倍多，但 25km 高度的风速较大。

表 8.12　气球定高飞行气动阻力

高度/km	气球半径/m	风速/(m/s)	阻力/N
20	4.176	1	1.206
		3	10.854
		5	30.15
		10	120.6
		15	271.35
	7.278	1	3.662
		3	10.986
		5	91.55
		10	366.2
		15	823.95
25	4.176	1	0.5405
		3	4.8645
		5	13.5125
		10	54.05
		15	12.6125
		25	337.8125
	7.278	1	1.642
		3	14.778
		5	41.05
		10	164.2
		15	369.45
		25	1026.25

目前，一般气球的气动计算及风洞试验均不考虑气球外形大范围，但根据可定点气球系统前期实验情况，气球在空中受到风吹后外形会发生改变，下面针对高空气球实际模型，计算分析了由气球外形改变而引起的气球阻力的变化量。

图 8.39~图 8.41 给出了高空气球变形前后外形对比图，其中左图为高空气球原始外形图，右图为由风压而引起的外形改变后的气球外形图。

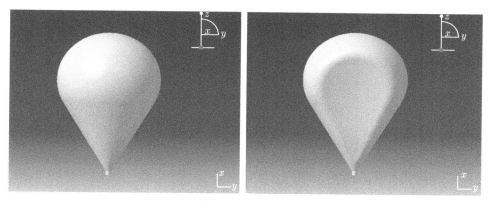

图 8.39 正视图

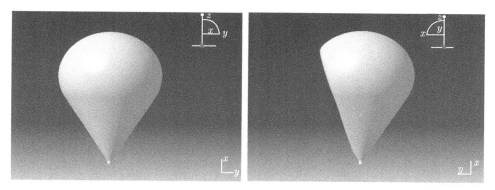

图 8.40 侧视图

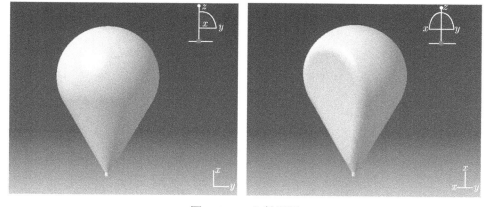

图 8.41 45° 斜视图

　　针对以上两个外形，对其在真实飞行状态下的气动特性进行计算，找出由外形的改变而引起的阻力的变化量。图 8.42 给出了计算中所采用的表面网格图。高空气球运行高度为 20~24.5km；根据气象条件，在气球运行高度，自然风速为：东西向 5m/s，南北向 5m/s。确定计算状态为高度 20km，雷诺数 $Re = 706000$。

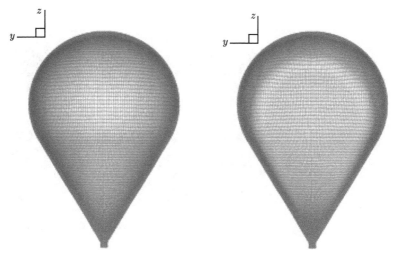

图 8.42　表面网格图

　　图 8.43 给出气球外形改变前后，计算状态下，气球物面压力分布、表面流线以及空间流线的对比。其中，左图为气球原始外形，右图为气球外形改变后外形。

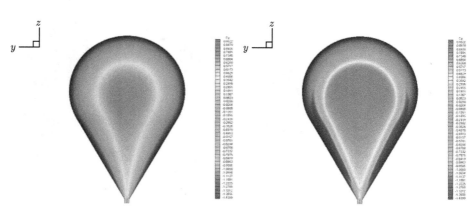

图 8.43　计算结果 (后附彩图)

8.5 搭载式浮空器的区域驻空

8.5.1 平流层大气环境调研

高空气球区域驻留技术利用零风带上下层纬向风风向相反、经向风随机的原理,通过抛撒压舱物与排气调节浮空高度,实现东西方向的定位。研究无动力飞行器区域驻留控制技术,可以充分利用平流层风场特性进行工作,因此首先需要对平流层风场进行研究并建立大气风场的工程化数学模型。

1. 平流层大气特性

按照气象要素分布特点,地球表面大气分成对流层、平流层、中间层、热层。大气层剖面示意图如图 8.44 所示。

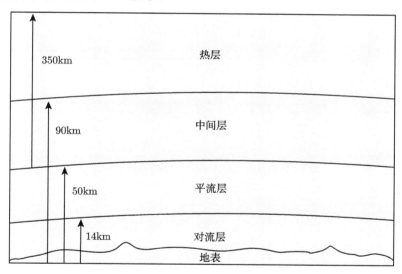

图 8.44 地球大气层剖面示意图

对流层大气质量约占全部大气质量的 75%,几乎包含大气中的全部水汽,该层云、雾、雨、雪、雷、冰雹等气象现象多发,强对流天气对飞行器安全影响较大。对流层大气特性见图 8.45。

平流层空气湿度小,水汽、尘埃含量少,气体流动相对平稳,垂直交换微弱。平流层 20~22km 高度处,存在风速较小和温度相对稳定、基本无垂直运动的区域,称为零风带。零风带上下纬向风 (东西向) 风向相反、经向风 (南北向) 随机,且平均经向风不超过平均纬向风的 6%,绝对值不大于 1m/s。平流层大气特性见图 8.46。

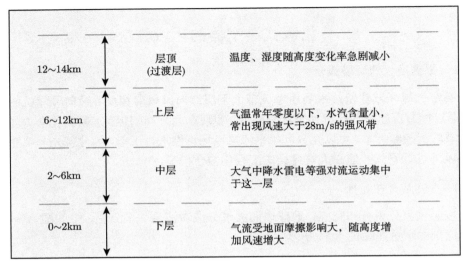

图 8.45　对流层大气特性

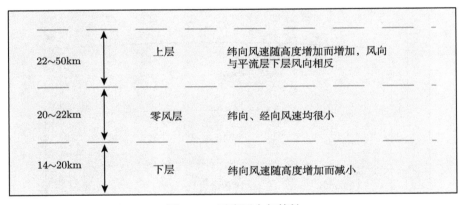

图 8.46　平流层大气特性

　　中国科学院空间科学与应用研究中心开展中国上空零风带特性研究项目,研究结果表明:零风带一般处于 18~25km 高度范围内,零风带高度随时间、地理位置稍有变化。我国东南部分地区零风带高度统计见图 8.47。中国上空零风带依据其随纬度变化特性可分成三部分:低纬地区 (5°N~20°N)、中低纬过渡区域 (20°N~32.5°N) 和中高纬地区 (32.5°N~55°N),其中,中低纬过渡区域零风带结构与准两年周期振荡 (QBO) 有关,东风相位时,零风带结构特性偏向于中纬,西风相位时,零风带结构特性偏向于低纬;低纬和中高纬地区零风带结构随着季节存在周期性变化特性。

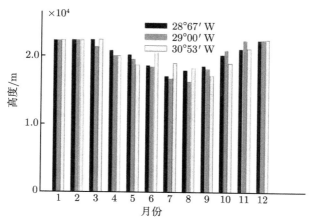

图 8.47 我国东南部分地区零风带高度统计

2. 风的时空变化

大气风场随着高度的变化而大小和方向都会发生变化,同时风也随着时间和空间不断变化。风随时间的变化包括周期性变化和非周期性变化。大量资料表明,这种变化主要是由太阳发热强度的季节变化引起的。风在不同纬度、经度、高度上是不同的,并且不同的地形,如海陆分布、山谷丘陵等也会对风造成影响。

1) 随纬度和季节的变化

风有明显的季节、纬度变化。不同月份风的分布不同,相同月份不同纬度风的分布也不相同。参考国际参考大气,给出 0~120km 高度各月不同纬度的平均纬向风,风速正值表示西风,负值表示东风,其中 1 月、4 月的纬向风风速情况如图 8.48 所示。

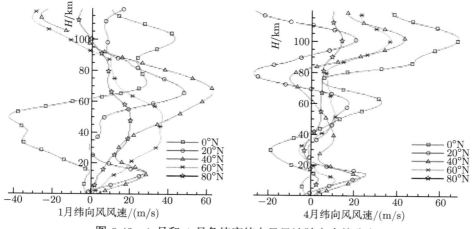

图 8.48 1 月和 4 月各纬度纬向风风速随高度的分布

国家军用标准 GJB366.2—1987 大气风场 (0~25km) 中对我国的测风资料进行整理, 给出 0°N ~80°N 间隔 20° 分为四段的 1 月和 7 月的风速随高度的分布。此标准中, 用圆形正态分布计算出风的特性。此外, 还计算了 20°N 以上纬度地带的平均特性。由于在 0~25km 高度内, 平均经向风风速不超过平均纬向风风速的 6%, 且绝对值不大于 1m/s, 因此, 假定平均经向风风速为 0。则 0°N ~ 20°N, 20°N ~ 40°N, 分布的基本参数可用平均纬向风的特性来表示 (图 8.49)。

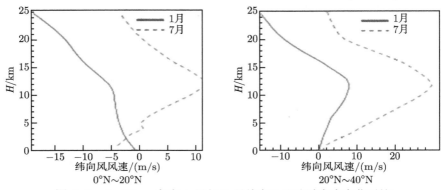

图 8.49　0~25km 高度 1 月与 7 月纬向风风速随高度变化对比

2) 风随昼夜的变化

风的昼夜变化即风的日变化, 是由太阳加热的昼夜变化所引起的大气膨胀和收缩产生的, 同时也与太阳和月球的潮汐有关。

在大陆上, 大气边界层上近地面层的最大风速值, 出现在午后气温最高的时刻, 最小风速值出现在夜间。大气边界层上部与此相反, 风速最大值出现在夜间, 最小值出现在昼间。图 8.50 为中国北京和俄罗斯沃伊科沃站边界层几个高度上的风速日变化曲线, 可以看到边界层上、下层风速日变化的反向位现象。

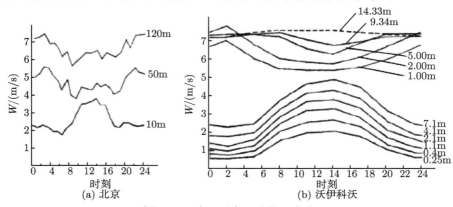

图 8.50　边界层中风速的日变化

3. 平流层大气风场仿真

平均风场中风速随高度的大致变化规律是在对流层顶 (9~12km) 以下，风速随高度而增大，在对流层顶 (12km 左右) 达到最大，而后随高度减小，在 20~25km 的平流层达到最小，再向上风速又逐渐增大。现在我们可以用多项式拟合法对数据组进行描述，得到风速随高度变化的分段表达式，若需要特定点的风速，可以用曲线插值 (或样条) 来估算。

1) 多项式拟合

拟合目标是对于形如 $y(x) = f(a, x) = a_1 x^n + a_2 x^{n-1} + \cdots + a_n x + a_{n+1}$ 的 n 阶多项式模型，求取参数 $a_1, a_2, \cdots, a_n, a_{n+1}$ 使下列 χ^2 量最小：

$$
\begin{aligned}
\chi^2(a) &= \sum_{i=1}^{N} \left(\frac{y_i - f(a, x_i)}{\Delta y_i} \right)^2 \\
&= \sum_{i=1}^{N} \left(\frac{y_i - (a_1 x^n + a_2 x^{n-1} + \cdots + a_n x + a_{n+1})}{\Delta y_i} \right)^2
\end{aligned}
\tag{8.70}
$$

在 $\Delta y_i = \Delta y$ 不变的假设下，使式 (8.70) 达到最小的解是

$$
\bar{a} = V / y \tag{8.71}
$$

其中，$\bar{a} = \begin{bmatrix} \bar{a}_1 \\ \bar{a}_2 \\ \bar{a}_3 \end{bmatrix}$；$V = \begin{bmatrix} x_1^2 & x_1 & 1 \\ x_2^2 & x_2 & 1 \\ \vdots & \vdots & \vdots \\ x_n^2 & x_n & 1 \end{bmatrix}$ 为 Vandermonde 矩阵；$y = \begin{bmatrix} y_1 \\ y_2 \\ y_3 \end{bmatrix}$。这里 $\bar{a}$ 的不确定性 (离差) 为

$$
\sigma(\bar{a}) = \operatorname{diag}\left((V^{\mathrm{T}} V)^{-1} \right)^{1/2} \cdot \begin{bmatrix} \Delta y \\ \Delta y \\ \Delta y \end{bmatrix} \tag{8.72}
$$

参照各高度风速均值 (表 8.13)，用 MATLAB 中多项式拟合函数 polyfit (x, y, n) 分别计算 1000~12000m 高度和 12000~20000m 高度的风速，可得风速均值为

$$
\bar{U}(a, h) = \begin{cases} \begin{aligned} &-0.0814 h^3 + 1.6573 h^2 \\ &-5.461 h + 15.3853, \end{aligned} & 1000\mathrm{m} \leqslant h \leqslant 12000\mathrm{m} \\ \begin{aligned} &0.0698 h^3 - 3.5929 h^2 \\ &+56.8423 h - 237.4886, \end{aligned} & 12000\mathrm{m} < h \leqslant 30000\mathrm{m} \end{cases} \tag{8.73}
$$

为保证计算精度，拟合多项式的阶数一般不超过 6。

表 8.13　各高度的风速均值

H/km	3	5	7	9	12	14	16	18	20
$\overline{V}$/(m/s)	16	19.8	29.8	45	47.8	45.8	37.8	28.8	20.5

在梯度高度 z_G 下，高度 h 处的平均风速为

$$\bar{U}_h = \begin{cases} \overline{U_{10}}\left(\dfrac{h}{10}\right)^a, & h \leqslant z_G \\[2mm] \overline{U_{10}}\left(\dfrac{z_G}{10}\right)^{0.19}, & h > z_G \end{cases} \tag{8.74}$$

其中，$\overline{U_{10}}$ 为地表以上 10m 风速；指数 a 与地表粗糙度参数 z_a 有关，取 $a = 0.19$。为了保证风速曲线的连续性，梯度高度 $z_G = 660$m，且有 $\overline{U_{10}} = 5.233$m/s，$h_1 = h/1000$。

$$\bar{U}(a, h) = \begin{cases} \overline{U_{10}}(100h_1)^a = 12.5538h_1^{0.19}, & h_1 \leqslant 0.66\text{km} \\[2mm] \overline{U_{10}}\left(\dfrac{z_G}{10}\right)^{0.19} = 11.6, & 0.66\text{km} < h_1 \leqslant 1\text{km} \\[2mm] \begin{aligned}&-0.0814h_1^3 + 1.6573h_1^2 \\ &-5.461h_1 + 15.3853,\end{aligned} & 1\text{km} < h_1 \leqslant 12\text{km} \\[4mm] \begin{aligned}&0.0698h_1^3 - 3.5929h_1^2 \\ &+56.8423h_1 - 237.4886,\end{aligned} & 12\text{km} < h_1 \leqslant 30\text{km} \end{cases} \tag{8.75}$$

2) 数值仿真结果分析

大尺度高空平稳风场中风速的高度分布型如图 8.51 所示。可见，在对流层顶 (9~12km) 以下，风速随高度增加而增大，在对流层顶 (12km 左右) 达到最大，而后随高度减小，在 20~25km 达到最小，再向上风速又逐渐增大。

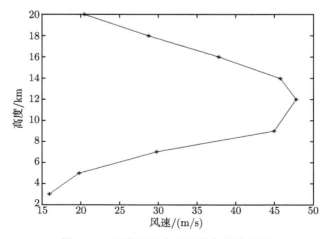

图 8.51　平稳风场中风速的高度分布型

8.5.2　浮空气球系统数学模型

1. 气球的外形和尺寸设计

球体采用自然形外形, 也可称作倒水滴形。其工作原理是根据阿基米德浮力定律和牛顿第二定律构建的, 气球充入密度小于空气的浮升气体, 如氢气或氦气, 使气球能产生平衡气球系统重力的浮力。充气量取决于整个气球系统的质量和所要求的气球悬浮高度。

总体要求气球平台最终定点驻留在目标区域, 即应该悬浮于零风带, 由于气球具有一定超压时, 排气阀排气不能达到控制气球下降的目的, 故气球设计为在最高调节高度时恰好为饱满状态的零压气球, 以最高调节高度为 20~23km 为例作为设计高度。任务不同, 需要携带的有效载荷质量也不同, 以 6kg 的有效载荷进行计算。根据前期的调研, 目前气球蒙皮面密度最轻可达 $20\mathrm{g/m^2}$, 考虑到气球平台的可靠性, 取蒙皮材料密度 $40\mathrm{g/m^2}$, 气球包装密度为 $0.3\mathrm{kg/L}$。

由重力和浮力平衡关系方程:

$$B_{\mathrm{By}} - m_{\mathrm{hq}}g - m_{\mathrm{nt}}g - m_{\mathrm{zh}}g = 0 \tag{8.76}$$

其中,

$$\begin{cases} B_{\mathrm{By}} = \rho_{\mathrm{a}} \times \dfrac{4}{3}\pi R^3 g \\[2mm] m_{\mathrm{hq}} = \rho_{\mathrm{g}} \times \dfrac{4}{3}\pi R^3 \\[2mm] m_{\mathrm{nt}} = \rho_{\mathrm{e}} \times 4\pi R^2 \end{cases} \tag{8.77}$$

式中, ρ_{a} 为气球工作高度的空气密度; ρ_{g} 为气球工作高度的氦气密度; ρ_{e} 为气球囊体的材料密度; m_{zh} 为有效载荷质量。

包装体积为

$$V_{\mathrm{b}} = \frac{m_{\mathrm{nt}}}{\rho_{\mathrm{b}}} \tag{8.78}$$

式中, ρ_{b} 为包装密度。

由给定有效载荷质量, 可求得不同高度下的气球尺寸及所需氦气量。气球设计参数如表 8.14 所示。

表 8.14　气球参数设计结果(蒙皮密度: $40\mathrm{g/m^2}$)

有效载荷/kg	浮空高度/km	气球直径/m	氦气质量/kg	气球重量/kg	包装尺寸/L
6	20	6.6153	1.8399	5.4993	18.3311
	21	7.1695	1.9935	6.4594	21.5314
	22	7.8002	2.1833	7.6458	25.4860
	23	8.5085	2.4156	9.0974	30.3247

由表中计算数据可知，浮空高度 23km 相对于 20km 时气球的直径增加较大，达到约 2m，这是因为 23km 处大气密度仅为 0.0543kg/m³，而 20km 处的大气密度为 0.0880kg/m³，是 23km 处的 1.6 倍，气球尺寸大幅增大，导致气球质量和氦气质量大幅增大。

2. 气球的空气动力特性研究

拟对平流层高空气球进行 CFD 绕流数值模拟来获得气球所受的气动力。与传统的航空航天飞行器不同的是，气球是一个柔性体，在受到风吹后外形可能出现很大的变形，从而其气动特性出现很大变化。为了真实反映气球在空中受到风吹后的绕流情况，需要研究变形后气球的绕流特征，以及变形过程中的气动弹性特征。

下面是针对平流层气球的实际模型，对气球在外形未改变时和气球由风压而引起外形改变后的绕流分别进行数值模拟，图 8.52 是采用的表面网格。计算状态如下：高度 20km；自然风速东西向为 5m/s，南北向为 5m/s；雷诺数 $Re = 706000$。采用 CFD 计算的气球阻力系数如表 8.15 所示。

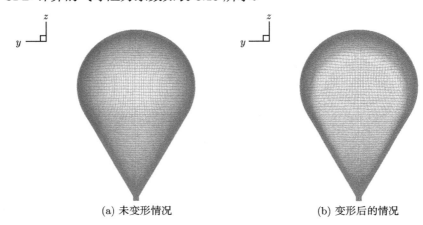

(a) 未变形情况　　　　　　　　　　(b) 变形后的情况

图 8.52　气球表面网格图

表 8.15　采用 CFD 计算的气球阻力系数

状态	气球形状未改变	气球形状改变后
Cx (阻力系数)	0.4602	0.4963

图 8.53 和图 8.54 分别给出了气球外形改变前后，气球表面的压力分布图，其中图 8.53 为迎风面的压力分布，图 8.54 为背风面的压力分布；左图为气球原始外形，右图为改变后的外形。图 8.55 给出的是气球背风面的空间流线图，从该图看出在气球背风面出现了大分离区。

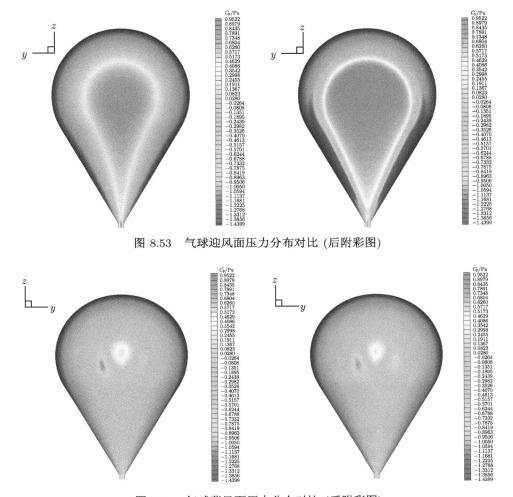

图 8.53 气球迎风面压力分布对比 (后附彩图)

图 8.54 气球背风面压力分布对比 (后附彩图)

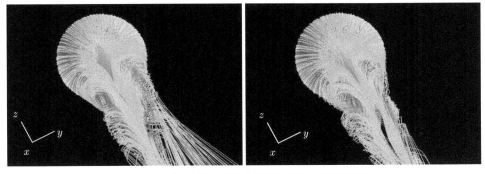

图 8.55 气球背风面空间流线对比 (后附彩图)

后续工作将对气球开展更精细的 CFD 数值模拟研究，并开展考虑气球变形的气动/结构耦合的数值模拟研究以提高对气球气动特性的模拟精度。此外，如有必要还将对气球进行风洞试验，以验证数值模拟结果的准确性。

3. 浮空气球数学模型的建立

气球在飞行过程中受到重力、浮力、气动力和附加惯性力等作用。

1) 浮力计算

气球所受的浮力计算公式为

$$B_{\mathrm{By}} = \rho_{\mathrm{a}} \times \frac{4}{3}\pi R^3 g \tag{8.79}$$

2) 重力计算

浮空气球受到的重力包括氦气、气球囊体和有效载荷，计算公式为

$$G = (m_{\mathrm{hq}} + m_{\mathrm{nt}} + m_{\mathrm{zh}})\, g \tag{8.80}$$

3) 气动力计算

气动力在地面坐标系的三个分量为

$$\begin{bmatrix} R_x \\ R_y \\ R_z \end{bmatrix} = \begin{bmatrix} -\dfrac{1}{2}C_x \rho_{\mathrm{a}} V_x^2 S \\ -\dfrac{1}{2}C_y \rho_{\mathrm{a}} V_y^2 S \\ -\dfrac{1}{2}C_z \rho_{\mathrm{a}} V_z^2 S \end{bmatrix} \tag{8.81}$$

式中，C_x，C_y，C_z 分别为气球在 3 个方向的气动力；V_x，V_y，V_z 为气球对空速度在地面坐标的 3 个分量，对空速度可由对地速度与风速相加得到，负号表示气球受到的气动力与其运动方向相反。

4) 附加惯性力

浮空气球在空气中做非定常运动时，会带动周围的部分空气做加速运动，周围的空气对气球产生反作用，即附加惯性力，其大小与气球运动的加速度成比例，方向与加速度方向相反，该比例常称为附加质量。此处将气球近似认为是球形，其附加质量可直接从其绕流的速度势求得：

$$\lambda_1 = \lambda_2 = \lambda_3 = \frac{2}{3} \times \pi R^3 \rho \tag{8.82}$$

气球受到的附加惯性力计算公式为

$$\begin{bmatrix} F_x \\ F_y \\ F_z \end{bmatrix} = \begin{bmatrix} -\lambda_1 \dot{V}_x \\ -\lambda_2 \dot{V}_y \\ -\lambda_3 \dot{V}_z \end{bmatrix} \tag{8.83}$$

其中, V_x, V_y, V_z 分别为气球相对于地面坐标系的速度分量.

5) 质心动力学方程

综上所述, 得到气球在地面坐标系的质心动力学方程:

$$m \begin{bmatrix} \dot{V}_x \\ \dot{V}_y \\ \dot{V}_z \end{bmatrix} = \begin{bmatrix} 0 \\ G \\ 0 \end{bmatrix} + \begin{bmatrix} 0 \\ B_{By} \\ 0 \end{bmatrix} + \begin{bmatrix} F_x \\ F_y \\ F_z \end{bmatrix} + \begin{bmatrix} R_x \\ R_y \\ R_z \end{bmatrix} \tag{8.84}$$

6) 质心运动学方程

气球的质心运动学方程如下:

$$\begin{bmatrix} \dot{x} \\ \dot{y} \\ \dot{z} \end{bmatrix} = \begin{bmatrix} V_x \\ V_y \\ V_z \end{bmatrix} \tag{8.85}$$

8.5.3 高度调节设计

高度调节装置有两个控制量, 一个是通过排气阀排掉的氢气质量, 一个是抛掉的压舱物质量. 通过排气阀排气可以减小系统的总浮力, 使气球系统高度下降; 抛掉压舱物可以减小系统总重力, 使气球系统高度上升. 由于气球设计一直为零压气球, 气球在高度改变的过程中浮力不变, 即气球的平衡是不稳定的平衡. 抛压舱物机构一般放在吊舱底部, 通过遥控指令控制其动作, 达到改变气球系统速度状态的目的. 压舱物切割器及压舱物总质量为 1kg, 压舱物设计为单块质量 80g, 一次抛一块或几块.

排气拟选用风机方案, 利用风机抽出气球内的气体, 安装在气球的底部. 此方案较安装在气球顶部的排气阀的优势在于:

(1) 抽气机方案简单;

(2) 排气流量较稳定可靠;

(3) 减少了由远距离供电导致的电源功率损耗;

(4) 降低了由远距离供电的线路带来的不可靠性.

通过程序来控制抽气机排气机构的开关, 用以排出适量的浮升气体, 减少气球浮力, 达到使气球下降的目的, 实现气球系统在预定区间高度的缓升或缓降, 往返飞行. 排气机构总质量 1kg. 通过高度调节达到定点目的的原理如图 8.56 所示, 抛压舱物, 气球上浮随东风往西机动; 排放氢气, 气球下降随西风向东机动.

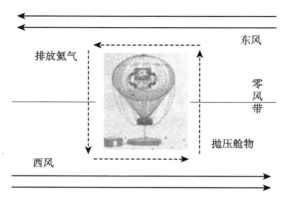

图 8.56　气球平台零风带定域控制原理图

任一高度下，气球排掉一定量氦气产生的浮力损失计算如下：

由克拉珀龙方程：

$$PM = \rho RT \Rightarrow \rho = \frac{PM}{RT} \tag{8.86}$$

又因气球一直保持零压状态，故气球内氦气密度 ρ_g 与气球外大气密度 ρ_a 有如下关系：

$$\frac{\rho_g}{\rho_a} = \left(\frac{PM_{He}}{RT}\right) \bigg/ \left(\frac{PM_a}{RT}\right) = \frac{M_{He}}{M_a} = k \quad (\text{const}) \tag{8.87}$$

排掉质量为 m 的氦气，气球减小体积 V 为

$$V = \frac{m}{\rho_g} \tag{8.88}$$

浮力损失为

$$F = V \times \rho_a \Rightarrow F = \frac{m}{\rho_g} \times \rho_g = \frac{M_a m}{M_{He}} \tag{8.89}$$

其中，M_a 为空气的摩尔质量；M_{He} 为氦气的摩尔质量。

即在不同高度，抛掉同样质量的氦气产生的浮力损失相同，但是由于各个高度的空气密度不同，气球的外形在各个高度也有一定变化，所以其下降速度会有差别。所以，在高度调节方案中首先设定气球的起始运行高度，设计出抛掉氦气和压舱物的控制量。在飞行试验时，控制系统根据不同高度时气球的纵向速度实时计算调节高度所需的控制量。

8.5.4　控制系统总体设计

高度、位置控制采用压舱物 + 放气方案，即抛压舱物气球平台向上运动，排气则气球向下运动；利用 20~25km 零风带特性：东西风向相反，南北方向风向随机。滞空时长 4h，携带压舱物 1kg，高度控制精度为 ±2km (仿真 −1~2km)，位置控制精度为 ±5km (仿真 −3~2km)，南北向不加控制。控制原理如图 8.57 所示。

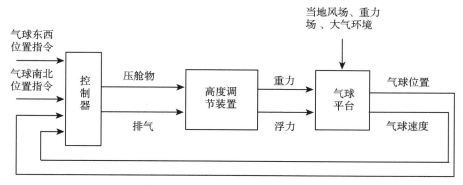

图 8.57 浮空驻留控制原理简图

8.5.5 浮空平台全系统的动力学仿真

拟通过平流层风场特性建立平流层内水平方向风场的数学模型，通过设定抛撒压舱物的质量、排出氦气的质量来确定垂直方向的受力，设定浮空平台的初始速度、初始高度，建立浮空平台的动力学和运动学模型，通过数值仿真即可得到浮空平台的运动轨迹。

利用浮空侦察平台区域驻留控制原理，采用阿拉善 6 月份风场数据，开展区域驻留控制原理仿真分析。仿真结果见图 8.58～图 8.61。图 8.58 和图 8.59 分别为半径 5.4m 氦气球，携带 7kg 压舱物及有效载荷在零风带附近驻留 6h 的运动轨迹，以及抛撒压舱物与排放氦气质量情况，6h 内浮空侦察平台共消耗压舱物 0.64kg，排出氦气 0.1096kg；图 8.60 和图 8.61 分别为半径 5.4m 氦气球，携带 7kg 压舱物在

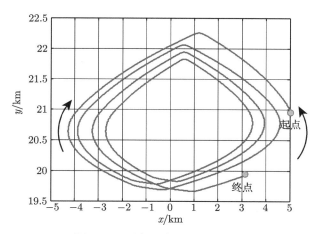

图 8.58 浮空平台驻留 6h 轨迹

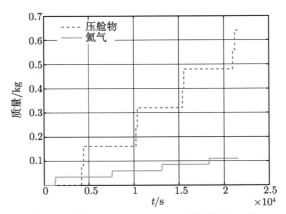

图 8.59 驻留 6h 抛撒压舱物与排放氦气质量

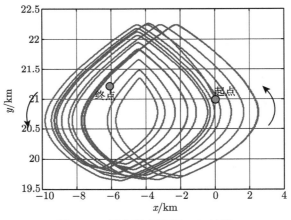

图 8.60 浮空平台驻留 24h 轨迹

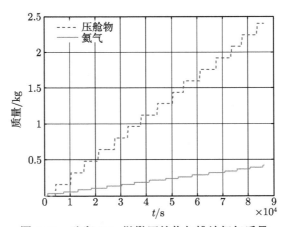

图 8.61 驻留 24h 抛撒压舱物与排放氦气质量

零风带附近驻留 24h 的运动轨迹，以及抛撒压舱物与排放氢气质量情况，24h 内浮空侦察平台共消耗压舱物 2.4kg，排出氢气 0.4168kg。

按照同样的方法可得到其他指定地区、指定浮空时间、指定大小气球的运动轨迹，以及抛撒压舱物和排放氢气的质量。

参 考 文 献

[1] Smith I S, Perry W D, Lew T M. An airborne balloon launch system (ABLS): heritage, concepts and applications. AIAA Balloon Systems Conference, Willamsbury, VA, USA, 2007.

[2] 姚伟, 李勇, 王文隽, 等. 美国平流层飞艇发展计划和研制进展. 航天器工程, 2008, 17(2): 69-75.

[3] 王厚莲, 朱平安, 陶声祥. 炮射气球滞空平台空中快速充气技术研究. 弹箭与制导学报, 2007, 04: 214-215+221.

[4] Belmont A D, Dartt D G, Nastrom G D. Variations of stratospheric zonal winds, 20–65 km, 1961–1971. Journal of Applied Meterology, 2010, 14(4): 585-594.

[5] 陈泽宇, 吕达仁, 刘锦丽. 中纬度夏季一次深厚对流过程的数值模拟研究: 高空热力层结和风切变影响. 大气科学, 2002, 26(6): 744-750.

[6] 肖存英, 胡雄, 龚建村, 等. 中国上空平流层准零风层的特征分析. 空间科学学报, 2008, 28(3): 230-235.

[7] 陶梦初, 何金海, 刘毅. 平流层准零风层统计特征及准两年周期振荡对其影响分析. 气候与环境研究, 2012, 17(1): 92-102.

[8] Morris R J, Höffner J, Lübken F J, et al. Experimental evidence of a stratospheric circulation influence on mesospheric temperatures and ice-particles during the 2010–2011 austral summer at 69°S. Journal of Atmospheric and Solar-Terrestrial Physics, 2012, 89(1): 54-61.

[9] Heun M, Nock K, Schlaifer R. Latitudinal dispersion characteristics of very long duration stratospheric constant-altitude balloon trajectories. International Balloon Technology Conference, 2013.

[10] Nock K T, Aaron K M, Heun M K, et al. Aerodynamic and mission performance of a winged balloon guidance system. Journal of Aircraft, 2015, 44(6): 1923-1938.

[11] 常晓飞, 白云飞, 符文星, 等. 基于平流层特殊风场的浮空器定点方案研究. 西北工业大学学报, 2014, 1: 12-17.

[12] 陈华兵, 彭勤素, 黄坚定. 临近空间降落伞浮空系统. 二〇〇八年中国浮空器大会, 长沙, 2008.

[13] Carten A S, Wues M R. System (ALBS) development program parachute techniques employed in the air-launched balloon system (ALBS) development program. Journal of Aircraft, 2015, 17(2): 65-66.

[14] 祝榕辰, 王生, 姜鲁华. 超压气球球体设计与仿真分析. 计算机仿真, 2011, 28(12): 32-37.

[15] 程梦梦, 王进, 纪志远. 平流层飞艇: 空中预警探测利器. 国防科技工业, 2007, (7): 70-71.

[16] 史献林. 载人飞船降落伞回收系统的拉直过程研究. 南京: 南京航空航天大学, 2009.

[17] 张九阳. 无人机发射与回收技术. 南京: 南京航空航天大学, 2013.

[18] 丁娣. 载人飞船大型降落伞回收系统中几个动力学问题研究. 长沙: 国防科学技术大学, 2011.

[19] 彭勇. 载人飞船回收系统若干动力学问题的研究与应用. 长沙: 国防科学技术大学, 2004.

[20] Mueller J, Paluszek M, Zhao Y. Development of an aerodynamic model and control law design for a high altitude airship//AIAA 3rd "Unmanned Unlimited" Technical Conference, Workshop and Exhibit. American Institute of Aeronautics and Astronautics, 2004.

[21] 章向明, 王安稳, 杨德林, 等. 船用复合材料与钢质高压气瓶比较设计. 海军工程大学学报, 2001, 13(2): 40-44.

第9章　灵巧浮空器飞行试验及应用

9.1　灵巧浮空器蒙皮制作

9.1.1　浮空器蒙皮及其制备方法

蒙皮作为浮空器的主要结构,其性能的高低直接影响了浮空器的应用性能,也是制约我国浮空器发展的关键技术之一[1]。在影响蒙皮性能质量的众多因素中,轻质和阻氦性是两项至关重要的指标,特别地,蒙皮材料的气体阻隔性能是目前制约浮空器发展和应用的瓶颈。

浮空器蒙皮材料的制造工艺方法有缝制、高频热合等。其中,Aeros 公司开发了自己的气囊面料用于浮空器制造。这种面料可在两面进行热焊接,并可减小穿孔或撕裂时的损坏。这种透明状的多层面料加入聚亚安酯的尼龙编织复合材料,有两层氦气防护层及防紫外线涂层。

蒙皮材料典型的焊接结构如图 9.1 所示,焊接带包括外焊接带和内焊接带,通常外焊接带具有"耐候层/阻隔层/黏合层"的结构特点,内焊接带具有"热封层/织物"的结构特点[2]。对蒙皮材料焊接强度起决定作用的关键因素除本体材料的强度外,就是其内焊接带。蒙皮材料成型工艺中,焊接压力、焊接时间、焊接温度应综合考虑焊接强度、材料受损情况等,根据焊接带材料性能选择合适的焊接压力、时间、温度等;若材料必须在较高的温度下焊接成型,则应尽可能调整热合板边缘形状,避免焊接边缘材料受损的现象。焊接带材料及宽度的选择应从强度和质量两方面来考虑,在允许的质量范围内,尽可能选择强度大于本体材料的焊接带。

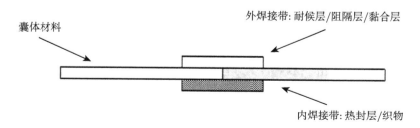

图 9.1　蒙皮材料焊接结构示意图

从目前的研究现状和发展趋势来看,囊体蒙皮结构多采用层合式结构,分别由聚合物薄膜和有机纤维织物组成。有机纤维织物主要为蒙皮提供足够的强度，要求具有很高的撕裂强度。聚合物薄膜主要作用是隔绝气体，防止气体渗漏。聚合物薄膜的选择依浮空器的使用目的和飞行高度而定。为满足高空飞行环境的要求，甚至需要制造多层、多功能复合膜。对于在平流层飞行的浮空器，除了要求聚合物薄膜具有高的气密性之外，还要求具有抗强紫外线辐照、抗臭氧腐蚀、抗低温以及高温差变形的能力，同时要求高强度、低延伸率、低密度、低可探测性。现有的单一聚合物薄膜很难同时满足上述所有要求，因此需要探索新的多功能聚合物薄膜，单一的多功能聚合物薄膜对降低囊体结构的密度有利，同时要探索多功能复合薄膜。在囊体织物和蒙皮薄膜材料方面，目前先进的大型浮空器多采用新的高性能纤维织物和聚合物薄膜。新型 Vectran 聚合物既可以纺成高性能纤维，作为囊体的增强织物，又可以作为防氦气渗漏的聚合物薄膜，是制造高空浮空器的理想材料之一；PBO 纤维也是浮空器的首选织物材料之一；Tedlar 薄膜在防紫外线辐射方面有优异的性能。同时需要选择满足其他功能要求的蒙皮薄膜材料，如 EVAL 薄膜具有极好的防氦气渗漏性能。但这些材料在平流层环境下的性能降解有待进一步考察，薄膜材料和 Vectran、PBO 织物、蒙皮的复合工艺技术有待进一步探索。由于高空定点浮空器要长期留在高辐射、高温差变化以及高载荷的恶劣环境中工作，而氦气的渗透率又很高，因此，为了保证高空浮空器的结构完整性和可靠性，需要对所采用的高性能蒙皮材料及特殊的结构形式进行研究。

因此有必要提供一种气体阻隔性能优异的高空浮空器蒙皮，高空浮空器的蒙皮应主要包括叠加设置的耐候层、阻隔层、承力层及焊接层。其中，阻隔层包括：第一镀铝高分子薄膜层；第二镀铝高分子薄膜层；以及位于第一镀铝高分子薄膜层和第二镀铝高分子薄膜层之间的二维片状纳米材料–树脂层。第一镀铝高分子薄膜层和/或第二镀铝高分子薄膜层为镀铝 PET 层。耐候层为聚偏氟乙烯层或聚偏二氯乙烯层；承力层为纤维层或纤维–热塑性聚合物复合层；焊接层为热塑性聚氨酯层 [3]。纤维层为聚乙烯纤维层、芳纶纤维层或 PBO 纤维层；纤维–热塑性聚合物复合层为聚乙烯纤维–热塑性聚合物复合层、芳纶纤维–热塑性聚合物复合层或 PBO 纤维–热塑性聚合物复合层 [4]。耐候层与阻隔层之间还设置有第一胶层；阻隔层与承力层之间还设置有第二胶层；承力层与焊接层之间还设置有第三胶层。第一胶层、第二胶层及第三胶层分别独立地选用自热塑性聚氨酯胶黏层、聚酯胶黏层或二维片状纳米材料–聚氨酯胶黏层。

9.1.2   浮空器新型蒙皮

浮空器的能量来源通常为太阳能电池，现有的用于浮空器的太阳能电池通常为设置于吊舱内或悬挂于吊舱外的太阳能电池板。在浮空器需要的能量较大时，通常需要增加太阳能电池板的面积，增大了浮空器的总载荷，不利于浮空器在临近空间的长期飞行。而对目前的临近空间的浮空器来说，在临近空间的飞行时间是制约其应用的瓶颈问题，也是浮空器研究中急需解决的问题。

为了解决现有技术中浮空器载荷较重的问题，达到长航时飞行目的，提出了新型蒙皮制作方法：在耐候层的一侧表面上原位生长柔性太阳能电池薄膜，形成预备层；将预备层、胶膜与承力层依次叠置并热压，形成囊皮；其中胶膜远离预备层中的耐候层。在耐候层的一侧表面上原位生长柔性太阳能电池薄膜的步骤包括：按照远离耐候层的方向，在耐候层的一侧表面上依次形成底电极、光吸收层、缓冲层、窗口层、透明导电层、上电极及减反射膜，从而形成柔性太阳能电池薄膜层。耐候层的材料为 PET 树脂或 ETFE 树脂。胶膜的材料为热塑性聚氨酯胶水、聚酯胶水或 EVA 胶水。将 PET 或 ETFE 与石墨烯进行共混，得到共混料；将共混料拉膜成型，形成耐候层；承力层为 PBO 织物层、芳纶纤维织物层或聚乙烯纤维织物层。

在新型浮空器蒙皮制作方法中，将囊皮的耐候层和承力层与柔性太阳能电池薄膜层进行了整合，即柔性太阳能电池薄膜与囊皮共形。使用该方法制作的囊皮可以直接接收太阳光的照射并将光能转化为电能，且由于囊皮表面积相对比较大，特别是进入临近空间时，相对于现有技术的浮空器所携带的太阳能电池板的面积要大得多，因此可以大大提高浮空器的电能供给。同时，由于柔性太阳能电池薄膜与囊皮共形，太阳能电池的固定更加牢固，省去了太阳能电池从浮空器脱离或脱落等的后顾之忧。且由于柔性太阳能电池为薄膜结构，质量轻，大大减少浮空器的载荷。此外，该方法是在耐候层的一侧表面上原位生长柔性太阳能电池薄膜，这进一步省略了二者之间利用热压结合的胶层以及传统工艺中制作柔性太阳能电池薄膜的基底层，使得所形成的囊皮更轻，能够进一步减少浮空器的载荷，提高其在临近空间中的飞行时间。

9.1.3　浮空器蒙皮用胶黏剂

蒙皮胶接是浮空器制造过程一个重要的工序，主要应用于蒙皮附件制造、附件与球囊连接以及外场试验囊体应急修补等，黏接用胶黏剂的综合性能是保证球皮胶接工序质量的一个重要因素，因此研究浮空器囊体黏接用胶黏剂性能对提高浮空器制造质量、提升浮空器安全性具有重要的意义 [5]。

目前国内浮空器制造大多选用进口胶黏剂，其存在采购周期长、成本高等问题。如某型号进口胶黏剂性能优异，可单组分使用，也可根据需要加促进剂固化使用，但其采购周期一般大于 2 个月，且使用期只有 1~2 年，无法长期备用，严重影响囊体正常加工周期。此外进口胶黏剂价格昂贵，而浮空器制造胶黏剂需求量大，导致浮空器生产成本增高。

浮空器特别是高空浮空器，所处工作环境空气稀薄、昼夜温差大、紫外线辐射及臭氧作用强，对胶黏剂的耐温性能、耐老化性能提出了很高的要求。同时，浮空器囊体内外压差大、浮空器搭载电子设备较重等造成胶接处所受载荷较大，这些特点决定了浮空器用胶黏剂必须具有优异的力学性能和理化性能。因此，一种可靠的浮空器囊体黏接用胶黏剂应具有以下几种基本要求：

(1) 具有较高的强度。浮空器在上升和下降过程中，在高空工作状态时白天内部氦气温度升高，蒙皮内外压差增大，以及浮空器搭载电子设备导致囊体所受载荷较重等，因此胶接处受力大，要求囊体黏接具有较高的强度，通常情况下，要求胶黏剂完全固化后囊体黏接剥离强度和剪切强度不小于 2000N/m。

(2) 具有良好的密封性。浮空器的飞行持久性和安全性要求囊体黏接用胶黏剂必须具有良好的密封性能，根据设计要求规定在恒定环境下密封囊体充气后 24h 内压力降低小于 6%。

(3) 具有较好的初黏力。浮空器囊体需快速修补，囊体外表面临时补黏，以及囊体胶接后需拖拽至其他工序加工等，因此浮空器囊体用胶黏剂必须具有良好的初黏力，要求囊体黏接用胶黏剂固化 4h 后剪切强度不小于 1000N/m。

(4) 具有较好的耐低、高温性能。浮空器工作温度范围宽，要求囊体黏接用胶黏剂具有良好的高、低温性能，规定囊体黏接用胶黏剂在 60℃和 −10℃温度下囊体胶黏剂剪切强度不小于 2000N/m。

(5) 具有较强的耐老化性能。浮空器工作环境紫外线辐射及臭氧作用强，部分停泊在海面上空的浮空器周围空气湿度及盐浓度高，腐蚀性强，因此囊体黏接用胶黏剂必须具有较强的耐老化性能。

(6) 固化后具有良好的柔韧性。浮空器囊体加工过程尤其囊体加工后期体积庞大需经常拖拽、卷曲，胶接处应具有良好的柔韧性，以防囊体出现折皱而导致密封性能降低和囊体易磨损等情况。

由于浮空器囊体材料为聚氨酯涂层织物，根据相似相容原则，所选用的胶黏剂主要为聚氨酯类胶黏剂，因其具有良好的耐低温性能以及耐紫外线辐射性能，可满足浮空器囊体黏接的要求。

9.1.4　浮空器囊体材料的涂料

浮空器囊体保护涂料是指用于浮空器囊体材料上具有保护作用的涂料，主要分为浮空器囊体阻氦涂料和浮空器囊体保护涂层[6]。除了军用外，大型民用浮空器还可以用于交通、运输、娱乐、赈灾、影视拍摄、科学实验等。浮空器囊体保护涂料的氦气阻隔率、耐磨性、耐老化性等特殊性能能够保证浮空器平稳工作、浮空器工作人员的安全以及浮空器的工作寿命，对浮空器长期完成工作任务起着重要作用。

我国自主研发的浮空器囊体材料主要由芳纶纤维组成，其具有氦气阻隔性较低、耐老化性能较差等缺点，在不涂覆防护涂层的前提下无法达到上天工作的技术要求。由中国航天科工集团有限公司自主研发的浮空器囊体材料，其氦气阻隔率较低，无法保障飞艇处于长时间正常工作状态；耐紫外老化性较差，致使浮空器使用寿命较短。当前国内现有的普通耐老化涂料的耐磨性无法与柔性的芳纶纤维基材相匹配，加之国外在该领域的技术封锁和依靠进口造成的巨额费用，急需一种能够长期使用，具备较高氦气阻隔性、耐磨性、耐老化性的新型浮空器囊体保护涂料，以尽量减少浮空器的研发成本及维护费用，并提升其运行稳定性。这对于改善国产浮空器工作稳定性与延长使用寿命，具有十分重要的意义。

科研人员将浮空器囊体材料保护涂料涂覆至普通浮空器蒙皮上，室温下固化成膜，同时测定漆膜干燥时间，待漆膜固化干燥完全后进行漆膜的一系列性能测试和研究，结果表明可以有效提升其氦气阻隔性、耐老化性及耐磨性能，并与浮空器蒙皮材料相匹配。

蒙皮材料的氦气阻隔率之所以得到提高，是因为涂覆了此保护涂料后，蒙皮材料上的孔隙得到填补，进而材料的漏氦率下降；经受了搓揉后，囊体材料的漏氦率上升，是因为在搓揉的过程中，囊体材料保护涂层结构发生破坏，囊体材料表面褶皱增加，层间孔隙增多，进而材料缺陷增多，对氦气的阻隔性下降，但由于涂覆的涂料柔韧性较好，在经受搓揉后，仍能保持与基材相匹配的柔韧性，故涂层结构被破坏的程度较小，仍对氦气保持良好的阻隔性。

9.1.5　浮空器蒙皮折叠

灵巧浮空器在转运过程中，需要囊体的蒙皮进行折叠操作，折叠中如果没有对蒙皮进行保护，蒙皮之间层层叠压会造成蒙皮的损伤。现有技术中为在折叠时对蒙皮提供保护，会采用一根钢管置于折叠处，但由于钢管直径较小，且钢管质地较硬，对蒙皮的保护效果并不理想。

因此，有必要针对浮空器蒙皮折叠装置进行研究，以便对浮空器蒙皮提供更好的保护。需要研究并设计一种浮空器蒙皮折叠装置以收纳组件，在蒙皮折叠、收纳以及运输过程中，折叠浮空器蒙皮的弯折半径更大，蒙皮与蒙皮之间以及蒙皮与其他设备之间的摩擦更少，从而对蒙皮提供更好的保护。

9.2　浮空器放飞及回收

9.2.1　系留浮空器放飞

1) 放飞环境

系留浮空器全寿命期剖面状态环境分析是一个复杂的系统工程。系留浮空器自完成研制后主要经历装备运输、存储、充气展开、滞空执行任务、收气回收等多个寿命期剖面状态。应结合环境应力产生的机理，分析确定各个状态每一事件可能遇到的环境应力，编制与寿命期每一事件有关的自然环境及诱发环境清单 [7]。对系留浮空器环境适应性影响的因素众多，包括存储运输环境、使用阵地地表环境、放飞区大气环境等。对系留浮空器影响的环境因素主要包括：温度、湿度、盐雾、霉菌和太阳辐射等。在高低温作用下，系留浮空器软结构通常会发生强度变化及老化。霉菌对系留气球的影响，主要表现在对材料的直接或间接侵蚀。系留浮空器暴露于腐蚀性大气环境中，盐雾会对软硬结构产生腐蚀，导致其老化或性能下降，同时造成绝缘及金属材料的腐蚀，导致设备电路损坏。湿度大会导致表面覆盖层的化学破坏，产生腐蚀膜，同时对电气设备也有影响。太阳辐射对系留浮空器内部产生温度热效应，同时加快材料的老化。

系留浮空器主要工作在离地高度 4000m 以下的大气对流层。对流层大气环境主要特点在于气温随高度的增加而降低 (海拔每上升 100m，气温降低 0.6℃)，大气对流运动显著，天气现象复杂多样，云、雨、雪等天气现象都发生在对流层。各种天气现象，如云、雨、雾、雪、雹、雷电、结冰等，都能直接影响系留浮空器的安全，是环境适应性需要重点考虑的因素。

风场对系留浮空器的影响主要在于对系留气球性能、载荷、结构和强度方面。从对流层开始至平流层底层，风场随着季节、经纬度的变化，对应每个高度层的风速、风向都发生变化。环境分析除了要考虑最大常值风外，风速、风向变化诸如大气湍流、风切变也不应忽视。

雷电对系留浮空器的危害是多方面的。雷电产生高达数万伏甚至数十万伏的冲激电压，可毁坏变压器、断路器、绝缘子等电气设备的绝缘，二次放电 (反激) 的火花也可能引起火灾或爆炸；绝缘的损坏，如高压窜入低压，可造成严重触电事故；巨大的雷电流流入地下，会在雷击点及其连接的金属部分产生极高的对地电压，可直接导致接触电压或跨步电压的触电事故；当几十至上千安的强大电流通过导体时，在极短的时间内将转换成大量热能，产生的高温往往会酿成火灾。根据雷电放电的形式不同可分为云对地、云对云和云层内部放电三种形式。一般，系留浮空器高度在 3000m 以下，在该区域内雷电的云对地放电比例大些。因而雷电多发区的雷电防护也是环境分析需要考虑的。

2) 施放技术要点

在准备工作阶段，安全管理人员应对施放现场进行勘察，确定施放现场否满足安全施放条件，并结合天气情况，制订浮空器施放的工作方案，向当地气象主管机构提出申请，在取得施放许可后，方可进行现场浮空器施放活动 [8]。

在灌充浮空器现场的选择上，要求现场开阔 (场地半径应大于 10m)、平坦、无障碍物，并避开人群，在危险物体、危险设施和易燃易爆场所安全保护区外 (半径 20m 内无明火、烟火)。同时，需在现场设立灌充警戒区，设置 "严禁烟火" 等安全标志,配备消防器材。在实施浮空器灌充操作前,安全管理人员对作业现场、设备设施、操作人员等进行全面安全检查,确保符合安全作业条件。禁止在主城区、依法划设的机场范围内和机场净空保护区域内以及飞行主航线区升放系留浮空器。

在实施系留浮空器回收作业时,对回收浮空器的现场安全、气象条件的要求与灌充浮空器时相同。在实施回收浮空器作业时,需解开浮空器排气口,拉住浮空器顶部的放气绳,使放气口敞开朝上,让其自由排放气体直至气体排尽,千万不能因为自由排气速度慢而采取人工干预措施。

3) 应急处置措施

为提高对施放浮空器安全事故的快速反应能力,从事施放浮空器活动的单位需制订应急预案,并组织开展气瓶阀门漏气、氢气着火、气瓶爆炸、浮空器脱飞等意外情况的应急演练,一旦出现浮空器安全事故,施放单位应迅速启动应急预案,并快速、及时通报有关情况,使事故得到妥善处理,特别是在浮空器意外脱离系留时,施放浮空器的单位、个人应立即将浮空器脱离地点、脱离时间、脱离数量、浮空器外观形状、飘移方向等情况向飞行管制部门和当地气象主管机构报告,以便采取安全管理措施,保障航空飞行安全。

9.2.2 系留浮空器回收

目前,当系留浮空器缆绳收放装置或其他系统设备出现故障,导致系留浮空器系留缆绳收放装置不能正常工作时,需要对系留浮空器进行应急回收。常规系留浮空器的应急回收措施是在系留缆绳收放装置上增加备用动力 (如备用电机或液压马达),但出现缆绳收放装置控制电路故障、机械故障和供电系统故障并且短时间内无法解除故障时,系留浮空器仍无法正常回收到地面,就必须采取紧急释放氢气的措施将系留浮空器降落至地面,而放氢应急回收方式会造成比较严重的经济损失和可能对地面人员造成伤害。

国内有专家发明了一种系留浮空器回收装置,如图 9.2 所示。该装置一般利用电动机或者燃料引擎作动力,利用蜗轮蜗杆或皮带传动,或齿轮传动减速。减速器通过同步滑套将动力传递给绕线轮。系留绳的末端固定于绕线轮上。绕线轮横截面可以是圆形,也可以是多棱形。为了防止回收时系留绳偏离绕线轮,特设计了限线圈。

该应急回收装置的优点是通过该装置将系留浮空器回收至锚泊车上,避免系留浮空器应急回收过程和追降地点的失控,氢气不会泄放,系留缆绳不会损伤,系留浮空器和球载设备不会损伤,回收过程不会危害地面人员的安全,可使系留浮空器系统不受损失。

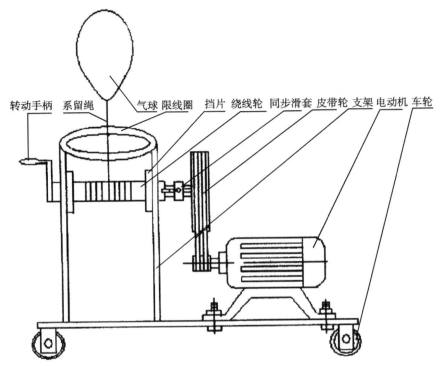

转动手柄　系留绳　　气球　限线圈　挡片　绕线轮　同步滑套　皮带轮　支架　电动机　车轮

图 9.2　系留浮空器回收装置示意图

9.2.3　系留浮空器安全操作技术规范

施放系留浮空器活动的技术性强，安全要求高，需要作业人员具备必要的文化知识，经过培训，掌握施放活动中相关的技术规范、规程、安全知识以及应急处置常识。

为避免出现系留浮空器燃烧、爆炸等安全事故，建议在人员密集地区施放的系留浮空器以氦气等惰性气体取代氢气作为浮空器的浮升气体。在实际施放系留浮空器活动时，施放单位基于经济的角度考虑，多使用氢气作为灌充浮空器的气体，而氢气在常温常压下，具有易燃易爆特性，特别是氢气不纯燃烧时，极易发生爆炸[8]。因此，需要施放单位具有固定的工作场所和设备设施，以满足氢气在运输、使用、存放等多个环节的安全需要。

在实施浮空器灌充操作时，应由多人实施，其中除了操作人员，必须有人专门负责安全监护。操作人员应站在气瓶出气口侧后方实施灌充作业。在灌充浮空器时，应严格控制灌充的速度，每瓶气体的排放时间不应少于 8min，特别是在使用充满气体的气瓶时，应缓慢开启阀门，小量放气，待瓶内气压逐渐降低时，再增加流量。禁止将两个浮空器的充气口对接，或以挤压方式将气体灌充到另一个气球内。气球充气量的多少应根据现气温情况确定，一般来说，气温较高时，应减少充气量。

对系留浮空器的升放区域作出规定，即禁止在主城区、依法划设的机场范围内和机场净空保护区域内以及飞行主航线区升放系留浮空器。同时，基于施放浮空器现场安全条件对系留浮空器安全风险的考虑，还不应在危险物体、危险设施和易燃易爆场所安全保护区范围内升放浮空器。

为切实减少意外脱离系留的浮空器对航空飞行安全的威胁，标准中从固定系留浮空器的绳索、固定物的重量、快速放气装置的设置和使用以及现场看护等多个方面提出了技术措施。绳索需具有耐磨损、不易产生静电的特性，并且能够足以承受浮空器在最大风速下的最大拉力；浮空器固定物的重量不低于浮空器净举力的 5 倍；升放浮空器的顶部距地面高度不得高于 150m，其高度超过地面 50m 的，需加装快速放气装置。施放单位必须在浮空器施放后，安排合理数量的浮空器作业人员，对施放现场实行 24h 巡查看护。同时，在天气条件发生变化，可能影响安全的情况下，应采取增加现场看护人员、及时回收浮空器或者其他防护措施，尽量消除浮空器意外脱离造成的安全隐患。

为提高对施放浮空器安全事故的快速反应能力，从事施放浮空器活动的单位需制订应急预案，并组织开展气瓶阀门漏气、氢气着火、气瓶爆炸、气球脱飞等意外情况的应急演练，一旦出现浮空器安全事故，施放单位应迅速启动应急预案，并快速、及时通报有关情况，使事故得到妥善处理，特别是在浮空器意外脱离系留时，施放浮空器的单位、个人应立即将浮空器脱离地点、脱离时间、脱离数量、气球外观形状、飘移方向等情况向飞行管制部门和当地气象主管机构报告，以便采取安全管理措施，保障航空飞行安全。

9.2.4　高空浮空器放飞

不同于系留浮空器，高空浮空器的放飞 (图 9.3) 具有操作简单、所用设备少、占用场地小、发放成本低以及浮空器吊舱无震动的优点。因此，高空浮空器放飞方法，主要包括如下步骤：

(1) 将浮空器头部顺风铺好，将释放器与卷扬机的绳索连接好并将释放器环绕在浮空器合适的位置上。

(2) 向浮空器内充气。

(3) 充气完毕后，操纵卷扬机放出绳索使浮空器上升。

(4) 在浮空器底部离开地面前进行结缆操作，将降落伞、缆绳和试验仪器舱与浮空器依次连接，然后再使浮空器上升。

(5) 在无风或风速较低的情况下，操纵卷扬机继续释放浮空器使仪器舱升空；

若风速较大,绳索有较大倾斜角时,可将浮空器上升使气球下半部、降落伞及缆绳拉紧,但仪器舱不升空。

(6) 根据地面风的风向和风速,选择适当的时机,操纵释放器弹开,脱离束缚的浮空器系统在浮力的作用下升空。所述的卷扬机可以安装在机动车辆上,使其发放过程机动性较大。所述的释放器上可以连接有一个降落伞,以使其下降时速度较慢,不会摔坏释放器,并且不会对地面的人或设备造成危险。

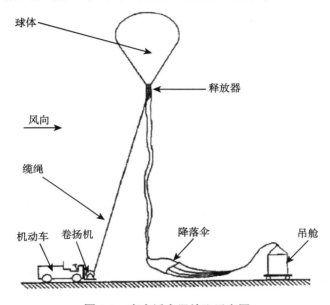

图 9.3   高空浮空器放飞示意图

该放飞方法具有如下优点:

(1) 用卷扬机控制气球升空,在释放器被弹开之前,浮空器的上升速度处于可控状态,在连接浮空器及吊舱的降落伞及缆绳拉紧并使吊舱离开地面后才使释放器与浮空器脱离,使吊舱平稳且以较慢的开始速度上升,克服了静态发放及软式发放方法存在的吊舱摇摆及震动问题,对仪器舱没有冲击和震动,浮空器球体受到的冲击很小。

(2) 所用设备少,发放成本低,主要设备只有两件,不需要滚筒装置和动态发放车;也不需要大面积的发放场地。

(3) 操作简单。新的发放方式不像动态发放或软式发放那样操作人员需要在较大的范围内操作、互相配合及对信息传递有较高的要求。新方式还有一个优点:不必将整个球体全部铺开,只需将安装释放器的部位以上部分铺开,其余部分可留在球箱内。待浮空器充气完毕后,在卷扬机的控制下,上升时利用浮空器的升力将剩余球体从球箱内拉出。这一特点不但减少了准备工作所需时间，降低了工作量，最大的好处是降低了对发放场地的要求。

(4) 该发放方式是最平稳的一种发放方式。

(5) 设备简单，对发放场地要求不高，所以特别适用于流动发放。

(6) 一般来讲对地面风速的要求比静态发放要低。

图 9.4　Project Loon 发射装置

在现有高空浮空器放飞设备的基础上，Google 公司开发出了自动发射器 (Autolauncher)。这个 55ft 高的立方体东西还有个名字叫 "鸟屋"，如图 9.4 所示 (因为 Project Loon 很多代的气球均以鸟类名字命名，如 "猎鹰" "白头翁" 等，目前最新一代的气球叫作 "夜鹰")，它已经可以将气球的部分发射工作自动化。"鸟屋" 是一个金属框架，四周用帆布遮住，这样就可以挡住外界环境的风，从而让里面的 "鸟" 保持空中姿态，而天线也可以有歇脚的地方，避免了以前浮空器起飞时天线发生飘移的情况，如图 9.5 所示。有了这个自动发射器之后，在风速小于 15mi/h (24km/h，4 级风力) 的情况下，Google 公司只需要 4 个人在 15min 之内即可将气球送上天，而以往发射耗时则需要 45min，而且风力不能够大于 6mi/h (相当于 2 级风力)。可见这种装置极大地提高了发射的效率和可靠性，而这一点对于 Google 公司来说至关重要，因为要想覆盖一个信号盲区，Google 公司往往需要投放数百个高空浮空器。

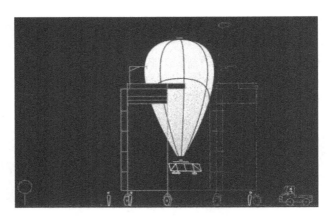

图 9.5　浮空器升空示意图

9.2.5　高空浮空器实验舱回收系统

高空浮空器是进行空间探测和空间科学实验的主要运载工具之一，它由十几微米厚的塑料薄膜制成，根据载质量和升空高度的不同需求，其体积从几立方米到几十万立方米不等 [9]。它可以把几百克乃至上千千克重的实验舱吊起升空至三四万米高的大气平流层，进行各种科学观测和实验研究，因此又称平流层高空科学浮空器。浮空器系统主要由球体、分离装置、回收伞、信标机、主缆、实验舱、减震器等组成。实验完成后，由地面测控站发出切割指令，启动分离装置和信标机。分离装置将浮空器与降落伞及以下部分分离，由降落伞将实验舱等安全降落到地面，信标机在分离的同时发出供测向用的无线电信号。回收人员根据地面站提供的实验舱大致降落区域信息，通过无线电测向，寻找实验舱。由于无线电测向是一项技术性很强的工作，需要不断测定信标机的方位，才能逐渐接近最后找到实验舱，这往往需要几小时甚至十几小时的时间。在无线电环境复杂的地区如山区，或人烟稀少的荒漠地区，由于不能及时找到实验舱，信标机电源耗尽，曾发生过几天找不到甚至丢失实验舱的事例。

对于那些实验仪器十分贵重或需要及时收取实验样品的试验，采用上述无线电测向回收实验舱的方法，显然不能满足需要。因此需要研制高空气球实验舱回收系统，确保可以实时测定实验舱和回收车的准确位置，引导回收人员迅速回收实验舱。

中国科学院大气物理研究所的孙宝来等发明研制了基于 GPS 技术的高空浮空器实验舱回收系统，该系统主要由信标机和回收车组成，信标机中装有 GPS 接收机和数传发射机，可自动测定自己的位置和工作状态，并通过发射机将信息定时发送给回收车。回收车上也装有 GPS 接收机，同时还装有数传接收机和便携式电子计算机。回收车可以测定自己的位置，并接收信标机发来的位置数据等信息。电子计算机对这些信息进行处理、显示和存储，将信标机和回收车的地理坐标实时显示在电子地图上，二者的坐标重合时即找到了实验舱。

基于 GPS 技术的高空浮空器回收系统的优点有以下几点：

(1) 由信标机的结构决定，数传发射机天线和 GPS 接收天线相距很近，且处于同一平面内，加上发射机的功率比较大，其倍频又与 GPS 工作频率十分接近，这样数传发射机对 GPS 接收机势必造成干扰。

(2) 定位数据无效时，程序设计为定时发送最后一组定位有效的数据，可以保证发射机干扰不能定位或在信标机落地后接收环境不好时，也能发送其最后位置信息，避免回收车收到信号时原定位数据被覆盖而丢失。

(3) 程序设计了两个定时器，分别用于控制 GPS 定位正常和定位无效时发射机的工作时间。这样可以保证 GPS 接收机在发射机停止工作期间能够正常定位，以及信标机第一次启动或某些原因造成 GPS 处理器内再定位所需的初始信息丢失时，GPS 接收机能重新启动，正常工作。

(4) 定时发射的另一个好处是可将发射机电源消耗降低为原来的 1/15 或 1/30，这样可大大延长信标机的工作时间，保证在极其复杂的环境条件下，回收车在几天内都能收到定位信息，找到实验舱。

(5) 由于耗电省，在浮空器起飞前就可以打开信标机，这样不但能避免原来存在的在浮空器起飞时信标机误启动或切割指令失效打不开信标机的问题，而且还可以在浮空器飞行全程中对气球辅助定位。

地面回收装备上装有全向和定向信标接收天线和无线数传接收模块 (内有接收机和数字解调器)、数据选择器、GPS 天线和 OEM (original equipment manufacture) 板、笔记本电脑等。数传接收模块接收信标机发来的回收设备位置等信息，GPS-OEM 板接收卫星信号并经处理得到车辆的位置信息，二者经过数据选择器接到计算机串口，通过计算机接收、处理、显示、存储，并将二者的位置坐标和运行轨迹实时显示到电子地图上。回收人员可以通过位置信息和电子地图的指引，采取合理的行车路线、用最短的时间找到浮空器回收设备。如果实验舱降落的地点比较复杂，车辆不能进入，则可以把信标机的位置信息输入到手持 GPS 定位导航仪中，由其指引回收人员直接找到高空回收设备。

9.2.6　可回收的高空探测浮空器

高空浮空器通过空气浮力升上空中后不会自行返回地面。现有高空探测浮空器单个球体每次升上高空、完成探测任务后即被爆破，造成极大的浪费。如需高空收集大气、尘埃、微生物等样品，则由于浮空器不会自行返回地面而无法实现。

新型的可回收的高空探测浮空器可以通过人为控制实现自行返回地面，如

图 9.6 所示。新型的可回收的高空探测浮空器由球体、气门芯、爆破装置和探测仪等构成。球体内依次套入一个或一个以上的内球体，分别安装单向阀，通过胶管相互串联并与气门芯接合，在气门芯充气时，球体及球体内的所有内球体同时得到一定密度的气体；作为高空探测气球使用时，升上高空、完成探测任务后即可根据不同的下降高度分阶段从外向内逐步爆破部分球体，剩下的一个球体携带探测仪在重力作用下慢慢下降返回地面。借助探测仪上的定位仪就可以找回探测仪，获取从高空收集的大气、尘埃、微生物等样品。

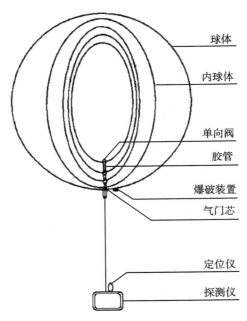

图 9.6　可回收的高空探测浮空器示意图

9.3　地面配套设施

9.3.1　系留浮空器系留设施

　　地面系留设施是系留灵巧浮空器系统的操纵、控制和维护中心，主要分为阵地式、车载式和舰载式三种。系留浮空器系统地面设施的作用是确保系留浮空器能够安全可靠地升空和回收，并在指定的高度上正常工作，当浮空器在地面系留时，能够方便地对浮空器及机上设备进行维护和修理[10]。

　　阵地式地面系留设施适用于大型系留浮空器系统，一般由圆形导轨、机械转台、旋转基座、系留塔、水平横梁、防护舱和控制舱、绞盘等组成。车载式地面系留设备一般称为锚泊车,适用小型系留浮空器,主要由系留塔、水平支臂、绞盘、控制舱和半挂车等组成。小型供应船可以作为舰载式系留设施,在船的后甲板两侧各安装了一条导轨,导轨上架有可前后移动的滑架,能 360° 旋转,滑架上固定有系留系统。

地面控制中心设置有遥控、遥测和指挥系统,用以检测和控制浮空器上的通信设备设施,除了连续监测升空浮空器的各项工作数据和环境数据 (如升空高度、风速、温度、气球姿态、供电状态等),还能完成雷达探测信号的分析、处理和图像信息的存储及转发。大型系留浮空器系统的地面控制中心为固定建筑,设置在阵地之外,通过通信系统完成中心与系留控制舱以及球上设备间的数据互通互联 [11]。小型系留浮空器系统的地面控制中心设置为安装在地面锚泊车以及指挥车上的一个控制室。

地面锚泊系统的主要功能是将系留浮空器升至高空进行稳定的工作,以及不工作时的回收系留,或者根据任务需要长期停留在某一高度进行滞空 [12]。锚泊系统通过系留缆绳对系留浮空器实现空中定点系泊,保证其在空中工作的稳定性;另外,通过若干拉索对浮空器实施地面系留系固,方便技术人员对球体及球上设备进行维护或修理。在设计系留浮空器地面锚泊系统时,需要充分考虑以下几点:

(1) 三点系留。系留浮空器通过球体头部的系留点和中部左右两处系留点对浮空器进行地面系留,因此地面锚泊系统应根据需要设置三部绞盘。系留时,将头部绞盘拉索、左右绞盘拉索分别接入头部机械绞盘和锚泊车两侧 (侧臂) 的左右机械绞盘,并由三台绞盘共同牵引球体到达地面系留位置;浮空器解系过程中,由三台机械绞盘同时控制系留浮空器,直至主缆绳受力,绞盘拉索完全放出,对其实现脱系。三点系留的设计可以有效克服常规浮空器工作时需要大量地面人员的问题,一定程度上降低了系留浮空器的使用成本。

(2) 缆绳系泊。系留浮空器在收、放过程及滞空状态下,系留缆绳起拴系及牵引系留浮空器的作用,保证浮空器平台搭载任务载荷能够升至一定高度进行稳定工作;同时,系留缆绳也能起到电能传输、数据通信、雷电泄放等功能。因此,地面锚泊系统应配备缆绳收放装置来实现对缆绳的牵引控制。

(3) 快速收放。考虑到系留浮空器系统对恶劣气象环境的快速响应需要,地面锚泊设备应设计若干速度档位,以满足不同收放速度的要求,使得系留浮空器能够在恶劣天气来临之前快速回收至地面系留,保障装备的整体安全。

系留浮空器地面锚泊系统的作用是确保系留浮空器能够进行可靠的升空和回收,并在指定的高度上正常工作以及地面的安全系留。地面锚泊系统主要由配电系统、缆绳收放装置、绞盘系留装置、电气控制系统、操控台几大部分组成,通过对主缆绳的收放完成系留浮空器的上升、下降以及滞空工作,通过对机械绞盘的操作，实现系留拉索的放线或收线，从而完成系留浮空器的解系和系留。

1) 配电系统

配电系统主要由若干断路器、熔断器、保护开关以及电源检测装置构成，其主要功能是将输入的 380V/50Hz 三相五线交流电进行安全合理的分配，为后端机电动力设备和以 220V/50Hz 工作的空调、照明设施、控制系统等提供电力支持，并在输入出现过欠压或相序错误时能自动切断输入。

2) 缆绳收放装置

系留浮空器缆绳收放装置安装于锚泊车的设备舱内，通过对系留缆绳的收放实现球体的放飞、回收和空中系泊。缆绳收放装置主要由牵引装置和收排线装置两部分组成。

牵引装置是收放系统的主驱动装置，提供收放缆绳所需要的牵引力和制动力，并且可以按照相应的收放速度指令进行缆绳的收线或放线。牵引电机选用变频调速三相异步电机，配合变频器控制实现电机调速功能，且在 2~50Hz 范围内调速时具有恒转矩特性，即球体放飞和回收过程可实现不同速度下的恒转矩收放。牵引电机为牵引装置的动力源，并通过减速器将牵引电机的高转速小扭矩变换成低转速大扭矩驱动牵引轮，牵引轮依靠摩擦传力收放缆绳来完成球体的上升和下降，同时液压制动器保证了气球在滞空期间的可靠制动。牵引轮共有两个，两轮都采用带有一定数量的半圆环槽的不锈钢轮，系留缆绳嵌在牵引轮的轮槽内，使其具有释放从浮空器侧进入的系留缆绳张力的功能。牵引轮各级轮槽通过静摩擦力将缆绳入口端的巨大载荷衰减为较小载荷，确保进入收排线处的缆绳张力减小到某一设定值的范围，以利于收卷和排线装置将缆绳缠绕在储缆卷筒上，起到保护缆绳的作用。

收排线装置主要承担系留缆绳的存储及收放线过程中的排缆功能，保证从牵引装置引入的缆绳能整齐地排列收纳在储缆盘上，并提供足够的缆绳尾张力，使其与主牵引装置以相同的线速度运行。缆绳收卷或放卷时，储缆卷筒盘径会发生变化，此时要保证缆绳收放的线速度和张力恒定，这就要求收卷电机具有恒功率特性。收卷力矩电机的力矩控制采用直接力矩控制方式，通过设定控制电压来确定力矩的大小，后经过减速器带动储缆盘跟随牵引装置收放缆绳同步运动。排线装置由变频电机、减速机、丝杆、导向杆以及支撑底座等构成，它能够将不同线径的缆绳整齐均匀地排列在储缆盘的表面。整套排线机构采用变频电机通过减速器驱动丝杆转动，从而带动排线轮沿导向杆做直线运动，保证储缆卷筒旋转一圈时，能够带动排线轮沿缆绳卷筒轴向移动一个缆绳直径的长度。在支架两端安装有换向开关，当排线轮触碰到换向开关时，排线电机逆向旋转，排线轮便反向运动，最终使得缆绳能够整齐均匀地排列在储缆盘上。

3) 绞盘系留装置

绞盘系留装置主要由多台机械绞盘组成，绞盘的结构、指标均相同，包括绞盘电机、制动器、减速器、卷筒、排线器及支撑底座。绞盘分别布置于系留塔和锚泊车的左右两侧支臂，用以牵引头锥机械索具和左右机械索具，主要作用是在放缆初期和收缆后期辅助系留浮空器的放飞、回收及地面系留[13]。其中，绞盘电机经过减速器驱动卷筒来缠绕或释放机械拉索，同时卷筒通过链轮链条带动排线器排线。排线器的丝杆为双线丝杆，可自动实现换向；机械绞盘电机采用交流变频调速，具有高速和低速两种运行速度，方便不同场合操作的需要，并且电机带有刹车装置，可提供足够的制动力，保证系留浮空器的地面系留。

4) 电气控制系统

电气控制系统接收来自操控台的控制信号，通过系统内部的电路完成缆绳收放装置、绞盘系留装置中各电气设备的联动控制，从而实现主缆绳、绞盘拉索的收线或放线，并同时完成相关反馈数据和报警信息的采集。电气控制系统由电机驱动调速、数据采集模块、故障报警模块、通信模块组成[14]。

锚泊设备的结构设计主要满足功能和强度两个方面的需求，同时为了满足机动的条件，还需要满足国家公路运输与铁路运输要求。

1) 系留塔的结构设计

系留塔是锚泊设备的重要组成部分，在系留塔的顶端一般布置有专门的系留锁，用来锁定系留气球头锥，从而实现系留浮空器的头部锁定。系留塔的主要作用是保证系留浮空器头部在足够的高度得到稳定而可靠的系固。为了保证系留浮空器有足够的系留高度，系留塔一般都会很高，机动式系留塔的高度可能会达到10m以上。为了满足运输要求，一般情况下系留塔设计时分为上下两个部分，下部固定在回转平台上，上部通过销接的方式与下部连接。两个部分之间布置有举升机构，用以实现系留塔上部的倒伏和竖直。系留塔一般采用桁架结构，以在保证足够的强度和刚度前提下，尽量减少重量，降低锚泊设备顺桨的转动惯量。

2) 水平支臂的结构设计

水平支臂用来实现系留浮空器左右机械拉索的系固。与系留塔配合完成对系留浮空器的三点固定。水平支臂伸长量根据系留浮空器机械拉索处球体的最大直径来确定，至少要保证系留拉索不会摩擦到球体。一般情况，水平支臂的长度都比较大以保证系留拉索不摩擦球皮，同时足够大的偏移角更有利于浮空器球体带动锚泊设备顺桨。水平支臂采用折叠结构形式，以保证机动性，同时采用桁架结构，尽量减少质量，降低锚泊设备顺桨的转动惯量。

3) 回转平台的结构设计

回转平台是指随浮空器顺桨的安装平台，用以承载系留塔、水平支臂、万向滑轮、控制柜和缆绳收放装置等设备。回转平台布置应尽量实现质量平衡，计算所有安装设备和回转平台共同的形心，在形心位置布置回转轴撑。整个回转平台及安装设备的转动惯性矩是浮空器顺桨的重要影响因素之一，转动惯性矩越大则浮空器顺桨受到的阻力越大,整个系统的可靠性就越低。

9.3.2　高空浮空器系统地面站

高空浮空器系统是一个大系统,涉及平台研制、载荷研制、地面站系统设计、空管调度、放飞场管理等[15]。其中,根据浮空器放飞需求,地面站的设计需要满足以下几个方面的要求:

(1) 浮空器作为一个庞大系统,拥有能源、环控、飞控、数管等多个子系统,地面站需要具有多个席位分别对这些子系统的遥测参数进行显示;

(2) 浮空器与地面通常需要多条链路来保证通信畅通,因此地面站的设计要考虑到多链路遥测遥控需求;

(3) 浮空器飞行范围较广,需要多个站共同完成通信保障,各个站需要数据共享;

(4) 浮空器的放飞过程是一个极具风险和危险的过程,需要一个严格的指挥体系来保障放飞过程的顺利进展,因此在设计地面站时需要充分考虑指挥站的设计需求;

(5) 飞行遥测数据量较大,需要专门的数据记录和管理设备来存储这些遥测数据,且同时需要将所有遥控指令进行记录,以期在后期对这些数据进行重演、分析和二次利用;

(6) 浮空器飞行过程通常还需要地面光电和雷达设备进行观测,以对飞行全过程进行跟踪。

针对如上需求,高空浮空器的地面站设计是一个较为复杂的工作。

随着任务多样化的需求,不管是开发方还是用户方,对系统的需求都有着通用化的趋势。特别是用户方,为了节省成本,通常都会要求开发方以尽可能复用的方式解决紧张的资源问题。在软件开发设计上同样面临这样的问题,用户方总希望对于不同的任务,地面站软件都能保持着比较统一的风格和内容。这不仅能够减少软件使用培训人力成本,同时从软件本身质量和任务安全性来讲都是比较有益的。

地面系统软件至少需要实现如下基本功能。

(1) 数据管理功能:数据管理功能主要完成遥测数据的接收、遥控数据的统一发送、数据的记录、重演提取、日志记录和查询等。由于气球数据量较大,需要专门的计算机来完成数据的记录重演和日志记录查询工作。同时,在多操作席位和单个测控设备终端相矛盾的情况下,由一台计算机专门负责数据管理功能是必要和合理的。

(2) 浮空器显示控制功能:显示和控制是地面站系统软件最基本的功能,其主要完成多个子系统的关键数据显示、浮空器控制参数注入,以及对浮空器各执行件的控制。针对不同的子系统,根据需要提供至少一个席位来显示所对应的参数,同时提供各子系统相关的控制操作。

(3) 二维和三维显示:对于浮空器本身的状态,需要提供二维航迹 (含地图) 显示和三维 (含地形高程) 显示。

(4) 链路维护功能:对于无线传输,必须要有专门的链路维护机制来实时监测链路情况,以提供必要的指控信息。

(5) 指控站关键参数显示功能:该功能之所以独立于显示控制功能,是指控站的特殊性所致。指控站不只需要提供浮空器平台各系统最关键的参数显示,同时还需要接收观测站的数据如风速、风向、湿度、温度和浮空器外测航迹进行必要的显示。浮空器上会安装有效载荷,虽然有效载荷显控功能本身不属于浮空器平台的功能需求,只是其关键数据对指控站来说是必要的,因此还需要对有效载荷的关键参数进行显示。

(6) 用户限制功能:由于浮空器的操作是一个极具专业性的行为,对浮空器进行控制操作必须要有专门的用户验证才可以进行,因此,软件必须要具备用户资料入库管理功能。

9.3.3 灵巧浮空器的充收气装置

由于大多浮空器是通过氦气浮于高空,据此,往往会在浮空器的囊体上设有供氦气充入或回收的接口,而该接口配设有一用以使其封闭的封堵件。可是,当需要充入或回收氦气时,会先拧开接口的盖子,再使其与一软管连接,然后通过该软管对囊体充入氦气或对囊体内的氦气进行回收。但是,在充入氦气完成后,很难做到马上拧上盖子以防囊体内部的氦气漏出;相同地,在回收氦气时,特别在拧开接口的盖子后,很难做到接口与软管及时连接,而此时,容易出现囊体内部的氦气严重泄漏的问题,以及外界空气进入囊体而导致囊体内的氦气混杂不纯的问题。

适于浮空器的充收气装置可以解决现有技术中的浮空器的囊体在充入氦气时因盖子不能及时封堵接口而容易出现氦气漏出的问题,以及在回收氦气时因接口与软管不能及时连接而容易造成囊体内部的氦气泄漏及外界空气容易进入囊体的问题。

适于浮空器的充收气装置主要由接口、控制元件及软管组件组成,当该囊体充满气体时,该控制元件的封堵件会自动封闭接口,避免气体漏出;当需要往囊体充入气体或者回收囊体的气体时,只要使软管接头的凸部穿过接口并抵压顶开控制元件的封堵件,此时,软管便与囊体的内部连通,可以对囊体充收气体,而充收气体结束后,只要将软管接头从接口上移离即可,此时控制元件的封堵件会及时回复封闭接口,既避免气体泄漏,又可防止空气进气,保证气体的纯正度。

9.4　灵巧浮空器的工程应用

9.4.1　快速升空系留浮空平台视频监视系统

快速升空系留浮空器 (系留气球) 是一个相对复杂的系统, 它涉及空气动力学、材料力学、气象学、化工材料、光纤电缆、电气传动、无线电通信、光电红外、光通信、网络技术、遥控遥测、自动控制、电源供给、气体存储、车辆运输等诸多学科和专业。快速升空系留浮空器视频监视系统除可用于大气和环境监测、缉私等民用领域外, 在军事领域的应用也非常广泛, 一般多用于技术侦察与监视、守护边界、边境监视、边海防巡逻、城区作战、反恐维和行动等方面。

系留气球系统是由紧凑型标准组件浮空器和有效载荷展开单元组成的, 放飞指令是通过手动操作控制器来实现的。快速升空系留浮空平台视频监视系统由球载摄像机、视频服务器、球载光端机、缆绳 (含光缆和电缆)、地面光端机、网络交换机、路由器、高速数据电台、便携式计算机等设备组成。首先通过球载摄像机进行视频信号的采集, 视频服务器对视频信号进行压缩, 通过球载光端机经缆绳中的光缆传输到地面光端机, 再经过网络交换机对视频信号进行解压和分配, 最后通过多路径 (由路由器通过网络, 或由高速数据电台) 传输至远端。

此系统解决了视频图像的实时采集和实时传输的难题, 实现了连续的视频监视任务。快速升空系留浮空器平台视频监视系统以小型系留气球作为一种升空平台, 可为球载摄像机提供较大的对地视界范围。当系留气球的高度为 91m 时, 覆盖范围为 30km; 当高度是 305m 时, 覆盖范围可达 100km。

快速升空系留浮空平台视频监视系统是一种基于小型系留浮空器并承载了摄像机的视频监视系统, 如图 9.7 所示。该型浮空器实际上是一种小型系留气球, 有效载荷 2~50kg, 滞空时间 2~7d, 升空 (系统展开) 时间小于 30min; 具有操作简单, 人员配置少, 展开迅速, 滞空时间长, 升空高度高, 配置相应摄像机可实施不间断视频监视, 视野覆盖范围广等特点。

9.4.2　大气污染监测车载系留浮空器系统

现阶段研究大气污染物垂直分布特点主要利用高空固定观测站、探空气球和无人机等载体进行垂直观测, 也有用差分光学吸收、光谱仪 (DOAS) 测定大气中的恒量气体, 其观测高度范围主要在 100m 左右。一般的监测手段很难用于观测垂直高度上大气污染物间的相互耦合关系, 因为这要求实时获取大气污染和气象参数的垂直廓线。车载系留浮空器作为预警、监视平台, 在军事上已使用多年, 被证实可行、可靠。在大气污染监测中, 基于车载系留浮空器的监测系统相比传统的空中大气环境观测手段, 具有明显优势:

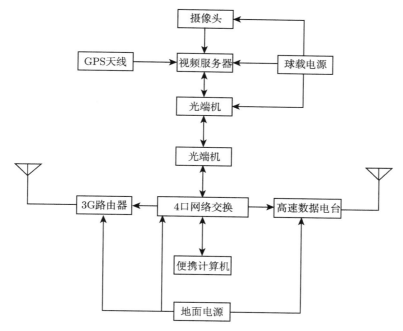

图 9.7　快速升空系留浮空器平台视频监视系统组成

(1) 高空固定观测站高度一般低于 300m，无法移动，只能探测固定点的小于 300m 范围内的环境气象参数；而车载系留浮空器可以根据用户需求，快速地机动部署到需要观测的地点。此外，固定观测站只能得到在垂直高度 300m 范围内几个固定点的数据；而车载系留浮空器可以在 0~1km 高度范围内连续观测，得到不间断的大气污染分布廓线。

(2) 高空浮空器飞行高度、轨迹不受控制，无法观测重点区域的大气污染物分布，且观测结果偏差较大；而系留浮空器气球在空中处于准静止状态，可以自主控制观测高度。高空浮空器载荷能力一般只有 10kg 量级，无法携带大型多样化设备；而车载系留气球载荷能力可达几百千克，可携带多种监测仪器升空，进行数据分析和对比。

(3) 无人机的载荷能力基本不超过 50kg，而系留浮空器的载荷能力可达几百千克。无人机飞行高度偏高，无法观测 0~500m 垂直范围内大气污染的分布特征；而系留浮空器可在 0~1km 的不同高度范围内连续工作。无人机飞行速度过快，自身产生的气流和污染也会严重影响检测结果的可信度；而系留浮空器依靠氦气浮力升空，不排放任何污染物，且系留浮空器可驻留不同高度实现准静止状态，检测数据可靠。

浮空器的用途很广，浮空器的腹部的半球形整流罩里面可以搭载不同的设备，包括预警雷达、电子对抗、电子干扰、视频监控、雾霾探测、中继通信和成像等设备,从而广泛应用于预警探测、对地观察、侦察对抗、通信中继、安防监控、环境监测等领域 [16]。

车载系留浮空器搭载大气污染垂直监测系统由车载系留浮空器系统和搭载的大气污染垂直监测系统组成,如图 9.8 所示。任务系统包括激光粉尘测定仪、气溶胶粒径谱仪、臭氧探空仪、采样器等,实现综合探测 SO_2, NO_2, O_3, BC, APS, PM2.5 的功能,覆盖全部的探测因子。

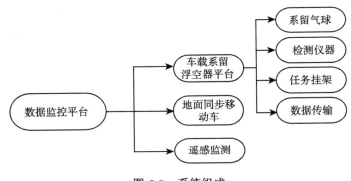

图 9.8　系统组成

任务系统装于环境控制舱内,探测口伸出,保证环境控制舱内环境观测采集系统始终处于迎风状态,满足采样要求。任务系统通过稳定伺服平台挂装于系留浮空器球体下部,保持环境观测采集系统气体采集通道始终处于水平位置。根据观测环境因子的特点制订不同的观测方案,操作系留浮空器进行相应的升空方案或滞空方案,在观测采集期间获得的数据,经数据传输设备整合后通过系留光电复合缆传输到地面数据处理设备,经分析统计处理后为研究人员提供研究数据。

通过系留浮空器将任务系统升至 0~1km 任意指定工作高度,覆盖大气边界层。获取大气边界层的物理结构和精细的污染物垂直分布特征,研究边界层内大气污染物的累积、扩散和转化等过程,揭示区域输送、本地源累积、高架源排放等不同污染过程,实测数据应用于校正地基激光雷达对空气污染物的反演,准确预警预报城市空气质量。

上海复合型大气污染垂直监测项目由中国电子科技集团有限公司第 38 所和中国环境科学研究院等单位参加,试验于 2013 年 4 月开始,2013 年 12 月底结束。与传统的地面环境监测不同,本次试验是国内首次将环境监测仪器设备搭载在系留气球平台升空到一定高度,监测垂直高度方向上大气各种成分含量及污染物的分布规律,主要监测因子为 SO_2, NO_2, O_3, BC, APS, PM2.5 等。人类虽然居住在近地面,但是污染物的来源却不仅来自于地面,很多大型化工设备的烟囱高度达到上百米，随着各种风切变的作用，可能会上升到一定高度后，随着风速的减小和风向的变化，再沉积到地面，对人们的生活产生了重要的影响。现在的数值预报完全靠理论预测，此次试验对每一天日出、日落、正午、零时四个关键点进行垂直廓线的监测，测得污染物随离地高度的变化规律，对理论模式的数据进行验证，通过对实测数据的近百条廓线的数值分析，进行验证，具有非同寻常的意义。同时，也为我国卫星监测数据的验证提供了重要支撑。

试验监测的数据涵盖很多项高空气象参数，尤其是 PM2.5，目前用激光粉尘仪进行探测分析，在上海乃至全国空气污染频繁出现的时期，开展本次试验非常具有代表性。此次试验在全国范围内是首次利用系留气球进行 1000m 范围内的大气环境垂直廓线监测，得到了丰富的数据，研究了污染物随高度的变化规律，对后期的污染数值预报具有重要指导意义。从国际范围来看，本次试验处于国际领先地位，为环境监测领域的具有里程碑意义的科学性试验。试验取得的成果具有突破性意义，对中国等环境污染日益严重的发展中国家开展环境保护研究、大气污染的数值预报等工作具有非常重要的指导作用。

9.4.3 系留灵巧浮空器球载 GPS 干扰系统

系留灵巧浮空器球载 GPS 干扰系统是对地防护电子干扰的重要组成部分，是对现有地面 GPS 干扰设备的有效补充，可与其他地面 GPS 干扰武器进行协同作战，形成空中和地面 GPS 干扰资源的融合[17]。同时，该系统又具有独立作战的能力，可独立在被保护地域上空实施 GPS 干扰。系留灵巧浮空器球载 GPS 干扰系统由 GPS 干扰机、系留浮空器平台、地面配套设备组成，如图 9.9 所示。

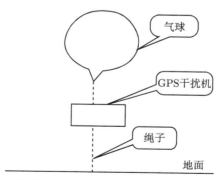

图 9.9 系留灵巧浮空器球载 GPS 干扰系统结构布局图

根据敌方 GPS 精确制导武器可能来袭的方向，在通道上或重点保护目标附近布置 1 部或数部干扰机，利用浮空器将 GPS 干扰机升高到所需的高度，利用系留绳控制系统升空的高度、位置。干扰机开机工作，对一定区域内的 GPS 接收机可形成长时间的干扰。

在该区域内若同时接收到 x 颗卫星的信号，则利用 x 部干扰机实施干扰，每部干扰机各自瞄准干扰其中一颗卫星信号，其干扰使用的伪码序列应与该卫星发射的伪码序列相同，甚至其传输的信息数据和格式也应与此卫星的相同。若随着时间的推移，该区域上空的某颗卫星消失，则干扰机应停止对卫星实施干扰，而转到对新出现的卫星实施干扰。这时，干扰机的伪码序列应改为与新出现的卫星发出的伪码序列相同。

应用多点分布干扰源措施，使干扰机散布在不同的空域、地域，通过布阵形成区域干扰。当干扰源方向超过 GPS 接收天线阵元数时，自适应接收天线抗干扰措施效果减弱。对 P 码 GPS 接收机也可采用 4 部干扰机同时升空，每部干扰机各自瞄准干扰其中一颗在用卫星。每部干扰机同时连续发送与卫星信号相同的 2 个载频，在 L 频段上发射与被瞄准干扰卫星的 C/A 码和 P 码序列相同的 2 种伪码序列调制，在 L 频段上仅发射与被干扰卫星的 P 码相同的伪码序列调制，以实施对该卫星的 C/A 码和 P 码的干扰。当接收机输入端干扰电平大于信号电平时，便可实现对敌方 P 码接收机的有效区域性干扰。

针对抗干扰设计，GPS 干扰必须要有巧妙的战法配合才能有效发挥作用。因此必须加强 GPS 干扰战法研究及与战法对应的 GPS 立体对抗体系组成的研究，通过区域组网、立体融合的干扰方法，使敌方 GPS 接收机难以防范和抵抗。

系留灵巧浮空器球载 GPS 干扰以其机动灵活、超长航时、可靠性高、维护性好、成本低等特点，而使其在 100~2000m 低空范围内定点工作具有独特的优势。具体如下：

(1) 升空干扰可避免地球曲率和地形地物及干扰目标壳体自然屏障的影响，使干扰信号传播损耗减小，获取相当的升空增益从而使浮空器载干扰机可最大程度发挥干扰效能；

(2) 生产成本相对较低、机动性好，可支持分布式干扰的实施，建立由多个浮空器吊舱 GPS 干扰机组成的干扰网可达到较好的干扰效果；

(3) 干扰持续时间长，战术使用灵活。

9.4.4　灵巧浮空器在应急通信中的应用

应急通信是指在出现自然或人为的突发性紧急情况时，为应对紧急情况而综合利用各种通信资源实现通信的机制。中国是一个灾害发生频率高、灾害面积广、灾害损失严重的国家，随着国民经济的快速发展、生产规模的持续扩大和社会财富的不断增长，灾害造成的损失也在逐年上升，对社会安全构成了严重威胁[18]。通信行业作为国民经济中举足轻重的基础行业，直接影响到重要信息的及时发布以及灾后救援工作的顺利实施。

应急救灾中的通信保障分两类，一类是应急救灾的指挥调度通信系统，另一类是灾区人民的公众通信网络。考虑到一旦发生重大自然灾害后，救援力量一般从外部进入，可以携带专用的应急通信装备，甚至卫星通信设备保障指挥调度通信系统，所以在重大自然灾害中的应急通信中重点要考虑的是如何恢复灾区的公众通信网络，或者临时恢复公众通信网口的部分能力，以便于救灾救援。

1) 高空灵巧浮空器

高空超压气球可以携带小型基站在灾区上空持续驻留，完全不受地面设施及地形环境的制约，适合于重大自然灾害过后，地面基础通信设施严重损毁，路面遭严重破坏，交通完全中断，应急通信车辆无法快速进入的情况。因为高空超压气球是无动力自由飘飞的飞行器，主要依靠寻找不同的风层进行航向控制，所以单个高空超压气球的定点控制精度较低，但由于高空超压气球的造价较低，可以同时使用多个高空超压气球组成临近空间的气球网络进行数据回传接入，且多个节点可以互为冗余备份，保障对应急区域的通信覆盖；另外，由于高空超压气球的飞行高度较高，执行任务时可不受低空云雨雷电等天气现象的影响，而且空中基站可发挥高度优势，提供比常规空中基站 (如旋翼无人机或固定翼无人机) 更大的覆盖范围。

2) 系留灵巧浮空器

系留灵巧浮空器可搭载小型便携基站，升空至 100~300m 高度，替代地面应急通信车的桅杆基站，提供更大的通信服务覆盖范围；由于采用了系缆传输供电，系留气球的驻空时间可不受电源的制约，通过驻留更高的高度，提供比传统多旋翼无人机或固定翼无人机更长的续航时间。系留旋翼无人机的特点与系留浮空器类似，同样依靠系缆供电，可长时间驻空，中国移动通信集团有限公司联合多家单位研制的系留无人机已用于 2017 年九寨沟地震后应急通信，但系留旋翼无人机是依靠多旋翼的推力升空并保持的，驻留过程中推力电机需始终保持较高的转速，这对其长期工作的可靠性提出了较高要求，另外系留多旋翼无人机的载重量一般在 20kg 以下，系留浮空器可轻松做到 10~50kg，可携带的通信基站性能更好。

9.4.5 灵巧浮空器在安全预警、侦察中的应用

1) 安全预警

随着目标隐身技术、综合电子干扰技术、超低空突防和反辐射导弹技术这 "四大威胁" 的迅猛发展，安全预警能力面临重要挑战 [19]。浮空器装载预警雷达和光学探测设备构成预警探测平台，可扩展雷达视距，提高雷达覆盖范围和对低空、超低空目标的探测能力，与卫星、预警飞机等一起组成全方位、全天候的预警探测系统，远距离探测、跟踪来袭的各类目标，查明其航向、航速等情况，并进行目标识别，在防空反导作战中发挥重要的作用。

联合对地攻击巡航导弹防御空中组网传感器 (Joint Land Attack Cruise Missile Defense Elevated Netted Sensor，JLENS) 系统的主要用途是帮助驻扎在国外的美国

军队应对不断增长的巡航导弹威胁, 其上安装的雷达能提供超视距监视 (图 9.10)。一套 JLENS 系统由两只系留浮空器组成, 其中一只上装有远程监视雷达, 能进行 360° 监控, 同时可跟踪数百个目标; 另一只上装载了高性能的火控雷达, 同时可应对几十个威胁目标, 并且两只浮空器的雷达系统中都有敌我识别询问机 [20]。每只浮空器拴系在一个地面机动系留站上, 并通过一根光纤/电力系缆连接到地面处理站。监视雷达进行初期目标探测, 然后将数据提供给精准跟踪与照明雷达, 后者进行火控精度的跟踪。JLENS 系统已经与联合战术体系、联合作战能力、单通道地面/空中无线电系统以及增强定位报告系统集成到一起。

图 9.10 JLENS 系统

2) 城市反恐

对于城市中的反恐, 可采用一系列车载机动式系留气球进行组合, 携带球载摄像机和无线通信设备升空, 组成区域性的空中视频监控网络, 如图 9.11 所示。该类型网络可与地面视频监控系统进行联合, 实现对城市全天时的无缝监控, 让恐怖分子难以藏身。

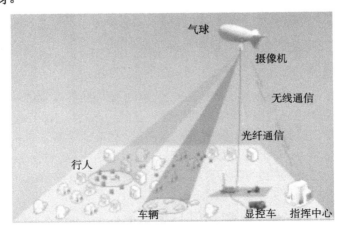

图 9.11 空中视频监控网络示意图

该类型监控网络既具备视频监控，又能进行通信中继和应急指挥，是一种将系留气球与现代电子、计算机、通信、视频监控等先进技术进行结合的先进监控系统。它通过系留气球将球载摄像机、通信设备升入空中一定高度，可从空中连续 24h 地对全城进行监控，让城市的视频监控在时间上和空间上得以延伸。这样，在出现恐怖袭击事件时，有关部门可以迅速地利用此监控网络进行指挥调度，处理险情。该类型视频监控网络可采用城市中心区域重点监控、周边区域多点监控的组合形式，以实现对全城的覆盖。

3) 卫星与浮空器协同侦察

临近空间浮空器具有与卫星所不同的特点，它能够在指定的空域中定点悬停，具有驻留时间长、效费比高等优点。随着通信技术的发展，平台间的通信链路日益完善，卫星与浮空器协同侦察已逐渐走向应用。将卫星和浮空器组成协同系统，共同完成对地侦察任务，能够实现不同类型平台能力互补，扩大同一时刻覆盖范围，缩短目标重访时间并降低总体侦察成本等[21]。

卫星与浮空器协同侦察对任务规划技术提出了更高的要求，其问题的复杂性主要体现在如下几点：① 平台的运动方式不同，卫星平台在空间轨道中高速运动，而浮空器在空域中定点悬停，如何基于不同的运行方式建立统一的规划模型是一个难点；② 任务有时间要求，需要在规定的时间内完成，任务对平台的选择要顾及其时间特性；③ 任务之间存在复杂的耦合关系，耦合关系的存在增加了规划问题的复杂度。

协同侦察的平台资源具有不同的时空行为，侦察卫星是高速移动的天基平台，具有严格的轨道限制，而浮空器没有高速移动的特点，是一种定点平台。因此，卫星和浮空器协同侦察任务规划的过程较为复杂，要考虑不同平台在对地覆盖的范围和时间窗上的差异。本书将任务规划过程分解成 3 个相继的阶段，分别为任务聚类、任务组分配和任务排程，通过这 3 个阶段的依次执行，完成卫星和浮空器的协同侦察任务规划。

参 考 文 献

[1] 李德富. 平流层浮空器的热特性及其动力学效应研究. 哈尔滨, 哈尔滨工业大学, 2011.

[2] 熊征蓉, 郭晓明, 盛德鲲, 等. 浮空器囊体材料热合焊接关键技术研究//中国科学院高分重大专项管理办公室. 第三届高分辨率对地观测学术年会优秀论文集. 上海, 2014.

[3] 王颖. SMC、BMC 模塑收缩的探讨. 玻璃钢/复合材料, 1992, 1: 23-26.

[4] 赵英翠, 李金鹰, 高大鹏, 等. 浅谈超高分子量聚乙烯纤维的表面处理. 化工科技, 2012, 20(5): 64-67.

[5] 黄金海, 肖尚明. 浮空器囊体用聚氨酯胶粘剂性能测试分析研究. 聚氨酯工业, 2014, 1: 14-17.

[6] 王超, 姚伟, 吴耀, 等. 利用自然能的轨迹可控临近空间浮空器初步设计. 中国空间科学技术, 2015, 01: 43-50.

[7] 李美. 系留气球装备环境工程浅析. 西安航空学院学报, 2015, 1: 29-32.

[8] 张玉坤, 李家启, 葛的霆, 等. 《系留气球安全操作技术规范》标准解读. 科技创新导报, 2015, 25: 222-223.

[9] 孙宝来, 李立群, 王勇. 基于 GPS 技术的高空气球实验舱回收系统//中国空间科学学会空间探测专业委员会. 中国空间科学学会空间探测专业委员会学术会议论文集. 2005.

[10] 赵攀峰, 唐逊, 陈昌胜. 系留气球载雷达系统. 航空科学技术, 2008, 02: 12-16.

[11] 陈昌胜, 赵攀峰. 系留气球载雷达系统分析. 雷达科学与技术, 2007, 06: 410-414+469.

[12] 喻庐荣. 小型系留气球地面锚泊系统综述. 科技、经济、市场, 2018, 03: 11-13.

[13] 孙勇. 系留平台收放系统电控系统的研究. 镇江: 江苏科技大学, 2011.

[14] 王军, 费东年, 程士军. 超小型机动式系留气球地面锚泊系统的设计. 西安航空学院学报, 2013, 31(03): 37-40.

[15] 程小军, 林回祥. 一种高空气球地面站控制系统设计. 工业技术创新, 2014, 01(03): 325-329.

[16] 曹煦. 中国版浮空器: 穹顶之上有 "天眼". 中国经济周刊, 2015, 22: 43-46.

[17] 方棉佳, 齐子忠, 刘方彪. 系留气球载 GPS 干扰系统的设计. 舰船电子对抗, 2008, 31(5): 28-31.

[18] 肖征荣. 应急通信及其发展策略. 电信网技术, 2007, 11: 32-34.

[19] 于立. 外辐射源雷达目标检测技术研究. 南京: 南京理工大学, 2007.

[20] 吉大海, 周军, 安琳. JLENS 系统试验进展综述. 飞航导弹, 2013, 12: 51-54.

[21] 朱外明, 胡笑旋, 马华伟. 卫星与浮空器协同侦察任务规划方法. 系统工程与电子技术, 2015, 37(7): 1562-1568.

彩　　图

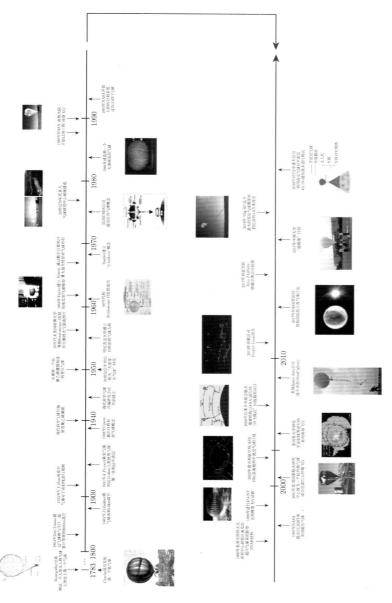

图 1.2　高空型自由灵巧浮空器发展历程

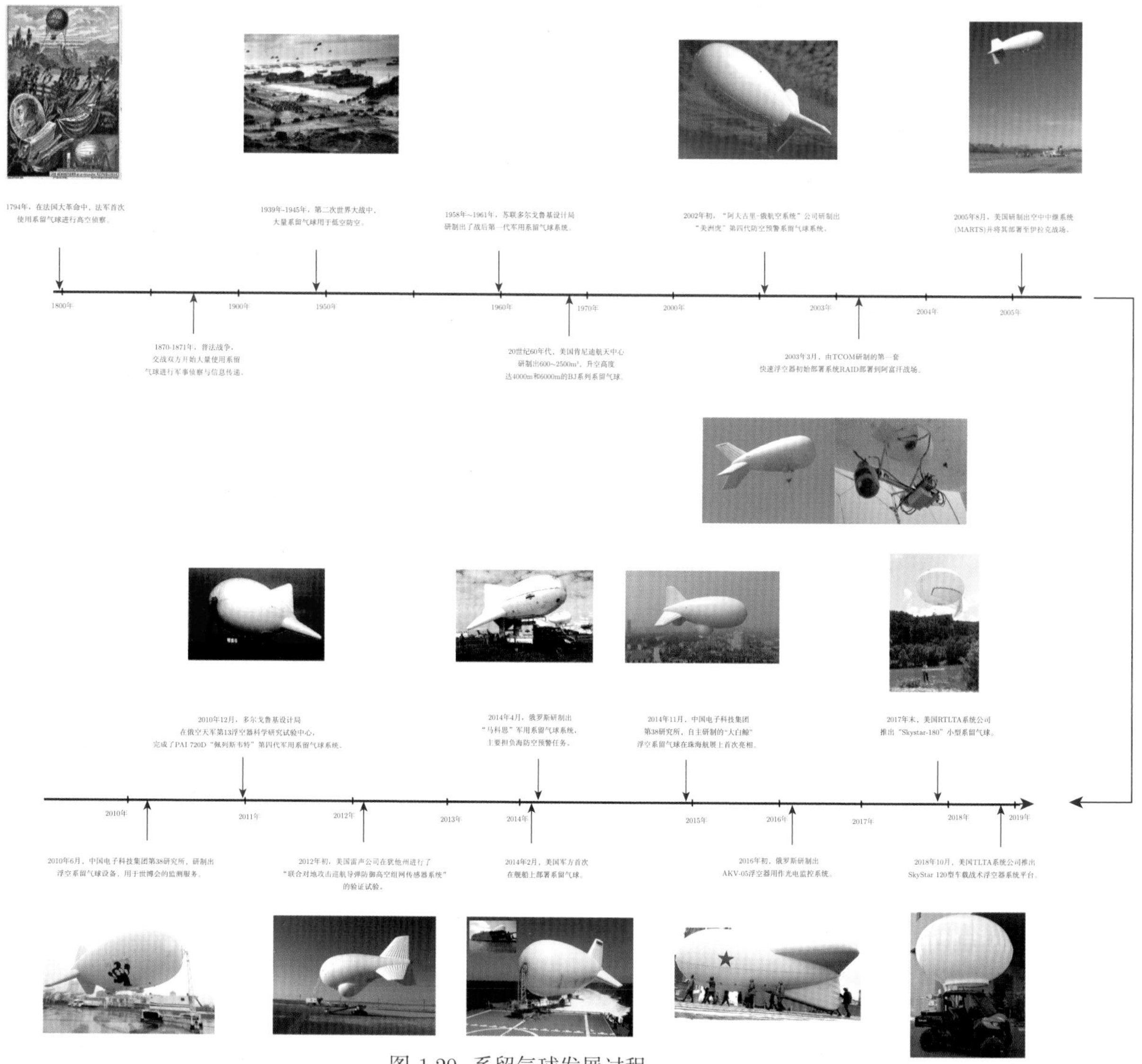

图 1.20 系留气球发展过程

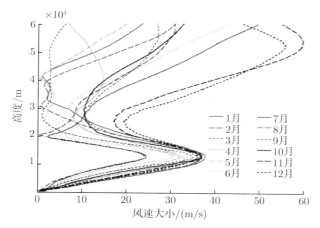

图 3.3 北京地区平稳风风速与月份、高度的关系

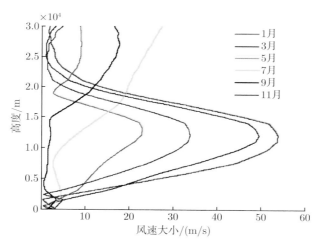

图 3.4 厦门地区平稳风风速与月份、高度的关系

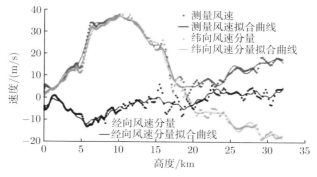

图 3.9 分割的风场数据与拟合曲线

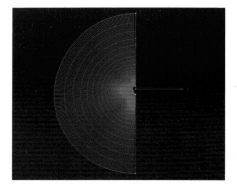

(a) 二维"半圆形"网格

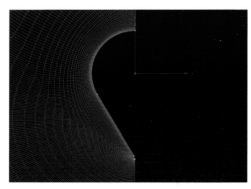

(b) 壁面附近网格

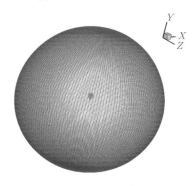

(c) 气球整体网格

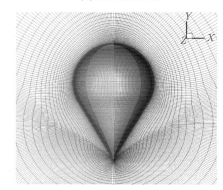

(d) 气球壁面附近网格

图 3.29 浮空气球的网格

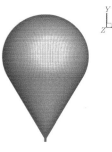

(a) 基准外形的气球表面网格

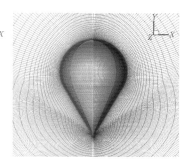

(b) 基准气球外形的空间网格

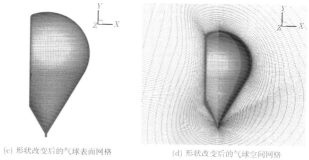

(c) 形状改变后的气球表面网格   (d) 形状改变后的气球空间网格

图 3.31   气球形状改变前后的网格对比

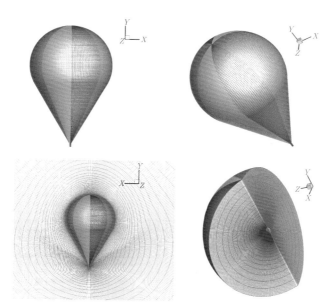

图 3.36   浮空气球流场计算所需的计算网格

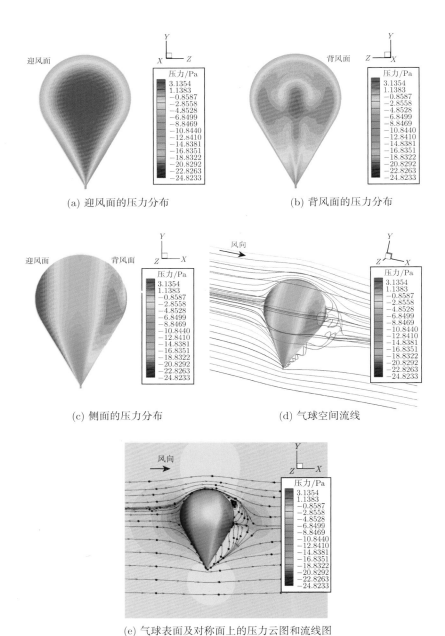

(a) 迎风面的压力分布

(b) 背风面的压力分布

(c) 侧面的压力分布

(d) 气球空间流线

(e) 气球表面及对称面上的压力云图和流线图

图 3.37　水平风作用下气球的流场图 (相对速度 10m/s)

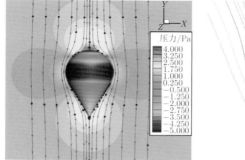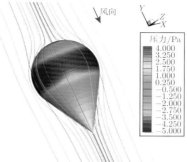

(a) 气球表面及对称面上的压力云图和流线图　　(b) 气球表面压力云图及附近的空间流线图

图 3.38　气球垂直上升过程中的流场图

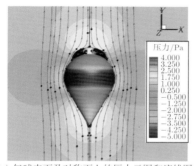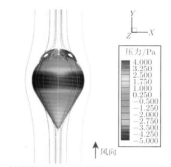

(a) 气球表面及对称面上的压力云图和流线图　　(b) 气球表面压力云图及附近的空间流线图

图 3.39　气球垂直下降过程中的流场图

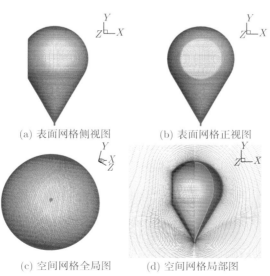

(a) 表面网格侧视图　　　　　(b) 表面网格正视图

(c) 空间网格全局图　　　　(d) 空间网格局部图

图 3.40　较小变形气球流场计算网格

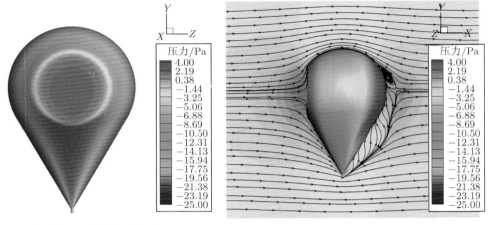

(a) 气球表面压力分布(迎风面)　　　　(b) 对称面压力分布和流线及表面压力分布

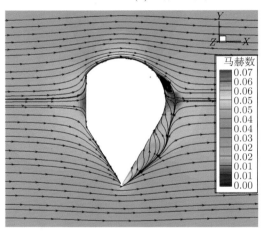

(c) 对称面上的速度分布

图 3.41　水平风作用下较小变形气球附近流场

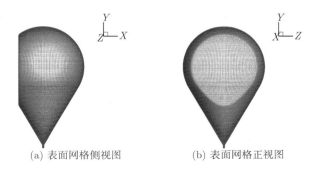

(a) 表面网格侧视图　　　　　　　(b) 表面网格正视图

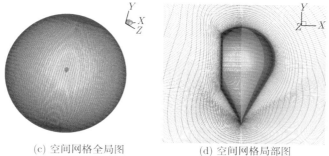

(c) 空间网格全局图   (d) 空间网格局部图

图 3.42　中等变形气球流场计算网格

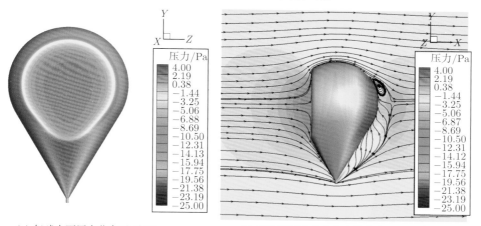

(a) 气球表面压力分布(迎风面)   (b) 对称面压力分布和流线及表面压力分布

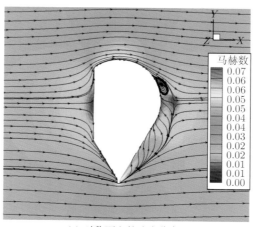

(c) 对称面上的速度分布

图 3.43　水平风作用下中等变形气球附近流场

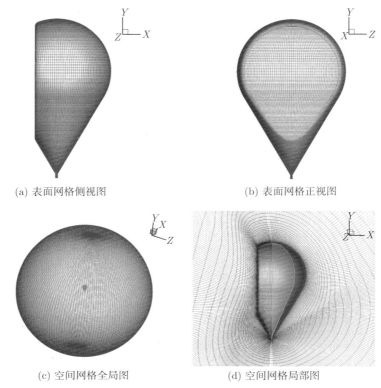

(a) 表面网格侧视图　　　　　　　　　　　　　(b) 表面网格正视图

(c) 空间网格全局图　　　　　　　　　　　　(d) 空间网格局部图

图 3.44　中等变形气球流场计算网格

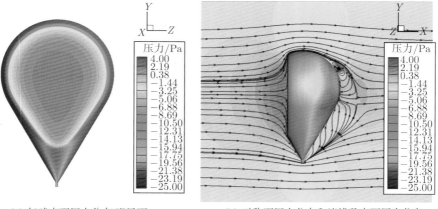

(a) 气球表面压力分布(迎风面)　　　　　　(b) 对称面压力分布和流线及表面压力分布

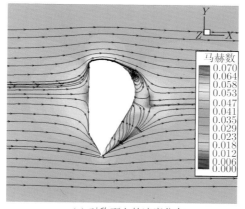

(c) 对称面上的速度分布

图 3.45　水平风作用下较大变形气球附近流场

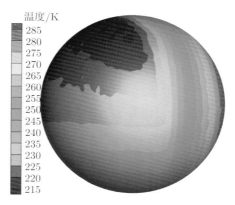

图 4.10　夏季 6 时气囊表面温度分布图

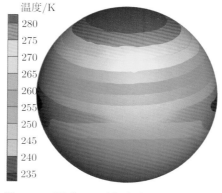

图 4.11　夏季 12 时气囊表面温度分布图

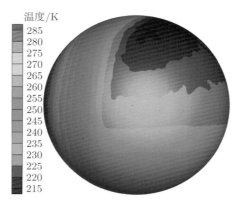

图 4.12　夏季 18 时气囊表面温度分布图

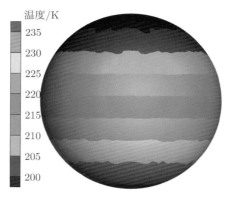

图 4.13　夏季 24 时气囊表面温度分布图

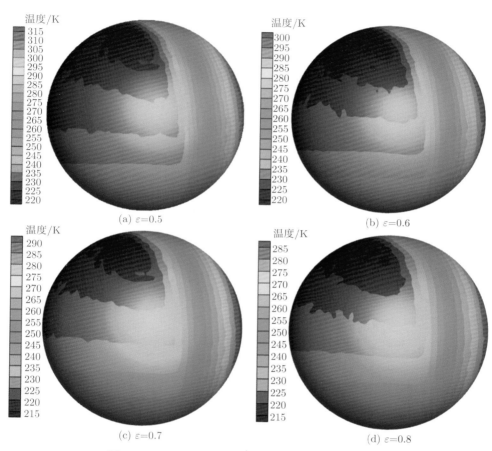

图 4.15　$\alpha = 0.3$ 时，夏季 6 时气囊表面温度分布图

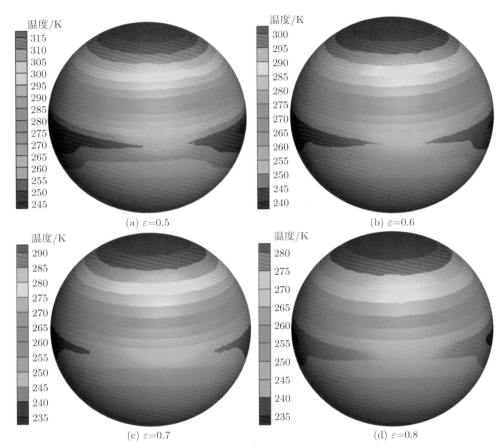

温度/K

(a) $\varepsilon=0.5$

温度/K

(b) $\varepsilon=0.6$

温度/K

(c) $\varepsilon=0.7$

温度/K

(d) $\varepsilon=0.8$

图 4.16 $\alpha=0.3$ 时，夏季 12 时气囊表面温度分布图

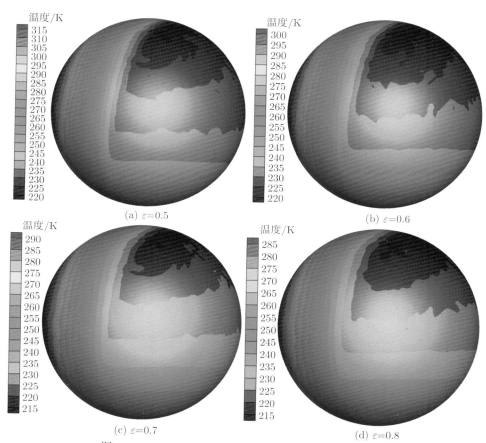

(a) $\varepsilon=0.5$ (b) $\varepsilon=0.6$

(c) $\varepsilon=0.7$ (d) $\varepsilon=0.8$

图 4.17 $\alpha=0.3$ 时,夏季 18 时气囊表面温度分布图

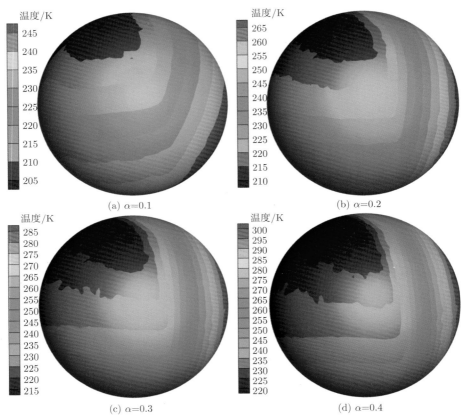

(a) α=0.1   (b) α=0.2

(c) α=0.3   (d) α=0.4

图 4.18 $\varepsilon = 0.8$ 时,夏季 6 时气囊表面温度分布图

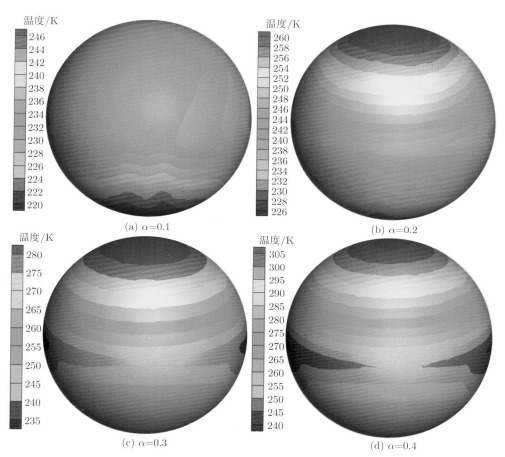

温度/K
246
244
242
240
238
236
234
232
230
228
226
224
222
220

(a) α=0.1

温度/K
260
258
256
254
252
250
248
246
244
242
240
238
236
234
232
230
228
226

(b) α=0.2

温度/K
280
275
270
265
260
255
250
245
240
235

(c) α=0.3

温度/K
305
300
295
290
285
280
275
270
265
260
255
250
245
240

(d) α=0.4

图 4.19 ε = 0.8 时，夏季 12 时气囊表面温度分布图

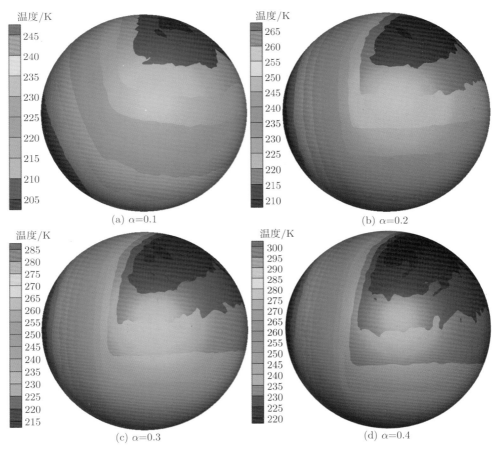

(a) α=0.1

(b) α=0.2

(c) α=0.3

(d) α=0.4

图 4.20 $\varepsilon = 0.8$ 时，夏季 18 时气囊表面温度分布图

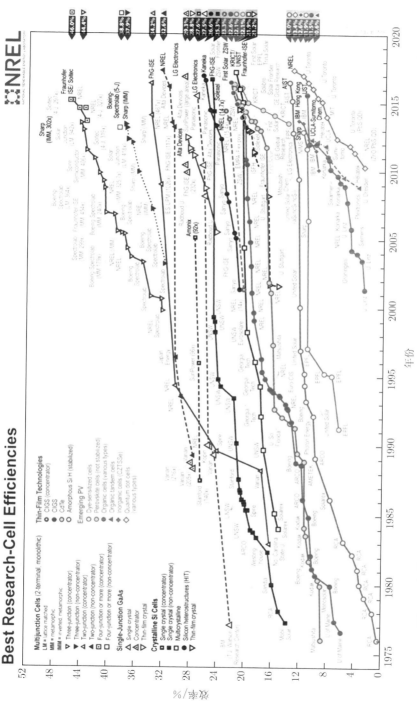

图 5.4 由美国国家可再生能源实验室 (National Renewable Energy Lab, NREL) 绘制的太阳电池效率图

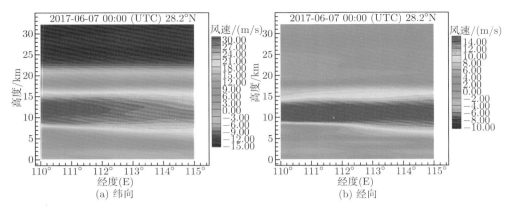

图 6.16 0 时风场模型

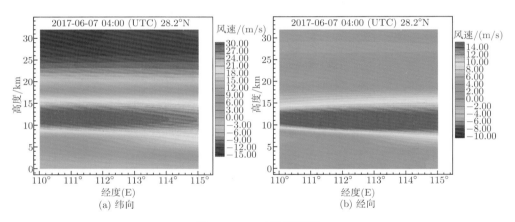

图 6.17 4 时风场模型

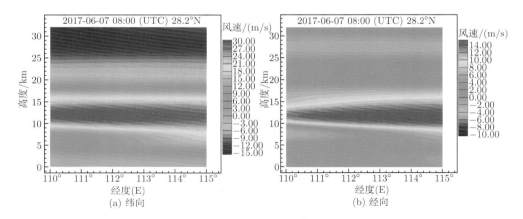

图 6.18 8 时风场模型

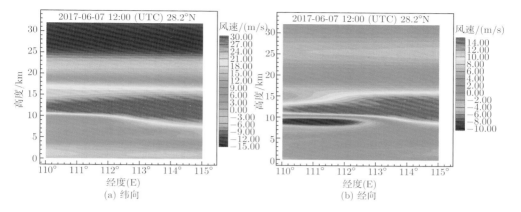

图 6.19 12 时风场模型

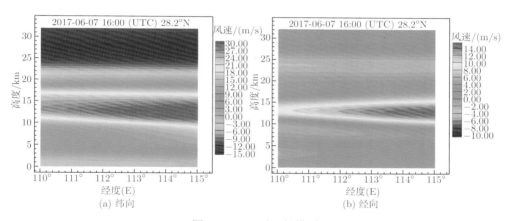

图 6.20 16 时风场模型

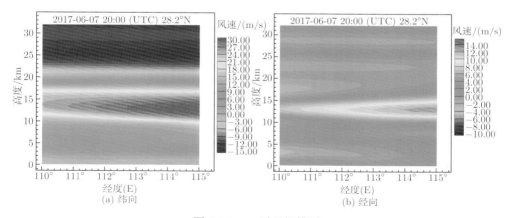

图 6.21 20 时风场模型

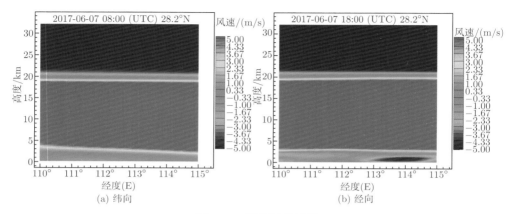

图 6.22　准零风带风场

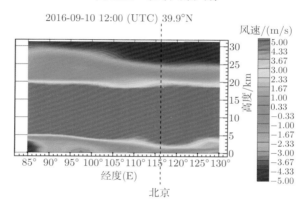

图 6.23　准零风带纬向风风场 (N39.9°)

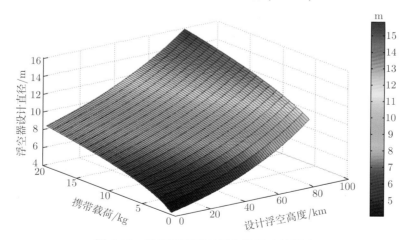

图 8.10　载荷及高度对浮空器尺寸的影响

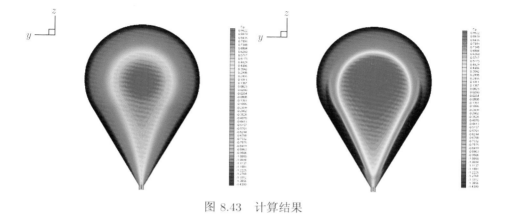

图 8.43　计算结果

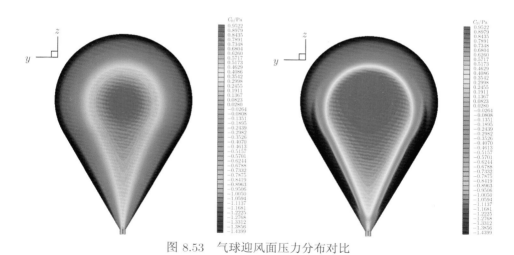

图 8.53　气球迎风面压力分布对比

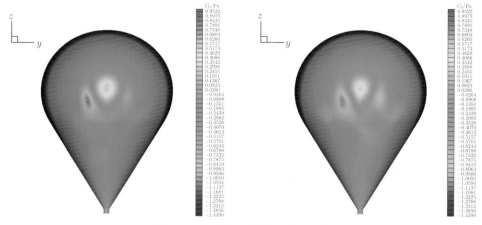

图 8.54　气球背风面压力分布对比

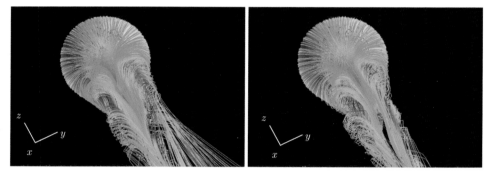

图 8.55　气球背风面空间流线对比